高等职业教育畜牧兽医类专业教材

养猪与猪病防治

主　编　杨仕群　魏光河　曾饶琼

中国轻工业出版社

图书在版编目（CIP）数据

养猪与猪病防治/杨仕群，魏光河，曾饶琼主编．—北京：中国轻工业出版社，2024.1

高等职业教育“十三五”规划教材　高等职业教育畜牧兽医类专业教材

ISBN 978－7－5184－1091－0

Ⅰ．①养…　Ⅱ．①杨…　②魏…　③曾…　Ⅲ．①养猪学—高等职业教育—教材　②猪病—防治—高等职业教育—教材　Ⅳ．①S828　②S858.28

中国版本图书馆CIP数据核字（2016）第209895号

责任编辑：贾　磊　　责任终审：张乃柬　　封面设计：锋尚设计
版式设计：王超男　　责任校对：晋　洁　　责任监印：张　可

出版发行：中国轻工业出版社（北京鲁谷东街5号，邮编：100040）
印　　刷：北京君升印刷有限公司
经　　销：各地新华书店
版　　次：2024年1月第1版第4次印刷
开　　本：720×1000　1/16　印张：23.75
字　　数：460千字
书　　号：ISBN 978－7－5184－1091－0　定价：46.00元
邮购电话：010－85119873
发行电话：010－85119832　010－85119912
网　　址：http://www.chlip.com.cn
Email：club@chlip.com.cn
如发现图书残缺请与我社邮购联系调换
232102J2C104ZBW

本书编写人员

主　编

杨仕群（宜宾职业技术学院）
魏光河（西南大学）
曾饶琼（宜宾职业技术学院）

副主编

阳　刚（宜宾职业技术学院）
蒲德伦（西南大学）
李志伟（河北旅游职业学院）
蒋增海（河南牧业经济学院）

参　编

陈艳新（河北旅游职业学院）
胡光林（吉林农业科技学院）
李光全（遵义职业技术学院）
刘　良（南开大学）
马　君（黑龙江生物科技职业学院）
郭宗义（重庆市畜牧科学院）
余彦国（甘肃畜牧工程职业技术学院）

主　审

颜其贵（四川农业大学）
熊太权（四川特驱投资集团有限公司）

前 言

当前，我国以加强内涵建设和全面提高人才培养质量为主线的高等职业教育，已经成为高等教育的一个典型类型。全国各地高职高专院校面向全社会，针对区域经济和行业的发展特点，积极寻求新的教育教学改革与发展创新，以服务社会为宗旨、学生就业为导向，在人才培养质量上不断加大投入，不断探求新的改革与实践创新。但在农林牧渔类高职院校中，教材的编写还存在沿袭本科、研究生教材突出学科型的思路，甚至有的还在继续使用本科教材进行高职教学，有的内容比较陈旧。组织编写一批真正遵循职业教育规律，适应行业生产经营规律与变革，适应高职高专职业岗位群的职业能力要求和高素质技能型人才培养要求，具有创新性、普适性和可操作性的教材，具有十分重要的意义。

宜宾职业技术学院畜牧兽医专业教研室在50多年的建设和发展中，始终立足于实用型人才培养思路，认真贯彻落实国家相关文件精神，顺应现代畜牧业发展的需要，致力于培养学生具有生态环保养殖、安全养殖、绿色养殖和低碳养殖等现代畜牧业的养殖技术与推广能力，以及畜禽疫病快速诊断、监测和防控技术能力，不断深化教学改革，积极构建基于工作过程的工学结合人才培养模式和课程内容改革，按照职业能力认知规律和学生的认知特点，对专业课程进行序化和整合，设计出“课堂—生产岗位—课堂—生产岗位”双循环体系，实行“工学交替”“岗位轮动”制度等多种人才培养模式。

本教材基于以上创新培养模式进行编写，内容分为现代养猪生产概况、猪的品种资源及其杂交利用、猪的繁殖与生产技术、猪场预防保健技术、猪常见疾病防治技术、猪场建设规划与经营管理6个项目，设有14个实训项目，附录为“家畜饲养工”国家职业标准。

本教材编写分工如下：项目二、项目三、项目六的实操训练和附录由宜宾职业技术学院曾饶琼编写和整理；项目一由西南大学蒲德伦编写；项目二的必备知识由河北旅游职业学院李志伟、陈艳新编写；项目三的必备知识由曾饶琼、李志伟、陈艳新、遵义职业技术学院李光全、吉林农业科技学院胡光林、黑龙江生物科技职业学院马君编写；项目四和项目五的实操训练由宜宾职业技术学院杨仕群、阳刚编写；项目五的必备知识由西南大学魏光河、河南牧业经济学院蒋增海、甘肃畜牧工程职业技术学院余彦国编写；项目六的必备知识由南开大学刘良和重庆市畜牧科学院郭宗义编写。全书由曾饶琼、杨仕群、魏光河统稿，由四川农业大学颜其贵、四川特驱投资集团有限公司熊太权审稿。

由于编写时间仓促，编者水平有限，书中不足之处在所难免，恳请广大读者批评指正。

编者

2016 年 5 月

目　录

项目一　现代养猪生产概况 …… 1

知识目标 …… 1
技能目标 …… 1
必备知识 …… 1
一、中国养猪业发展史 …… 1
二、现代养猪生产在国民经济中的意义 …… 5
三、世界养猪生产现状 …… 8
四、中国现代养猪生产的现状与展望 …… 13
项目思考 …… 18

项目二　猪的品种资源及其杂交利用 …… 19

知识目标 …… 19
技能目标 …… 19
必备知识 …… 19
一、猪的生物学特性和行为特性 …… 19
二、猪的经济类型和主要优良品种 …… 29
三、猪的繁育体系与杂种优势利用 …… 40
实操训练 …… 49
实训一　猪的品种识别与外貌鉴定 …… 49
实训二　利用育种值记录选择种猪 …… 51
项目思考 …… 54

项目三　猪的繁殖与生产技术 …… 55

知识目标 …… 55
技能目标 …… 55
必备知识 …… 56
一、猪的繁殖技术 …… 56
二、后备猪的培育 …… 72
三、种公猪的饲养管理 …… 82
四、种母猪的饲养管理 …… 87
五、仔猪的饲养管理 …… 107
六、育肥猪的饲养管理 …… 122
实操训练 …… 134
实训一　母猪发情鉴定与人工授精 …… 134
实训二　猪的接产、助产及产后 1 周的仔猪护理 …… 135
实训三　猪的日常饲养管理 …… 138
项目思考 …… 138

项目四　猪场预防保健技术 …… 140

知识目标 …… 140
技能目标 …… 140
必备知识 …… 140
一、猪传染病防治基础知识 …… 140
二、猪场消毒 …… 149
三、猪群保健 …… 154
实操训练 …… 160
实训一　病猪的尸体剖解与病料采集 …… 160
实训二　猪场免疫程序的制定 …… 164
实训三　规模化猪场的消毒措施与方法 …… 167
项目思考 …… 169

项目五　猪常见疾病防治技术 …… 170

知识目标 …… 170

技能目标 …… 170
必备知识 …… 170
一、猪常见病毒性疾病的防治 …… 170
二、猪常见细菌性疾病的防治 …… 199
三、猪常见寄生虫病的防治 …… 230
四、猪其他疾病的防治 …… 241
实操训练 …… 258
实训一 猪场抗体水平的监测与分析 …… 258
实训二 猪常见寄生虫的实验室检查方法 …… 266
实训三 猪呼吸道病诊断方法 …… 267
实训四 猪常见普通病的诊断与治疗 …… 271
项目思考 …… 272

项目六 猪场建设规划与经营管理 …… 273

知识目标 …… 273
技能目标 …… 273
必备知识 …… 273
一、养猪生产规模和方向的确定 …… 273
二、工厂化养猪的工艺流程设计 …… 277
三、猪场的建筑与设备 …… 283
四、养猪对环境的污染及其处理 …… 314
五、养猪场经营管理 …… 325
实操训练 …… 353
实训一 工厂化养猪工艺流程设计 …… 353
实训二 猪场的建筑布局与圈舍设计 …… 354
项目思考 …… 355

附录 “家畜饲养工”国家职业标准 …… 356

参考文献 …… 366

项目一　现代养猪生产概况

知识目标

1. 了解我国养猪业的发展史。
2. 理解养猪业发展的意义。
3. 把握国内外养猪业现状及其发展趋势。

技能目标

掌握国内外养猪业的现状。

必备知识

一、中国养猪业发展史

我国养猪业已有 7000 多年的历史。自远古时代开始，猪已经在我国畜牧业发展中占据着特殊地位。现阶段，我国生猪存栏总数和猪肉产量高居世界首位，但从总体上看，我国养猪生产水平与世界养猪先进国家比较还有较大的差距。随着现代农业的推进，养猪生产正朝着集约化、机械化和产业化的方向发展。

世界上现有最早的养猪文字记载是我国殷墟出土的甲骨文。在《周礼》中，记载了有关各种猪的不同称谓，通称为彘或猪。商、周时代养猪农户还发明了阉猪技术。阉割了的猪，性情会变得驯顺，虽有犀利的牙，但不足为害。未阉割的猪皮厚、毛粗，称作“豕”；阉割后的猪长得膝满臀圆，称作“豚”。

西汉时期养猪方式多以放牧为主，但对汉墓出土的各种类型的陶猪圈的考证，说明当时已出现舍饲与放牧相结合的方式。汉代在猪种选育方面，继先秦时期的“六畜相法”之后，又得到进一步的发展，如汉代《史记·日者列传》记载：“留长孺以相彘立名”。方以智所著《物理小识》中曾引留长孺的相益法：“短项无柔毛者良，一厢有三牙者难留。”说明当时在鉴定技术上已总结出了机能与形态的相关性，对汉代猪种质量的提高起了很大作用。公元三世纪，东晋的张华在《博物志》中写到：“生青兖徐淮者耳大，生燕冀者皮厚，生梁雍者足短，生辽东者头白，生豫州者嘴短，生江南者白而极肥。”可见当时猪的品种已发展很多，而且养猪生产已经非常普遍。北魏时贾思勰的农业科学著作《齐民要术》中的养猪篇就专讲养猪，说明当时的学者非常重视生猪饲养的科学观察和研究。《朝野佥载》说，唐代洪州人养猪致富，称猪为“汤盎”，说明在唐代养猪已经较为兴盛。又据《新唐书·卢祀传》：“大历末卢祀为虢州刺史。奏言虢有官豕三千为民患。”说明当时官办养猪场规模有数千头以上，可见唐代生猪生产的大规模经营。到了宋代，随着活字印刷术的发明，科学文化有了很大的发展，历史资料也更多出现。各诗文和笔记小说之中，有不少有关养猪业的发展情况，以及人们对猪肉质量的高要求。据宋代周紫芝《竹坡诗话》记载：“东坡性喜嗜猪肉，在黄冈时，戏作食猪肉诗云：‘黄州好猪肉，价贱等粪土。富者不肯吃，贫才不解煮。慢著火，少著水，火候足时他自美。每日起来打一碗，饱得自家君莫管。’”说明当时黄州猪肉价贱，当地产猪很多，吃法必很考究，正是多吃常吃猪肉、猪肉质优味美的反映。元代统一全国，结束了长期南北分裂的政治局面，朝廷强调“以农桑为急务”，把恢复和发展农业生产摆在重要位置，养猪业的发展也得到大幅提高。当时农学著作很多，如王祯编著的《农书》是我国第一部对全国范围的农业技术进行整合的专著，其在养猪技术方面，记载了一些可贵的生产经验和养殖创造发明。《马可·波罗游记》提到当时在我国浙江省的衢州“猪的数目特别的多”，反映了元代很重视农区生猪的饲养。明代养猪业曾遭受一次空前浩劫，成为我国养猪史上的唯一暴政。明正德十四年颁发圣旨禁止养猪，全国禁食猪肉，违者充军惩处。“旬日之间，远近尽杀，减价贱售，小猪埋弃，一时骇异”。但在大臣们的反对下，随即降旨废除，养猪业在以后又很快获得普遍的发展。

清代在1840年鸦片战争以前，养猪业还是发达的。据查证，全国各府（包括台湾在内）、州、县的方志中，大体上都把猪作为“物产”列了进去。而且一些特产名贵猪种，记载得更为详尽。18世纪（1770—1780年间）时，中国猪（广东猪种）被引入到英国，与当地（约克郡和巴克郡）土猪进行杂交而育成了世界闻名的大约克夏和巴克夏猪。1816—1817年又被美国引入，与当地猪交配而育成了波中猪和切斯特白猪。从清道光二十年（1840年）爆发鸦片战争至解放前夕，连年战争、灾害和疾病流行，养猪生产受到严重摧残。

1949 年 10 月 1 日，中华人民共和国成立后，我国的农业生产得到极大发展。全国人民在中国共产党的领导下，广大农村实行了土地改革，推翻封建制度，农民分得了土地，激发了养猪生产的积极性。养猪业得到迅速的恢复和发展，使我国成为世界上养猪最多的国家。

20 世纪 70 年代，党的十一届三中全会通过的改革开放政策和农村经营体制的改革，特别是土地承包责任制使得粮食产量提高，我国的生猪生产也得到快速发展，形成了传统单一的千家万户散养与养殖专业户相结合的饲养模式，养殖的生猪品种主要为我国的地方良种，如太湖猪、金华猪、荣昌猪、东北民猪、山东沂蒙黑猪、八眉猪等，一般以饲喂米糠加青草或蔬菜为主。在此模式下，生猪生长周期长，脂肪得到“沉淀”，肉质更加鲜嫩、香味更浓。20 世纪 70 年代末期到 80 年代初期，科学养猪开始在我国推广，养猪生产得到质的飞跃。

我国既是世界上的生猪生产大国，也是世界上的猪肉消费大国。我国生猪饲养量和猪肉消费量均占世界总量的 50% 以上，猪肉占我国肉类消费总量的 60% 以上。改革开放以来，我国畜牧业开始持续高速发展，生猪产业不断提升，但同时猪肉产量占肉类总产量的比重却呈现不断下降的趋势，这与我国居民消费的牛肉、羊肉、禽肉的更快速增长有着密切关系。在 1980 年，我国肉类总产量为 1205. 50 万吨，其中猪肉产量为 1134. 10 万吨，猪肉占肉类总产量的比重达 94%，而 2013 年我国肉类总产量为 8536. 00 万吨，猪肉产量为 5493. 00 万吨，猪肉产量占肉类总产量的比重减少为 64%。在 33 年间，我国猪肉的产量增加了 3. 8 倍，但猪肉占肉类总产量的比重却下降了 30 个百分点。

进入 21 世纪以来，我国养猪生产也从单纯追求数量增长逐渐转变到追求数量、质量、结构和经营效益并重的新时代。同时，经过改革开放 30 多年的发展，我国的生猪养殖逐步摆脱了千家万户饲养的单一模式，向规模化、集约化、产业化方向发展，养猪产业正逐步成为国民经济的重要组成部分。近年来，我国生猪产业的综合生产能力和市场保障能力都有了进一步提高，基本满足了我国不断增长的对于猪肉及其加工品市场消费需求。同时，我国生猪产业的发展对于养殖户持续增收也做出了重要贡献。

纵观新中国成立后生猪发展的历程，大致可以分为以下 5 个阶段：

第一阶段为改革开放前的生猪曲折发展阶段，时间大致为 1949—1978 年。1949 年新中国成立以后，我国经历了短暂经济恢复时期，此后受接踵而来的“合作化”“大跃进”和“文化大革命”的影响，生猪产业发展非常缓慢。生猪以农户的农副业养殖为主，生猪养殖效率低、生猪出栏率低，猪肉的市场供给明显短缺，在猪肉供给紧张时，大城市居民甚至要通过发放“猪肉票”来限制消费。此阶段属于猪肉短缺、生猪供不应求阶段，政策因素和技术因素成为影响我国生猪发展的主要因素。

第二阶段为农村改革初期生猪恢复发展阶段，时间大致为1978—1984年。随着我国农村改革开始，农村土地联产承包制逐步落实，1979年《中共中央关于加快农业发展若干问题的决定》发布，使农户有了生产经营自主权，养殖畜禽的积极性大大提高，我国畜牧业的所有制和生产体制出现了新变化，这都促使我国的生猪出栏量不断增加。1978年我国生猪出栏量为16110万头，1984年我国生猪出栏量为22047万头，比1978年增长了36.85%。随着生猪出栏量的增加，有效地缓解了当时我国猪肉供应短缺的局面。此阶段，政策因素成为推动我国生猪发展的主要因素，科学养猪还处于试验推广阶段。

第三阶段为生猪供求平衡的快速发展阶段，时间大致为1985—1997年。随着我国生猪产销经营体制改革的不断推进，生猪产业出现了强劲的发展势头，这使我国生猪产业进入了供求平衡的快速发展阶段。1985年1月，中共中央、国务院《关于进一步活跃农村经济的十项政策》发布，生猪购销政策全面放开，开始实行生猪自由上市交易，这为养猪业的发展提供了新的契机。1988年农业部提出建设“菜篮子工程”，施行后全国猪肉产量从1990年的2281.10万吨猛增到1997年的3596.30万吨，年均增长率达6.7%，全国人均占有量达到29kg，我国猪肉市场第一次实现供求平衡，彻底扭转了长期以来猪肉供应短缺的局面。在此阶段，良种推广、人工授精、动物营养与饲料配方、环境控制、疫病防治等科学技术得到普遍应用，这也是我国生猪得到快速发展的主要因素。

第四阶段为生猪生产结构性调整阶段，时间大致为1997—2006年。这一时期我国生猪产业进入了以市场为导向，以提高质量、优化结构和增加效益为主线的结构调整阶段。从20世纪末开始，制约我国畜牧业发展的内外部因素日益复杂多样，生猪产业也同样面临着市场和资源的双重约束和保护生态环境压力，促使生猪产业进入以市场为导向，以提高质量、优化结构和增加效益为主线的调整发展阶段，在此阶段，品种改良、杂交优势推广、饲料添加剂应用、环境保护、疫病防治成为市场需求重点，养猪场追求瘦肉率、食品安全、料肉比、日增重等硬性指标。生猪产业也逐步由追求数量型增长向追求质量效益型增长转变，生猪养殖方式由散养为主向专业化饲养和规模化饲养转变，同时生猪产业发展也逐步向优势区域集中，生猪产业整合速度加快，初步形成了以养猪龙头企业带动农户养猪的产业化发展体系。

第五阶段是生猪生产规模化、标准化、产业化同步发展的现代化发展阶段，时间为2007年至今。在这一阶段，我国畜牧业进入新世纪的发展方式转变时期，其主要特点是构建长效发展机制，促进我国畜牧业持续健康发展，实现我国畜牧业现代化。在此阶段，食品安全、环境控制、机械化饲养、自动化控制、环境保护、健康养殖等技术显得尤为重要，我国的养猪业正逐步与国际接轨，很多生猪生产考查指标正从世界平均水平向发达国家水平靠近。自进入21世纪以来，我国的生猪产业在保持快速增长的同时，也面临着生猪生产和猪肉价格周期性波动的困扰。面对生猪产业存在的新问题和新挑战，在2007年发布了《国务院关于促进生猪生产发展和稳定市场供应的意见》，提出要加大扶持生猪产业发展的政策支持力度，建立保障生猪生产稳定发展的长效机制，并出台了一系列扶持生猪生产发展的政策。这些政策措施对于提高我国养猪农户的养殖积极性有着重要的作用，对于促进生猪产业养殖方式的转变以及推动生猪产业向产业化、规模化和标准化发展意义重大，对于保障我国生猪产业的长期稳定发展也起到了非常重要的作用。

总之，我国的畜牧业已经从1980年以前属于家庭副业，在农业中处于补充地位，转变为实现了畜产品供求平衡，成为农业中的支柱产业。同时，我国的生猪产业在促进乡村社会发展和实现农民增收中都起着十分重要的作用。

二、现代养猪生产在国民经济中的意义

（一）提供肉食、肥料、原料和实验动物

1. 提供肉食

猪肉是我国主要肉食品，约占肉食总量的67%，生猪也称为肉畜之王。在世界肉类食品消费中，猪肉也是主要品种，高达39%。生猪具有早熟、易肥、多生、快长的特性，猪肉营养丰富，含热量高，可消化率高。一般人均可食用猪肉，猪肉可以为人类提供优质蛋白质，含有人体全部必需氨基酸；含有人体必需的脂肪酸；还可以提供富含有机铁的血红素和促进铁吸收的半胱氨酸，能改善缺铁性贫血；猪肉是人体维生素的主要膳食来源，特别是维生素 B_1 和维生素 B_2；猪肉纤维较为细软，结缔组织较少，肌肉组织含有较多的肌间脂肪，经过烹饪加工后味道特别鲜美；猪皮和猪蹄富含胶原蛋白，可以养颜美容。猪肉对改善我国居民膳食结构、提高国民身体素质具有重大作用，在满足肉食品方面比牛羊肉有优势，但脂肪较多是其缺点。

2. 提供有机肥料

猪粪含有大量有机质，对改良土壤的理化性状及其结构、提高土壤肥力和吸肥保墒能力具有良好作用，为无机化学肥料所不及。猪粪中的氮、磷、钾含量分别为2.16%、0.40%和2.08%；鸡粪分别为3.20%、0.78%和2.51%；牛粪分别为0.69%、0.22%和2.00%；羊粪分别为1.22%、0.18%和2.13%。猪的粪尿含较多的N、P、K元素。一头肥育猪一年排泄粪尿量为2～3t（相当于化学肥料140kg），为农作物提供了大量安全优质的有机肥料。

3. 提供工业原料

“猪的全身都是宝”。食品工业、制革、医药等行业大量应用猪产品作为原料。猪耳朵、舌头、蹄子、排骨、肉是美好食品；猪皮可做衣服、皮包、皮鞋，可以美容；猪血、猪肝是补血佳品；猪骨头可以做鸡、鸭饲料；猪毛是工业原料；猪肠可制香肠；鬃和毛可用作机械工业、国防工业、毛纺工业的原料；猪蹄筋、尾巴、唇、肝脏、胆、脑髓、血、骨等可提取各种有价值的药品和工业用品。

4. 提供实验动物

猪的很多生理特点与人非常接近，在心脏机能、动脉硬化、牙科、消化道（胃溃疡）、营养、血液学、内分泌学、放射生物学及免疫学研究中，常用猪作实验动物，用猪构建医学动物模型，为医学科学研究开辟新的途径，从而促进药物毒性试验和脏器移植的发展。如猪和人的皮肤组织结构很相似，上皮修复再生性相似，皮下脂肪层和烧伤后内分泌与代谢的改变也相似；猪的血液学、血液化学各种常数也和人近似；猪的脏器重量也近似于人；猪的心血管系统、消化系统、皮肤、营养需要、骨骼发育以及矿物质代谢等都与人的情况极其相似。而且，猪的体型大小和驯服习性允许进行反复采样和进行各种外科手术。另外，猪的基因多样、繁殖周期短、生产力高，一窝产仔多，便于根据特殊需要进行选育。所以，猪在生物医学研究中的应用十分广泛。

5. 提供转基因载体

中国是世界上第一养猪大国，猪肉及其产品是国人主要的动物食源，养猪业是关系着国计民生的重要行业。一旦转基因猪及其相关产品走向产业化和市场化，将具有不可估量的经济效益和社会意义。未来，转基因猪用于人类疾病模型研究、新品种培育、异种器官移植和生物反应器等方面都具有广阔的发展前景和良好的社会效益。如表达植酸酶的转基因猪，可有效利用植物性饲料中的磷元素，降低磷对环境的污染；将 FAD12 遗传基因（来自菠菜）植入猪受精卵中，可获得富含不饱和脂肪酸的转基因猪，为猪的新品种培育进行了有益的尝试；富含 $\omega-3$ 脂肪酸的转基因猪，可有效改善猪肉的品质和风味；猪多能干细胞培育出的转基因猪可改善猪对猪流感的抵抗性；采用转基因克隆技术获得人类亨廷顿舞蹈症的转基因猪模型，为人类疾病研究创造了很好的研究模型；敲除超急性免疫排斥基因的异种器官移植猪，为培育器官移植猪迈出了关键的一步等。目前，转基因动物器官移植已进入临床试验阶段，众多专家学者正致力于转基因猪生物反应器生产药用蛋白的产量和分离纯化的研究，力争为产业化的发展铺平道路。

6. 提供宠物

近年来，养宠物的人越来越多，宠物种类也越来越全、越来越另类。猪，逐渐成为人们饲养的宠物了。如越南大肚猪（这种小猪可能是目前最流行的宠物猪品种）拥有吸引人的外形和驯服的性格，它们夸张的背部和大肚子（其他动物喂得过饱的标志）是完全正常和健康的，平均身高大约35cm，平均体重大约22kg；胡利亚尼猪（彩绘小猪）体型小，平均身高25～40cm，体重6～22kg，和越南大肚猪一样，性格温顺，还喜欢玩玩具；非洲俾格米或几内亚猪体型小，体重9～18kg，平均身高35～56cm，活泼好动、警惕性高并且很聪明，相对于越南大肚猪来说，非洲俾格米猪背很直，喜欢接近它们喜欢的人；尤卡坦猪（墨西哥无毛猪）体型大小不一，较大的品种可以长到90kg以上，而小的只有平均22～45kg，它们平均身高40～61cm；奥斯萨巴岛猪平均身高35～50cm，体重11～40.5kg，有梦幻般的气质，可以很好地和人们相处并且非常聪明，这种小猪可以活25年。另外，目前茶杯猪和微型猪也受到广泛的关注。

（二）出口创汇、增加收入

1. 出口创汇

活猪、猪肉、猪肉制品、猪皮、猪鬃等是我国重要的出口产品，猪鬃、火腿、肠衣等在国际市场上享有很高的声誉。当然，我国现阶段生猪出口量还很小，但我们充分利用自然资源和工农业副产品发展产养猪生产，对实现养猪户增收、农业结构调整和振兴农村经济具有重要意义。随着科学技术的发展和养殖技术水平的提高，以及国内猪肉消费量的饱和，我国生猪出口创汇的能力将逐步加强。

2. 发展农业经济，增加农业收入

伴随我国市场经济体系的不断完善，我国养猪产业有了长足发展，目前我国年猪存栏量、出栏量、肉产量均为世界第一。根据2005年联合国粮农组织（FAO）报告，从2001年至2005年，我国从年出栏5.04亿头增长到6.61亿头，5年间增长了31.2%；2005年猪肉产量已达5009.5万吨，分别比1980年和1990年增加了340%和119%；猪肉占全国肉类总量的64%，占世界猪肉产量的一半。2006年我国人均猪肉占有量达39.6kg，比2005年增加1.3kg，同比增加3.4%；2015年，国家统计局公布我国猪肉产量达到5487万吨。据此测算，我国养猪年产值达到2万亿元人民币，解决就业100万～200万人；据推测，2025年，我国猪肉产量将会达到6338万吨，全球猪肉产量将达到1亿3242万吨。以上数字表明，我国养猪产业发展在世界影响力很大，对我国农业经济和国内生产总值的贡献也很大，对增加农业人口就业的贡献也很大。

（三）社会的稳定器

“猪为六畜之首”“猪粮安天下”“猪是家的组成成分之一”，这些都说明

生猪对国民经济和社会稳定的重大影响，确实不容忽视。

农业是我国国民经济的基础，畜牧业是农业的重要组成部分，是我国人民动物蛋白的主要来源。而养猪业已成为人们的“活肉库”，在各级政府的“菜篮子”工程中占有重要的份额。在居民消费价格指数的构成比例中，猪肉价格占居民消费价格指数的权重与粮食、水果这样的大类占有的权重接近，而后者包含更多的小类，所以其环比波动不会很大，而猪肉价格的直接影响就大得多。生猪的发展对社会具有“稳定器”的重大作用。近几年来，由于猪病日益复杂，突发性疫病流行先后两次导致猪价异常飙升，并直接推动居民消费价格指数大幅上涨就很能说明问题。据分析，猪肉价格每上涨1%，在其他商品价格不变时，居民消费价格指数环比增长0.031%。

另外，食品安全问题与老百姓利益息息相关。民以食为天，食以安为先。食品安全是人类生存和发展的基础，直接关系到国计民生和社会稳定，事关经济发展和社会和谐。猪肉安全是食品安全的重要内容之一，对养猪业的重视也是对食品安全和社会稳定的重视。

三、世界养猪生产现状

养猪业是畜牧业中发展较快的产业之一。世界猪存栏数，1975年为6.84亿头，1995年达9亿头；2004年为9.50亿多头，其中我国4.80亿多头，占世界猪存栏数的一半。2006年世界猪肉总产量1.05亿吨，比1980年增长一倍。2014年，世界猪肉总产量1.11亿吨，其中我国猪肉产量0.57亿吨，占51.33%。美国的养猪业高度发达，是资金和技术高度密集的产业。目前，美国已是全世界猪肉生产大国之一，生猪存栏量和猪肉产量仅次于我国，居世界第二位，也是世界上第二大猪肉出口国。特别是进入21世纪后，美国生猪产量逐年提高，2001年为例，生猪存栏为5980万头，生猪屠宰总量达到9950万头，猪肉年产869万吨，这些数字均占世界产量的10%左右。美国生猪的年销售额达到10亿多美元，整个养猪行业为美国提供80万个左右的就业机会。丹麦是世界公认的养猪王国，是世界上人均生产猪肉最多的国家，80%的猪肉供出口，占世界猪肉出口总量的12%，出口量位居世界第一。加拿大是北美洲仅次于美国的养猪业发达国家。荷兰是欧洲仅次于丹麦的养猪业发达国家。

（一）国外养猪业发展的特点

1. 种猪资源优势明显

长白猪、杜洛克猪、约克夏猪都属于世界著名的猪种，全球分布广泛。控制出口种猪是世界养猪强国的典型特征。美国是世界上最大的种猪出口国；丹麦2006—2007年共出口种猪7万头，而2010—2011年增加到20万头；加拿大现有种猪场630个（原种猪场250个），登记的纯种猪有10万头，长白猪、杜洛克猪、约克夏猪分别占37%、15%、44%。由于市场和饮食结构的变化，猪的品种也在不断变化和更新，更加适应市场对瘦肉需求的增加，母猪均出栏活猪数及产肉量也在不断增加。

2. 规模化养殖

国际养猪趋势是养猪场数量逐年减少，场均饲养生猪头数增加，年出栏量增加，养猪规模基本稳定。

1970年美国共有养猪场87万个，平均出栏商品肉猪100头；1975年有65万个养猪场，平均养殖规模为87头；1994年养猪场减少为21万个，平均出栏商品肉猪为458头；2005年减少到7万个养猪场，平均养殖规模增加到871头。据统计，1992年养猪规模在1000头以上的养殖场占全美国的84.2%，其出栏的商品猪头数占全美国的22%，1000~2000头的养殖场占8.9%，出栏商品猪头数占全美国的20%，2000头以上的养殖场占6.9%，出栏的商品猪占全美国的58%。

日本的养殖户由20世纪60年代的70万户减少到90年代的2万户，户均养殖规模由5.7头增加到545.2头。据日本农林水产省调查，1993年饲养规模在29头以下的农户每头猪的生产成本是40201日元，饲养规模在500头以上的农户每头猪的生产成本是29990日元。

丹麦的养殖模式也不断扩大，1984年养猪场有5万个，1994年减少到不足3万个，1994年存栏数在1000头以下的养殖场占全丹麦79.3%，其养殖数量占全丹麦的24%，1000~2000头以上的养殖场占全丹麦10%，养殖数量占全丹麦54.3%。

荷兰在2000年拥有3万个养猪场，而2006年养猪场减少到2万个，平均养殖规模则不断增加，100头以下的猪场从1998年的7454个减少为1701个，而饲养规模大于1000头的养猪场从1998年的1757个增加到47378个。1998—2008年，养殖母猪头数大于250头的农场从1139个增加到1746个。据报道，2009年荷兰生猪出栏数超过1万头的养猪场有136个。

3. 集约化、工业化生产

发达国家都非常重视养猪生产技术的改进和提高，在环境控制、机械化饲养、计算机管理、环境保护等方面取得了巨大的进步，从而实现了高效率、低成本的规模化、工厂化养猪生产。

美国的养猪场大多采用集约化管理，专业化程度高。大多数猪场不设围墙，没有专门的畜牧兽医技术人员，也没有饲料加工厂等。种猪场只负责生产仔猪、育肥场只负责育肥、保育场只负责保育，不同养殖场的分工明确，日常管理专业性强。同时，集约化、自动化、工厂化、机械化、现代化程度较高。

养殖场内采用全自动控制的饲喂系统，定时、自动添加饲料；自动饮水系统保证猪只24h内自由饮水，而且可向饮水内添加药物。在美国，一个饲养1200头猪的养殖场，只需要一台电子计算机进行管理。将仔猪断奶头数和断奶重、配种的繁殖母畜头数、妊娠母猪的配种日期等数据输入计算机，可以用计算机管理整个猪场，从而大大降低了养殖场的管理人员数，节约了成本。

荷兰的养猪场自动化程度很高，除了30%的养殖场应用母猪自动化饲养管理系统外，大多数的养殖场都可以施行场内自主供暖、自动通风、自动饲喂。但是，产房的自动化应用难度较大。由于荷兰的人工费用高（每小时30欧元左右），所以产房的管理较为粗放，经常发生无人接产，新生仔猪死亡率高的情况，给养殖场造成很大的经济损失。在此情况下，荷兰自主研发了可升降的产床，该产床的漏缝地板可以升降。母猪站立时，产床自动下降，仔猪无法进入母猪的躺卧区，从而有效地避免了母猪躺卧压死仔猪；母猪躺卧后，产床自动上升，仔猪可以随意进食。

加拿大的养猪场也采用自动化的饲养方式。生产过程分为五个环节：配种、妊娠、产仔、保育和肥育，其中，产仔、保育和育肥环节实行单元式全进全出。不同的生产环节都采用计算机自动喂料、饮水、清粪、自动控制舍内温湿度和通风。

4. 完善的产业管理制度

养猪业发达的国家的管理法规都比较健全，从饲料、种畜禽、兽药生产到饲养、加工、运输环节都有法规可循，并有健全的管理机构和监督人员。

美国发布有针对猪肉产品安全卫生的《联邦肉类产品检查法》等多部法律法规，为了有效执法，联邦政府有7600多名监督员，分布在6000多个单位，负责食品安全卫生监督检查工作。美国生猪交易市场的管理也很健全，具有多种交易方式。其中生猪期货市场对于稳定生猪生产，维护生产者利益均起到一定作用。

荷兰的养猪场大都有一整套完善的猪群登记制度：给每头初生仔猪建立养殖档案，直到出栏。一方面可以积累必要的原始资料，为育种提供依据；另一方面，可以建立跟踪制度，有力地监管在生产过程中的每个环节，保证生产健康、安全、优质的猪肉产品，有利于养殖场的可持续发展。同时，荷兰养殖户的准入制度较为严格，必须达到以下条件，才可以从事养猪：有销售订单；有粪污接收者证明；有生产许可证，每个许可证450欧元；在指定区域建厂。

加拿大的养猪行业具有严格的卫生和防疫制度：对种猪采用猪应激综合征（PSS）DNA测试，淘汰含有猪应激综合征基因的猪只；外来人员不得接近猪场；卫生消毒程序严格。通过以上措施加拿大已经消灭了猪瘟、口蹄疫和伪狂犬等疫病。采取以下措施控制其他的猪场疫病：全面推广人工授精技术；采用

“三点式”生产方式，仔猪、母猪和商品猪分开饲养，距离大约在3km以上；兽医定期到养殖场抽检，根据检测结果针对性地指导猪场采取疫病防控措施。

5. 多种养殖模式与经营模式并存

国外养猪业起步早，有很多成功的养殖模式和经营模式，每种模式都有其特点和生存的条件。

美国养猪业有4种成功的经营方式，分别是独自自营、合同生产、公司经营和生产合作社。独自自营猪场是所有生猪都是自己生产的，自产自营，家族（家庭）式，完全独立的经营模式，家族拥有（租赁）全部的资产，承担全部的债务、债权和收益，这种模式相对较少。合同生产是一种公司加农户的经营模式，双方签订合同，确定某一时间以某一固定的价格提供固定数量的断奶仔猪。通常有两种情况，一种是猪场是自己的，与公司签订的代养合同也是自己的；另一种是农户与公司签订了代养合同，但猪场不是自己的，而是由其他有猪场的人提供，代建或者合作。公司经营是由各自股东共同投资组成养猪公司经营的模式。这种模式最早出现在20世纪70年代。美国养猪业之前并没有特别大的养猪公司，随着养猪业发展和公司经营模式的出现，规模越来越大。猪场和猪场之间为了扩大规模优势，不断地联合兼并，一些原来并没有养猪的人或者投资机构加入了这个行业，与原有养猪的人合资组建了更大的养猪公司等。生产合作社作为一种合作经营方式，通常不提利润而只发放管理人员工资。早年的养猪合作社中，会员养猪户大都是一条龙生产，后来不少合作社的养猪户共同建立母猪场，各农户就不再养母猪了，而是从公共的母猪场引进断奶小猪来养。养猪业由副业生产向集约化、商品化、专业化、工厂化方向发展，发达国家养猪场主体规模由1000头扩大到1万头，甚至更大。集约化、工厂化的养猪场创造了规模效益，降低了养殖成本，提高了生产竞争力。

高效健康养殖模式成为新时期养猪业的必然发展趋势，如丹麦、美国、加拿大等养猪业大国不仅在繁育体系、品种改良、性能测定、饲料营养等方面进行深入研究，还开发出相对完善的肉产品市场体系、建立信息技术平台和服务组织，率先完成健康养殖模式的成功推广；美国、荷兰相继开发出幼猪环境调控（SHOAT）模型、畜禽舒适环境模型，成为世界上猪场环境应激的典型预警系统；欧美等发达国家建立了非常完善的法律法规、组织执行机构、控制处理等横向动物疫病监控体系。

另外，以美国为首的发达国家提出的“危害分析与关键控制点（HACCP）”系统正被世界多国借鉴并实施，主要体现在分析影响猪肉质量与安全的危险因素，并找出关键控制点，实行“从地头到餐桌”全过程管理的纵向管理体系，包括相关制度和标准的制定与实施、全程记录、追踪溯源，与国际技术标准接轨的监测检验系统的形成等方面。

6. 专业化生产和社会化服务

在欧美等养猪发达国家，专业化分工和社会化服务体系非常发达。养猪场一般都不建设饲料加工车间，只有饲料储存库，饲料由专门的饲料厂提供；种猪场只负责生产仔猪，仔猪场只负责保育，肥猪场只进行肥育；环保公司负责猪场粪污的处理和回收利用。养猪越先进的国家，社会化服务体系越发达，专业分工越明确。猪场规划、猪舍设计、猪场建设、设备制造与安装、种猪生产、饲料供应、精液供给、防疫消毒、生猪销售、环境控制与保护等养殖各个环节都有专业的公司负责，服务内容涵盖养猪生产管理的所有方面，这样的体系促进了养猪专业水平的提高和养猪业的稳定健康发展。

（二）国外养猪业发展趋势

1. 产业布局更加合理化

高度集约化工厂化养殖与完善的饲养管理措施是现代养猪生产的主要特征。虽然世界各国都能养猪，但是由于经济与环境保护以及动物福利等原因，生猪的生产主产区逐渐向饲料主产区进行转移，从而节约饲料的运输成本。

2. 更加注重食品安全， 禁用抗生素

1986 年瑞典已经开始在畜禽饲料中禁用抗生素，2008 年丹麦禁用抗生素，用于治疗用途的抗生素需要兽医师同意。欧盟在 2006 年规定禁止在畜禽饲料中添加抗生素。寻找抗生素的替代品，并提出改进猪场卫生防疫措施，确保猪场安全高效生产是养猪业的发展趋势。

3. 提高疫病防控能力

随着规模化养殖的不断扩大及抗生素的逐渐禁用，动物的健康及疫病防控成为了养殖场的重点环节。养猪高度化发达的国家将采取更加科学化的疾病预防、控制和治疗体系。如巴西在全国范围内免费提供口蹄疫的接种疫苗，瑞典则规定猪场必须采取“全进全出”的饲养模式，避免疾病交叉感染。更加严格的防疫管理制度显得更有必要。

4. 关注动物福利

提高动物福利既是一种伦理道德，也是促进生猪健康成长的措施。在目前的养猪生产中，大多采用全漏缝地板或半漏缝地板，妊娠母猪饲养于限位栏内。欧盟规定，到 2012 年母猪配种后 4 周内可以饲养在限位栏内，其他时间则禁止饲养在限位栏内。养猪发达国家多采用替代系统来养殖生猪。欧洲部分国家，例如美国、英国等将母猪饲养在舍外，妊娠及哺乳母猪饲养在具有防寒设施的草地上。虽然舍外养殖可以满足空间的要求，但是容易受到气候条件、环境压力、疾病防治措施等的影响。所以在未来的养猪发展过程中，寻求合理、优化的养殖方式是提高动物福利的重要方面。

5. 加强环境保护

在养猪生产过程中，会产生大量的粪便、污水和有害气体等废弃物。产生的氨气不仅危害饲养员的身体健康，还成为大气、土壤和水质的重要污染源，严重影响人类的生存环境。随着“低碳生活”口号的提出，全球将更加关注环境问题，畜牧业的减排势在必行，各个国家将会研发更加环保的废弃物处理与利用措施，减少畜牧业带来的环境危害。例如，荷兰大部分养猪场的猪粪、污水都是排放到猪场封闭的水池内，用粪车抽走后回田。每个环节都处于封闭状态，既减少了粪尿中挥发性氨氮的挥发，又降低了环境危害。同时，荷兰严禁使用杀虫剂，通过专门的公司进行生物防止虫害。他们将寄生蜂蜂卵产在蝇卵上，抢夺蝇卵的营养，从而使其不能孵化，达到控制猪舍内蝇类的目的。加拿大对猪场排放的粪尿采取堆肥发酵处理，生产复合肥可直接用于作物，按照规格打包的堆肥可以作为室内花卉的肥料；对猪场的污水通过发酵处理后，循环利用，或作为农作物的肥料灌溉使用。

6. 新技术的研究和应用

国外养猪发展追求的目标是提高母猪年生产力、肉猪生长速度、饲料转化率、瘦肉率和肉质。养猪发达国家通过育种值估计方法的改进、分子遗传标记的应用、转基因工程技术的发展、超数排卵和核移植的应用等新技术提高了生猪的育种性能；在饲养管理过程中逐步减少甚至停止使用抗生素，以寡聚糖、酶制剂、益生菌、螯合物等绿色添加剂替代；在猪的营养需要、人工授精、肉的品质、粪尿处理、动物福利、环境控制、自动化管理、机械化生产等方面也不断采用新的技术。

四、中国现代养猪生产的现状与展望

我国是世界第一养猪大国，生猪存栏量、肉猪出栏量、猪肉产量三大指标均为世界养猪业相应指标总量的50%左右，位居世界第一。

由于我国地域辽阔、环境迥异、气候不同，使得地方猪品种数量较多，猪种遗传资源丰富。目前，世界上有 300 多个猪品种，我国就有 126 个。已经收录在《中国猪品种志》的地方品种 48 个，培育品种 12 个，国外引进品种 6 个。其中，有以繁殖率高著称的太湖猪；有能够适应各种环境条件的荣昌猪；有适应寒冷气候的河西猪；还有许多具有不同特点的地方品种，如金华猪、香猪、两广小耳猪、藏猪等。同时，全国解放后培育的品种有哈白猪、北京黑猪、三江白猪、上海白猪、苏太猪、湖北白猪等。

我国生猪生产的区域分布：长江中下游区（川、渝、鄂、湘、赣、苏、浙、皖）的猪肉产量占全国总产量的 43. 8%；华北区（冀、鲁、豫）占全国总产量的 21. 6%；东北区（辽、吉、黑）占全国总产量的 6. 3%；东南沿海区

（闽、粤、桂、琼）占全国总产量的13.2%。长江中下游区和华北区是全国猪肉的主产区和调出区，东北区在推广大棚养猪后成为我国的养猪新区。

（一）我国养猪业主要特点

1. 传统散养转变为现代化规模养殖

公元2000年以前，我国养猪业主要以农户一家一户散养为主，养猪规模较小，从几头到几百头不等。2001—2009年，我国养猪规模化程度逐年提高，尤其是2007年以后，呈加速增长趋势。2006年、2007年万头猪场数分别为1300个和1800个，2008年、2009年分别增加到2500个和3000个。这主要有两方面的原因，一是2007年国家有意识推动集约化养猪场的发展，加大了对规模化养殖场的补贴力度，二是随着我国城镇化进程的不断发展，农村养殖户逐渐减少，使得农村养殖数量快速下降。当前，我国大规模猪场和小型养猪场并存，但前者数量和规模在逐年增加，后者数量和规模在逐年减少；生猪出口市场和国内市场并存，以国内消费市场为主。

2. 生产方式由量到质的转变

本世纪初，由于一味追求养殖经济效益，我国猪肉产品质量多次出现安全问题，引起消费者的担忧，甚至恐慌。近年来，国家出台了一系列政策强化肉品市场管理，使得猪肉产品逐步走向安全健康化，主要体现在以下三个方面：一是育种上，养殖场更关注肉色、肌肉脂肪含量等肉品质指标，并将其纳入育种计划；二是生产中，更注重饲料配方的合理搭配及营养，用药也更加规范；三是加强肉品质量检测及监督。以上措施的施行，有效改善了我国猪肉产品质量，增强了消费者的信心。但是与国外养猪业发达国家相比，我国猪肉产品质量仍然存在较大的差距，尤其是优质优价的市场体系仍不健全，对肉品抗生素残留的监控缺失，部分养殖人员没有提高猪肉产品质量的动力，有待加强相关方面的工作。

3. 经营模式多元化

随着我国对规模化养猪的不断推进，目前已形成了多种经营模式并存的局面，主要包括：以产业链经营范围划分的多元化模式、专业化模式；以生产经营者划分的公司自养、“公司+农户”、“公司+基地+农户”、“公司+基地”、养殖小区等多种形式。

多元化模式大多为公司实力强的集团公司，在养殖业的相关环节上不断延伸和拓展，兼营饲料业、生猪屠宰业、猪肉加工业和动保业等。如以单胃动物饲养为主的广东温氏集团，正在发展产品深加工、饲料业和屠宰业；以饲料业为主的大北农集团、双胞胎（集团）股份有限公司等，已经进入养殖业，并且正在发展动保业。该模式现阶段发展较为顺利，兼顾了实力支撑、技术服务完善、抗市场风险能力强等优势。但由于集团业务繁杂，不利于专业水平的提升，未来的发展前景有待于进一步观察。

专业化模式是只从事养猪业，不经营其他的相关产业，在我国，大部分猪场采用此种经营模式。虽然该模式有利于提高猪场的专业化水平和打造自己的种猪品牌，但是也容易受到市场价格波动的影响，抗风险的能力较弱。该模式要求养猪场对市场有较为敏感的判断，否则容易受到市场价格波动的冲击。国家发展生猪期货市场是对专业化养猪模式的有力支持。

公司独立自养又分为一条龙饲养和阶段性饲养。大型养猪集团多采用一条龙的模式，自建自繁原种猪场、父母代场、祖代场。中小企业多采用阶段性饲养模式，只建立原种猪场或者商品场或者育肥场等。一条龙饲养有利于猪场传染病的控制，但需要较大的资金实力支持和较强的技术实力支持。阶段性饲养模式比较适合于现阶段大多数养猪场的实际情况，而且专业化分工也符合未来的养猪发展方向。

“公司＋农户模式”是指公司自建自养种猪场和繁殖场，农户按照与公司的合同饲养育肥猪，同时公司为农户提供猪苗、饲养管理技术、防疫程序以及饲料等。该模式要求选择合适的农户，并签订好合作协议。

“公司＋基地模式”主要是面向出口，要求合作的基地规模较大，设备先进。该模式可以弥补养猪基地市场信息不畅、公司自身实力差的不足，双方合作相得益彰，互为补充。

“公司＋基地＋农户模式”是农户在公司建立的养殖基地内进行饲养，公司提供猪舍、猪苗、饲养管理技术、免疫程序、饲料等，大大降低了疫病风险和资金无法及时回笼的风险。该模式比较适合于现阶段我国农村实际情况，养猪户既得到了资金与技术的全方位支持，又有养猪的积极性，在全国各地得到了大面积的成功推广。

养殖小区是将散养的农户集中到一定的区域内，建立养猪园区，实行一家一户独立经营方式。由于技术水平、饲料质量、防疫措施、种猪质量等因素差异较大，该模式生产效率和经济效益不同，疫病控制和环境保护存在较大问题，目前发展难度较大。

4. 疫病严重

养猪风险主要是价格波动和疫病风险。威胁我国养猪业健康有序发展的疾病主要包括大肠杆菌病、沙门菌病、仔猪副伤寒、猪瘟、口蹄疫等。近年来，随着种猪和疫苗引入的不断增加，一些新型传染病也随之发生，如猪繁殖与呼吸综合征、仔猪多系统衰竭综合征、蓝耳病等，目前还未研究出治疗的有效措施及药物。目前猪场疫病控制主要通过引种隔离、猪场消毒、生猪防疫、强化管理等措施加以解决。

5. 环境污染严重

生产散养的粪污主要通过就地还田处理。而随着传统养殖业向现代规模化、集约化养殖业的不断发展，养殖规模及饲养密度急剧增加，养殖及加工过程产生的排泄物和废弃物严重威胁到畜禽养殖环境，甚至是人类生活环境。环境污染主要表现为空气污染、水污染、土壤污染等方面。造成环境污染的原因主要是没有有效处理和利用畜禽粪便与污水。要合理治理养猪业引起的环境污染，首先应实行干湿分离与雨污分离，对干粪实行生物发酵处理，对污水采用物理的、化学的和生物的综合措施进行处理，并对处理后的粪便和污水进行合理的利用，建立生态型可持续发展的健康养殖模式。

6. 肉质安全问题频发

食品安全事关人类健康和生命，猪肉安全不容忽视。自本世纪初，肉品质量安全频频出现问题，每次事件都会引起消费者恐慌，对养猪业造成严重打击。虽然国家一再出具相应的政策法规来规范肉品市场，但是由于养猪业的产业链太长、中间环节众多，质量问题得不到有效的控制。2001 年广东发生“瘦肉精”事件，2003 年爆出药物残留和重金属残留，2005 年四川发生猪链球菌，2006 年上海爆出“瘦肉精”中毒事件，2009 年，猪流感席卷全球，2011 年 3 月发生双汇“瘦肉精”事件。在未来的养猪业发展过程中，食品质量问题仍然是头等大事。

7. 行情波动大，小型养猪场抗风险的能力差

猪价市场波动剧烈，变化幅度较大。小型养猪场由于资金实力差，市场开拓不够，在猪价低谷时往往亏损严重，特别是受到农村养猪户和国外现代化养猪场低价的双重夹击，往往破产倒闭。在猪价高峰时，养猪利润空间加大，大量社会游资进入养猪行业，往往对养猪业形成短期市场冲击，为下一轮低价冲击埋下隐患。在未来十年之内，我国养猪业优胜劣汰趋势将加大。

（二）我国养猪业的发展趋势

1. 规模化和工厂化养殖

传统的饲养模式由于具有防疫条件差、饲养管理水平落后、资金投入不足、对市场波动的风险抵抗性较差等特点，但随着我国城镇化进程的加速、农民收入增高、生活水平有了很大程度的改善等原因，散户养殖将逐渐被规模化、工厂化的养殖模式所取代。近几年，我国猪场的规模化不断发展，年出栏 1 万头以上的大型养殖场约有数千个。随着经济的快速发展和城镇居民消费需求的不断增大，规模化、工厂化的养殖场将迅速增加，集约化的养猪企业迅速崛起。由于规模化养殖企业的投资大、猪场建设结构合理、饲养管理体系健全，所以，在一定程度上避免了生产盲目性，具有一定的市场预测能力和抗风

险能力，使我国的养猪业更加健康稳定发展。同时，机械化、自动化的工厂化养殖模式也会降低生产成本，增强养猪生产的市场竞争力。

2. 关注动物福利

目前，世界养猪发达的国家通过提出相关的规章制度，组建管理机构来提高动物福利。用合理的措施来提高动物福利，不仅能够改善动物的生长环境，还能够最大限度地发挥动物的生长潜力，提高生产效率。因此，在我国未来的工厂化养猪道路上，应研发养猪的关键饲养管理措施和生产工艺，改善养殖环境，提高动物福利，从而促进我国的养猪业健康可持续发展。关注动物福利还可以主动适应欧美市场环境，促进生猪出口。

3. 环境保护得到重视

传统的饲养模式带来了日益严重的环境及生态问题，猪场排放的臭气污染养殖场及周围的大气环境；粪便等排泄物及养殖场污水既污染土壤，又可能造成水体的富营养化，从而影响了城乡居民的生活环境。为了减少环保压力和提高养殖经济效益，猪场可以采用发酵床养猪技术，大大降低猪舍的臭气排放，提高养殖效益；也可以采取种养结合方式，利用粪污还田、生态循环来解决环境污染问题；还可以利用现代环境污染处理技术，处理污水后达标排放；对养猪场粪便采用生物堆肥发酵生产有机肥的方式加以合理利用。

4. 疾病预防制度更加健全

猪病是对养猪场的致命威胁，在饲养管理、饲料营养、消毒、动物免疫、预防治疗、福利保健、重大事件应急处理等方面密切配合，可以构建有效的防疫体系。首先，提高防范和防控意识，对引入的后备猪进行彻底隔离观察和有效的病原检测后进入生产区；对后备、初产母猪发生的疾病加强重视，及时对猪群进行有效净化。其次，增强管理意识，对猪场实行全封闭式管理，饲养人员或外来人员不能随意出入养殖场，在必要时，要进行严格的入场消毒，并且建立疾病档案，做好疫病诊断记录；同时，监控意识加强和检测手段更有效，将兽医师的临床诊断与实验室的分析检测相结合，对疫病做出及时的预测。综合的疾病控制措施和有效的防疫体系，可以有效减少猪场疫病的发生。

5. 饲养管理水平逐步提高

第一，逐步培养出高水平的技术人员：在我国大部分中小型养殖场，技术人员相对年轻，实践经验不足，造成免疫程序的混乱不合理和药物的盲目使用。通常认为注射疫苗越多越好，不进行药物敏感性试验，盲目地使用抗生素等药物，使得病原产生耐药性或者变异，造成抗生素残留、疾病无法有效控制。第二，建立有效的管理体制：根据自身养殖场的资金投入、基础设备建设、当地的养殖环境、市场的变化等，建立一套有效的管理体制，防止生产环节之间相互分离，影响养殖场的整体运作：第三，进一步提高环境控保护意识。随着国家对环境保护力度的不断加强，养殖业将面临着严峻的考验。目前，有些养殖场舍内、舍外污染源多，苍蝇、老鼠成群结队；舍内外病死猪不及时处理；医疗垃圾到处乱扔；粪便、污水随意排放，臭气熏天。针对上述情况，提高养殖从业人员的环境保护意识，刻不容缓。

6. 强化体系建设，逐年提高专业分工和社会化服务水平

首先是养猪业市场运行监测体系逐步得到完善，相关机构和平台及时发布养猪动态信息，引导养猪生产健康平稳发展；其次是通过互联网平台建设开放、统一、竞争有序的市场体系；养猪社会分工逐步专业化，养猪服务逐步涵盖产供销各个环节；产学研紧密结合，专业技术服务平台更加完善。

7. 市场细分，个性化定制和生态养殖出现

生态养殖是我国养猪业可持续发展的必由之路，坚持经济建设和环境保护同步，经济效益、社会效益和环境效益协调的原则，既要合理利用自然资源，发展养猪业，又要维护生态平衡，持续发展；对于国内外的高端消费市场，可通过互联网平台个性化定制，生产无公害猪肉、绿色猪肉和有机猪肉；同时，可以通过现代科技发展医药猪和宠物猪，通过基因工程，大幅度提高养猪生产附加值。

8. 养猪龙头企业增加，养猪产业化加快

养猪生产、销售、服务、加工一体化的经营方式，以龙头企业带动养殖小区或养殖基地，以市场为向导经受市场风浪的冲击。养猪的根本出路在于产业化，以龙头企业推动养猪的产业化是我国经济社会选择的道路，也是我国养猪业的发展趋势。发展养猪龙头企业也是提高我国养猪技术水平，增加我国生猪出口量的有效途径。

项目思考

1. 养猪生产的意义何在?
2. 发达国家养猪的特点有哪些?
3. 我国养猪生产存在什么问题?
4. 怎样解决我国养猪生产存在的问题?
5. 国内外养猪业的发展趋势有哪些?

项目二　猪的品种资源及其杂交利用

知识目标

1. 掌握猪的生物学特性和行为特性，能够根据实际生产需要对猪进行正确引导和利用。
2. 掌握猪的经济类型和主要优良品种，能够对猪进行有效引种和改良。
3. 掌握杂交、杂种优势、繁殖等基本理论知识。

技能目标

1. 学会基本引种选育技术。
2. 学会对种猪的外貌进行鉴别，具备品种辨析和鉴别能力。

必备知识

一、猪的生物学特性和行为特性

随着养猪业的迅猛发展，猪场逐渐从粗放饲养转为精细化饲养，在饲养管理过程中如果猪只配合管理，猪场工人的劳动强度就会大大降低，然而目前部分养猪场时常会出现如下情况：诸如保育猪等猪群转群后，猪只随处排粪、排尿，给工人清扫带来诸多不便；由于猪只随地排便，造成猪只体表污秽不堪且传染病增多；不遵循猪只自身特点，造成生产性能受到影响，同时难于管理。要想解决以上诸多问题，必须首先了解猪的生物学特性和行为特性，利用猪自身特性引导管理，降低劳动强度，提高工作效率。

（一）猪的生物学特性

1. 繁殖能力强，世代间隔短

家猪与其他饲养家畜相比，其繁殖能力毋庸置疑是非常强的，而其世代间隔也很短，主要表现在以下几个方面。

（1）猪一般4～5月龄达到性成熟，6～8月龄就可进行初次配种。部分地方早熟品种的性成熟更早，如中国优良地方猪种，据资料记载公猪3月龄能够产生精子，母猪4月龄可以发情排卵，比国外品种提前了3个月。太湖猪无论从性早熟方面还是高繁殖力方面都是一个地方典型品种代表。

（2）猪的妊娠期为114d，12月龄时或更短的时间内可以产第一胎，足见其妊娠期短。

（3）猪是常年发情的多胎高产动物，发情不受季节限制，一般一年能分娩2～2.3胎，若缩短哺乳期，可以提高年产仔窝数，如果母猪进行激素处理每年产仔窝数会更多。另外经产母猪每胎产仔个数也比其他家畜高很多，平均每胎产仔12头左右。我国太湖猪的产仔数高于其他地方猪种和外国猪种，窝产活仔数平均超过14头，个别高产母猪一胎产仔超过22头，最高纪录窝产仔数达42头，其繁殖性能可见较高。

（4）猪性成熟早，妊娠期短，生长发育快，因而世代间隔短，一般平均1.5～2年。如果第一胎就留种，则世代间隔可缩短到1年，也就是一年一个世代。

母猪卵巢中有卵原细胞11万个，但在它一生的繁殖利用年限内只排卵400枚左右。母猪一个发情周期内可排卵12～20个，而产仔只有8～10头；公猪一次射精量200～400mL，多者800mL，含精子数200亿～800亿个，可见，猪的繁殖效率潜力很大。试验证明，通过外激素处理，可使母猪在一个发情期内排卵30～40个，个别的可达80个，个别高产母猪一胎产仔数也可达15头以上。因此，只要采取适当的繁殖措施，改善营养和饲养管理条件，以及采用先进的选育方法，进一步提高猪的繁殖效率是可能的。

2. 生长期短，生长强度大

与牛、马、羊相比，猪的胚胎生长期和生后生长期都较短，生长强度大。

猪的妊娠期为114d（折合3.8个月），马、牛、羊分别为11.3个月、9.5个月、5.0个月。由于猪的妊娠期短，产仔数又多，所以胚胎期发育不如牛、马、羊充分，初生体重较小，只有1～1.5kg，各器官系统发育也不完善，对外界环境的适应能力差，因而，初生仔猪需要精心护理，否则容易染病死亡。另外，猪的生长期很短，5.5～6月就可出栏，比马、牛、羊短得多。这样使得养猪业从古至今在中国历史上一直占有着重要地位。

猪生长发育迅速，其他家畜远远没有猪的相对生长速度快，据试验显示，猪第1月龄的体重为初生重的5～6倍，第2月龄的体重为初生重的10～13倍，瘦肉型猪生长发育尤其快，在满足其营养需要的条件下，一般160～170d体重可达到90～100kg，即可出栏上市。一般出栏的个体重相当于猪初生重的90～100倍，而牛、马只有5～6倍。当然为保证这样快的生长速度必须以提供优质的全价饲料营养、良好的环境卫生和科学的饲养管理为前提。

3. 杂食性，饲料来源广泛，转化率高

猪是杂食动物，门齿、犬齿发达且齿冠尖锐，有利于食肉，臼齿发达且齿冠上有台面和横纹，有利于食草。胃是肉食动物的简单胃和反刍动物的复杂胃之间的中间类型，因而能利用各种动植物和矿物质饲料，并且利用饲料能力强，其产肉效率高于牛、羊，但比肉鸡低。

猪吃得多，但很少过饱，消化很快，能消化大量的饲料，以满足其迅速生长发育的营养需要。猪不仅能很好地消化精饲料，其对有机物的消化率为76.7%，而且也能较好地消化青粗饲料，其对青草和优质干草的有机物消化率分别达到64.6%和51.2%。但猪并不是什么都吃，有择食性，能辨别口味，特别喜爱甜食。

猪对粗饲料中粗纤维的消化较差，而且饲料中粗纤维含量越高对日粮的消化率也就越低。因为猪胃内没有分解粗纤维的微生物，几乎全靠大肠内的微生物分解，比不上反刍家畜牛、羊的瘤胃。猪日粮中粗纤维含量越高消化率越低。所以，在猪的饲养中，注意精饲料、粗饲料的适当搭配，控制粗纤维在日粮中所占的比例。猪对粗纤维的消化能力随品种和年龄不同而有差异，我国地方猪种较国外培育品种具有较好的耐粗饲特性。但其对粗纤维摄入也有一定要求，一般仔猪料粗纤维低于1%～2%，肥育猪料在6%～8%，种母猪料为10%～12%（有报道认为，粗纤维16%时有利于母猪肠道改善，对哺乳期间多采食有利，并防止便秘等）。

$$猪对饲料的消化率 = (92.5 - 1.68X)\%$$

式中　X——饲料干物质中粗纤维的百分比

4. 视觉不发达，嗅觉、听觉灵敏

猪的视觉很弱，对光线强弱和物体形态的分辨能力不强，颜色能力差。人们常利用这一特点，用假母猪进行公猪采精训练。驱赶猪只转群等工作时也常常用到这一特点。

猪有特殊的鼻子，嗅区广阔，嗅黏膜的绒毛面积很大，分布在嗅区的嗅神经非常密集。因此，猪的嗅觉非常灵敏，几乎对任何气味都能嗅到和辨别。

据测定，猪对气味的识别能力高于狗1倍，比人高7～8倍。仔猪在生后几小时便能鉴别气味，依靠嗅觉寻找乳头，在1～3d内就能固定乳头，在任何情况下，都不会出错，哺乳母猪靠声音信号呼唤仔猪吃奶，放奶时间约 45s，放奶时发出哼哼声。因此，在生产中按声音强弱固定乳头或把寄养时间控制在 1～3d 内较为顺利。猪依靠嗅觉能有效地识别自己的圈舍、卧位和群内的个体，保持群体之间、母仔之间的密切联系。对混入本群的其他群仔猪能很快识别出，并加以驱赶，甚至咬伤或咬死。灵敏的嗅觉在公猪、母猪性联系中也起很大作用，发情母猪闻到公猪特有的气味，即使公猪不在场，也会表现“呆立”反应。同样，公猪能敏锐闻到发情母猪的气味，即使距离很远也能准确地辨别出母猪所在方位。凭着灵敏的嗅觉，猪能有效地寻找埋藏在地下很深的食物，比如国外 19 世纪早期，曾用猪来寻找地下埋藏的块菌以获取经济效益。

猪耳形大，外耳腔深而广，听觉相当发达，即使很微弱的声响，都能敏锐地觉察到。另外，猪头转动灵活，可以迅速判断声源方向，能辨声音的强度、音调和节律，容易对呼名、口令和声音刺激建立条件反射。

仔猪生后几小时，就对声音有反应，到第 2 月龄时就能很快地辨别出不同的声音。人们可以通过猪对声音的细致鉴别能力，调教其对各种口令的适应。猪对意外声响特别敏感，尤其是与吃喝有关的声音更为敏感，当它听到饲喂器具的声音时，立即起而望食，并发出饥饿叫声。在现代化养猪场，为了避免由于喂料音所引起的猪群骚动，常采取全群同时给料的装置。猪对危险信息特别警觉，即使睡眠时，一旦有意外声音，就立即苏醒，站立警备。因此，为了保持猪群安静，尽量避免产业突然的声音，尤其不要轻易抓捕小猪，以免影响其生长发育。

5. 群居序次明显

猪喜群居，同一小群或同窝仔猪间能和睦相处，但不同窝或群的猪新合群到一起，就会相互撕咬，并按来源分小群躺卧，几日后才能形成一个有次序的群体。在猪群内，不论群体大小，都会按体质强弱建立明显的序次关系，体质好，能争抢好斗的个体排在前面，稍弱的排在后面，依次形成固定的序次关系，若猪群过大，就难以建立序次，相互争斗频繁，影响采食和休息。一般群体数量不超过 30 头。若一个猪群处于基本稳定状态，突然放入新的个体，又会引起新的骚乱，新的个体会遭到群起而攻之，轻者咬伤，重者咬死，待猪群等级建立之后又会重新稳定下来，所以在饲养管理中应尽量避免调整猪群，即使调整猪群也应该采取一定的措施，如使用镇静剂、涂抹粪尿、晚上合群等。

6. 喜清洁，易调教，不耐高温

猪是爱清洁的动物，采食、睡眠和排粪尿都有特定的位置，俗称“三定点位”。猪一般喜欢在清洁干燥处躺卧，在墙角、蔽荫潮湿有粪便气味处排粪尿。但如果猪群过大，或圈栏过小，猪的这些习惯就会被破坏。

猪属平衡灵活的神经类型动物，易于调教。在生产实践中可利用猪的这一特点，建立有益的条件反射，如通过短期训练，可使猪在固定地点排粪尿等，便于生产管理。

猪的汗腺退化，皮下脂肪层厚，皮肤的表皮层较薄，而且被毛稀少，对光照射的防护力较差。因而大猪不耐热，其适宜温度为20～23℃。

$$T = -0.06W + 26$$

式中　T——适宜温度，℃

W——生长肥育猪体重，kg

基于以上因素，在气温较高时猪只容易产生中暑、热射病等疾病，所以要注重防暑降温工作。

7. 适应性强，分布广

猪对自然地理、气候等条件的适应性强，是世界上分布最广、数量最多的家畜之一，除因宗教和社会习俗等原因而禁止养猪的地区外，凡是有人类生存的地方都可养猪。从生态学适应性看，主要表现为对气候寒暑的适应、对饲料多样性的适应、对饲养方法和方式（自由采食和限喂，舍饲与放牧）的适应，这些是它们饲养广泛的主要原因之一。

但是，猪如果遇到极端环境和极其恶劣的条件，猪体出现应激反应，如果抗衡不了这种环境，生态平衡就遭到破坏，生长发育受阻，生理出现异常，严重时就出现病患和死亡。例如，当温度升高到临界温度以上时，猪的热应激开始，呼吸频率升高，呼吸量增加，采食量减少，生长猪生长速度减慢，饲料转化率降低，公猪射精量减少、性欲变差，母猪不发情，当环境温度超出等热区上限更高时，猪则难以生存。同样冷应激对猪影响也很大，当环境温度低于猪的临界温度时，其采食量增加，增重减慢，饲料转化率降低，打颤、挤堆，进而死亡。

（二）猪的行为学特点

和其他动物一样，猪对生活环境、气候条件以及饲养管理条件等会产生一定的反应，在行为上有其相应的表现，并且形成有规律性的活动。随着科学技术的进步，养猪业迅猛向现代化发展的今天，猪的行为学已被越来越多的人所重视，研究其行为学的模式、行为学的机理、调教的方法与技术，已经成为人们提高养猪效益的途径。

现代化的养猪生产，在生产工艺形式上日趋向集约化方向发展，如全舍饲、高密度、限位栏、同步发情配种、同期产仔的流水式工艺流程等。在高效生产的同时，也不同程度地妨碍了猪的正常行为习性，不断发生应激反应。如何统一这种人为环境与猪行为之间的矛盾？一方面需要了解猪行为的科学，另一方面需要通过科学的方法，对猪群进行调教，让猪只适应设计上的需要，使猪的后天行为更符合于现代化生产的要求。

猪的行为学特点主要包括采食行为、排泄行为、活动与睡眠、群居行为、争斗行为、性行为、母性行为、异常行为8个方面，除此之外还有后效行为和探究行为尚在研究之列。

1. 采食行为

猪有坚强的鼻吻，天生具有拱土遗传特性，即拱土觅食是猪采食行为的一个突出特征，“猪往前拱”就是对猪放牧时采食的形象写照。尽管在现代猪舍内，饲以良好的平衡日粮，猪仍表现拱地觅食的特征。因此对猪舍建筑物有破坏性，要求猪栏及圈门有一定的坚固性。

猪的采食有选择性，特别喜爱甜食，也喜欢具有腥、香味的食物。研究表明，仔猪哺乳期间就对甜味的饲料感兴趣，愿意吃带有乳香味的饲料，而后依喜嗜分层择食。为此，猪在采食时，总用其长嘴来回翻拌饲料，当饲槽设计不合理时，往往把饲料撒在地上。而一旦有饲料撒在地上，再收回食槽中，因混有其他异物，饲料的味道变了，猪就不愿吃了。

猪在采食时具有竞争性，群饲的猪比单饲的猪吃得多、吃得快、增重也高。饲养时也表现在猪只一边吃食，一边要用嘴和肩部保护自己所占据的有利位置。叼起一嘴饲料，发现有另一个伙伴抢占自己的位置时，它就暂时停止咀嚼，驱赶来犯猪只离开自己的位置，有时会把饲料掉在槽外，造成饲料浪费。在饲料量少时，要以尽快的速度采食更多的饲料。根据猪的这种行为，在喂猪时要少喂勤添，一次给料量分为2~3次投放。

猪白天采食6~8次，比夜间多1~3次，且白天的采食量比夜间大得多，有试验表明，在自由采食的情况下，猪白天（6∶00~18∶00）的采食量占全天采食量的73.6%，夜晚采食量只占全天采食量的26.4%。猪每次采食持续时间10~20min，限饲时少于10min。

一般来说，采食过程中，相比于粉料和干料，猪更喜欢吃颗粒料和湿料。颗粒料和粉料相比，猪更爱吃颗粒料；干料与湿拌料相比，更爱吃湿拌料。但当颗粒料硬度过大时，猪又在槽底部觅食粉状的渣料，这是因咀嚼肌疲劳所致。

在多数情况下，饮水与采食同时进行。猪的饮水量相当大，仔猪出生后就需要饮水，初生时1~2d水的来源主要靠母乳解决。在生后3~4d，仔猪吃奶，同时需要从外界环境中饮水。开始采食的小猪，每昼夜吃料时饮水量为干料的2~3倍；成年猪的饮水量除饲料组成外，很大程度取决于环境温度。吃干料的小猪，每昼夜饮水9~10次，且每次采食后需要立即饮水，吃湿料平均2~3次。自由采食的猪通常采食与饮水交替进行，直到满意为止，限制饲喂的猪则在吃完料后才饮水。

2. 排泄行为

猪的睡觉、采食、饮水、排泄都有固定位置，人们把这种现象称作“三点定位”，其中重点是排泄行为。

猪不在吃、睡的地方排粪、尿是先天遗传的，动物学家观察野猪的习性，发现野猪不在窝边拉粪、撒尿，以免敌兽发现其行踪从而保护自身。

在良好管理条件下，猪能保持睡觉的地方清洁干燥。猪排粪、尿有一定的时间和区域，一般多在食后饮水或起卧时，选择阴暗潮湿或污浊的角落排粪、尿，且受邻近猪的影响。据观察，生长猪在采食过程中不排粪，饱食后5min左右开始排粪1~2次，多为先排粪再排尿，在饲喂前也有排泄的，但多为先排尿后排粪，在两次饲喂的间隔时间里猪多为排尿而很少排粪，夜间一般排粪2~3次，早晨的排泄量最大。

3. 活动与睡眠

猪的行为有明显的昼夜节律，活动大多在白天，除了温暖的春天和夏季夜间有采食等活动外，遇有阴冷的冬天，活动时间很少。特别是严寒的冬季，活动更少。

昼夜活动也因年龄及生产性能不同而有差异，仔猪昼夜休息时间平均60%~70%，种猪70%，母猪80%~85%，肥猪为70%~85%。休息高峰在半夜，清晨8:00左右休息最少。

哺乳母猪的睡卧时间一般随哺乳天数增加而逐渐减少，起来活动时间和次数由少到多，由短到长。哺乳母猪的睡卧有两种，一种为静卧，一种为熟睡。静卧多为侧卧，少为伏卧，呼吸轻而均匀，虽然是闭眼卧睡，但很容易被惊醒。熟睡为侧卧，呼吸深长，有鼾声，不易惊醒。

仔猪生后3d内除吸乳和排泄外，几乎全是甜睡不醒。但随着日龄的增加，体质日见强壮，活动时间和活动量日益增多，睡眠相应减少。但至40日龄大量采食饲料以后，卧睡时间又有增加，饱食后一般安静睡眠。

4. 群居行为

猪有合群性，喜欢群居生活。猪的同群体中个体之间有各种交互作用，其中结对是一种突出的交往活动。猪群体表接触就是身体接触，借以保持听觉的信息传递。

稳定的猪群，是按优势序列原则，组成有等级制的社群结构，个体之间保持熟悉，和睦相处；当重新组群时，稳定的社群结构发生变化，发生激烈的争斗，直至重新组成新的社群结构。

猪的社会群体有明确的等级观念。这个等级从小猪初生就开始形成。仔猪出生后几个小时内，为了争夺母亲前端的乳头，就出现了争斗行为。常可以看到先出生而体重大的仔猪占据前边的乳头位置。而弱小的猪，一再被排挤得吸吮后边的乳头。同窝仔猪合群性好，当它们散开时，彼此距离不远，若受到意外惊吓，会立即聚集一堆，或成群逃走，当仔猪同其母猪或同窝仔猪离散后不到几分钟，就出现极度不安，大声嘶叫，频频排粪、尿。年龄较大的猪与伙伴分离也有类似表现。

5. 争斗行为

猪既有合群性，又有排他性，当猪合群并圈时，在一段时间内会发生争斗现象，主要表现在抢吃、抢喝、抢占卧位等方面，当群内位次明确后才会平静下来。争斗行为包括进攻防御、躲避和守势等活动。

一头陌生的猪进入一群中，这头猪便成为全群猪攻击的对象，攻击往往是严酷的，轻者伤皮肉，重者造成死亡。

如果将两头陌生的性成熟公猪放在一起时，彼此会发生激烈的争斗。它们相互打转、相互嗅闻，有时两前肢趴地，发出低沉的吼叫声，并突然用嘴撕咬，这种斗争可能持续 1h 以上，屈服的猪往往调转身躯，号叫着逃离争斗现场，虽然两猪之间的格斗很少造成伤亡，但一方或双方都会造成巨大损失，在炎热的夏天，两头幼公猪之间的格斗，往往因热及虚脱而造成一方或双方死亡。

猪的争斗行为，多受饲养密度的影响，当猪群密度过大，每头猪所占空间下降时，群内咬斗次数和强度增加，会造成猪群吃料攻击行为增加，降低采食量和增重。

争斗形式主要包括两种，即一是撕咬攻击对方的头部，二是在舍饲猪群中攻击对方臀部进行咬尾。一般体重大、气势强的占有优势，年龄大的比年龄小的占优势，公猪比母猪占优势，不去势的比去势的占优势。

6. 性行为

性行为主要包括发情、求偶和交配行为。母猪在发情期，可以见到特异的求偶表现，公猪、母猪都表现一些交配前的行为。

发情母猪主要表现为卧立不安，食欲忽高忽低，发出特有的音调柔和而有节律的哼哼声，爬跨其他母猪，或等待其他母猪爬跨，频频排尿，尤其是公猪在场时排尿更为频繁。发情中期，性欲高度强烈的母猪，当公猪接近时，调其臀部靠近公猪，闻公猪的头、肛门和阴茎包皮，紧贴公猪行走，甚至爬跨公猪，最后站立不动，接受公猪爬跨。管理人员压其背部时，立即出现呆立反射，这种呆立反射是母猪发情的一个关键行为。

公猪一旦接触母猪，会追逐母猪，嗅其体侧肋部和外阴部，把嘴插向母猪两腿之间，突然往上拱动母猪的臀部，口吐白沫，往往发出连续的、柔和而有节律的喉音哼声，有人把这种特有的叫声称为“求偶歌声”，当公猪性兴奋时，还出现有节奏的排尿。

有些母猪表现明显的配偶选择，对个别公猪表现出强烈的厌恶；有的母猪由于内激素分泌失调，表现性行为亢进，不发情或发情不明显。

公猪由于营养和运动的关系，常出现性欲低下，或发生自淫现象；群养公猪，常造成稳定的同性性行为的习性，群内地位低的公猪多被其他公猪爬跨。

7. 母性行为

母性行为包括分娩前后母猪絮窝、哺乳及其他抚育仔猪的活动等一系列行为。

母猪临近分娩时，通常以衔草、铺垫猪床絮窝的形式表现出来，如果栏内是水泥地而无垫草，只好用蹄子抓地来表示。分娩前一天母猪表现神情不安，频频排尿、磨牙、摇尾、拱地、时起时卧，不断改变姿势；分娩时多采用侧卧，选择最安静时间分娩，一般多在下午 4∶00 以后，特别在夜间产仔时多见。当第一头仔猪产出后，有时母猪还会发出尖叫声，当仔猪吸吮母乳时，母猪四肢伸直亮开乳头，让初生仔猪吃乳。母猪整个分娩过程中，自始至终都处在放乳状态，并不停地发出哼哼的声音，乳头饱满，甚至奶水流出，使仔猪容易吸吮。母猪分娩后以充分暴露乳房的姿势躺卧，形成一热源，引诱仔猪挨着母猪乳房躺下。授乳时常采取左倒卧或右倒卧姿势，一次哺乳中间不转身，母仔双方都能主动引起哺乳行为，母猪以低度有节奏的哼叫声呼唤仔猪哺乳，有时是仔猪以其召唤声和持续地轻触母猪乳房以刺激授乳，一头母猪授乳时母、仔的叫声，常会引起同舍内其他母猪也哺乳。仔猪吮乳过程可分为四个阶段，开始仔猪聚集乳房处，各自占据一定位置，以鼻端拱摩乳房，吸吮时仔猪身向后，尾紧卷，前肢直向前伸，此时母猪哼叫达到高峰，最后排乳完毕。

母、仔之间是通过嗅觉、听觉和视觉来相互识别和联系的，猪的叫声是一种联络信号。哺乳母猪和仔猪的叫声，根据其发声的部位（喉音或鼻音）和声音的不同可分为嗯嗯声（母仔亲热时母猪叫声）、尖叫声（仔猪的惊恐声）和鼻喉混声（母猪护仔的警告声和攻击声）三种类型，以此不同的叫声，母、仔互相传递信息。

母猪非常注意保护自己的仔猪，在行走、躺卧时十分谨慎，不踩伤、压伤仔猪，当母猪躺卧时，选择靠栏三角地不断用嘴将仔猪推出卧位慢慢地依栏躺下，以防压住仔猪，一旦遇到仔猪被压，只要听到仔猪的尖叫声，马上站起，防压动作再重复一遍，直到不压住仔猪为止。

带仔母猪对外来的侵犯，先发出报警的吼声，仔猪闻声逃窜或伏地不动，母猪会张合上下颌对侵犯者发出威吓，甚至进行攻击。刚分娩的母猪即使对饲养人员捉拿仔猪也会表现出强烈的攻击行为。这些母性行为，地方猪种表现尤为明显；现代培育品种，尤其是高度选育的瘦肉猪种，母性行为有所减弱。

8. 异常行为

异常行为是指超出正常范围的行为，恶癖就是对人畜造成危害或带来经济损失的异常行为，它的产生多与猪所处环境中的有害刺激有关。如长期圈禁的母猪会持久而顽固地咬嚼自动饮水器的铁质乳头。母猪生活在单调无聊的栅栏内或笼内，常狂躁地在栏笼前不停地啃咬着栏柱。一般随其活动范围受限制程度增加则咬栏柱的频率和强度增加，攻击行为也增加，口舌多动的猪，常将舌尖卷起，不停地在嘴里伸缩，有的还会出现拱癖和空嚼癖。

同类相残是另一种恶癖，如神经质的母猪在产后出现食仔现象。在拥挤的圈养条件下，或营养缺乏或无聊的环境中常发生咬尾异常行为，给生产带来极大危害。

猪群还有许多其他的行为，如后效行为、探究行为等，有的行为人们还不是很了解，有的甚至还无法解释。

（1）后效行为　猪的行为有的与生俱来，如觅食、哺乳和性行为等，有的则是后天形成的，如识别某些事物和听从人们指挥的行为等。后天获得的行为称条件反射行为，或称后效行为。后效行为是猪生后对新鲜事物的熟悉而逐渐建立起来的。猪对吃、喝的记忆力强，对饲喂的有关工具、食槽、饮水槽及其方位等，最易建立起条件反射。仔猪在人工哺乳时，每天定时饲喂，只要按时给以笛声或铃声或饲喂用具的敲打声，训练几次，即可听从信号指挥，到指定地点吃食。

猪以上各方面的行为特性，为养猪者饲养管理好猪群提供了科学依据。在整个养猪生产工艺流程中，充分利用这些行为特性，精心安排各类猪群的生活环境，使猪群处于最优生长状态，方可充分发挥猪的生产潜力，获取最佳经济效益。

（2）探究行为　探究行为包括探查活动和体验行为。猪的一般活动大部分来源于探究行为；探究行为促进了猪的学习，使学习更容易。探究环境，并从环境中获得信息是猪基本的生物学需要。通过看、听、嗅、啃、拱等感官进行探究。探究行为在仔猪中表现明显，仔猪出生后 2min 左右即能站，开始搜寻母猪的乳头，用鼻子拱掘是探查的主要方法。仔猪探究行为的另一个明显的特点是用鼻拱、口咬周围环境中所有新的东西。猪在觅食时，首先是拱掘动作，先是用鼻闻、拱、舔、啃，当诱食料合乎口味时，便开口采食。猪在猪栏内能明显划分睡床、采食、排泄不同地带，也是用鼻的嗅觉区分不同气味探究而形成的。

当然，随着养猪生产工艺的改善，许多猪的行为也在发生变化，有待今后进一步研究。

二、猪的经济类型和主要优良品种

目前，我国是世界上猪种资源最丰富的国家之一，拥有丰富的育种素材，据不完全统计，约有100多个猪品种，依起源地不同，可分为6大类型，分别为华北型、华南型、华中型、江海型、西南型和高原型。据农业部全国畜牧总站2012年3月统计数据显示，我国地方品种、培育品种和引入品种共计125个。其中地方品种多达72个，列入“国家级禽畜遗传资源保护名录”的地方猪种就有34个，如八眉猪、太湖猪（二花脸猪、梅山猪）、民猪、金华猪、荣昌猪、香猪（舍白香猪）、内江猪、五指山猪等。据2000年专家分析，我国目前集约化养猪约占10%，专业户约20%，农户饲养约70%。近几年来，随着国内经济的快速发展，中国的养猪业迅猛发展，特别是在经济发达的东南沿海和京津地区，到目前为止，我国集约化的猪场主要集中在大中城市和郊区。规模化猪场所饲养品种中以国外引入猪种（大白猪、长白猪、杜洛克等）为主，少数涉及优良地方猪种。

根据猪胴体瘦肉含量高低，可将猪种分为脂肪型、兼用型、瘦肉型，按猪种的培育方式与来源可分为地方猪种、培育猪种和引进猪种三大类。

（一）猪的经济类型

由于不同猪种的生长特性和沉积脂肪能力存在较大差异，所以产出的猪肉品质也不尽相同。根据不同猪种肉脂生产能力和外形特点，按胴体的经济用途可分为脂肪型、瘦肉型和介于二者之间的兼用型三个类型。

1. 脂肪型

脂肪型，又称脂用型，这类猪的胴体脂肪多，瘦肉少。外形特点是体躯宽、深而短，全身肥满，头、颈较重，四肢短，体长与胸围相等或相差2~3cm。胴体瘦肉率45%以下。我国的绝大多数地方品种属于脂肪型。这种类型猪以产脂肪为主，脂肪一般占胴体的45%以上，膘厚4cm以上。

我国的太湖猪、民猪、八眉猪、荣昌猪、内江猪、金华猪、藏猪等均为此类代表性品种。

2. 瘦肉型

瘦肉型，又称肉用型。这类猪的胴体瘦肉多，脂肪少。外形特点与脂肪型相反，头颈较轻，体躯长，四肢高，前后肢间距宽，腿臀发达，肌肉丰满，胸腹肉发达。体长比胸围长15cm以上，胴体瘦肉率55%以上，脂肪在30%以下，背膘厚度3cm以下，可供加工成长期保存的肉制品，如腌肉、香肠、火腿等。

外国引进的长白猪、大约克夏猪、杜洛克猪和汉普夏猪，以及我国培育的三江白猪和湖北白猪均属这个类型。

3. 兼用型

兼用型猪的外形特点介于瘦肉型的脂肪型之间，胴体瘦肉率为45%～55%。我国培育的大多数猪种属于兼用型猪种。在这类猪种中，凡偏向于脂肪型者称为脂肉兼用型，凡偏向于产瘦肉稍多者，称为肉脂兼用型。

国内如北京黑猪、上海白猪、哈白猪、关中黑猪、汉白猪等，国外如苏联大白猪、克米洛夫猪等，均属于这一类品种。

（二）地方代表性品种及其特性

根据全国猪育种协作组规定，作为一个品种需要有纯种母猪1000头以上，符合育种指标要求的应在70%以上的繁殖母猪，种公猪具有50头以上。我国是一个猪种资源富国，根据品种资源调查及2001年国家畜禽品种审定委员会审核，我国现有猪种遗传资源99个，其中地方品种72个、培育品种19个、引入品种8个。

我国地方品种地方品种特点：繁殖力强、肉质较好、性情温驯、能大量利用青粗饲料，抗逆性强；但生长慢、屠宰率低、膘厚、背凹、腹垂、胴体中瘦肉偏少。体型上“北大南小”，毛色上“北黑南花”，产仔数以长江中下游的太湖猪为最高，向北、向南、向西均有降低的趋势。

我国地方猪种按其外貌体型、生产性能、当地农业生产情况、自然条件、移民等社会因素，大致可以划分为六大类型，即华北型、华南型、华中型、江海型、西南型、高原型。

1. 华北型

（1）地理分布　分布最广，主要在淮河、秦岭以北。

（2）体形外貌　华北型猪毛色多为黑色，偶在肢体末端出现白斑。体躯较大，四肢粗壮；头较平直，嘴筒较长；耳大下垂，额间多纵行皱纹；皮厚多皱褶，毛粗密，鬃毛发达，可长达10cm；冬季密生绒毛，乳头8对左右。

（3）猪种特点　抗寒力强，产仔数一般在12头以上，母性强，泌乳性能好，仔猪育成率较高。耐粗饲和消化力强。

（4）代表猪种　东北民猪、八眉猪、黄淮海黑猪、沂蒙黑猪。

2. 华南型

（1）地理分布　分布在云南省西南部和南部边缘，广西和广东偏南的大部分地区，以及福建的东南角和台湾各地。

（2）体形外貌　毛色多为黑白花，在头、臀部多为黑色，腹部多为白色，体躯偏小，体型丰满，背腰宽阔下陷，腹大下垂，皮薄毛稀，耳小直立或向两侧平伸；性成熟早，乳头多为5～7对。

（3）猪种特点　早熟，产仔数较少，每胎6~10头，脂肪偏多。

（4）代表猪种　两广小花猪、蓝塘猪、香猪、槐猪、桃源猪。

3. 华中型

（1）地理分布　主要分布于长江南岸到北回归线之间的大巴山和武陵山以东的地区，大致与华中区相符合。

（2）体形　体躯较华南型猪大，体型则与华南型猪相似。毛色以黑白花为主，头尾多为黑色，体躯中部有大小不等的黑斑，个别有全黑者，体质较疏松，骨骼细致，背腰较宽而多下凹，乳头6~8对。

（3）猪种特点　生产性能介于华南与华北之间。每窝产仔10~13头，早熟，肉质细嫩。

（4）代表猪种　金华猪、大花白猪、华中两头乌猪、福州黑猪、莆田黑猪。

4. 江海型

（1）地理分布　主要分布于汉水和长江中下游沿岸以及东南沿海地区。

（2）体形外貌　毛色自北向南由全黑逐步向黑白花过渡，个别猪种全为白色，骨骼粗壮，皮厚而松，多皱褶，耳大下垂。

（3）猪种特点　繁殖力高，乳头多为8对或8对以上，窝产仔13头以上，高者达15头以上；脂肪多，瘦肉少。

（4）代表猪种　太湖猪、姜曲海猪、虹桥猪、中国台湾猪。

5. 西南型

（1）地理分布　分布在云贵高原和四川盆地的大部分地区，以及湘鄂西部。

（2）体形外貌　毛色多为全黑和相当数量的黑白花（“六点白”或不完全“六点白”等），但也有少量红毛猪。头大，腿较粗短，额部多有旋毛或纵行皱纹。

（3）猪种特点　产仔数一般为8~10头，屠宰率低，脂肪多。

（4）代表猪种　荣昌猪、内江猪、乌金猪。

6. 高原型

（1）地理分布　主要分布在青藏高原。

（2）体形外貌　被毛多为全黑色，少数为黑白花和红毛。头狭长，嘴筒直尖，犬齿发达，耳小竖立，体型紧凑，四肢坚实，形似野猪。

（3）猪种特点　属小型早熟品种。每窝产仔5~6头，生长慢，胴体瘦肉多，背毛粗长，绒毛密生，适应高寒气候。

（4）代表猪种　藏猪。

（三）引入和培育品种及其特性

1. 引入品种

国外猪品种约有200多个，其中在国际上流行只有10多个，许多国外地方品种在最近二三十年内都已消亡，我国在十九世纪末期开始从国外引入猪种，对我国猪种改良影响较大的有中约克夏、巴克夏、汗普夏、苏白猪、大约克夏、长白猪等，20世纪80年代起，又较多引入了杜洛克、皮特兰、拉康伯、大约克夏、长白猪、迪卡猪等，这些猪种在我国长期进行繁育和驯化，已成为我国猪种资源的一部分，但有的猪种因不适应市场的变化而被淘汰，目前在我国推广的主要品种有：大约克夏、长白猪、杜洛克、汉普夏、皮特兰等瘦肉型猪。

目前，在我国影响大的瘦肉型猪种有大约克夏猪、长白猪、杜洛克猪、皮特兰猪及PIC配套系猪、斯格配套系猪。

（1）国外引入品种的种质特性

①生长速度快，饲料报酬高：体格大，体型均匀，背腰微弓，后躯丰满，呈长方形体型。成年猪体重300kg左右。生长育肥期平均日增重在700～800g以上，料重比2.8以下。

②屠宰率和胴体瘦肉率：100kg体重屠宰时，屠宰率70%以上，胴体背膘薄18mm以下，眼肌面积33cm^{2}以上，后腿比例30%以上，胴体瘦肉率62%以上。

③肉质较差：肉色、肌内脂肪含量和风味都不及我国地方猪种，尤其是肌内脂肪含量在2%以下。出现白肌肉（肉色苍白、质地松软和渗水肉）和黑干肉的比例高，尤其皮特兰猪的白肌肉的发生率高。

④繁殖性能差：母猪通常发情不太明显，配种难，产仔数较少。长白和大白猪经产仔数为11～12.5头，杜洛克、皮特兰一般不超过10头。

⑤抗逆性较差。

（2）主要引入代表品种

①大约克夏猪（Yorkshire，Large White）：原产于英国。体型大、被色全白，又名大白猪。大约克夏猪具有增重快、繁殖力高、适应性好等特点。窝产仔数11.8头，日增重930g，饲料转化率2.30，胴体瘦肉率61.9%。在我国猪杂交繁育体系中一般作为父本，或在引入品种三元杂交中常用作母本，或第一父本。

②长白猪（Landrace）：又称兰德瑞斯，原产于丹麦，体躯长，被毛全白，在我国都称它为长白猪。长白猪具有增重快、繁殖力高、瘦肉率高等特点。窝产仔数12.7头，日增重947g，饲料转化率2.36，胴体瘦肉率60.6%。在我国

猪杂交繁育体系中一般作为父本，或在引入品种三元杂交中常用作母本，或第一父本。

③杜洛克猪（Duroc）：原产于美国，全身被毛棕色。杜洛克猪具有增重快、瘦肉率高、适应性好等特点。在生产商品猪的杂交中多用作终端父本。

④皮特兰猪（Pietrain）：原产于比利时。被毛灰白，夹有黑色斑块，还杂有部分红毛。皮特兰猪具有体躯宽短、背膘薄、后躯丰满、肌肉特别发达等特点，目前世界瘦肉率最高的一个猪种。但该品种的肌纤维较粗，肉质肉味较差。日增重800g以上，饲料转化率2.4，胴体瘦肉率64%。在生产商品猪的杂交中多用作终端父本。

2. 我国新培育猪种

我国是从19世纪后期，外国猪种的引进杂交开始培育猪种，也有的是利用原有血统不明的杂种猪群加以整理选育而成，至今新培育品种或品系约有38个，其中已通过鉴定的有12个，有6个品种曾作优良肉用型品种在全国推广。

（1）1982年前　已经培育成的品种有哈白猪、新淮猪、上海白猪、东北花猪、新金猪、浙江中白猪、北京黑猪、汉中白猪、伊犁白猪。

（2）1982—1990年　培育成的品种有三江白猪、湖北白猪、山西黑猪、泛农花猪。

（3）1990年之后　培育成的品种有新荣昌猪Ⅰ系（1995年）、四川白猪Ⅰ系（1995年）、苏太猪（1999年）、光明配套系猪（1998年）、深农猪配套系（1998年）、军牧1号白猪（1999年）等。目前饲养量大、瘦肉率在56%以上。

优点：与引入品种相比具有发情明显、繁殖力高、抗逆性强、肉质鲜，无应激综合征和白肌肉。与地方品种相比皮较薄，背腰宽平，大腿丰满，采食量大，生长速度、屠宰率和瘦肉率明显提高。平均产仔数9~12头/窝，20~90kg阶段日增重达600g，瘦肉率可达53%。

缺点：因培育品种在选育程度上远不及引入品种，所以品种外形整齐度差，体躯（后躯）结构不够理想、生长速度及料重比、瘦肉率均低于引入品种。

（四）猪选种时的主要性状

1. 繁殖性状

繁殖性状主要涉及产仔数、泌乳力、仔猪初生重、初生窝重、仔猪断奶重、断奶窝重、断奶仔猪数，还可以测定情期受胎率、哺乳期成活率、每头母猪年产仔猪胎数、年产断奶仔猪数等指标。繁殖性状的遗传力（h_2）较低。选种时最注重家系选择。

（1）产仔数　h_2为0.05～0.1。

窝产仔数：出生时同窝的仔猪总数，包括死胎、木乃伊和畸形胎儿在内。

窝产仔数：出生时存活的仔猪数，包括弱胎、假死仔猪均在内。

影响因素：受母猪的排卵数、受精率和胚胎成活率的等因素的影响。

（2）初生重与初生窝重　前者h_2为0.10左右；后者h_2为0.24～0.42。

初生重：初生重是指仔猪在出生后12h内所得的空腹个体重（只测存活仔猪的体重）。

初生窝重：指全窝仔猪在出生后12h内的空腹窝重。

影响因素：与仔猪哺育率、仔猪哺乳期增重以及仔猪断奶体重呈正相关，与产仔数呈负相关。

（3）泌乳力　h_2为0.1左右。

以20日龄的仔猪窝重来表示，包括寄养仔猪在内。

（4）断奶个体重与断奶窝重　后者h_2为0.17左右。

断奶个体重：指数奶时仔猪的个体重量。

断奶窝重：断奶时全窝仔猪的总重量。

窝重限制因素：为产仔数、初生重、哺育率、哺乳期增重、断奶个体重等呈正相关。

（5）断奶仔猪数　指断奶时成活的仔猪数。

（6）生育期受精率。

$$\text{生育期受精率} = \frac{\text{受胎母猪数}}{\text{配种母猪}} \times 100\%$$

（7）哺乳期仔猪成活率

$$\text{哺乳期仔猪成活率} = \frac{\text{育成仔猪数}}{\text{产活仔猪数} - \text{寄出仔猪数} + \text{寄入仔猪数}} \times 100\%$$

（8）每头母猪年产仔胎数　也称生产周期。

$$\text{每头母猪年产仔胎数} = \frac{365}{\text{妊娠期} + \text{哺乳期} + \text{空怀期}}$$

（9）每头母猪年产断奶仔猪数。

$$\text{每头母猪年产断奶仔猪数} = \text{年产胎数} \times \text{每胎产活仔数} \times \text{哺乳期成活率}$$

2. 生长肥育性状

h_2为0.3，可以进行表型选择。

（1）生长速度　用平均日增重计量，平均日增重指一定的生长肥育期内猪平均每天体重的增加量。

$$\text{平均日增重} = \frac{\text{终重} - \text{始重}}{\text{肥育天数}}$$

可以20～25kg至90kg计算，也可断奶后15d至90kg止。

（2）饲料转化率或饲料效率　常用料重比表示。h_2为0.3。指生长肥育期或性能测验期每单位活重增长所消耗的饲料量来表示。与生长速度呈负相关（$r=-0.7$）。

（3）采食量　猪平均每天采食饲料量，可称为饲料采食能力（FIC）或随意采食量（VFI），h_2 为0.20～0.45，平均为0.3，采食量与增重、背膘厚呈正相关，与胴体瘦肉量呈负相关。

3. 胴体性状

h_2为0.40～0.60，包括背腰厚度、胴体长度、眼肌面积、腿臀比例、胴体瘦肉率等。还应包括肉质性状、猪应激综合征等。实行个体选择，主要依据后裔和同胞的屠宰资料。

（1）背腰厚度　背部皮下脂肪厚度h_2为0.6左右。

测定方法左侧胴体第6、第7胸椎结合处垂直于背部的皮下脂肪厚和皮肤厚度。膘厚平均值指肩部最厚处、胸腰椎结合处、腰荐结合处三点平均膘厚。

背中部膘厚与胴体重、瘦肉重、剥离脂肪重、皮下脂肪重、肌间脂肪重的遗传相关系数（r）分别为0.35、-0.82、0.96、0.96、0.66。

（2）胴体长度　h_2为0.62，表型选择有效。

胴体斜长：由耻骨联合前缘至第一肋内与胸骨结合处的斜长。

胴体直长：由耻骨联合前缘至第一颈椎前缘的直长。

（3）眼肌面积　背最长肌的横切面积h_2为0.48。

测定方法：国内测最后肋骨处，国外测第10肋骨处。

眼肌面积＝宽度（cm）×厚度（cm）×0.7，也可用硫酸纸贴绘图后用求积仪测定或坐标纸测定。与瘦肉率（$r=0.7$）、膘厚（$r=0.35$）、饲料利用率（$r=0.45$）均呈正相关。

（4）腿臀比例　h_2为0.58，指腿臀部重量占胴体质量的百分率，腰荐结合或最后腰椎处切下。

（5）胴体瘦肉率　h_2为0.31，指肌肉组织占胴体组成成分总质量的百分率。

（6）肉质性状

①肌肉pH：测定部位为背最长肌胸腰结合处以及半膜肌或头半棘肌中心部位测定。

测定时间：宰后45min或24h。

测定方法：将酸度计的电极直接插入测定部位测量。

鉴定依据及结果：眼肌在宰后45h或24h分别低于5.6和5.5为白肌肉，宰后24h丰膜肌或头丰棘肌pH高于6.2为黑干肉。

②肉色：

部位：胸腰结合处腿肌横切面时间：宰后1～2h，以冷却24h（4℃）。

方法：五级分制标准评分图评分。

依据与结果：灰白肉色（异常肉色）1分，轻度灰白肉色2分，正常鲜红色3分，正常深红色4分，暗红色（异常肉色）5分。

③含水肉：指肌肉蛋白质在外力作用下保持水分的能力。

方法：采用加压重量法。宰后2h内取2～3腰椎处眼肌，切1.0cm厚的薄片，用直径为2.523cm的圆形样器园面积5.0cm^2，两层纱布间各18层滤纸，外包硬性塑料垫板放于钢环允许膨胀压缩仪平台上，匀速摇把加压至35kg，保持5min，计前后质量精确到此0.01g。计算失水率。

④贮存损失：在不施用任何外力而只受重力作用下，肌肉蛋白质在测定期间的液体损失。

测定方法：宰后2h取4～5肋处眼肌，长5cm、宽3cm、厚2cm，钩住外包塑料袋不接触，4℃存放于冰箱，24h后称量计算。

⑤熟肉率：宰后2h，腰大肌或腰膈肌中段100g蒸30min，冷却15～20min，称量计算。

⑥肌肉大理石纹：

评定方法：胸腰结合处眼肌横切面，4℃冰箱存放24h，对照大理石评分标准图，5级评定：1分肌肉脂肪呈极微量分布，2分呈微量分布，3分呈适量分布，4分呈较多量分布，5分呈过量分布。

⑦肌肉化学成分：宰后2～3h，取右侧腿肌中心部分约100g，分析粗蛋白质、粗脂肪、钙含量。

（7）猪应激综合征与肉质

猪应激综合征：属遗传缺陷，指猪在应激状态下产生的恶性高热猝死以及肉质变劣等综合征候群。

恶性高热应激综合征是猪应激综合征的典型特征。

MHS的临床特征：体温骤然升到42～45℃，呼吸急促，过度换气，心动过速，后肢强直，肌肉僵硬，水盐代谢紊乱，皮肤发绀，肌肉中乳酸堆积，严重时引起代谢性酸中毒和心力衰竭而突然死亡，常变为黑干肉或白肌肉。

MHS属隐性遗传，纯合表现为应激敏感性，为氟烷隐性有害基因杂合时为应激抵抗性。

测定方法有氟烷测定、血液检验、DNA诊断等方法。

4. 生长发育性状

h_2中等以上。

（1）体重　早晨空腹，妊娠母猪于怀孕50～60d或产后15～20d进行。

$$猪的体重/kg=\frac{胸围（cm）\times 体长（cm）}{142（营养良好）或156（中等）或162（不良）}$$

（2）体长　从两耳根联线中点，沿背线至尾根的长度。测量时下颌、颈部、胸部注意在一条直线上。

（3）胸围　肩胛后沿胸部周径。

（4）体高　自肩甲最高点至地面的垂直距离。

（5）腿臀围　自左膝关节前缘、经肛门、绕至右膝关节前缘的长度。

时间：断奶、6月龄、成年（36月龄以上）测体重和体长。

（五）种猪性能测定方法

1. 性能测定方式

种猪测定依据其测定方式大致分为场站测定和现场测定两种方式。

（1）场站测定　为了测定猪的生长性状和胴体品质而建立起来中心测定站。它要求设施筹建完全相同，具备有统一的标准测试仪器和内外环境，测定手段先进，结果可靠等优点，并且测定结果具备可比性和权威性，但无法避免因集中测定传染病感染的机会。

（2）现场测定　这是普遍采用的种猪性能测定制度。它可以极大限度提高测定效率，同时考虑测定站环境与供测定猪场的环境差异，并可以有效防止因集中测定而出现传染病感染的机会。

2. 性能测定的步骤与要求

（1）供测定猪的选择　选择优化配种组合，要求供测定猪本身发育良好，无任何疾病，测定猪个体双亲均为经过测定证明是优秀个体且遗传稳定。

（2）测定　测定性状主要包括生长速度（90kg或100kg体重时日龄、日增重）、饲料转化率、胴体品质等性状。要求测定过程中，尽量采用单栏饲养，并保持供测定猪的饲养管理和环境条件一致，以免产生“畜群效应”，影响测定结果的准确性。

（六）种猪的选择

1. 自繁后备猪的选择

后备猪的选择过程，一般需要经过断奶、保育结束、性能测定、母猪配种和繁殖、终选五个阶段。

（1）断奶阶段选择　挑选的标准为仔猪必须来自母猪产仔数较高的窝中，符合本品种的外形标准，生长发育好，体重较大，皮毛光亮，背部宽长，四肢结实有力，有效乳头数在14只以上（瘦肉型猪种12只以上），没有遗传缺陷，没有瞎乳头，公猪睾丸良好。无明显遗传缺陷，留种数量为最终预定数量公猪的 10～20 倍、母猪的 5～10 倍。

（2）保育结束阶段　主要是个体及适应性选择。

（3）性能测定阶段　一般是在 5～6 月结束，选择除繁殖性状以外的重要生产性状，凡体质衰弱，肢蹄存在明显疾患，有内翻乳头，体型有严重损征，外阴部特别小，同窝出现遗传缺陷者，可先行淘汰，要对公猪、母猪的乳头缺陷和肢蹄结实度进行普查。其余个体均应按照生长速度和活体背膘厚等生产性状加权组合成的综合育种指数高低进行选留或淘汰。必须严格按综合育种值指数的高低进行个体选择，该阶段的选留数量可比最终留种数量多 15%～20%。

（4）母猪配种和繁殖阶段的选择　主要是繁殖性状的初步体现。

①种公猪的选择：体型外貌要求头和颈较细，占身体的比例小，胸宽深，背宽平，体躯要长，腹部平直，肩部和臀部发达，肌肉丰满，骨骼粗壮，四肢有力，体质强健，符合本品种的特征。繁殖性能要求生殖器官发育正常，有缺陷的公猪要淘汰对公猪精液的品质进行检查，精液质量优良，性欲良好，配种能力强。生长育肥与胴体性能要求生长快，一般瘦肉型公猪体重达 100kg 的日龄在 175d 以下；耗料省，生长育肥期每千克增重的耗料量在 3.0kg 以下；背膘薄，100kg 体重测量时，倒数第三到第四肋骨离背中线 6cm 处的超声波背膘厚在 2.0cm 以下。生长速度，饲料利用率和背膘厚三个主要性状的选择标准因品种不同而异，但至少应达到本品种的标准，也可用体重达 100kg 的日龄和背膘厚两个性状构成一个综合育种值指数，根据指数值的高低进行选择。

②种母猪的选择：体型外貌与毛色符合本品种要求。乳房和乳头是母猪的重要特征表现，除要求具有该品种所应有的奶头数外，还要求乳头排列整齐，有一定间距，分布均匀，无瞎、瘪乳头。外生殖器正常，四肢强健，体躯有一定深度。繁殖性能要求后备种猪在 6～8 月龄时配种，要求发情明显，易受孕。淘汰发情迟缓，久配不孕或有繁殖障碍的母猪。当母猪有繁殖成绩后要重点选留那些产仔数高，泌乳力强，母性好，仔猪育成多的种母猪。根据实际情形，淘汰繁殖性能表现不良的母猪。生长育肥性能可参照公猪的方法，但指标要求可适当降低，可以不测定饲料转化率，只测定生长速度和背膘厚。对下列情况的母猪应考虑淘汰：至 7 月龄后毫无发情征兆者；在一个发情期内连续配种 3 次未受胎者；断奶后 2～3 月龄无发情征兆者；母性太差者；产仔数过少者。

（5）终选阶段的选择　当母猪有了第二胎繁殖记录时可作出最终选择。选择的主要依据是种猪的繁殖性能，这时可根据本身、同胞和祖先的综合信息判断是否留种。同时，此时已有后裔生长和胴体性能的成绩，也可对公猪的种用遗传性能作出评估，决定是否继续留用。

2. 引种选择

引种选择的选择过程，一般需要经过品种、引种场、种母猪、种公猪等多方面确定。

（七）猪的选配

选配的方法包括表型选配和亲缘选配两大类。

1. 表型选配

表型选配是根据表型性状、不考虑其是否有血缘关系而进行的选配方法。表型选配有两种：一种是同质选配；另一种是异质选配。同质和异质选配是现场工作中最普遍、最一般的选配方法。

（1）同质选配指用性能或外形相似的优秀公母猪配种，要求在下一代中获得与公猪、母猪相似的后代。

特点：同质选配具有增加纯合基因频率，减少杂合基因频率的效应，能够加速群体的同质化。这种交配方法长期以来称之为“相似与相似”的交配，但表型相似并不意味着基因型完全相同。因此，同质选配达到基因型纯合的程度比近亲交配达到的效果要慢得多。而相似的公猪、母猪交配，也可能产生很不相似的个体，使其优点得不到巩固。要使亲本的优良性状巩固地遗传给后代，就必须考虑各种性状的遗传规律和遗传力，以保证达到较好的效果。

同质选配一般是为了巩固优良性状时才应用，如杂交改良到一定阶段，为使理想的类型及性状出现理想个体时，多采用同质选配法，固定下来。

（2）异质选配指选择性状不同或同一性状不同程度的优良公母猪进行交配，以获得优良后代。

可分为两种情况：一种是选择性状不同的优秀公母猪配种，以获得兼得双亲不同优点的后代。如一头猪或一个群体躯体表现较长，另一头猪或一个群体腿臀围相对丰满，交配后，其后代有可能出现躯体长、腿臀围较大的个体；另一种是选择同一性状或同一品质而表现优劣程度不同的公、母猪配种（一般是公猪优于母猪），希望把后代性能提高一步。在实际工作中，利用异质选配，可以创造新的类型。

同质选配与异质选配在工作中是互为条件的，如较长期地采用同质选配，可导致群体中出现清晰的类型，为异质选配提供良好的基础；同样在异质选配所得的后代群体中，可及时转入同质选配，以稳定新的性状。

2. 亲缘选配

亲缘选配是根据交配双方的亲缘关系远近程度进行选配的方法。亲缘选配可相对地划分近交和远缘交配。

当猪群中出现个别或少数特别优秀的个体时，为了尽量保持这些优秀个体的特性，固定其优良性状，提高群内纯合型（理想型）的基因频率，或者为揭露群内劣性基因，多采用近交。

在采用近交时，为防止出现遗传缺陷，必须事先对亲本进行严格选择，还可采取控制亲缘程度克服近交衰退。

三、猪的繁育体系与杂种优势利用

有目的的筛选不同品种、品系间杂交获得较明显的杂种优势，是提高商品猪生产效率和猪场经济效益的有效途径。利用杂种猪育肥，可减少饲料消耗，提早出栏，降低成本，增加经济效益。

（一）杂交的基本概念

1. 杂交及杂种

杂交指不同种群（品种、品系或类群）间的个体交配。杂交所生的后代称为杂种。

通过杂交，可以利用杂种优势，在短时间内生产高性能的商品育肥猪。杂交已成为现代化养猪生产的重要手段，对提高猪的生产性能以及养猪的经济效益有十分重要的作用。

2. 杂种优势

杂交所产生的杂种后代，往往在生活力、生长势和生产性能等方面，表现在一定程度上优于其亲本纯繁群体（其性状的表型均值超过亲本均值）的现象，称为杂种优势。

$$\text{杂种优势率} = \frac{\bar{F}_1 - \bar{P}}{\bar{P}} \times 100\%$$

式中　$\bar{F}_1$——杂种一代某性状表型平均值

$\bar{P}$——双亲某性状表型平均值

近半个世纪来，杂种优势利用在畜牧业上取得了巨大的发展，特别是在肉用畜牧业中，广泛利用杂利优势的问题引起人们越来越多的重视，开展了普遍而深入的研究。最近30年进展非常显著，一些畜牧业先进的国家中，百分之八九十的商品猪肉产自杂种猪。

（二）杂种优势的类型

杂种优势一般分为个体杂种优势，母本杂种优势和父本杂种优势。

1. 个体杂种优势

个体杂种优势也称后代杂种优势或直接杂种优势，指杂种仔猪本身呈现出的优势。

主要表现在杂种仔猪比纯种仔猪在哺乳期间的生活力提高，死亡率降低，生长也稍快，从而使杂种仔猪断奶窝重大为提高（两品种杂交时仔猪断奶窝重的优势率为25%～30%），其次表现在杂种仔猪断奶后至上市的平均日增重也有所提高，具有中等程度的优势（杂种仔猪该性状的优势率为5%～10%）。

2. 母本杂种优势

母本杂种优势是指用杂种母猪做母本时而比纯种母猪所表现出的优势。

主要表现在杂种母猪比纯种母猪产仔多（杂种母猪的初生窝仔数的优势率为5%～10%）；母本杂种优势还表现在杂种母猪易饲养、性成熟早，利用期延长。

3. 父本杂种优势

父本杂种优势是指用杂种公猪做父本时而比纯种公猪所表现出的优势。

主要表现在杂种公猪比纯种公猪性成熟早，睾丸较重，射精量较大，精液品质较好，配种能力强，受胎率较高等。年轻的杂种公猪具有性欲更强的特点。

父本杂种优势或母本杂种优势又可泛称为亲本杂种优势。母本和父本杂种优势都可用来改良猪的繁殖性能，但一般说来，母本杂种优势要比父本杂种优势重要些。

（三）获得杂种优势的一般规律

1. 性状不同，优势各异

（1）遗传力低　受环境和非加性基因作用大，生命早期发育的性状，如体质的结实性、生活力、产仔数、初生重、断奶窝重等，最易获得杂种优势。

（2）遗传力中等　受加性基因和非加性基因影响中等，近交或杂交影响中等的性状，如饲料报酬、断奶后的生长速度与性状，杂交时较易获得杂种优势。

（3）遗传力高　受加性基因影响大，近交不易衰退。生命后期发育的性状和体形结构、胴体长、背膘厚、肉的品质等性状，在杂交时难以产生杂交优势。

2. 杂交亲本遗传纯度越高，越易获得杂种优势

种用纯系亲近交系配套杂交，可显著提高杂种后代群杂合子基因型频率，从而增加基因的杂合效应，易产生杂种优势。

（四）杂交亲本的选择

猪的品种、品系都有很多。那么这么多的品种、品系是否都可用于杂交，显然并不如此，因为在杂交中，对各种群因其担负的角色不同而有不同的要求。根据这些要求可对需要的种群进行初步的选择。杂交亲本分为父本和母本，因对两者的选择标准不同，故应分开选择。

1. 对母本猪群的要求

（1）母本猪群应选择数量多、适应性强的品种或品系，这是因为母畜的需要量大、种畜来源问题很重要，而适应性强便于饲养管理、容易推广。

（2）母本猪群的繁殖力要高，泌乳能力要强，母性要好。这是因为繁殖力高可以多产仔而泌乳能力强、母性好、育成的仔猪好，育成率高。

2. 对父本猪群的要求

（1）父本猪群的生长速度要快，饲料利用率要高，胴体品质要好。这些性状的遗传力一般较高，故种公猪若具有这方面的优良特性，可遗传给杂种后代。

（2）父本猪群的类型应与对应杂种的育种要求相一致。如要求生产瘦肉型猪时，就应选择瘦肉型猪作父本。

（五）杂交方式

在杂种优势的利用中，商品猪的整个生产过程可能涉及不同数量的种群、不同数量的层次以及不同的种群组织方法。换句话说，即可能采用不同的杂交方式。而不同的杂交方式具有不同的特点和功能。

杂种优势利用中猪常用的一些杂交方式如下：

1. 二元杂交

二元杂交即两个种群杂交一次，一代杂种无论是公是母，都不作为种用继续繁殖，而是全部用作商品（图 2－1）。

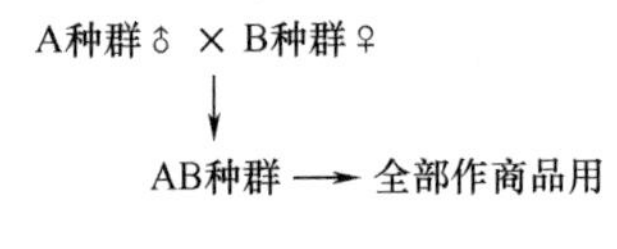

图 2－1　猪的二元杂交模式图

这种杂交方式比较简单，可以获得 100% 的个体杂种优势。但是由于杂交亲本双方都是纯种，因而不能提供母本或父本的杂种优势，尤其是不能充分利用母本种群繁殖性能方面的杂种优势。而就繁殖性能而言，其遗传力一般较低，杂种优势比较明显。因此，不能利用繁殖性能的杂种优势是二元杂交的一项重大缺点。

这种杂交方式一般适合广大农村或饲养管理水平一般的养猪场饲养。

2. 三元杂交

由三个种群参加的杂交称为三元杂交。先用两个种群杂交，所生杂种母猪再与第三个种群的公猪进行杂交，所生三元杂种无论公母全部用作商品（图 2－2）。

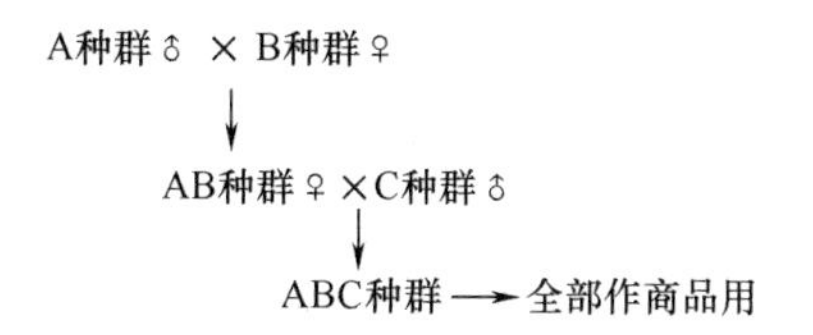

图2－2　猪的三元杂交模式图

三元杂交主要在于它既能获得最大的个体杂种优势，也能获得效果十分显著的母本杂种优势，并且遗传基础也较广泛，可以利用3个品种（系）遗传基础。一般三元杂交方法在繁殖性能上的杂种优势率较二元杂交方法高出1倍以上。但是该方式需要饲养三个纯种（系），制种较复杂且时间较长，一般需要二次配合力测定以确定生产二元杂种母本和三元杂种育肥猪的最佳组合，不能利用父本杂种优势。

三元杂交在现代化养猪业中具有重要作用。经济条件较好的农村地区和养猪专业户常采用本地母猪与外种公猪如长白（L）公猪或约克夏（Y）公猪杂交，生产的杂种母猪再与外种公猪如杜洛克（D）公猪杂交，生产三元杂种育肥猪。在规模化猪场，特别是沿海城市的大型集约化猪场，采用杜洛克公猪配长白与约克夏或约克夏与长白的杂种母猪，来生产商品育肥猪的三元杂交方法相当普遍，并已获得良好的经济效益。

3. 双元杂交

用四个种群分别两两杂交，然后两种杂种间再次讲行杂交，产生四元杂种商品育肥猪，无论公母全部用作商品（图2－3）。

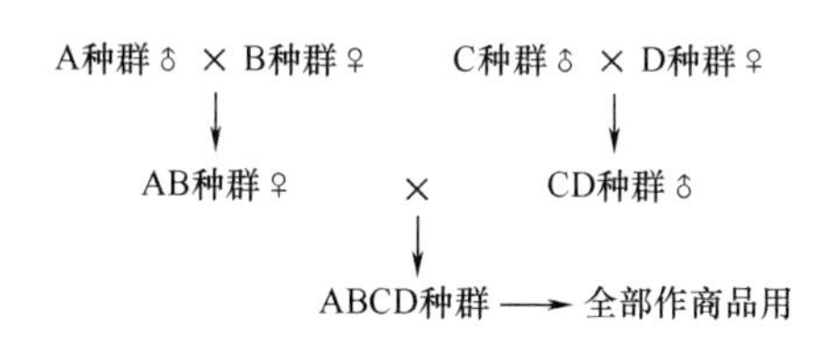

图2－3　猪的四元杂交模式图

四元杂交方式具有如下三个优点：①遗传基础更广一些，可能有更多的显性优良基因互补和更多的互作类型，从而可望有较大的杂种优势；②可以利用杂种母猪的优势，也可以利用杂种公猪的优势。杂种公猪的优势主要表现在配种能力强、可以少养多配及使用年限长等方面；③由于大量利用杂种繁殖，纯种就可以少养，而养纯种比养杂种成本高。

但是这种杂交方式较为复杂，不太容易操作。杂种优势效果不明显。在国外，一些养猪企业采用汉普夏与杜洛克的杂种公猪，配大约克与长白的杂种母猪，生产四元杂交的商品育肥猪。理论上讲，四元杂交的效果应该比二元或三元杂交的效果好，因为四元杂交可以利用4个品种（系）的遗传互补以及个体、母本和父本的最大杂种优势。但许多研究表明，由于猪场规模的限制，特别是由于人工授精技术和水平的不断提高以及广泛应用，使杂种父本的父本杂种优势如配种能力强等不能充分表现出来。此外，成本也较高，养殖场多饲养一个品种（系）的费用是昂贵的，且制种和组织工作更复杂，加之汉普夏品种的繁殖性能一般，其他生产性能并不突出，因此，目前国际上更趋向于应用杜洛克（大约克×长白）的三元杂交。

所以，由于此杂交方式过于繁杂且杂种优势并不比三元杂交突出太多，各项投入的综合成本较为高昂，致使目前此种杂交方式没能有效推广。

（六）杂交繁育体系

繁育体系的建立和完善是现代化养猪生产取得高效益的重要组织保证。

完整的繁育体系主要包括以遗传改良为核心的育种场（群），以良种扩繁特别是母本扩繁为中介的繁殖场（群）和以商品生产为基础的生产场（群）的宝塔式繁育体系。

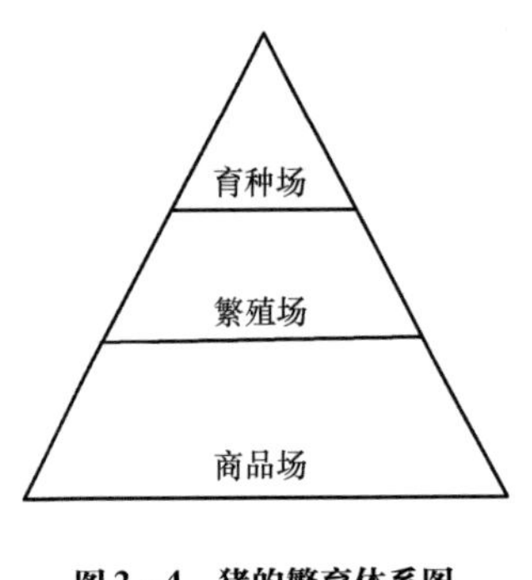

图2－4　猪的繁育体系图

一般育种群较小，但性能高，需在繁殖场加以扩大，以满足生产一定规模商品育肥猪所需的父母本种源。这样一个三层次的繁殖体系就如同金字塔形（图2－4）。

1. 育种场

育种场（群）处于繁育体系的最高层，主要进行纯种（系）的选育提高和新品系的培育。其纯繁的后代，除部分选留更新纯种（系）外，主要为繁殖场（群）提供优良种源，用于扩繁生产杂交母猪或纯种母猪，并可按繁育体系的需要直接为生产群提供商品杂交所需的终端父本。

因此，育种场（群）是整个繁育体系的关键，起核心作用，故又称为核心场（群）。

2. 繁殖场

繁殖场（群）处于繁育体系的第二层，主要进行来自核心场（群）种猪的扩繁，特别是纯种母猪的扩繁和杂种母猪的生产，为商品场（群）提供纯种（系）或杂交后备母猪。同时，繁殖场（群）按特定繁育体系（如四元杂交）的要求，生产杂种公猪为商品场（群）提供杂交所需的杂种父本。

3. 商品场

商品场（群）处于繁育体系的底层，主要进行终端父母本的杂交，生产优质商品仔猪，保证育肥猪群的数量和质量，最经济有效地进行商品育肥猪的生产，为人们提供满意的优质猪肉。育种核心群选育的成果经过繁殖群到商品群才能表现出来，育种场的投入到商品场才有产出。

因此，商品场（群）获得的利润应该拿出一部分再投入育种场，进一步选育提高核心群的质量，生产更好的商品猪，使商品场（群）最终获得更多的利润，从而形成一个良性循环的统一的繁育体系。

合理的猪群结构是实现杂交繁育体系的基本条件。猪群的结构主要是指繁育体系各层次中种猪的数量，特别是种母猪的规模，以便确定相应的种公猪的规模以及最终能生产出的商品育肥猪的规模。

要确定合理的猪群结构，首先是要确定生产商品育肥猪的最佳杂交方案，如采用二元、三元或四元等杂交方法，这需根据已有的品种资源，猪舍设备条件以及市场需求等来综合分析判断。其次是需要各类猪群的结构参数，包括与遗传、环境及管理等有关的生物学参数，以及人为决定的决策变量，其中最重要的几个参数是各层次的公、母配种猪的比例，公、母种猪的使用年限，每年每头母猪提供的仔猪数，以及提供的后备种猪数。如已知核心群的规模，借助结构参数就可推算各层次即繁殖群、生产群的种猪数以及所能生产的商品瘦肉猪数量。如生产育肥猪的数量一定时，也可利用结构参数和模型，结合杂交方案，确定各层次的仔猪数、后备猪数以及种猪数。由于母猪的规模和比例是各繁育体系结构的关键，许多研究表明，采用常规的杂交方案如二元和三元杂交计划时，各层次母猪占总母猪的比例大致是核心群占 2.5%、繁育群占 11%、生产群占 86.5%，呈典型的金字塔结构。

（七）我国优良杂交组合及育种新技术的应用

1. 我国优良杂交组合

目前我国优秀的几个杂交组合为杜长大、杜长本、杜长太、大长本、长本等，在此予以简单介绍。

（1）杜长大（或杜大长）　该组合是以长白猪与大白猪的杂交一代作母本，再与杜洛克公猪杂交所产生的三元杂种，是我国生产出口活猪的主要组合，也是大中城市菜篮子基地及大型农牧场所使用的组合。

特点：其日增重可达 700～800g，饲料转化率在 3.1 以下，胴体瘦肉率达 63% 以上，由于利用了三个外来品种的优点，体型好，出肉率高，深受港澳市场欢迎。但对饲料和饲养管理的要求相对较高。

（2）杜长本（或杜大本）　杜长本（或杜大本）即用地方良种与长白猪

或大白猪的二元杂交后代作母本，再与杜洛克公猪进行三元杂交所生产的商品猪。

特点：该组合日增重600～650g，饲料转化率在3.5左右，达90kg体重日龄180d，瘦肉率50%～55%。

（3）杜长太　杜长太即以太湖猪为母本，与长白公猪杂交所生杂种一代，从中选留优良母猪与杜洛克公猪进行三元杂交所生产的商品育肥猪。

特点：该组合日增重达550～600g，达90kg体重日龄180～200d，胴体瘦肉率58%左右。其突出的特点是充分利用杂交母猪繁殖性能好的优势，适合当前我国饲料条件较好的农村地区饲养和推广。

（4）大长本（或长大本）　大长本（或长大本）即用地方良种与长白猪或大白猪的二元杂交后代作母本，再与大白猪或长白公猪进行三元杂交所生产的商品猪。该组合为我国大中城市菜篮子工程基地和养猪专业户所普遍采用的组合。

特点：其日增重600～650g，饲料转化率在3.5左右，达90kg体重日龄180d，瘦肉率50%～55%。

（5）长本（或大本）　长本（或大本）即用地方良种母猪与大白或长白公猪进行二元杂交所生产的杂交猪。一般适合广大农村饲养。

特点：其杂交方式简便，一般日增重500～600g，饲料转化率3.8～4.1，达90kg体重日龄210～240d，胴体瘦肉率50%左右。

2. 育种新技术的应用

生物技术的发展对猪育种的影响是广泛和深远的，对猪重要经济性状的数量性状位点（QTL）检测与定位、标记辅助选择、标记辅助导入、杂种优势预测和利用等，在目前猪育种中已呈现出良好的应用前景。

随着包括生物技术在内的相关科学技术发展，对猪遗传育种也产生了深远的影响，将导致从猪育种目标、选择性状、遗传评估方法和整个繁育体系的变化，能够更加高效率地按照人类意志定向改变猪生产类型、提高生产效率。

从20世纪90年代起，分子遗传标记研究迅速发展，随着与猪重要经济性状相关的一些主基因及数量性状位点的发现和定位，猪育种开始进入分子育种与常规育种技术融合使用的新时期。目前最有应用价值的方法就是分子标记辅助育种，即将现代分子育种与遗传评估相结合，提高育种效率。

迄今为止猪育种的主要方法仍然是数量遗传学方法，但将现代分子遗传学技术与传统数量遗传学结合在一起，并以之为理论基础的分子育种成为新世纪猪育种的重要方法，以基因组分析和转基因动物技术为基础的分子育种将在猪遗传育种中发挥越来越大的作用。

在20世纪猪的育种目标经历了从脂肪型到瘦肉型的转变，从纯种培育到专门化品系和配套系培育的转变。育种目标考虑的两个主要方面：一是提高种群生产性能的遗传潜力；二是如何最大可能地实现这些遗传潜力。从降低养猪生产成本、提高产品数量和质量的商业角度考虑，目前猪育种的主要目标仍是提高生长速度、繁殖性能、产肉量及适应性。

在确定育种目标后，需要从实际出发考虑实现这些目标需要选择的性状，从理论上要求直接实施选择的性状应该与育种目标尽量保持一致或有较高的遗传相关，并且要能够广泛、简便、低成本地度量，以降低总育种成本、提高选择强度。现代技术的进步为我们提高了更加广泛的选择性状，最为明显的变化是从传统的体尺度量、同胞性能测定到A超活体背膘厚测定、活体饲喂自动记录系统（ACM），大大提高了目标性状选择的准确性和效率。目前直接测定活体眼肌面积和背膘厚的B超扫描测定，以及与繁殖性能、肉质和抗病力相关的基因检测，为实现更加全面和完善的育种目标奠定了基础。

在20世纪末期，动物遗传育种研究最活跃的领域是重要经济性状的基因定位和遗传标记筛选，国际上大规模的畜禽基因作图规划始于1990年左右。欧洲猪基因组计划（PiGMaP）于1990年正式启动，1991年美国启动了国家动物基因组计划，日本1992年启动了动物基因组计划，中国落后了近十年。其主要目标是寻找重要经济性状位点（ETL）或与之连锁的DNA标记，并用于分子标记辅助育种。目前美国基因组计划已在猪连锁图谱上构建了近3000个标记，大多数是微卫星标记，而不是功能基因。目前研究的重点转向比较基因组学和功能性基因组的研究。随着猪基因组研究的进展，实验室研究结果向实用转化的速度加快，特别是商业化育种公司的介入，大大缩短了新基因和标记定位到实用检测技术体系建立和应用的时间差。以英国PIC公司为例，到2001年初在猪育种中已经达到实用化的DNA标记有10个，其中生长性能和疾病各1个、肉质和产仔数各4个；近期可实用化的标记有28个，其中生长性能11个、疾病1个、肉质14个、产仔数2个；目前正在开发的标记有44个，其中生长性能12个、疾病5个、肉质18个、产仔数9个。

从目前已定位的猪重要经济性状的数量性状位点或基因标记的试验结果分析，利用这些分子标记信息是可以提高猪育种效率的，其影响主要有两方面：一是为种猪选择提供了相关基因型的直接信息，提高育种值的估计准确性；二是大大扩展了选择信息，每一个标记实际上都相当于育种目标性状的辅助选择性状，它不仅可以在个体出生即可提供选择信息，而且不受性别等的限制，能够通过父母亲的基因型进行可靠的预测。从这一意义上来说，未来的猪育种离开分子遗传技术是不可想象的。

目前具有实用价值的分子育种技术主要有两类：①标记辅助选择（MAS）是目前研究最多的方法，它是将现代分子生物学技术与常规育种方法相结合，借助分子标记选择某一位点基因改变该位点基因频率的过程，也称分子辅助选择。其效率主要取决于位点间存在的连锁不平衡；②标记辅助导入（MAI）是通过遗传标记将某一特定基因从一个品种导入另一个品种，与传统的导入杂交改良品种缺陷的方法不同，不是简单的将两个品种杂交后通过连续世代的回交，逐步消除不需要的外源基因，达到一定程度后进行横交固定。利用标记辅助导入技术在两品种杂交后，每次回交前先根据标记信息选出携带有目的基因的个体用于回交，可大大提高基因导入的效率。

利用分子育种技术也为人们长期以来试图开展的猪抗病育种带来了希望。随着对猪生产性能的选择程度越来越高，大大降低了猪整体适应性，各种疾病问题增加。猪群在高度集约化饲养中，造成繁殖、呼吸和运动系统等一系列疾病的原因非常复杂，对任何一种特定疾病的抗病力育种效果都不明显。利用分子育种技术对这些基因或标记进行抗病力选择，可以降低和淘汰群体中对疾病敏感的基因，从具有抗病力的品系中导入抗性基因等，希望取得满意的效果。

猪分子育种与遗传评估技术结合的联合育种：进入21世纪的基因组学时代，尽管人们可以逐渐从分子水平了解数量性状遗传变异，但数量遗传学在动物育种中将继续发挥其主导作用，仍需要用数量遗传学方法进行包括分子遗传信息在内的各种表型和基因型信息的统计分析，如数量性状位点检测与定位、标记辅助选择、标记辅助导入、杂种优势预测和利用等。通过候选基因、基因组扫描、多位点诊断、高密度基因型检测、微阵列和DNA芯片等基因检测技术和分子标记辅助选择，实施分子育种与常规育种相结合，是21世纪猪遗传改良不可缺少的手段。

我国已加入世界贸易组织（WTO），养猪业将直接面对国际种猪市场的激烈竞争，在我国养猪生产市场经济发展迅速，但育种速度远远赶不上市场对猪肉要求的变化速度。不难想象，在现有瘦肉型猪繁育体系中，我国现有的种猪质量一直落后于大多数养猪业发达国家，不可避免地出现世界上最庞大的养猪生产规模是靠引种来维持繁育体系，整个养猪生产受制于他人的尴尬局面。面对这一状况，迫使我们必须寻求适合我国国情、在国际种猪市场占有一席之地的特色种猪品系和繁育体系。与国外养猪先进国家相比，在种猪质量、饲料原料、疾病控制和环境治理成本等方面我国对不具备优势，仅有的人力成本优势也由于管理和生产效率的缺陷而不具备明显的优势。因此能够占有的优势只剩下丰富的种猪资源，所拥有的高繁殖性能、良好的肉质和适应性。

实操训练

实训一 猪的品种识别与外貌鉴定

（一）实训目标

通过观看幻灯片或录像片，结合讲授内容进行对照、归纳和总结，掌握现代养猪业代表性猪种的品种特征和生产性能特点，能够辨认常见猪种，学习优良种猪的外貌鉴定的程序和方法，并能够根据实际生产需要和市场趋向选择合适猪种。

（二）实训条件

多媒体教室、各种常见猪种的彩色幻灯片，猪品种光盘或常见品种录像带。

（三）实训内容

1. 观看猪的品种幻灯片和图片

（1）在实验室集体观看我国饲养的主要地方品种、培育品种和引入品种猪的幻灯片，并通过实验教师的讲解，学生对各主要品种猪的外貌特征和生产性能达到初步的直观了解和掌握。

（2）组织安排学生到畜牧场实地观察不同品种的种猪外貌特征，对不同品种的种猪外貌进行识别。

2. 种猪的外貌鉴定

体型外貌不仅反映出猪的经济类型和品种特征，而且还在一定程度上反映猪的生长发育、生产性能、健康状况和对外界环境的适应能力，在外貌鉴定时常采用评分鉴定法。

（1）注意事项

①首先应明确鉴定目标，熟悉该品种应具有的外貌特征，使头脑中有一个理想的标准。

②鉴定人应离猪适当的距离，以便于先观察猪的整体外貌，看其体形各个部分结构是否协调匀称，体格是否健壮，然后有重点地观察鉴定各个部位。

③有比较才有鉴别：鉴定时要对照同一品种不同种猪的个体进行比较鉴别。

④要求鉴定时猪只体况适中，站立在平坦的地面上，猪头颈和四肢保持自

然平直的站立姿势。

（2）鉴定的方法和程序

①首先按品种特征、体质、外貌进行总体鉴定：

品种特征：该品种的基本特征如体型、头型、耳型和毛色等特征是否明显，尤其是看是否符合该品种生产方向要求的体型和生长发育的基本要求。

体质：是否结实，肢蹄是否健壮，动作是否灵活，各部位结构是否匀称、紧凑，发育是否良好。

性别特征：主要看种猪的性别特征是否表现明显，公猪的雄性特征如睾丸发育及包皮的形状和大小等，母猪的乳头数，乳头及阴户的发育有无母猪公相，有无其他遗传疾病等。

②各部位的鉴定：经总体鉴定基本合格后，再作各部位鉴定。

从侧面观察：头长、体长，背腹线是否平直或背线稍拱，前、中、后躯比例及其结合是否良好，腿臀发育状况，体侧是否平整，乳头的数目、形状及排列，前后肢的姿势和行动时是否自如等。

从前面观察：耳型、额宽及体躯的宽度（包括胸宽、肋骨开张度、背腰宽等），前肢站立姿势及距离的宽度等。

从后面观察：腿臀发育（宽深度）背腰宽度，后肢姿势和宽度，公猪睾丸发育，母猪外生殖器的发育等。

然后转到侧面复查一下，再根据综合总体和各部位的鉴定情况，给予外貌评分，评定等级。

（四）实训报告

根据对图片、幻灯片或录像的识别与辨认，简述所鉴定主要品种猪的外貌特征及外型特点。对应所属经济类型，从猪的品种、外貌特征、生产性能等方面归纳总结写出实训报告（参照表2-1、表2-2）。

表2-1　长白猪种猪的外貌评分表

类别	说明	标准评分
一般外貌	头颈轻、身体伸长，后躯很发达，体要高，背线稍呈弓壮，腹线大致平直，各部位匀称，身体紧凑，被毛光泽无斑点，滑无皱折，性情温顺有精神，性征表现明显，体质强健，合乎标准	25
头、颈	头轻，鼻端宽，下巴正，面颊紧凑，目光温顺有神两耳间距不狭窄，头颈肩转移平顺	5
前驱	要轻，紧凑，肩的附着良好，向前肢和中躯转移良好，腰要深、充实，前胸要宽	15

续表

类别	说明	标准评分
中躯	背腰长，向后躯转移良好，背大体平直强壮，背的宽度不狭窄，肋部开张，腹部深、充实，前胸要宽	20
后躯	臀部宽、长，尾根附着高，腿厚、宽，飞节充实、紧凑，整个后躯丰满，尾的长度、粗细适中	20
乳房、生殖器	乳房形质良好，正常的乳头有12个以上，排列整齐，乳房无过多脂肪，生殖器发育正常，形质良好	5
肢、蹄	四肢稍长，站立端正，肢间要宽，飞节健壮，管骨不太粗，很紧凑，系部要短有弹性，蹄质好，左右一致，步态轻盈准确	10
合计		100

表2-2　理想瘦肉型种猪的体型与一般肉猪的体型比较

项目	理想瘦肉型体型	一般肉猪体型
头颈	头颈轻秀，下额整齐	颈过短或过长，下额过垂
肩	平整	粗糙
背腹部	背平或稍拱，腹线整齐	背腹线不整齐
四肢	中等长	卧系、腿过短或过长
臀腿	肌肉丰满，尾根高	薄的大腿、尾根低、斜尻
躯体	长、宽、深都适中	体侧深、体躯较薄

实训二　利用育种值记录选择种猪

（一）实训目标

使学生学会根据育种记录选择种猪。

（二）实训条件

猪的育种记录及相关资料。

（三）实训内容

先由教师讲解，然后每个学生根据本次实训所布置的作业进行种猪的选留。

1. 根据母猪繁殖成绩记录确定育种核心群

母猪生产力指数（SPI）计算：

$$SPI = 100 + 6.5 (L - \overline{L}) + 1.0 (W - \overline{W})$$

式中 L——产仔数

W——断奶重

举例：根据附表2－3母猪繁殖成绩确定选留顺序。

表2－3 母猪繁殖成绩统计表

母猪编号	活产仔数/头	21日龄断奶窝质量/kg	SPI
110	10	57.7	110.285（5）
115	13	64.5	136.585（1）
34	5	39.0	59.085
43	9	58.6	104.685（7）
176	8	37.4	76.985
81	10	55.3	107.885（6）
182	11	56.9	115.985（4）
125	7	39.0	72.085
136	11	58.0	117.085（3）
147	12	59.5	125.085（2）
77	9	49.5	95.585
69	7	45.8	78.885
平均	9.33	51.77	

2. 根据繁殖与生长测定数据选留后备猪

公猪以父系指数（TI）表示：

$$TI = 100 - 1.7 \times D - 66.14 \times H$$

母猪以母系指数（MI）表示：

$$MI = 100 + 6 \times (L - \overline{L}) + 0.4 \times (W - \overline{W}) - 1.6 \times D - 31.89 \times H$$

式中 D——校正达100kg体重日龄与同期校正均值之差

H——校正达100kg体重背膘厚与同期校正均值之差

其中：

$$校正达100kg体重日龄 = 实际日龄 - (实测体重 - 100)/CD$$

$CD = 1.826 \times$ 实测体重/实测日龄（公猪），$CD = 1.7146 \times$ 实测体重/实测日龄（母猪）。

$$校正达100kg体重背膘厚 = 实测背膘厚 \times CB$$

$$CB = A/[A + B \times (实测体重 - 100)]$$

式中，$A = 12.40$（公猪）、13.71（母猪）；$B = 0.1065$（公猪）、0.1196（母猪）。

（四）实训报告

根据表2-4育种记录选留3头公猪。

表2-4　育种记录表

耳号	实测日龄/d	实测体重/kg	实测背膘厚/mm
1501	177	102	14
1603	176	98	15
1705	176	99	16
1701	176	95	12
1903	173	89	13
2005	172	98	9
2007	172	91	16
2301	170	99	13
2507	169	92	10
2601	168	101	14
2603	168	94	8
2801	165	90	11
2903	162	95	18
2907	162	90	11
3001	158	90	15
3005	158	84	13
3007	158	88	16
3105	156	83	11

项目思考

1. 列举猪的生物学特性或行为特点，并提出利用措施或方案。

2. 在哪些方面可以综合利用猪的生物学特性和行为特点?

3. 目前国内规模化养猪场主要饲养的品种是哪几个? 为什么饲养这几个品种?

4. 如果你是万头猪场引种设计者，你选种引种主要考虑哪些因素?

5. 实际生产中如何根据市场需要调整养殖品种，以获得最大杂种优势?

6. 从长远发展的角度考虑，根据国内外猪种特点和基本现状，考虑今后养猪企业饲养应走向何方?

项目三　猪的繁殖与生产技术

知识目标

1. 掌握种公猪生理特点、饲养与管理知识，并能够在生产上正确利用种公猪。

2. 掌握后备猪的培育技术、母猪发情与配种、妊娠、分娩接产等繁殖技术。

3. 掌握种公猪正确的饲养和管理技术。

4. 掌握母猪早期妊娠检查的方法。

5. 做好妊娠母猪的饲养管理工作，保证胎儿正常生长发育，防止流产和死胎的发生。

6. 掌握母猪空怀、妊娠、哺乳阶段及仔猪的哺乳、断奶阶段的饲养管理技术。

7. 掌握猪的育肥方法与技术。

技能目标

1. 学会公猪的采精操作。

2. 学会对各阶段猪的饲养管理。

3. 学会母猪的发情鉴定与配种、妊娠鉴定、分娩接产与初产仔猪的护理操作。

4. 学会育肥猪的快速育肥。

必备知识

一、猪的繁殖技术

在养猪生产中，种猪是猪群繁殖的基础。种猪的饲养管理包括种公猪的饲养管理和种母猪的生产。种母猪的生产包括配种、妊娠、分娩、泌乳4个环节，其中分娩是最繁忙的一个生产环节，其目标是保证母猪的安全分娩，产下的仔猪全活全壮。做好母猪产仔前后的饲养管理工作，是提高母猪生产水平的关键，也是做好仔猪培育工作的前提。

在整个规模化猪场的生产管理过程中，种猪的饲养管理处于至关重要的位置，种猪饲养管理的好坏是猪场管理的重要环节，将直接影响到配种舍的生产。但有些猪场往往忽视种猪饲养管理技术造成生产效益受损，基于养猪场中种猪的特殊地位和重要作用，该部分从种猪的繁殖生理特性特点、公母猪生殖系统特点、母猪发情鉴定与适时配种、人工输精技术及繁殖新技术使用等多方面阐述种猪的繁殖技术。

（一）猪的繁殖生理

1. 繁殖过程

母猪首次出现发情或排卵称为初情期。从外观征状看，母猪表现出性兴奋、外阴部红肿、出现爬跨等行为。从卵巢变化看，母猪第一次有卵泡成熟和排卵。但整个生殖器官尚未发育完善，尚不具备受孕的条件。中国地方猪种初情期出现于67～75d，引进国外育成品种为5～6月龄。

种母猪生殖器官逐渐发育完善，能产生正常的生殖细胞，与公猪交配能正常受孕称之为性成熟。中国地方猪种性成熟早，一般在3～4月龄；国外引进培育品种性成熟较晚，一般在6～7月龄。

母猪的初配年龄与猪的品种有直接的关系，中国地方品种在6～7月龄、体重50～60kg，国外引进品种在8～10月龄、体重90～110kg。

猪的繁殖过程遵循一般动物繁殖规律，即出生种母猪经历生后生长期，达到性成熟后开始发情排卵，公猪、母猪交配后，精子进入子宫，靠子宫的逆蠕动和精子自身的前进运动，经2～3h才能到达受精部位——输卵管上1/3处。精子在母猪生殖道内能存活15～20h；卵子成熟后即排入输卵管内，在生殖道有受精能力的时间为8～10h。受精部位是固定的，而精细胞、卵细胞在母猪生殖道存活时间又有限。因此，必须找好机会，让精子和卵子在生命力最旺盛的时候，在受精部位相遇、结合，使其受精。受精卵汲取母猪营养，在母猪子宫角中逐渐发育成胚胎直至分娩，分娩后种母猪进入哺乳阶段，仔猪断奶后母猪转入空怀母猪舍等待再次发情和配种。至此种母猪完成了一个完整的繁殖周期，之后的繁殖重复之前的繁殖过程直至母猪淘汰。

2. 母猪的生理器官解剖与特点

（1）母猪生殖器官由性腺卵巢、生殖管道（包括输卵管、伞部、漏斗部、壶腹部和峡部、子宫角、子宫体、子宫颈、阴道）、外生殖器官（尿生殖前庭、阴唇、阴蒂）3 部分组成，如图 3 - 1 所示。

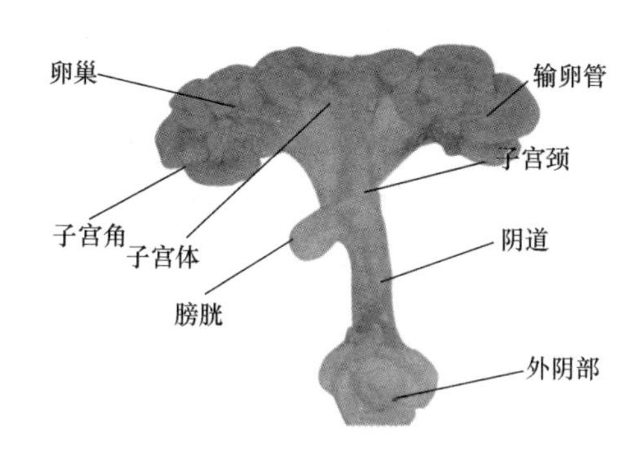

图 3 - 1　母猪生殖器官图

（2）解剖特点

①卵巢：初生仔猪卵巢似肾形，表面光滑；性成熟后，由于有多个卵泡发育，形似桑葚；排卵后的间情期或妊娠期，由于有多个黄体突出于卵巢表面而凹凸不平，又像一串葡萄。

②输卵管：猪输卵管卵巢端的伞部发达，被覆于卵巢表面，包藏于卵巢囊内。输卵管子宫端与子宫角连接开口处有乳头状黏膜突起，起控制进入输卵管精子数的作用。

③子宫角与子宫体：胎儿主要孕育在子宫角中。母猪的子宫角比其他任何一种家畜长，经产母猪可达 1.5 ~ 1.8cm。且子宫黏膜也形成纵壁，充塞于子宫腔中。

④子宫颈与阴道：子宫颈较长可达 10 ~ 18cm。发情时子宫颈开口大，分泌物增多而稀薄，所以猪人工授精可用橡皮胶或塑料软管作输精管，并易于插入到子宫体内。

⑤阴道和外生殖器：母猪的阴道较短，约 10cm。阴蒂相当于公畜的阴茎，含有勃起组织，血管、神经分布丰富，是母猪发情鉴定的重要部位。

3. 公猪的生理器官解剖与特点

（1）种公猪生殖器官由性器官（性腺睾丸）、输精管道（附睾、输精管、尿生殖道）、副性腺（精囊腺、前列腺、尿道球腺）、外生殖器及附属部分

（阴茎、包皮、阴囊）4 部分组成，如图 3－2 所示。

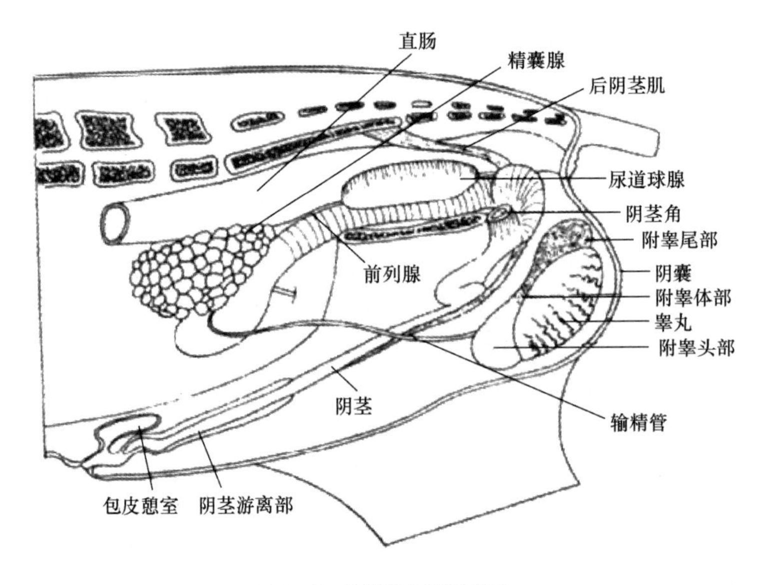

图 3－2　公猪的生殖器官图

（2）解剖特点

①睾丸：是常见家畜中绝对重量最大的。中国地方猪种 500g 左右，国外育成品种 1000～1200g。种公猪生精机能强于其他动物，每克睾丸组织每天可产生精子 2400 万～3100 万个。

②输精管：猪的输精管没有壶腹部。射精时精子持续不断由附睾尾收缩挤压直接进入尿生殖道。

③副性腺：猪的 3 组副性腺比其他家畜都发达，尤以精囊腺和尿道球腺最为发达。猪射精量远远高于其他动物。

④包皮及包皮腔：包皮腔特长，且背侧有盲囊，称为包皮憩室。室内常常聚集带异味的浓稠液体，是精液的重要污染源。

⑤阴囊位置紧靠两股间的会阴区，且皮肤的伸缩力低于其他家畜。因此，猪的睾丸位置更靠近腹部，在气温高的季节，不利于调节睾丸的温度。

（二）母猪发情鉴定与适时配种

1. 母猪的发情与发情周期

后备母猪第一次参加配种称之为初配。其适宜的时期，应取决于后备母猪的发育状况。生产中，主要看两项指标：一是月龄；二是体重。一般以 8 月龄、体重达到 75～100kg 时参加配种为好。过早参加配种，不但影响自身发育，还会降低排卵数和产仔数。过晚参加配种，不但增加了空怀时间，加大了饲养费用，而且会影响母猪产后泌乳量。

性成熟后的空怀母猪会周期性地出现性兴奋、性欲、生殖道充血肿胀、黏膜发红、黏液分泌增多，卵巢上有卵泡发育成熟和排卵现象，称之为发情。通常情况下，发情外观征状的出现到消失称为发情期（或发情持续期）。以此为标准，猪的发情期为2～4d，范围1～7d。若以母猪安静接受公猪爬跨为标准，则从安静接受爬跨至拒绝爬跨所持续的时间为发情期。以此为标准，猪发情持续期为48～72h。初产母猪发情期较长，老龄母猪发情期较短。母猪发情结束后进入休情期，母猪失去发情期特点，回归安静饲养17～19d再开始进入下一个发情期。

一般从母猪本次发情开始，到下次发情开始所间隔的时间称为一个发情周期。母猪的发情周期为21d（范围18～23d）。通常可以分为2个阶段，即卵泡期和黄体期。卵泡期相当于母猪发情期的整个过程，从一批卵泡开始加快发育至卵泡成熟排卵为止。黄体期相当于上次发情结束至下次发情开始前这一段母猪表现安静的时期。母猪的发情周期受神经和生殖内分泌的调节和控制。

2. 母猪的发情鉴定

母猪正常排卵后，由于激素的分泌，则有较为明显的发情征兆，排卵与发情有着密切的联系。而让公猪什么时候交配可以人为地加以控制，因此，适时配种是可以办到的。生产中，多在母猪发情后第2天开始配种。精子与卵子到达受精部位所需时间等参数，从体外无法测得，那么适时配种只有以外部征兆为准，通常采用发情鉴定的方法。母猪的发情周期大致分为四个阶段，即发情前期、发情期、发情后期和休情期。发情鉴定就是判定母猪所处的发情阶段，以便确定配种时期，提高受胎率，并判断母猪发情是否正常，以便发现问题及时解决。发情鉴定的方法有外阴部观察法和试情法等。

（1）外阴部观察法　母猪发情时外阴部表现比较明显，故发情鉴定主要采用本法。

①发情前期：从母猪出现神经症状（兴奋）或外阴部开始肿胀到接受公猪爬跨为止。母猪外阴部逐渐潮红肿胀，阴道湿润并有少量黏液。举动不安，不时走动鸣叫，食欲减退，对公猪声音和气味表示好感，但不允许过分接近。此期可持续2～3d，此期不宜配种。

②发情期：从接受公猪爬跨开始到拒绝接受公猪爬跨时为止，可持续2.5d，这是性周期的高潮阶段。可分为三个阶段。接受爬跨期：母猪开始接受公猪爬跨与交配，但尚不十分稳定，此时母猪外阴肿胀达高峰，阴道黏膜潮红，从阴道内流出水一样的黏液，黏稠度很小。适配期：母猪外阴肿胀开始消退并出现皱纹，黏膜呈红色，阴道分泌变得量小而黏稠。主动靠近公猪，允许

公猪爬跨，按压母猪背部时举尾不动，两耳直立，精神集中，即所谓的“呆立反射”，是配种的最好时期。最后配种期：阴门肿胀消退，黏膜光泽逐渐恢复正常，黏液减少不见。

③发情后期：又称恢复期，从拒绝公猪爬跨到发情征象完全消失为止。生殖器官和精神状态逐渐恢复正常，不允许公猪接近，拒绝公猪爬跨，发情征状完全消失，外阴部完全恢复正常，“呆立反射”消失。

④休情期：又称间情期，从这次发情消失至下次发情出现的时期。继发情之后，黄体逐渐萎缩，新卵泡开始发育，母猪精神保持安静状态逐步过渡到下一个性周期。

（2）试情法　为了防止发情不明显的母猪漏配，可采用试情公猪每天早晚各试情一次。根据接受公猪爬跨安定的程度判断其发情的阶段。由于母猪对公猪的气味异常敏感，也可用公猪尿或精清蘸在一块布上，放入母猪栏，观察母猪的反应，以判定其是否发情。目前有合成的外激素用于母猪试情。母猪发情时对公猪的叫声也异常敏感，可利用公猪求偶叫声录音来鉴定母猪的发情。

3. 配种时注意事项

（1）交配时间应选在饲喂前或饲喂后 2h 进行，交配地点以母猪猪舍附近为好，绝对禁止在公猪舍附近配种，以免引起其他公猪的骚动不安。

（2）配种前用毛巾蘸 0.1% 的高锰酸钾溶液擦拭母猪臂部、肛门和外阴部以及公猪的包皮周围和阴茎，以减少母猪阴道和子宫的感染机会，减少流产和死胎。

（3）当公猪爬上母猪后要及时拉开母猪尾巴，避免公猪阴茎长时间在外边摩擦受伤或造成体外射精。交配时要保持环境安静，交配结束后要用手轻轻按压母猪腰部，不让它弓腰或立即躺卧以防止精液倒流。

（4）准确及时记录配种日期和公、母猪耳号。

（5）一般规模化猪场应在断奶后 3～6d 内进行配种，超过 6d 建议推迟到下一个情期。

4. 促进母猪发情排卵方法

为了使母猪同期发情配种，提高母猪年产仔窝数，除改善饲养管理条件促进发情排卵外，也应采取措施控制发情，方法如下。

（1）公猪诱导法　经常用试情公猪去追爬不发情的空怀母猪。通过公猪分泌的外激素的气味和接触刺激，能通过神经反射作用，引起空怀母猪脑垂体分泌促卵泡激素，促使母猪发情排卵。此法简便易行，是一种有效的方法。另外，播放公猪求偶声音磁带，利用条件反射作用试情，这种生物模拟的作用效果也很好。

（2）合群并圈　把不发情的空怀母猪合并到有发情母猪的圈内饲养，通过爬跨等刺激促进空怀母猪发情排卵。

（3）按摩乳房　对不发情的母猪，可采取按摩乳房方法促进发情。方法是每天早晨喂食后，用手掌进行表层按摩，每个乳房共10min左右，经过几天按摩等母猪有了发情征状后，再每天进行表层和深层按摩乳房各5min。配种当天深层按摩约10min。表层按摩的作用是加强脑垂体前叶机能，使卵泡成熟，促进发情。深层按摩是用手指尖端放在乳头周围皮肤上，不要触到乳头，做圆周运动，按摩乳腺层，依次按摩每个乳房，主要加强脑垂体作用，促使分泌黄体生成素，促进排卵。

（4）加强运动　对不发情母猪进行驱赶运动，可促进新陈代谢，改善膘情，接受日光的照射，呼吸新鲜的空气，能促进母猪发情排卵。

（5）并窝　待产仔少和泌乳力差的母猪所生的仔猪吃完初乳后全部寄养给同期产仔的其他母猪哺育，这样母猪可提前回乳，提早发情配种利用，增加年产窝数，增加年产仔头数。

（6）利用激素催情　对不发情母猪，按每10kg体重注射绒毛膜促性腺激素（HCG）100U或孕马血清促性腺激素（PMSG）1mL（每头肌内注射800～1000U），有促进发情排卵的效果。

5. 母猪的适时配种

（1）掌握适宜的配种时间　母猪发情后，不是一下子将成熟卵子全部排出，而是在一定时间里分批排出。因此，必须设法使精子能和分批排出的卵子如期相遇，才能形成更多的受精卵，才有可能多怀胎。所以，在一个发情期内，要配2～3次才好。为使精子充分成熟，每2次间隔时间以11～12h为宜。

由于母猪年龄上的原因，其代谢水平不同，激素分泌量也不尽相同，则发情表现程度也有差异，一般老龄母猪表现轻微，一不注意，很容易错过配种适期；而青年母猪表现激烈，很容易识别。因此，在配种时间掌握上，应是“老配早、小配晚，不老不小配中间”。

（2）采取合理的配种方式　按母猪一个发情期内的配种次数不同，可分为单次配种、重复配种、双重配种和多次配种，可根据具体情况采用。

①单次配种：在母猪一个发情期内，只用公猪交配或输精一次。它的优点是能减轻公猪的配种负担，可以少养公猪或提高公猪的利用率，多配母猪。其缺点是受胎率相对较低，必须有经验丰富的配种员，如果掌握不好最适宜的配种时间，会降低受胎率和产仔头数，带来经济损失。如能适时配种，也可获得较高的受胎率。一般较少采用，只在配种任务重而公猪少的情况下采用。

②重复配种：是指在一个发情期内，用同一头公猪先后配种2次，前后间隔8～12h。这是目前采用最多的配种方法，特别是种猪场育种猪群多采用此法，既可增加产仔数，又不会造成血缘混乱。

③双重配种：在母猪一个发情期内，用两头不同品种公猪，或用两头血缘关系较远的同品种公猪来和一头母猪交配。前后两头公猪交配的间隔时间为10min左右。这种方法的优点是可增加母猪产仔数，提高仔猪活力，且因受精的时间比较一致，所产的仔猪比较整齐。缺点是所产的仔猪亲缘关系不清，只能在商品生产的猪场应用。

④多次配种：由于生产中操作繁琐且生产效益不甚显著，所以目前养猪生产中较少采用。

配种应在早晨或傍晚喂饲前1h进行。交配地点以在母猪圈附近为好，绝对禁止在公猪圈附近配种，以免引起其他公猪的骚动不安。

（3）采取合适的交配方法　种猪交配方法有本交和人工授精。本交分为自由交配和人工辅助交配。

①自由交配：即公猪、母猪自由接触，直接交配。该方法不利于生产管理的实施，生产中一般不采用。

②人工辅助交配：即公猪、母猪在人工辅助下直接交配。其做法是先把母猪赶入交配地点，后赶进公猪，用0.1%的高锰酸钾溶液消毒母猪阴户、肛门和臀部，擦净公猪包皮周围，待公猪爬跨母猪时，配种员将母猪的尾巴拉向一侧，使阴茎顺利插入阴户中。当公猪射完精离开母猪后，用手拍压母猪腰部，防止精液倒流。初次参加配种的青年公猪，性欲旺盛，往往出现多次爬跨而不能使阴茎插入阴道，公猪、母猪体力消耗很大，甚至由于母猪无法支持而导致配种失败。因此，对青年公猪实施人工辅助交配尤为重要。

③人工授精技术：人工授精是指用器械采集公猪的精液，再将精液输入母猪生殖道，达到配种效果的一种方法。人工授精技术的应用，给养猪生产和猪的育种带来巨大的效益，目前在养猪生产中得到广泛应用。

除选择适宜的配种方法外，许多其他因素也会影响配种效果。如冷天、雨天、风雪天应在室内交配；夏天宜在早晚凉爽时交配，配种后切忌立即下水洗澡或躺卧在阴暗潮湿的地方。交配完毕，应让公猪充分休息一段时间，不得立即饮水或进食。

母猪配种后，经一个发情周期不再发情，并有食欲增加、行动稳重、被毛有光泽、较为贪睡等表现，基本上可以判定为妊娠。若利用妊娠诊断仪诊断是否妊娠，则就更便捷准确了。这样，养好公猪，养好待配母猪，适时配种，采取综合措施，一定能达到母猪全配多怀的目的，为高产打下良好基础。

（三）人工授精技术

猪的人工授精技术是指用一定的器械采集公猪精液，经过稀释处理，再把精液注入到发情母猪的生殖道的一定部位使其受孕，以代替猪自然交配的一项技术。人工授精技术与胚胎移植技术是对猪生产性能进行改良的实用技术，也是实现养猪生产现代化的重要手段之一。随着养猪业集约化、现代化的发展，以及近年来猪的各种疾病不断发生和被发现，使猪人工授精技术在西方养猪国家迅速得到了推广应用。我国猪的人工授精技术研究和推广应用工作起步晚、发展不均衡，但猪的人工授精技术应用效果已得到了国内一些大中型猪场的充分肯定，在养猪业发展中，发挥的经济和社会效益日益凸显。尤其是在当前我国农业产业化结构调整中，落后的养猪方式已经逐步被规模化、工厂化养猪场（企业）所取代，新技术、新品种推广得到了前所未有的发展和应用。因此，在我国推广普及猪人工授精技术，对促进养猪业的发展具有重要的意义。

实行猪的人工授精有诸多优点：一是提高了优良种公猪的利用率，降低饲养成本；二是可以节约大量的种公猪购置费和饲养管理费用；三是增加了种公猪的选择余地，可以优中选优，有利于优秀种公猪遗传潜力的充分发挥，加快猪的改良速度；四是可以异地配种，特别是对散养母猪配种较为方便。随着猪的精液销售方式的变革，猪精液将进入门市销售，对供精者和用户都更为方便；五是可以防止生殖道传染病、寄生虫病的传播。种公猪同时与数十头母猪交配，由于无法对公猪阴茎彻底消毒，容易造成一些疾病的接触感染；六是实行人工授精，可以随时对公猪精液质量进行监测，一旦发现异常，立即停止使用，避免因精液质量问题造成的不良影响，同时可对种公猪采取必要的治疗措施。人工授精技术对种公猪的选择以及操作人员的技术水平要求严格，需要技术人员具备严谨的工作态度和熟练的技术操作能力。

人工授精技术包括采精、精液品质检查、稀释、保存、运输、输精和器械清洗消毒等技术环节。

1. 采精

采精是人工授精的重要环节，掌握好采精技术，是提高采精量和精液品质的关键。要想采精，首先要对公猪进行采精训练。调教其在假母猪（假台猪）上采精（图 3 -3）。为使训练容易成功，要培养公猪接近人的习惯，保证母猪采精的地点固定不变，同时保持环境的安静与卫生，容易让后备公猪建立条件反射。

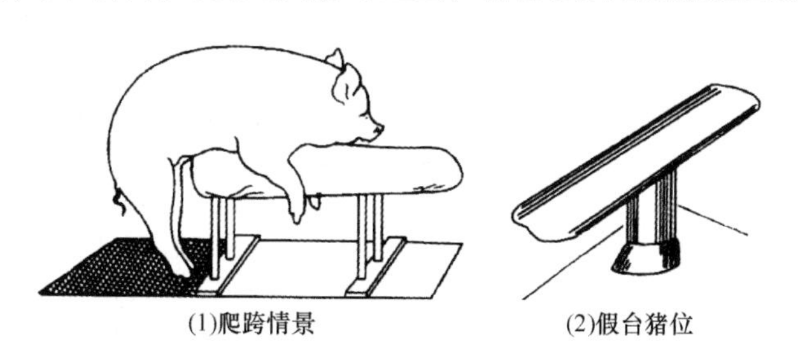

(1)爬跨情景　(2)假台猪位

图 3 -3　公猪爬跨假台猪时的情景及假台猪位

训练后备种公猪是保证猪场种猪合理组群淘汰的保障，其重要性不亚于种公猪的饲养管理。主要采用后备公猪爬跨假母猪方式进行训练。可在假母猪后部涂撒发情旺盛的母猪尿液或公猪副性腺分泌物，然后将被调教的公猪赶到假母猪跟前嗅到特殊气味，诱发公猪性欲而爬跨假母猪，一般经过 2 ~ 3d 的训练即能成功。也可将发情明显的母猪赶到假母猪旁，诱发公猪的性欲，当公猪性欲被逗起，赶走发情母猪，引导公猪爬跨假母猪，一般经过几次的反复训练，即可成功。再者可用一头已调教好的公猪在假母猪上示范采精，让被调教的公猪在旁观摩以刺激其性兴奋，一旦有反应立即换位爬试采精。

在训练公猪时，应注意防止其他公猪的干扰，以免发生咬架事故。一旦训练成功后，应连续几天每天采精一次，以巩固其已建立的条件反射。

理想的采精方法应在不损害公猪生殖器官和机能、不影响精液品质的前提下，应用最方便快捷的方式全部收集一次射出的精液。采精的方法曾经有过多种，至目前生产上仅有两种方法常见，即手握法和假阴道法。随着养猪场技术水平的逐年提高，现代养猪业人工采精技术基本上都采取手握法采精方式。

（1）手握法　该法是目前广泛使用的一种采精方法。其优点是设备简单，操作方便，缺点是精液容易污染和受冷环境的影响。手握法采精的原理：模仿母猪子宫对公猪螺旋阴茎龟头约束力而引起公猪射精。

该方法采精前应先做好消毒工作，将集精瓶和纱布蒸煮消毒 15min，再用 1% 氯化钠溶液冲洗，拧干纱布，折成 2 ~ 3 层，用橡皮圈将纱布固定在集精瓶口上，纱布以微下凹为宜。目前生产中广泛采用一次性过滤纸代替过滤纱布，大大提高了生产效率，得到规模化养猪场的青睐。采精员应先剪平指甲，洗净双手，戴上消过毒的胶手套。

手握法采精时，采精员蹲在台猪左侧，待公猪爬跨台猪后，用 0.1% 高锰酸钾溶液将公猪包皮附近洗净消毒，用生理盐水冲洗；然后左手握成空拳，手心向下，于公猪阴茎伸出同时，导入空拳拳内，立即紧紧握住阴茎头部，不让来回抽动，使龟头微露于拳心之外约 2cm，用手指由轻到紧带弹性有节奏压迫阴茎，摩擦龟头部，激发公猪的性欲，公猪的阴茎开始作螺旋式的伸缩抽送，做到既不滑掉，又不握得过紧，满足猪的交配感要求，直到公猪的阴茎向外伸展开时，开始射精。射精时拳心有节奏收缩，并用小拇指刺激阴茎，使充分射精。握得过紧，副性腺分泌物较多，精子则少，影响配种；握得过松，阴茎易滑出拳心，随意乱动，易擦伤流血，影响采精。右手持带有过滤纱布和保温的采精瓶收集含富有精子的精液。

公猪的射精过程可分为三个阶段：第一阶段射出少量白色胶状液体，为精清，不含精子，且混有尿液和脏物，不收集；第二阶段射出的是乳白色、精子浓度高的精液，收集精液；第三阶段射出的含精子较少的稀薄精液。当公猪

（第一次）射精停止，可按上述办法再次施行压迫阴茎及摩擦龟头，公猪行第二次、第三次射精，直至射完精为止。

（2）假阴道法　采用仿母猪阴道条件的人工假阴道，诱导公猪在其中射精而获取公猪精液的方法。目前已很少采用。

2. 精液品质检查

对精液品质进行检查，可以了解公猪精液的品质优劣，从而作为精液稀释、保存和进行运输的依据，并确定其配种负担能力。

（1）精液量　通常公猪的射精量为 150 ~ 500mL，每次射出的精子总数为 200 亿 ~ 300 亿个，生产中精液量一般用电子天平直接称量读出（公猪精液的密度为 1.02g/mL，接近于 1∶1，所以可按每克精液的体积约为 1mL 来计算），通常情况下主要检查滤精量。

（2）色泽和气味　正常公猪精液的颜色是乳白色或灰白色，具有一种特殊的腥味，pH 在 6.8 ~ 7.8 之间，呈弱碱性。如色泽异常，说明生殖器官有疾病。精液为淡绿色，是混有脓液，淡红色精液是混有血液，呈黄色精液为混有尿液。正常精液有腥味，如有臭味不可用于输精，应废弃。

（3）混浊度（云雾状）　由于精子运动翻腾滚滚如云雾状，当精液混浊度越大，云雾越显著，呈乳白色，精子密度和活率越高。因此，据精液混浊度可估测精子密度和活率高低。

（4）精子活率（力）　精子活率是在公猪精液中具有直线前进运动的精子百分数。该指标与受精力密切相关，是评价精子的重要指标。一般在采精后、精液处理前后、输精后均要检查该项指标。精子活力评定是在显微镜下靠目力估测，一般采取 10 级评分法。在载玻片温度保持 35 ~ 38℃ 的条件下，直线前进运动的精子占 100% 者评为 1 分，占 90% 评为 0.9 分，占 80% 者评为 0.8 分，以此类推。正常情况下用于输精的精子活力不低于 0.7 分，活力低于 0.5 分应废弃。

（5）精子密度　精子密度是指单位容积（1mL）的精液中含有的精子数，是精液品质（每次射精的精子总数）评定的重要指标，又关系到输精剂量中精子的总数。测定精子密度的方法有估测法和血球计数法等。

①估测法：常与检查精子活力（原精）同时进行，在显微镜视野下根据精子的稠密和稀疏程度，划分为密、中、稀、无四级。在显微镜视野中，精子间的空隙小于 1 个精子者为密级，小于 1 ~ 2 个精子者为中级，小于 2 ~ 3 个精子者为稀级，无精子者应废弃。

②血球计数法：采用白细胞吸管作稀释计算。可准确地测定单位容积精液中的精子数。

（6）畸形精子检查　精子形态与受精率密切相关，精液中含有大量畸形精子和顶体异常精子，其受精力会大大降低，因此本项检查十分重要。正常精液中的畸形精子率不超过18%对受精力影响不大。检查方法：将精液滴制成抹片，用红（蓝）墨水染色3min，水洗干燥后，在显微镜下观察。检查总精子数不少于200个，计算出畸形精子百分率。

（7）精子存活时间和存活指数检查　精子存活时间是指精子在体外的总生存时间，存活指数是指平均存活时间，表示精子活率下降速度。检查方法：将稀释精液置于0℃或37℃间隔一定时间检查活率，直至无活动精子为止，所需的总小时数为存活时间；而相近两次检查的平均活率与间隔时间的积相加总和为生存指数。精子存活时间长，指数大，则精子生活力强，品质好。

3. 精液的稀释

稀释精液是指在精液中加入适宜精子存活并保持受精能力的稀释液，目的是为了增加精液量，扩大配种头数，延长精子存活时间，便于保存和长途运输。精子能直接吸收葡萄糖，减少自身的营养消耗，从而延长存活时间。另外，精液中副性腺分泌物对精子有不良影响，稀释后冲淡了分泌物的浓度，也有利于精子的存活。稀释精液首先要配制稀释液，然后用稀释液进行稀释。稀释液必须对精子无害，与精液渗透压相等，pH是中性或微碱性。

（1）稀释液的种类　现用稀释液：适用采精后稀释立即输精用，目的是扩大精液量，以增加配种头数。稀释液一般以简单而等渗透压的糖类或奶类为主体。

常温（15～20℃）保存稀释液：适用于精液常温短期保存用。这类稀释液含有较低的pH和抗生素。

低温（0～5℃）保存稀释液：适用于精液低温保存用。稀释液以卵黄或奶类为主体，可抗冷休克。

（2）稀释液的配制要点　稀释液遵循现用现配原则，要求配制稀释液时，释液使用的一切用具应洗涤干净、消毒，用前须经稀释液冲洗方能使用；所用蒸馏水或离子水要求新鲜，pH呈中性；所用药品成分要纯净，称量准确，充分溶解，经过滤密封后进行消毒（隔水煮沸或蒸气消毒30min），加热应缓慢；使用的奶类要新鲜，鲜奶要过滤后在水浴中（92～95℃）灭菌10min，并除去浮在上层的奶皮后方可使用；卵黄要取自新鲜鸡蛋，先将外壳洗净消毒，破壳后用吸管吸取纯净卵黄。在室温下加入稀释液，充分混合使用；添加抗生素、酶类、激素和维生素等，必须在稀释液冷至室温条件下，按用量准确加入。氨苯磺胺应先溶于少量蒸馏水，单独加热到80℃，溶解后再加入稀释液中。

国外常用稀释液的主要成分为葡萄糖、柠檬酸钠、碳酸氢钠、乙二胺四乙酸（EDTA），氯化钾等。

目前还有一些市售的商品稀释剂，效果较好，使用方便，对养猪场和广大农户均可以适用。

稀释倍数：精液稀释倍数应根据原精液的品质、需配母猪头数，以及是否需要运输和贮存而定。最大稀释倍数：密度为密级、活力 0.8 分以上可稀释 2 倍；密度中级、活力 0.8 分以上或密级、活力 0.6～0.7 分者，可稀释 0.5～1 倍；活力不足 0.6 分的任何密度级的精液，均不宜保存和稀释，只能随取随用。

稀释后的精液应分装在 100mL（一个输精量）的小瓶内保存。要最大限度装满瓶，瓶口盖严不留空气，防止由于分装瓶中气泡搅动造成精子头尾断裂而死亡。

4. 精液保存

为了延长精子的存活时间，扩大精液的使用范围，同时便于长途运输，需对精液进行必要的处理，并将其贮存待用，即精液保存。

精液保存方法有常温（15～25℃）保存、低温（0～5℃）保存和冷冻（－196～－79℃）保存 3 种。前两种在 0℃以上保存，以液态短期保存，故称液态保存；后者为冻结长期保存，故称冷冻保存。目前普遍采用的是常温保存和低温保存两种，冷冻保存由于技术及实用性存在缺陷，实际应用较少。

将精液保存在一定变动幅度（15～25℃）的室温下，称为常温保存或室温保存。主要是利用一定范围的酸性环境抑制精子的活动，减少其能量消耗，使精子保持在可逆性的静止状态而不丧失受精能力。猪全份精液在 15～20℃保存效果最佳。通常采用隔水降温方法保存，将贮精瓶直接置放在室内、地窖和自来水中保存。一般地下水、自来水和河水的温度在这个范围，可用作循环流动控制恒温，保存精液。实践证明效果良好，设备简单。

精液低温保存是在抗冷剂的保护下，防止精子冷休克，缓慢降温到 0～5℃保存，从 30℃降至 0～5℃，每分钟下降 0.2℃为好，用 1～2h 完成降温过程。利用低温降低精子代谢和能量消耗，抑制微生物生长，同时加入必要营养和其他成分，并隔绝空气，达到延长精子存活的目的。

低温保存时可用较厚的棉花纱布包裹紧精液瓶，置于一容器中片刻，再移入冰箱，也可用广口保温瓶装冰块保存精液，或吊入水井深处保存。在没有冰箱或无冰源时，可用食盐 10g 溶解在 1500mL 冷水中，再加氯化氨 400g，配好后及时装入广口保温瓶使用，温度可达 2℃，每隔一天添加一次氯化氨和少许食盐以继续保温；也可用尿素 60g 溶在 1000mL 水中，温度可降到 5℃。低温保存的精液在输精前必须升温，一般是将贮精瓶直接投入 30℃温水中即可。低温保存效果比常温好，保存时间较长，也适用于农村推广应用。

猪的冷冻精液人工授精从 20 世纪 50 年代开始，进展很慢。据 1985 年统计，在人工授精的母猪中，冷配精液的比例在 0.5% 以下，估计每年冷配 2.6

万多头次，冷配的产仔率一般为（55±5)%。我国猪的冻精研究起步较晚，进入20世纪80年代后进展加快。但总的来说，猪精液冷冻后的受胎率还比较低，产仔数较少，生产成本高，冷冻效果差异大，故国内外均未能广泛应用于生产，还需从多方面做深入研究。

5. 精液运输

精液运输是地区之间交换精液扩大优良种公猪利用率，加速猪种改良，保证人工授精顺利进行的必要环节。在运输精液时，其条件应与精液保存条件一致，外界气温在10℃以下或20℃以上时，要用广口保温瓶运输，保持精液适宜温度。运输时间要尽可能缩短，不宜超过48h。在运输过程中要避免振荡，保持温度（10～20℃)。

6. 输精

输精是人工授精的最后一个环节，也是成败的关键。要想做到精确输精，一定要做好输精前的准备工作并做到准确输精。

（1）输精前的准备

①在输精前首先要正确判定母猪输精适宜期，这与人工辅助交配要求的时间相同。

②接受输精的母猪保定后，阴门及其附近用温肥皂水擦洗干净，再用消毒液消毒（或用0.1%高锰酸钾溶液洗净)，最后用温水或生理盐水冲洗、擦干。

③输精器材经清洗消毒后，使用前再用稀释液或生理盐水或解冻液冲洗一遍。

④输精人员双手清洗并用75%酒精消毒，待挥发干后方可操作。

⑤精液的准备：新鲜精液经稀释后进行品质检查，符合标准方可使用；常温和低温保存精液需升温到35～38℃，活力不低于0.5，方可使用。升温方法是：把精液瓶放在盛有温水的广口保温瓶内，水量以不溢进精液瓶为好，一般分2～3次逐渐把精液升到所需温度，每次精液和水的温度相差5～10℃，每次升温时间为10～15min。这样，由于精液温度和猪体温相差不大，可防止冷的刺激，引起子宫、阴道剧烈收缩，造成精液逆流。若在室外输精，为了便于精液保温和防止阳光直射，输精时应在精液瓶套上布套。

（2）输精方法　在自然交配时，阴茎可以直接伸到子宫内射精。人工授精也应使输精管通过子宫颈进入子宫体输精。输精时，让母猪自然站稳。先在输精管涂以少许稀释液使之润滑，一手把阴唇分开，把输精管插入阴道，略向上推进10cm左右，然后平直地慢慢推进，边旋转输精管边插入，经抽送2～3次，直至不能前进为止。根据抵抗力与触觉，判断输精管已进入子宫内，然后向外拉出一点，借助压力或推力缓慢注入精液，当有阻力或精液倒流，可将输精管抽送，旋转再注入精液。自流式输精应将输精器倒举高于母猪，使精液自动流入。一般输精时间为 5 ~ 10min，禁止将精液挤进子宫，应让母猪自然吸纳。同时辅助人员可以按摩母猪的乳户、肋部或输精人员倒骑在母猪背上，都能增加输精效果，防止精液倒流。

有时由于输精的刺激会引起母猪努责，导致精液倒流。因此，输精时应快慢适中，严防动作粗暴。对于使用一次性输精管的，输完精后，不要急于拔出输精管，应在防止空气进入的情况下，将精液瓶或袋取下，将输精管尾部打折插入去盖的精液瓶或袋口内，这样既可防止空气进入，又能防止精液倒流。

（3）输精量和精子数

经稀释好的精液，每头母猪输精量为 80 ~ 100mL，有效精子数为 5 亿 ~ 20 亿个。为了保证受胎率和产仔数，需在第一次输精后，间隔 8 ~ 12h 重复输精一次，特别是对较难受胎的母猪和初配母猪，重复输精尤为必要。据研究，重复输精比单次输精能提高受胎率 5.6 个百分点，提高产仔数 3.95 头。

7. 器械清洗消毒

整理器械，清洗消毒。实际生产中多使用一次性设备，所以需要清洗消毒的较少。

在人工授精过程中的如果操作不当会造成输精失败，所以要规范操作手法和注意操作环节，比如控制输精时间，输精过快，精液可能已经倒流，因为母猪的阴道可因精液的重量而下沉，使精液并不流出体外，这部分精液不会进入到子宫内。输精时间如果超过 15min 说明输精过程存在问题。母猪在输精前至少有 1h 避免接近公猪或闻到公猪的气味，以免母猪在高度兴奋紧张后，对输精和受胎造成不利影响。在输精后不要用力拍打母猪臀部以减少精液倒流。在输精前后任何应激因素都会对受精产生不利影响。输精后拍打母猪臀部会使母猪臀部肌肉收缩，而暂时避免精液倒流，但受到惊吓后体内会释放肾上腺素，对抗催产素等生殖激素的作用，将会减弱子宫收缩波，而影响到精液向子宫深部运行，对卵子受精会有不利影响。输精结束后，应在 10min 内避免母猪卧下，避免母猪饮过冷的水。母猪卧下会使其腹压增大，易造成精液倒流，如果母猪要卧下，应轻轻驱赶，但不可粗暴对待造成应激；饮冷水，可能会刺激胃肠和子宫收缩而造成精液倒流。

（四）母猪繁殖新技术

1. 生殖激素在母猪繁殖中的应用日益广泛

生殖激素是家畜体内直接作用于生殖活动，并以调节生殖过程为主要生理功能的激素。家畜的生殖活动是一个复杂的过程，在这个过程中母畜承担了绝大部分繁殖任务，如发情、排卵、受精、妊娠、分娩和泌乳等，这些过程不但使母畜发生较复杂的生理变化，而且还经历较长的时间，这些过程的顺利实现，都与生殖激素的调节作用有着密切的关系。

如果家畜生殖激素分泌紊乱，常常造成家畜不孕不育，从而影响了家畜繁殖性能，给生产带来损失。因此，在研究生殖激素与母体生理变化的基础上，利用外源生殖激素来治疗母畜的繁殖性障碍及进一步提高母畜的繁殖性能有重要意义。利用外源生殖激素提高家畜繁殖性能，必须了解生殖激素对家畜的整个繁殖周期的主要调节作用。来自生殖系统的刺激能够引起下丘脑分泌促性腺激素释放激素（GnRH），从而使下丘脑－垂体－性腺轴进入功能状态。GnRH引起垂体释放促黄体素（LH），同时还释放促卵泡素（FSH）。在垂体促性腺激素的刺激下，卵巢上卵泡开始生长，卵泡生长过程中引起雌激素的分泌增加。雌激素浓度的升高作用于中枢神经系统，引起母畜发情行为；并且作用于下丘脑、垂体引起促黄体素的分泌峰。成熟的卵泡在促黄体素的作用下排卵，母畜若在此时配种或输精，精卵结合生成受精卵进入妊娠阶段。卵泡排卵后形成黄体在促黄体素的作用下分泌孕酮，抑制的下丘脑与垂体的分泌活动，母畜周期性的发情停止。若排出的卵子的未受精，则子宫内膜分泌前列腺素（PG）引起黄体溶解，孕酮量下降解除了对下丘脑和垂体的抑制，从而家畜开始进入新的发情周期。

目前在提高母畜繁殖性能上应用的激素可分为五大类：一是前列腺素（PG）及其类似物，如前列腺素（PG）、氯前列烯醇等。该激素具有很强溶解黄体作用，和促进平滑肌收缩及促排卵作用，主要用于母畜的诱发发情及诱发分娩；二是促性腺激素释放激素及类似物和促性腺激素，如促性腺素释放激素（GnRH）、促排卵素3号、促排卵素2号、促黄体素（LH）、促卵泡素（FSH）、孕马血清促性腺激素（PMSG）和人绒毛膜促性腺激素（HCG），它们具有刺激卵巢上卵泡生长发育和排卵的作用，主要用于增强卵巢的活性，用于诱发发情和超数排卵；三是雌激素类，如已烯雌酚、苯甲酸雌二醇等，它们可以促进母畜的发情，增强母畜的发情症状可用于诱发发情；四是孕激素类，如孕酮、甲孕酮（MAP）、氯地孕酮（CAP）、十六甲基甲孕酮（MGA）等，孕激素可抑制发情，广泛用于改变母畜的发情周期，主要用于同期发情和诱发发情；五是配合激素及中草药制剂，如三合激素（含丙酸睾丸素25mg、黄体酮12.5mg、苯甲酸雌二醇1.5mg）、促情散等。

孕马血清促性腺激素是一种比较特殊的促性腺激素，是一种糖蛋白结构，同一分子具有促卵泡素和促黄体素两种活性。这种激素主要存在于孕马的血清中，来源广、生产成本低，是一种相当经济的促卵泡素的代用品，与促卵泡素相比，孕马血清促性腺激素的半衰期长，在体内消失速度慢，因此一次注射即可，使用方便。主要用于家畜的诱导发情和超数排卵。促排卵3号是由氨基酸合成的多肽激素，属于促性腺素释放激素的高活性类似物，它能刺激垂体分泌促黄体素，促进排卵，同时还能促进血液中孕酮水平的提高，有利于早期胚胎的存活。所以在生产上用于促进母畜排卵和提高受胎率效果。

母猪的乏情可利用外激素来刺激。外激素是同种动物个体之间传递信息的化学物质。外激素可传递多种信息，如引诱配偶或加速青年动物初情期，刺激配偶进行交配，对动物的繁殖活动起着重要作用。公猪的颌下腺和包皮腺是性外激素主要来源。公猪的外激素可明显加速青年母猪初情期到来。在一定的饲养管理条件下人工诱导母猪发情主要利用激素诱导法，同时要结合公猪刺激，效果不错。

同期发情技术是指控制发情周期，使一群母猪在预定的时间内集中发情的处理方法。可使母猪的发情、配种、妊娠、分娩及仔猪的培育和断奶等相继得到同期化。这样便于商品仔猪成批上市，更利于人工授精的推广。特别是在生产中使后备母猪尽早投入繁殖利用，集中控制其发情时间是必要的。理想的同期发情技术应该使绝大部分被处理母猪发情同期，且能受胎。母猪的同期发情最简单的方法是仔猪的同期断奶，把哺乳 25 ~ 35d 的仔猪同时断奶，即可引起母猪在断奶后 5 ~ 7d 集中发情，但由于个体之间的差异，同期发情率并不理想。母猪断奶结合激素的方法效果有所提高。目前利用激素或其他药物来控制和调整母猪发情周期的方法日益受到重视。另外利用氯前列烯醇可以做到妊娠母猪集中分娩，极大的降低了分娩舍工人的劳动强度，提高了仔猪成活率，在生产中已经广泛应用。

2. 猪的深部输精技术

常规子宫颈人工授精技术输精量大，存在浪费和不经济的问题，尤其在使用高附加值的精液产品时更为突出。近年来，一种高效利用猪精液的深部输精技术得到了研究和应用，这种技术与定时输精技术相结合，直接将精液输送至子宫体、子宫角和输卵管内，减少了每头母猪受孕所需精子数目，大幅度提高了良种公猪的利用价值，有助于实现冷冻保存精液和性控精液在养猪生产上的商业化应用。

猪深部输精技术的优势在于提高精液产品的利用效率，那么确定适宜的最低输精量就成为这项技术的关键点。应用这项技术必须考虑两点：一是减少输精量要保证输卵管壶腹部有足够数量的功能精子与卵子发生受精作用，避免由于功能精子数量不足，而发生部分卵细胞受精的现象，最终导致产仔数或窝产仔数降低；二要注意虽然输精量减少了，影响最终受胎率的变量因素却增加了，如有受精能力的精子比率、公猪的繁殖力、母猪的管理、输精时间及这些变量的相关性等，在生产应用中都需要认真的考虑到。在影响受胎率的变量因素中，输精时间始终是影响人工授精成功率的重要变量之一，尤其是输精量减少后，确定适宜的输精时间对受胎成功非常关键。由于输入母猪生殖道的精子会发生老化或活力减弱现象，输精的最佳时间段更为短暂，而排卵通常发生在发情行为的后期，因此，为了准确地预测排卵时间，在生产中首先要准确地监测发情期的开始和持续。如果监测到即将排卵，可使用外源激素药物进行同步处理。这样可以更加准确地预测排卵时间，也便于实施一次定时输精，最终减少生产每头仔猪所需要的精子量。在断奶或应用四烯雌酮处理后，用马绒毛膜促性腺激素作用24h，结合人绒毛膜促性腺激素、猪促黄体激素或促性腺激素释放激素，作用56～80h，是当前准确预测排卵时间最有效的激素处理方案。不论输精量为多少，不管精液采用哪种方法处理，任何人工授精技术的首要目标是必须保证排卵期输卵管处停驻足够数量的精子，以保证最佳的受孕效果。深部输精技术在保证受胎率的前提下减少了每次人工授精的输精量，克服了浅部输精出现的精液回流问题。根据输精部位不同，猪深部输精技术可分为子宫体（子宫颈后）输精技术、子宫角输精技术和输卵管输精技术。当需要限制输精量时，这些都是非常有效的输精技术。

二、后备猪的培育

仔猪保育期结束到初次参加配种前是后备猪的培育阶段。培养后备猪的任务是获得体格健壮、发育良好、具有品种典型特征和高度种用价格的种猪。

为了使养猪生产持续地保持较高的生成水平，每年必须选留和培育出占种猪群25%～30%的后备公猪和母猪，来补充、替代年老体弱、繁殖性能降低的种公猪和母猪。只有使种猪群保持以青壮年种猪为主体的结构，才能保持并逐年提高养猪生产水平和经济效益。可见，选择和培育好后备公猪和母猪既是养猪生产的基础，又是提高生产性能的保证。

猪的生长发育虽然是一个很复杂的过程，但有一定的规律。生长是指猪从胚胎到成年，其骨骼肌肉、脂肪和各种器官都在不断增长，体重不断增加，体积不断增大，体躯向长、宽、高发展的量的变化。发育是指猪体组织、器官和机能不断成熟和完善，使组织器官发生了质的变化。生长和发育是相辅相成、相互统一的。后备猪与商品肉猪不同，商品肉猪生长期短，生后5～6月龄，体重达到90～1110kg即屠宰上市，饲养的目的是猪的快速生长和具备发达的肌肉组织。而后备猪培育的目的是要获得优良的种猪，种猪担负着周期性很强、几乎没有间歇的繁殖任务，因此生存期长（4～5年）。我们要根据猪生长发育规律，在其生长发育的不同阶段，控制后备猪的饲料类型、营养水平和饲喂量，使后备猪具有发育良好、健壮的体格，发达而机能完善的消化、血液循环和生殖器官，结实的骨骼，以及适度的肌肉组织和脂肪组织。严格控制后备猪出现过高的日增重、过度发达的肌肉和大量的脂肪，否则都会严重影响其繁殖性能的体现。

（一）后备猪的各组织增长

1. 体重的增长

体重是身体各部位及组织生长的综合度量指标。体重的增长因品种类型而异。在正常的饲养管理条件下，猪体重的绝对增长随年龄的增加而增大，呈现慢－快－慢的生长趋势，而相对增长速度则随年龄增长而下降，到成年时稳定在一定的水平，老年时多会出现肥胖的个体。如长白猪和荣昌猪体重增长变化情况见表3－1和表3－2所示。

2. 猪体组织的生长

猪体骨骼、肌肉、脂肪的生长顺序和发育强度是不平衡的，随着年龄的增长，顺序有先后，强度有大小，呈现出一定的规律性，在不同的时期和不同的阶段各有侧重。从骨骼、肌肉、脂肪的发育过程来看，骨骼最先发育，最先停止；肌肉居中；脂肪前期沉积很少，后期逐渐加快，直至成年。三种组织发育高峰期出现的时间、发育持续期出现的时间及发育持续期长短与品种类型和营养水平有关。在正常的饲养管理条件下，早熟易肥的品种生长发育期较短，特别是脂肪沉积高峰期出现的较早：而瘦肉型猪生长发育期较长，大量沉积脂肪期出现较晚，肌肉生长强度大且持续时间长。如瘦肉型猪在生长发育过程中肌肉所占的比例较大；脂肪所占比例前期很低，6月龄开始增加，8～9月龄开始大幅度增加；骨骼从出生到4月龄相对生长速度最快，以后较稳定。

（二）后备猪的选择

所谓后备母猪，就是指仔猪育成到初次配种前留做种用的母猪。养猪生产中，需不断更新母猪，即在淘汰年老体弱、发情迟缓、泌乳能力差及有繁殖障碍母猪的同时，及时挑选优质良种后备母猪补充生产。在养猪实践中，挑选后备母猪技术性很强，贯穿其生长发育全过程，要依据其父母、同胞和自身的各种综合性能及表现进行全面考察。

1. 系谱选择

看母系后备母猪必须来自产仔数多、哺育率高、断奶窝重较高的良种经产母猪，以选留2～5胎母猪的后代为宜。后备母猪的父母本应具备生产能力强、生长速度快、抗逆性好、饲料利用率高等优点。

2. 同胞选择

看同胞同窝仔猪发育好，整齐度高，个体差异小，同胞中无疝气、隐睾、瞎乳、脱肛等遗传缺陷。

表 3－1　长白猪的体重增长变化情况

	月龄	出生	1	2	3	4	5	6	7	8	9	10	11	12	13	14	成年猪
公猪	体重/kg	1.5	10	22	39	57	80	100	120	140	155	170	185	200	210	220	350
	平均日增重/g	283	400	576	600	767	600	667	667	500	500	500	500	333	333	300	—
	生长强度/%	100	567	120	77	46	40	25	20	17	11	10	9	8	5	5	6
母猪	体重/kg	1.5	9	20	37	55	75	95	113	130	145	160	175	190	—	—	300
	平均日增重/g	250	367	567	600	667	667	600	567	500	500	500	500	306	—	—	—
	生长强度/%	100	500	122	85	49	36	27	20	15	12	10	9	9	—	—	6

表 3－2　荣昌猪的体重增长变化情况

	月龄	出生	2	4	6	8	10	12	18	24	26
公猪	体重/kg	0.83	9.69	23.50	41.60	56.90	64.17	81.51	103.00	116.00	158.00
	平均日增重/g	148	230	302	255	121	289	120	72	117	—
	生长强度/%	100	1068	143	77	37	13	27	9	4	6.0
母猪	体重/kg	0.83	9.69	25.85	43.84	60.18	81.82	82.30	107.10	115.10	144.20
	平均日增重/g	148	296	300	272	361	80	131	45	81	—
	生长强度/%	100	1068	167	70	37	36	1	1	3	4.2

3. 看自身优质后备母猪自身生产性能标准

外形（毛色、头形、耳形、体形等）符合本品种的标准（如图 3－4 所示），且生长发育好，皮毛光亮，背部宽长，后躯大，体形丰满，四肢结实有力，并具备端正的肢蹄，腿不宜过直；有效乳头应在 7 对以上（瘦肉型猪种 6 对以上），排列整齐，间距适中，分布均匀，无遗传缺陷，无瞎乳和副乳头；生殖器发育良好，阴户发育较大且下垂、形状正常；初生重在 1.5kg 以上，28 日龄断奶体重达 8kg，70 日龄体重达 30kg，且膘体适中，不过肥也不太瘦。在初配前再进行一次筛选，繁殖器官发育不理想、发情周期不规律、发情现象不明显的母猪应及时予以淘汰。

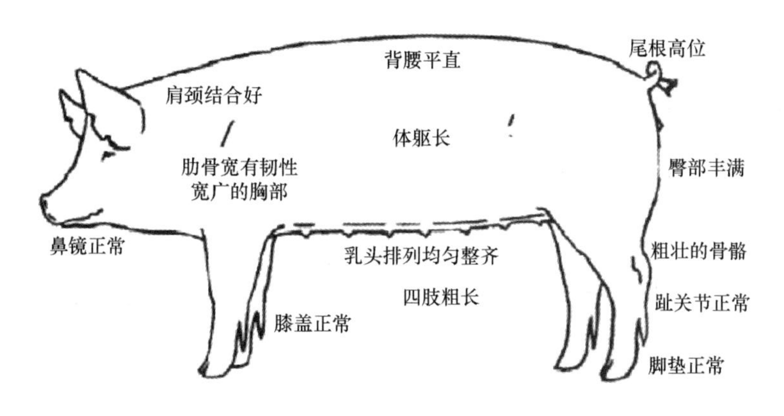

图 3－4　猪的外表名称与特征鉴别

4. 后备母猪选择的其他标准

（1）生长情况　选择同窝猪中生长速度快的猪只。生长速度快的母猪可以拥有较长的使用年限。生长速度慢的母猪可能出现发情延迟的现象，并且在以后的饲养过程中问题较多。

（2）背膘　背膘厚度对于后备母猪的选择是一个非常重要的指标。对于良种猪群，通过《联邦国家猪群改进指导方针》获得合适的测量和调整标准。特定猪场的推荐背膘厚度会根据遗传、环境和终端市场的需求而改变。

5. “完美”的后备母猪

“完美”的后备母猪与它的同伴比起来，它拥有粗壮的四肢和宽厚的蹄部、较长的躯干、平直的背腰、优美的肌肉曲线、乳头在腹线两侧均匀整齐的排列、阴户大小适中、位置恰当，并且它的生长速度在它的同伴中处于中上水平。综合这些因素，这头母猪可以被认为具有稳定的繁殖潜力。

6. 理想的母猪具备的条件

理想的母猪拥有丰满的臀部；很容易站立和卧下；走动时非常流畅，在对关节的持续压迫下不容易出现关节炎和关节的僵硬的症状；在繁殖母猪群中很可能保留比较长的周期。

（三）后备猪的饲养

1. 后备种猪的分阶段饲喂方式

（1）生长前期的饲养管理（30～60kg） 采用生长育肥期饲料，自由采食。

（2）生长后期的饲养管理（60～90kg） 采用后备母猪专用饲料，自由采食，要求日龄达145～150d时，体重达95～100kg，背膘为12～14mm。

（3）90kg至配种前的饲养管理 饲喂后备公母猪料，根据膘情适当限制或增加饲喂量。

（4）配种前10～14d 后备母猪达到初情并准备配种时，我们可以使用催情补饲的方法来增加卵巢的排卵数量，从而增加约1头窝产仔数。具体方法：后备母猪在配种前10～14d开始自由采食，采取短期优势，适当增加采食量，达到增加排卵数和提高窝产仔数的目的。不过使用催情补饲在后备母猪配种当天开始必须立即把采食量降下来，否则在怀孕前期过量饲喂会导致胚胎死亡率上升，减少窝仔数。

2. 后备种猪的分阶段饲喂技术

（1）饲喂全价日粮 饲喂全价日粮，就是按照后备猪不同的生长发育阶段配合饲料。注意能量和蛋白质的比例，特别是矿物质、维生素和必须氨基酸的补充。后备猪一般采取前高后低的营养水平。配合饲料的原料要多样化，至少要有5种以上，而且原料的种类尽可能稳定不变，既可保持营养全面，保持体内酸碱平衡，又防止引起食欲不振或消化器官疾病。

（2）限制饲养 后备猪必须采用限制饲养的饲养方式，生产中可以实行限量和限质相结合进行饲喂，育成阶段饲料的饲养水平最好适当控制；日喂量占其体重的2.5%～3.0%，体重达到80kg以后日喂量占体重的2.0%～2.5%。适宜的营养水平和饲喂量既可保证后备猪良好的生长发育，又可控制体重的高速增长，保证各器官的充分发育。

如我国培育的瘦肉型新品种三江白猪，按照我国瘦肉型猪的饲养标准饲养，后备猪的体重增长情况如表3－3所示。

$$\text{相对生长率} = \frac{BW_t - BW_0}{\frac{BW_t + BW_0}{2}} \times 100\%$$

式中 BW_0——某阶段开始体重，kg

BW_t——某阶段结束体重，kg

表3－3　三江白猪体重的增长情况

性别	项目	初生	35日龄	120日龄	180日龄	240日龄	初生至240日龄增重
公猪	头数	13	13	13	13	13	
	体重/kg	1.26±0.058	8.65±0.308	46.63±1.35	90.68±1.834	111.51±2.374	110.25
	相对生长率/%	—	149.1	137.4	64.2	20.6	195.5
母猪	头数	68	68	68	68	68	
	体重/kg	1.25±0.026	7.77±0.187	45.00±0.829	45.00±0.829	107.51±0.878	106.26
	相对生长率/%	—	144.6	141.1	59.6	25.5	195.4

我国瘦肉型猪后备猪的饲养标准，每1kg饲粮中含有可消化能12.55～12.13MJ，粗蛋白质含量6%～13%。

为了促进后备猪的生长发育，有条件的种猪场可搭配饲喂些优质的青绿饲料。

（3）推荐饲养方案（供参考）　21～23周龄：日粮饲喂量每天每头1.8～2.5kg，体重控制在70～80kg；25～26周龄：日粮饲喂量每天每头2.2～2.5kg，体重控制在90～100kg；28～30周龄：日粮饲喂量每天每头2.5kg，体重控制在110～120kg；配种前10～14d，其饲喂量应增加到每天每头3～3.5kg（可以促进后备种母猪发情排卵）。

（四）后备猪的管理

1. 分群管理

为使后备猪生长发育均匀整齐，饲养密度适当，可按性别、体重大小分成小群饲养，每圈可饲养4～8头。饲养密度过高影响生长发育，出现咬尾咬耳恶癖。小群饲养有两种饲喂方式，一是小群合圈饲喂（可自由采食，可限量饲喂），这种喂法优点是猪只争抢吃食快，缺点是强弱吃食不均，容易出现弱小猪；二是单栏饲喂，小群运动，优点是吃食均匀，生长发育整齐，但栏杆食槽设备投资大。

2. 运动

为了促进后备猪筋骨发达、体质健康、猪体发育匀称均衡，特别是四肢灵活坚实，就要保证猪只适度的运动。伴随四肢运动，猪全身有75%的肌肉和器官同时参加运动。尤其是放牧运动，可使猪只呼吸新鲜空气和接受日光浴，拱食鲜土和青绿饲料，对生长发育和增强抗病能力有良好的作用，因此，国外有些国家又开始提倡放牧运动和自由运动。

3. 调教

后备猪从小要加强调教管理。首先，建立人与猪的和睦关系，从幼猪阶段开始，利用称量体重、喂食之便进行口令和触摸等亲和训练，严禁鞭打、追赶、打骂猪只，这样猪只愿意接近人，便于将来采精、配种、接产、哺乳等操作管理。怕人的公猪性欲差，不易采精，母猪常出现流产和难产现象。其次是要训练良好的生活规律，规律性的生活使猪感到自在舒服，有利于生长发育。再次，是对耳根、腹侧和乳房等敏感部位触摸训练，这样既便于以后的管理、疫苗注射，还可促进乳房的发育。

4. 定期称重

后备猪最好按月龄进行个体称重，任何品种的猪都有一定的生长发育规律，换言之，不同的月龄都有相对应的体重范围。通过后备猪各月龄体重变化可比较生长发育的优劣，适时调整饲料的饲养水平和饲喂量，以使其达到品种发育要求。

5. 日常管理

应注意防寒保温、防暑降温、清洁卫生等。另外。后备公猪要比后备母猪难养，达到性成熟以后，会烦躁不安，经常会互相爬跨，不好好吃食，生长迟缓，特别是性成熟早的品种更突出。为了克服这种现象，应在后备公猪达到性成熟后，实行单圈饲养，合群运动。

（五）后备猪的利用

后备猪生长发育到一定月龄和体重，便有了性行为表现，称为性成熟，达到性成熟的公母猪即具有繁殖能力，如果配种能产生后代。后备猪达到性成熟的月龄和体重，随品种类型、饲养管理水平和气候条件等而不同。我国地方品种特别的是南方地方品种猪性成熟早，培育品种和国外引进良种性成熟晚；后备公猪比后备母猪性成熟早；营养水平高、气候温暖的地区性成熟早，相反则较晚。后备公猪，地方早熟品种生后 2 ~ 3 月龄达到性成熟；培育品种和引进品种生后 4 ~ 5 月龄达到性成熟。后备母猪，地方早熟品种生后 3 ~ 4 月龄，体重 30 ~ 50kg 即可达到性成熟；而培育的大型品种要到生后 5 ~ 6 月龄，体重 60 ~ 80kg 才达到性成熟。

后备公母猪达到性成熟时虽然具有繁殖能力，但身体各组织器官在内，还处在进一步的生长发育中，各种功能还需要进一步完善。如果过早配种利用，不仅影响第一胎的繁殖成绩，还将影响身体的生长发育，常会降低成年体重和终生的繁殖力。现通过表 3 - 4 所列后备母猪生殖器官的发育状况，来说明适宜的配种月龄和体重。

表 3-4　母猪生殖器官的发育

器官	第一次发情时	使用开始时	经产母猪
卵巢质量/g	3.8	5.0	9.5
输卵管长/cm	23	25	30
子宫质量/g	150	240	450
阴道质量/g	35	45	65

从表 3-4 可以看出，青年母猪达到性成熟时，其生殖器官仍处于生长发育时期。卵巢和子宫的重量仅有经产母猪的 1/3 左右，由于卵巢小没有发育完善，排卵数少；子宫小限制胚胎的着床和胎儿的生长发育。所以，过早配种会出现产仔头数少，仔猪初生体重小。另外，刚达到性成熟的青年母猪乳腺发育不完善，泌乳量少，造成仔猪成活率低、断奶体重小，进而可能影响成年后母猪的繁殖能力。

后备猪配种过晚也不好。配种过晚会加大后备种猪的培育费用。造成经济损失。后备猪如不适时繁殖利用，体内会沉积大量脂肪，身躯肥胖，体内及生殖器官周围蓄积脂肪过多，会造成内分泌失调等一系列繁殖障碍。

那么后备猪什么时期开始配种使用好呢？后备公猪，地方早熟品种生后 6~7 月龄，体重 60~70kg 开始使用；晚熟的培育品种生后 8~10 月龄，体重 110~130kg 时开始配种使用。后备母猪，早熟的地方品种生后 6~8 月龄，体重 50~60kg 配种较合适；晚熟的大型品种及其杂种生后 8~9 月龄，体重100~120kg 配种为好。如果后备猪饲养管理条件较差，虽然达到配种月龄但体重较小，最好适当推迟配种开始时期。如果饲养管理较好，虽然体重接近配种开始体重，但月龄尚小，最好提前通过调整饲料营养水平和饲喂量来控制增重，使各器官和机能得到充分发育。最好是使繁殖年龄和体重同时达到适合的要求标准。

（六）后备猪饲养管理的操作规程

（1）按进猪日龄，分批次做好免疫计划、限饲优饲计划、驱虫计划并予以实施。后备母猪配种前驱体内外寄生虫一次，进行乙脑、细小病毒、猪瘟、口蹄疫等疫苗的注射。

（2）日喂料两次　限饲优饲计划：母猪 6 月龄以前自由采食，7 月龄适当限制，配种使用前一月或半个月优饲。限饲时喂料量控制在 2kg 以下，优饲时 2.5kg 以上或自由采食。

（3）做好后备猪发情记录，并将该记录移交配种舍人员。母猪发情记录从

6月龄时开始。仔细观察初次发情期，以便在第二、第三次发情时及时配种，并做好记录。

（4）后备公猪单栏饲养，圈舍不够时可2~3头一栏，配前1个月单栏饲养。后备母猪小群饲养，4~8头一栏。

（5）引入后备猪第一周，饲料中适当添加一些抗应激药物如维力康、维生素C、多维、矿物质添加剂等。同时饲料中适当添加一些抗生素药物如呼诺玢、呼肠舒、泰灭净、强力霉素、利高霉素、土霉素等。

（6）外引猪的有效隔离期约为6周（40d），即引入后备猪至少在隔离舍饲养40d。若能周转开，最好饲养到配种前1个月，即母猪7月龄、公猪8月龄。转入生产线前最好与本场老母猪或老公猪混养2周以上。

（7）后备猪每天每头喂2.0~2.5kg 根据不同体况、配种计划增减喂料量。后备母猪在第一个发情期开始，要安排喂催情料，比规定料量多1/3，配种后料量减到1.8~2.2kg。

（8）进入配种区的后备母猪每天放到运动场1~2h，并用公猪试情检查。

（9）以下方法可以刺激母猪发情：调圈；和不同的公猪接触；尽量放在靠近发情的母猪身边；进行适当的运动；限饲与优饲；应用激素。

（10）凡进入配种区后超过60d不发情的小母猪应淘汰。

（11）对患有气喘病、胃肠炎、肢蹄病等疾病的后备母猪，应隔离单栏饲养；此栏应位于猪舍的最后。观察治疗两个疗程仍未见有好转的，应及时淘汰。

（12）后备母猪在配种前转入配种舍。引入品种后备母猪的初配月龄需达到7~8月龄，体重要达到110kg以上。公猪初配月龄须达到8~10月龄，体重要达到130kg以上。

（七）生长待售猪饲养管理

1. 工作目标

（1）生长待售阶段成活率≥99%。

（2）饲料转化率（15~90kg阶段）≤2.7。

2. 操作规程

（1）转入猪前，空栏要彻底冲洗消毒，空栏时间不少于3d。

（2）转入、转出猪群每月一到两批次，猪栏的猪群批次清楚明了。

（3）及时调整猪群，强弱、大小、公母分群，保持合理的密度，病猪及时隔离饲养。

（4）小猪49~77日龄喂小猪料，78~119日龄喂中猪料，120~168日龄喂大猪料，自由采食，喂料时参考喂料标准，以每餐不剩料或少剩料为原则。

（5）保持圈舍卫生，加强猪群调教，训练猪群吃料，睡觉，排便“三定位”。

（6）用水冲洗栏舍，冬季每隔一天冲洗一次，夏季每天冲洗一次。

（7）清理卫生时注意观察猪群排粪情况；喂料时观察食欲情况；休息时检查呼吸情况，发现病猪，对症治疗。严重病猪隔离饲养，统一用药。

（8）按季节温度的变化，调整好通风降温设备，经常检查饮水器，做好防暑降温等工作。

（9）分群合群时，为了减少相互咬架而产生应激，应遵守“留弱不留强”“拆多不拆少”“夜并昼不并”的原则，可对并圈的猪喷洒药液（如来苏儿），清除气味差异，并群后饲养人员要多加观察（此条也适合于其他猪群）。

（10）每周消毒两次，每月消毒药更换一次。

（11）出栏猪要事先鉴定合格后才能出场，残次猪特殊处理出售。

瘦肉型后备母猪如果自己选留，要求在60kg前从育肥猪群内拨到后备母猪圈内饲养。不能以育肥猪的方法一直养到配种前。如果从外面购买后备母猪，也要求在60kg前购买。如果购买得太晚，母猪体重太大，很可能是一直以育肥猪的方式饲养的，对繁殖不利。另一方面，购入的后备母猪太晚，到自己猪场后没有足够的时间适应，很可能造成繁殖失败。

从60kg以后进入后备母猪培育阶段，饲养管理不同于育肥猪。每天生长速度保持在500～600g即可。这要求适当控制后备母猪的饲料量。建议改成每天饲喂2顿，最好饲喂湿料。后备母猪的饲料最好单独配制，饲料蛋白质、氨基酸、纤维素、维生素、矿物质水平要求略高于育肥猪。这样有利于培育出繁殖力高、健壮的后备母猪。

当后备母猪达到7月龄、体重达到110kg以后，注意观察母猪的初情期。要求在第二个发情期配种。配种前可增加饲料量，促进多排卵，多产仔。

从外面购买后备母猪，一定要从防疫好、健康水平高的猪场购买。新买来的后备母猪应当隔离饲养一段时间（一般4～6周），不能立即与本猪场猪混群，容易暴发传染病。在隔离观察期间，做好各种疫苗接种，注意观察后备母猪的健康状况。如果一切正常，就要开始接触本场猪群，让后备母猪适应本场的微生物环境，增加抵抗力。这种接触应当循序渐进。可让后备母猪接触本场健康老母猪。增加接触本场老母猪可让后备母猪产生强有力的免疫力，保证繁殖成功。

管理上应当增加后备母猪的活动面积，保持圈舍卫生，训练后备母猪良好卫生习惯，做好必要的免疫和驱虫。

三、种公猪的饲养管理

饲养种公猪的目的是用来配种，提高母猪的受胎率，得到数量多、质量好的仔猪。猪场内种公猪的数量很少，但作用很大。俗话说："母猪好好一窝，公猪好满山坡"是很有道理的。因此，必须对种公猪进行科学的饲养管理及合理利用，保持营养、运动、利用三者之间的平衡，保证母猪全配、满怀。

（一）种公猪的选择

选择种公猪时应该考虑到的两个重要条件，一是选择的公猪能够保持猪群的生产水平，二是所选公猪能够改进猪群的缺点。

1. 公猪品种的确定

公猪品种的选择取决于杂交计划。目前，绝大部分公猪是从纯种育种场购买，只有一小部分是从商业性育种机构购买；无论是从哪一种途径买来的更新公猪，均是良好的公猪来源，而且这两种来源的猪只都具有良好的经济性状。应注意如果把"纯种猪"和"杂交猪"作为一个有系统、有计划的育种计划时，那么杂交所得到的子代的性能也较好；因此，不必过分关心公猪来源的问题，要多重视公猪本身的性能记录资料。选拔一头优良性能的公猪可改进猪群的弱点，同时也可增进其优点，因此，一个高性能猪群的成功条件就是使用性能优越的公猪。

2. 公猪的年龄

应该选择或购买6~7月龄的公猪，但开始使用的最小年龄必须达8月龄。大部分的公猪要到7月龄时才能达到性成熟，实际中有很多的公猪由于外表看起来够大就被使用，其实它们还年轻。所有的更新公猪应该在配种季节开始前至少60d就购入，这样就有充分的时间隔离检查其健康状况、适应猪场环境、训练配种或评定其繁殖性能。

3. 生产性能的记录

公猪的生产性能记录或公猪同胎的记录，在公猪的选择上是十分重要的参考资料。种猪育种场都应保存公猪的记录。当我们根据公猪的生产性能记录来选择时，仅选择猪群中或检定猪种性能最好的50%，仅选择每胎分娩头数10头以上，断奶头数8头以上的猪只，仅选择在相同生长条件下育成的猪只（例如：相同水泥地面，相同漏缝地板，相同舍饲条件，相同放牧条件等）。

4. 公猪的系谱记录

系谱记载有公猪的祖先、血统，如果再把生产性能的记录中的繁殖（例如：泌乳能力、母性）等有关的性状也列在系谱中，也是非常有用的。

5. 公猪的健康

猪群的健康状况是选择公猪应该考虑的重要因素之一。我们所购买的公猪必须是来自一个健康猪群，因此，在购买、选择公猪之前应该观察所有猪只的健康状况；凡是合格的育种者应该乐于给公猪开出一张健康记录的证明。

公猪生产性能如果能达到以下所列的标准时，将是具有潜力的公猪：生长肥育期日增重800g以上；料肉比2.8∶1；瘦肉率62%以上可能的话，从检定过的猪只中选择最佳50%的公猪。

（二）种公猪的饲养

种公猪对整个猪群的作用很大，自然交配时每头公猪可担负20～30头母猪的配种任务，一年繁殖仔猪400～600头；人工授精时每头公猪一年可繁殖仔猪万头左右。种公猪对其所产后代均要发生遗传影响，要提高种公猪的配种效率，必须经常保持营养、运动和配种利用三者之间的平衡。营养是保证公猪健康和生产优良精液的物质基础；运动是增强公猪体质、提高繁殖机能的有效措施；而配种利用是决定营养和运动需要量的依据。例如，在配种繁殖季节，则应加强营养，减少运动量；而在非配种季节，则可适当降低营养，增加运动量，以免公猪肥胖或者消瘦而影响公猪的性欲和配种效果。

1. 种公猪的营养需要

公猪的射精量在各种畜禽中是最高的，一次射精量200～300mL，含有精子约250亿个。其中水分占97%，粗蛋白质占1.2%～2%，脂肪占0.2%，灰分占0.9%。为了保证种公猪具有健壮的体质和旺盛的性欲，提高射精量和精液品质，就要从各方面保证公猪的营养需要。

种公猪营养需要的特点是要求供给足够的蛋白质、矿物质和维生素。饲粮中蛋白质的品质和数量对维持种公猪良好的种用体况和繁殖能力，均有重要作用。供给充足优质的蛋白质，可以保持种公猪旺盛的性欲，增加射精量，提高精液品质和延长精子的存活时间。因此，在配制公猪饲粮时，要有一定比例的动物性蛋白质饲料（鱼粉、血粉、肉骨粉等）与植物性蛋白质饲料（豆类及饼粕饲料）。在以禾本科籽实为主的饲料条件下，应补充赖氨酸、蛋氨酸等合成氨基酸，对维持种公猪生殖机能有良好的作用。

种公猪饲粮中能量水平不宜过高，控制在中等偏上（每千克饲粮含消化能10.46～12.56MJ）水平即可。长期喂给过多高能量饲料，公猪不能保持结实的种用体况，因体内脂肪沉积而肥胖，造成性欲和精液品质下降；相反能量水平过低，公猪消瘦，精液量减少，性机能减弱。

矿物质对公猪的精液品质和健康有显著影响。饲粮中钙不足或缺乏时，精子发育不全，活力降低或死精子增加；缺磷引起生殖机能衰退；缺锰会产生异常精子；缺锌使睾丸发育不良，精子生成停止；缺硒引起贫血，精液品质下降，睾丸萎缩。公猪饲粮多为精料型，一般含磷多含钙少，故需注意钙的补充。食盐在公猪日粮中也不应缺少。在集约化的养猪的条件下，更需注意补充上述微量元素，以满足其营养需要。

维生素 A、维生素 D 和维生素 E 对精液品质也有很大影响。长期缺乏维生素 A 时，会使公猪睾丸肿胀或萎缩，不能产生精子，失去繁殖能力。缺乏维生素 E 时，也会引起睾丸机能退化，精液品质下降。公猪可从青绿饲料中获得维生素 A 和维生素 E，在缺乏青饲料的条件下，应注意补充多维。维生素 D 影响钙、磷代谢，间接影响精液品质，让公猪每天晒一会儿太阳，就能保证维生素 D 的需要。

2. 饲粮配合和饲喂技术

表 3－5　种公猪饲料配方示例　　单位:%

饲料	非配种期/%	配种期/%
玉米	64.5	64
豆饼	15.0	28.3
麦麸	15.0	—
大麦	—	4.2
草粉	3.0	—
鱼粉	—	1.0
骨粉	2.0	2.0
食盐	0.5	0.5
合计	100	100
营养水平		
消化能/（MJ/kg）	13.02	13.73
粗蛋白	14.06	18.96
钙	0.71	0.76
磷	0.65	0.59

注：上述配方另加维生素和微量元素添加剂。

公猪饲养应随时注意营养状况，使其终年保持健康结实，性欲旺盛，精力充沛的体质。过肥的公猪整天贪睡，性欲减弱，甚至不能配种，即使勉强配种，也往往由于睾丸发生脂肪变性、精子不健全而受胎效果不佳。这种情况多是由于饲粮内营养不全面，能量饲粮较多，蛋白质、矿物质和维生素不足，加之缺乏运动所引起。当发现种公猪过肥时，则应减少能量饲料喂量，增喂青饲料和加强运动来纠正。如果公猪过瘦，则说明营养不足或配种过度，则应及时调整饲粮和控制配种次数。

在常年分散产仔的猪场，公猪配种任务比较均匀，因此，全年各月都要维持公猪配种期所需要的营养水平。采用季节集中产仔时，则需要在配种开始前1～1.5个月逐渐增加营养，做好配种前的准备，待配种季节结束以后，再逐渐适当降低营养水平。配种期间每天可加喂2～4个鸡蛋或小鱼、小虾等动物性蛋白质饲料，以保证良好的精液品质。冬季寒冷时，饲粮的营养水平应比饲养标准提高10%～20%。

种公猪应用精料型日粮（表3－5）。配制种公猪饲粮，每千克约含消化能13MJ、粗蛋白质12%～14%、钙0.66%、磷0.53%、食盐0.35%。公猪饲粮体积不宜过大，以免形成垂腹影响配种。

饲喂种公猪应定时定量，冬季可日喂2次，夏季可日喂3次，每次不宜喂得过饱，日粮一般占体重的2.5%～3%。按上述饲粮配方，体重90kg以下的小公猪日喂量1.4kg，体重90～150kg的公猪日喂量1.9kg，体重150kg以上的公猪日喂量2.6kg，既可满足需要。同时供给公猪充足的清洁的饮水。

（三）种公猪的科学管理

1. 单圈饲养

种公猪应单圈饲养，并与母猪圈舍相距较远，使其安静，不受外界干扰。同时避免相互间爬跨和造成自淫的恶习。

2. 建立日常管理制度

要根据不同季节为种公猪制定一套饲喂、运动、洗刷、采精和休息等日常管理制度，使公猪养成良好的习惯，形成条件反射，有利于公猪的健康和利用。种公猪的饲养管理制度一经制定，就必须严格执行，不可随便更改。

3. 保持圈舍和猪体的清洁卫生

公猪圈舍应天天坚持打扫，保持清洁、干燥，每天用刷子刷1～2次皮毛，保持猪体清洁，防止皮肤病和体外寄生虫病的发生。通过刷拭，还可以促进血液循环，加强新陈代谢。炎热夏天还可洗浴1～2次。要特别注意保持公猪阴囊和包皮的清洁卫生。

4. 合理运动

合理运动能促进食欲，增强体质，提高繁殖能力。运动不足，使脂肪沉积，四肢无力，甚至造成睾丸脂肪变性，严重影响配种效果。种公猪一般每天要坚持运动两次，上午、下午各一次，每次运动1h，行程2～3km，有条件时可对公猪进行放牧，这也可代替运动。夏季宜早晚运动，冬季中午运动。公猪运动后不要立即洗浴或饲喂。并注意防止公猪因运动量过大而造成疲劳。配种旺期应适当减少运动，非配种期和配种准备期应适当增加运动。

5. 刷拭和修蹄

每天定时用刷子刷拭猪体，热天结合淋浴冲洗，可保持皮肤清洁卫生，促进血液循环，少患皮肤病和外寄生虫病。这也是饲养员调教公猪的机会，使种公猪温驯听从管教，便于采精和辅助配种。

要注意保护猪的肢蹄，对不良的蹄形进行修蹄，蹄不正常会影响活动和配种。

6. 定期检查精液品质和称量体重

实行人工授精的公猪，每次采精都要检查精液品质。如果采用本交，每月也要检查1~2次精液品质，特别是后备公猪开始使用前和由非配种期转入配种期之前，都要检查精液2~3次，严防死精公猪配种。种公猪应定期称量体重，可检查其生长发育和体况。根据种公猪的精液品质和体重变化来调整日粮的营养水平和饲料喂量。

7. 防止公猪咬架

公猪好斗，如偶尔相遇就会咬架。公猪咬架时应迅速放出发情母猪将公猪引走，或者用木板将公猪隔离开，也可用水猛冲公猪眼部将其撵走。最主要应预防咬架，如不能及时平息，会造成严重的伤亡事故。

（四）种公猪的使用强度

种公猪按品种、年龄、体质合理使用，尽量使用青年公猪配种。1.5岁以上公猪每周可配种4~5次，2~5岁公猪每周可配5~6次。注意填写公猪使用卡，保证公猪均衡使用。

当种公猪出现临床疾病或受应激时，往往会影响精液的品质，导致公猪精子活力下降。例如，当天气炎热时，未及时对种公猪防暑降温，使猪体温过高或因为疾病原因导致种公猪发烧，都要在1个月内禁止使用。

有资料认为，合理的配种间隔应该是壮年公猪休养2d，青年公猪休养3d，所有公猪休养天数要多于配种次数。健康公猪休息天数不得超过2周，以免发生繁殖障碍。

种公猪年淘汰率应根据不同的生产因素合理确定。在生产中，淘汰种公猪的主要因素在于母猪的窝产仔数、配种受胎率等。但是，由于这两项指标要受圈舍条件、疫苗接种、饲养管理、种猪调教、配种技能、母猪繁殖潜力、公猪使用频率、季节等因素的影响。因此，在生产中，要通过与配母猪的生产性能，综合计算种公猪的生产性能，确定合理的淘汰率。

种公猪淘汰原则：与配母猪分娩率低、产仔少的公猪；性欲低、配种能力差的公猪；有肢蹄病的公猪；精液品质差的公猪；因各种疾病不能配种的公猪；有恶癖的公猪；膘情不良（过肥或羸弱）、体型过大或过小的公猪。

四、种母猪的饲养管理

（一）空怀母猪的饲养管理

1. 养好空怀母猪，促进发情排卵

（1）空怀母猪的短期优饲，促进发情排卵　在正常饲养管理条件下的哺乳母猪，仔猪断奶时母猪极不被重视，错误地认为空怀母猪既不妊娠又不带仔，随便喂喂就可以了。其实不然，许多实验证明，对空怀母猪配种前的短期优饲，有促进发情排卵和容易受胎的良好作用。空怀母猪的饲养方法如图 3－5 所示。

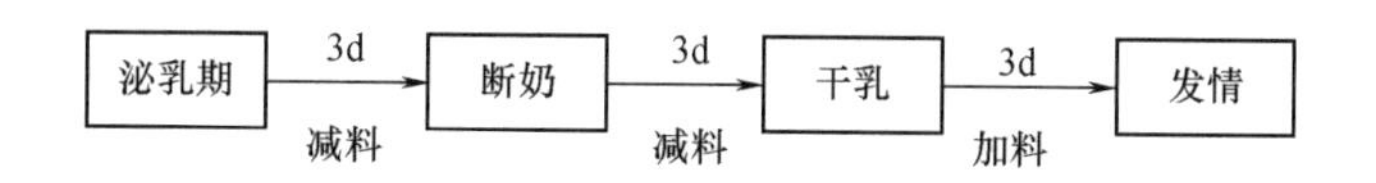

图 3－5　仔猪断奶前后母猪的给料方法

仔猪断奶前几天母猪还能分泌相当多的乳汁（特别是早期断奶的母猪），为了防止断奶后母猪的乳房炎，在断奶前后各 3d 要减少配合饲料喂量，给一些青粗饲料充饥，使母猪尽快干乳。断奶母猪干乳后，由于负担减轻，食欲旺盛，应多供给营养丰富的饲料和保证充分休息，可使母猪迅速恢复体力。此时日粮的营养水平和给量要与妊娠后期相同，如能增喂动物性饲料和优质青绿饲料更好，可促进空怀母猪发情排卵，为提高受胎率和产仔数奠定物质基础。

以上所讲是对多数断奶母猪的一般原则，对不太符合规律的个体要灵活运用。对那些哺乳后期膘情不好、过度消瘦的母猪，由于他们泌乳期间消耗很多营养，体重减轻很多，分别是那些泌乳力高的个体减重更多。这些母猪在断奶前已经相当消瘦，产奶量不多，不易发生乳房炎。断奶前后可少减料或不减料，干乳后适当多增加营养，使其尽快恢复体况，及时发情配种。

有些母猪断奶前膘情相当好，这类母猪多半是哺乳期间吃食好，带仔头数少或泌乳力差，在泌乳期间失重少。过于肥胖的母猪贪吃贪睡，内分泌紊乱，发情不正常。对于这类母猪，断奶前后都要少喂配合饲料，多喂青粗饲料，加强运动，使其恢复到适度膘情，及时发情配种。

（2）空怀母猪的管理　空怀母猪有单栏饲养和小群饲养两种方式。单栏饲养空怀母猪是规模化养猪生产中常采用的一种方式，即将母猪固定在栏内实行

紧闭式饲养，活动范围很小，母猪后侧（尾侧）养种公猪，以促进发情。小群饲养是将4～6头同时（或相近）断奶的母猪养在同一栏（圈）内，使其自由运动。实践证明，群饲空怀母猪可促进发育，特别是群内出现发情母猪后，由于爬跨和外激素的刺激，可以诱导其他空怀母猪发情，同时便于管理人员观察和发现发情母猪，也方便用试情公猪试情。

配种人员和母猪饲养员每天早晚两次观察、记录空怀母猪的发情状况，喂食时观察其健康状况，及时发现和治疗病猪。

空怀母猪同样需要干燥、清洁、温湿度适宜、空气新鲜等环境条件，空怀母猪如果得不到良好的饲养管理条件，将影响发情排卵和配种受胎。

2. 控制母猪发情的方法

为了使母猪同期发情配种，提高母猪年产仔窝数，除改善饲养管理条件促进发情排卵外，也应采取公猪诱导法、合群并圈、按摩乳房等方法措施控制发情。

3. 母猪发情症状和发情周期

（1）发情症状　种用母猪发情症状的强弱，随品种类型而异。外国许多地方品种发情症状明显，高度培育品种和杂种母猪发情症状不如地方良种明显。发情症状的表现可归纳为以下三个方面：

①神经症状：母猪发情时对周围环境十分敏感，表现东张西望，早起晚睡，扒圈跳圈，追人追猪，食欲不振，高潮期呆立不动。

②外阴部变化：母猪发情时，外阴部充血肿胀，并有黏液流出，阴道黏膜颜色多由浅红变深红再变浅红，外阴部由硬变软再变硬。

③接受公猪爬跨：母猪发情到一定程度开始接受公猪爬跨，此时如不用公猪试情，可用手压迫母猪背腰部，发情母猪如站立不动就认为是接受公猪爬跨开始。此时期发情母猪经常两后腿叉开，呆立不动，频频排尿等。

（2）发情周期　种用母猪从性成熟直到年老性机能衰退前，表现有周期性的性活动。从上一次发情开始至下次发情开始，称作一个发情周期。在一个发情周期内，根据母猪生殖器官的生理变化和表现，可分为四个阶段。

①发情前期：从母猪出现神经症状或外阴部开始肿胀，到接受公猪爬跨为止。此阶段母猪卵巢中的卵泡加速生长，生殖腺体活动加强，分泌物增加，生殖道上皮细胞增生，外阴部肿胀且阴道黏膜由浅红变深红，出现神经症状。但不接受公猪爬跨。

②发情期（发情中期）：从接受公猪爬跨开始到拒绝公猪爬跨为止。此阶段是母猪发情的高潮阶段，是发情症状最明显的时期。卵巢中卵泡成熟并排卵。生殖腺体活动加强，分泌物增加，子宫颈放松，外阴部肿胀到高峰，充血发红，阴道黏膜颜色呈现深红色。追找公猪，精神发呆，站立不动，接受公猪

爬跨并允许交配。

③发情后期：从拒绝公猪爬跨到发情症状完全消失为止。此时期母猪性欲减退，但有时仍走动不安，爬跨其他母猪，但拒绝公猪爬跨和交配，卵巢排卵后卵泡腔开始充血并形成黄体，生殖器官逐渐恢复到正常状态。

④休情期（间情期）：指从这次发情症状消失至下次发情症状出现的时期。此期卵巢排卵后形成黄体并分泌孕酮，母猪精神保持安静状态，没有发情症状。

4. 发情母猪最适宜的配种时间

所说的适宜配种时间，就是使尽可能多的卵子与精子相互结合，提高受胎率和增加胚胎数量的配种时间。这样不仅要求种猪提供品质优良的精子，母猪多排出能够受精的卵子，还要使公母猪在相宜的时间内交配，使卵子大部分或全部有机会受精。这是决定受胎率高低和产仔数多少的关键。要想做到适时配种，首先应掌握母猪发情排卵规律，然后根据精子和卵子两性生殖细胞在母猪生殖道内保持受精能力的时间来全面考虑。

（1）发情母猪的排卵规律　发情期是母猪接受公猪爬跨和交配的时期，此期既是母猪排卵的持续时期，也是公猪能够进行交配的时期。也就是说，只有在这段时间内母猪才接受配种或是输精，所以，母猪接受公猪爬跨时期是配种的重要时期。发情母猪什么时间接受公猪爬跨，接受爬跨时间能持续多长，与猪的品种类型、年龄、饲养管理条件等因素有关。北京黑猪青年母猪发情排卵情况如表 3 -6 所示。

表 3 -6　北京黑猪青年母猪发情排卵情况

指标	样本情况	发情期 1	发情期 2	发情期 3
接受公猪爬跨	试猪头数	39	29	19
持续时间/h	平均数	52. 3	53. 8	54. 3
外阴部肿胀	试猪头数	39	27	19
持续时间/d	平均数	5. 2	4. 8	5. 0
排卵数/个	试猪头数	4	16	13
	平均数	12. 0	13. 9	14. 7

从表 3 -6 可以看出，母猪外阴部在发情期内肿胀时间为 5d 左右，而接受公猪爬跨时间只有 2. 5d（平均 52 ~ 54h）左右，发情期内平均排卵数为 12 ~ 14 个。每个发情期所排的卵子并不是同时排出的，而是有规律的在一定持续的时间内陆续排出。北京黑猪的青年母猪的排卵规律如表 3 -7 所示。

表3-7 北京黑猪青年母猪排卵规律（$n=21$）

接受公猪爬跨时间/h	0	0~12	12~24	24~36	36~48	>48
占排卵总数的百分比/%	0	1.59	17.38	65.57	13.90	1.56

从表3-7可以看出，发情母猪接受公猪爬跨时期为排卵的持续期，卵子排出并非是均衡的，而是有高峰期的。发情母猪在接受公猪爬跨后24~36h排卵高峰阶段的排卵数占排卵总数的65.57%，所以，配种必须在排卵高峰出现之前数小时内进行。

（2）母猪适时配种　经观察，精子在母猪生殖道内的存活时间最长为42h，但精子具有受精能力的时间仅为25~30h，精子在母猪生殖道内经过2~4h才有受精能力，这就是通常所称的"精子获能"，只有获得受精能力后的精子才能与卵子结合。

卵子从卵巢排出，通过伞部进入输卵管膨大部，精子和卵子只有在这一部分输卵管内相遇才能受精。卵子通过这部分输卵管的时间也就是卵子保持受精能力的时间为8~10h，最长可达15h左右。如果卵细胞在输卵管膨大部没有遇到精子受精，则继续沿输卵管向子宫角移行，卵子会逐渐衰老并被输卵管分泌物包裹，结果阻碍精子进入而失去受精能力。

实验证明，精子到达母猪输卵管内的时间很短，经过获能作用后，具有受精能力的时间比卵子具有受精能力的时间长的多。因此，必须在母猪排卵前，特别要在排卵高峰前数小时配种或输精，使精子等待卵子到来。

那么到底何时配种好呢？目前，最好采取母猪第一个发情期不配种（时间为产后的3~6d）或者输精两次为好，这样会使母猪在同一发情期内先排的卵和后排的卵都有受精的机会。一个发情期内的两次配种或输精的准备时间，因猪的配种类型、年龄和饲养管理条件不同而稍有变化。各地养猪工作者需要在生产时间中根据本地区所饲养公母猪特点而酌情决定。例如，根据北京黑猪排卵规律和多年来各猪场的经验，认为发情母猪在接受公猪爬跨后8~12h第一次配种，隔12h进行第二次配种，受胎率和产仔成绩都比较好。也就是说两次配种或输精能够使绝大多数卵子受精。上述的配种时间称为适时配种时间。

5. 返情、超期空怀和不发情母猪饲养管理

（1）配种后21d左右用公猪对母猪做返情检查，以后每月做一次妊娠诊断。

（2）妊检空怀母猪放在观察区，及时复配。妊检空怀母猪转入配种区要重新建立母猪卡。

（3）每头每日喂料3kg左右，日喂2次。过肥过瘦的要调整喂料量，膘情

恢复正常再配。

（4）超期空怀、不正常发情母猪要集中饲养，每天放公猪进栏追逐10min或放运动场公母混群运动，观察发情情况。

（5）体况健康、正常的不发情母猪，先采取饲养管理综合措施（见“诱情方法”），然后再选用激素治疗。

（6）不发情或屡配不孕的母猪可对症使用PG600、血促性素、绒促性素、排卵素、氯前列烯醇等外源性激素。

（7）长期病弱或空怀2个发情期以上的，应及时淘汰。

6. 综合要点

（1）发现母猪空怀后就赶入断奶母猪群进行饲喂。

（2）参照断奶母猪的饲养管理。但对长期病弱，或五个情期没有配上的，应及时淘汰。

（3）配种后18～21d对母猪做返情检查，以后每月做一次妊娠诊断。

（4）返情猪放在观察区，及时复配。

（5）空怀母猪喂料每头每日3kg左右，日喂2次。

（二）妊娠母猪的饲养管理

从精子与卵子结合、胚胎着床、胎儿发育直至分娩，这一时期称为妊娠期，对新形成的生命个体来说，称为胚胎期。妊娠母猪既是仔猪的生产者，又是营养物质的最大消费者，妊娠期约占母猪整个生产周期的2/3。因此，妊娠母猪饲养管理任务是，以最少的饲料保证胎儿在母体内得到正常的生长发育，防止流产，同时保证母猪有较好的体况，为产后初期泌乳及断乳后正常发情打下基础。

1. 母猪的妊娠检查

猪的早期妊娠检查比较困难，主要根据其发情周期的表现做出判断。在母猪配种后的20多天里，如果没有再发情现象出现，可以判断该母猪已孕。但有少数母猪在已孕后出现“假发情”现象，其特点是发情征状不甚明显，持续时间短，采食后安静。另一重要特征是假发情母猪不接受交配，出现“拒配”现象。另外，已孕的母猪在精神和体态上也相继出现变化。已孕母猪表现出疲乏，贪睡，食欲增加，容易上膘，皮毛变得光亮顺贴，性情逐渐变得温驯，行动稳重。外阴部比较干燥，阴户皱纹收缩明显，阴户下联合向上弯曲。随妊娠期的增进，母猪腹围增大，腹部下垂，乳房膨大。妊娠诊断是母猪繁殖管理上的一项重要内容。配种后，应尽早检出空怀母猪，及时补配，防止空怀。这对于保胎，缩短胎次间隔，提高繁殖力和经济效益具有重要意义。随着科学技术的不断进步，猪的早期妊娠诊断技术得到了很大提高。

（1）超声诊断法　超声诊断法是利用超声波的物理特性，将其和动物组织结构的声学特点密切结合的一种物理学诊断法。其原理是利用孕体对超声波的反射来探知胚胎的存在、胎动、胎儿心音和胎儿脉搏等情况来进行妊娠诊断。目前用于妊娠诊断的超声诊断仪主要有 A 型、B 型和 D 型。

①B 型超声诊断仪：B 型超声诊断仪可通过探查胎体、胎水、胎心搏动及胎盘等来判断妊娠阶段、胎儿数、胎儿性别及胎儿状态等。具有时间早、速度快、准确率高等优点，但价格昂贵、体积大，只适用于大型猪场定期检查。

②多普勒超声诊断仪（D 型）：该仪器可通过测定胎儿和母体血流量、胎动等做较早期诊断。张寿利用北京产 SCD ~ Ⅱ 型兽用超声多普勒仪对配种后 15 ~60d 母猪检测，认为 51 ~60d 准确率可达 100% 。

③A 型超声诊断仪：这种仪器体积较小，如手电筒大，操作简便，几秒钟便可得出结果，适合基层猪场使用。据报道，这种仪器准确率在 75% ~80% 。用美国产 PREG – TONE Ⅱ PLUS 仪对 177 头次母猪进行检测，结果表明，母猪配种后，随着妊娠时间增长，诊断准确率逐渐提高，18 ~20d 时，总准确率和阳性准确率分别为 61.54% 和 62.50% ，而在 30d 时分别提高到 82.5% 和 80.00% ，75d 时都达到 95.65% 。

（2）激素反应观察法

①孕马血清促性腺激素（PMSG）法：母猪妊娠后有许多功能性黄体，抑制卵巢上卵泡发育。功能性黄体分泌孕酮，可抵消外源性 PMSG 和雌激素的生理反应，母猪不表现发情即可判为妊娠。方法是于配种后 14 ~26d 的不同时期，在被检母猪颈部注射 700IU 的孕马血清促性腺激素制剂，以判定妊娠母猪并检出妊娠母猪。判断标准：被检母猪用孕马血清促性腺激素处理，5d 内不发情或发情微弱及不接受交配者判定为妊娠；5d 内出现正常发情，并接受公猪交配者判定为未妊娠。渊锡藩等所得结果为 5d 内妊娠与未妊娠母猪的确诊率均为 100% 。且认为该法不会造成母猪流产，母猪产仔数及仔猪发育均正常，具有早期妊娠诊断和诱导发情的双重效果。

②己烯雌酚法：对配种 16 ~18d 母猪，肌肉注射己烯雌酚 1mL 或 0.5% 丙酸己烯雌酚和丙酸睾丸酮各 0.22mL 的混合液，如注射后 2 ~3d 无发情表现，说明已经妊娠。

③人绝经期促性腺激素（HMG）法：人绝经期促性腺激素是绝经后妇女尿中提取的一种激素，主要作用与孕马血清促性腺激素相同。据报道，使用南京农业大学生产的母猪妊娠诊断液，在广东数个猪场试用 1000 胎次，诊断准确率达 100% 。

（3）尿液检查法

①尿中雌酮诊断法：用 2cm ×2cm ×3cm 的软泡沫塑料，拴上棉线作阴道

塞。检测时从阴道内取出，用一块硫酸纸将泡沫塑料中吸纳的尿液挤出，滴入塑料样品管内，于 -20℃贮存待测。尿中雌酮及其结合物经放射免疫测定（RIA），小于20mg/mL为非妊娠，大于40mg/mL为妊娠，20～40mg/mL为不确定。有报道称其准确率达100%。

②尿液碘化检查法：在母猪配种10d以后，取其清晨第一次排出的尿放于烧杯中，加入5%碘酊1mL，摇匀，加热、煮开，若尿液变为红色，即为已怀孕；如为浅黄色或褐绿色说明未孕。本法操作简单，据报道，其准确率达98%。

（4）血小板计数法　文献报道，血小板显著减少是早孕的一种生理反应，根据血小板是否显著减少就可对配种后数小时至数天内的母畜作出超早期妊娠诊断。该方法具有时间早、操作简单、准确率高等优点。尤其是为胚胎附植前的妊娠诊断开辟了新的途径，易于在生产实践中推广和应用。

在母猪配种当天和配种后第1～11天从耳缘静脉采血20μL置于盛有0.4mL血小板稀释液的试管内，轻轻摇匀，待红细胞完全破坏后再用吸管吸取一滴充入血细胞计数室内，静置15min后，在高倍镜下进行血小板计数。配种后第7天是进行超早期妊娠诊断的最佳血检时间，此时血小板数降到最低点（250 ± 91.13）$\times 10^3/mm^3$。试验母猪经过2个月后进行实际妊娠诊断，判定与血小板计数法诊断的妊娠符合率为92.59%，未妊娠符合率83.33%，总符合率93.33%。马群山等试验符合率为89.53%。李玉龙等所得总符合率为93.85%。

该方法虽有时间早、准确率高等优点，但应排除某些疾病所导致的血小板减少。例如，肝硬化、贫血、白血病及原发性血小板减少性紫癜等。

（5）其他方法

①公猪试情法：配种后18～24d，用性欲旺盛的成年公猪试情，若母猪拒绝公猪接近，并在公猪2次试情后3～4d始终不发情，可初步确定为妊娠。

②阴道检查法：配种10d后，如阴道颜色苍白，并附有浓稠黏液，触之涩而不润，说明已经妊娠。也可观看外阴户，母猪配种后如阴户下联合处逐渐收缩紧闭，且明显地向上翘，说明已经妊娠。

③直肠检查法：要求为大型的经产母猪。操作者把手伸入直肠，掏出粪便，触摸子宫，妊娠子宫内有羊水，子宫动脉搏动有力，而未妊娠子宫内无羊水，弹性差，子宫动脉搏动很弱，很容易判断是否妊娠。但该法操作者体力消耗大，又必须是大型经产母猪，所以生产中较少采用。

除上述方法外，还有血或乳中孕酮测定法、早孕因子蛋白检测法、红细胞凝集法、掐压腰背部法和子宫颈黏液涂片检查等。母猪早期妊娠诊断方法有很多，它们各有利弊，临床应用时应根据实际情况选用。

2. 胚胎的生长发育

（1）胚胎生长发育规律　猪的受精卵只有0.4mg，初生仔猪质量为1.2kg左右，整个胚胎期的质量增加200多万倍，而生后期的增加只有几百倍，可见胚胎期的生长强度远远大于生后期。

进一步分析胚胎期的生长发育情况可以发现，胚胎期前1/3时期，胚胎重量的增加很缓慢，但胚胎的分化很强烈，而胚胎期的后2/3时期，胚胎重量的增加很迅速。以民猪为例：妊娠60d时，胚胎重仅占初生重的8.7%，其个体体重的60%以上是在妊娠的后一个月增长的。所以加强母猪妊娠前、后两期的饲养管理是保证胚胎正常生长发育的关键。

（2）胚胎死亡规律　母猪一般排卵20~25枚，卵子的受精率高达95%以上，但产仔数只有11头左右，这说明近30%~40%的受精卵在胚胎期死亡。胚胎死亡一般有三个高峰期。

①妊娠前30d内的死亡：卵子在输卵管的壶腹部受精形成合子，合子在输卵管中呈游离状态，并不断向子宫游动，24~48h到达子宫系膜的对侧上，并在它周围形成胎盘，这个过程需12~24d。受精卵在第9~13天的附植初期，易受各种因素的影响而死亡，如近亲繁殖、饲养不当、热应激、产道感染等，这是胚胎死亡的第一个高峰期。

②妊娠中期的死亡：妊娠60~70d后，由于胚胎在争夺胎盘分泌的某种有利于其发育的类蛋白质类物质而造成营养供应不均，致使一部分胚胎死亡或发育不良。此外，粗暴地对待母猪，如鞭打、追赶等以及母猪间互相拥挤、咬架等，都能通过神经刺激而干扰子宫血液循环，减少对胚胎的营养供应，增加死亡。这是胚胎死亡的第二个高峰期。

③妊娠后期和临产前的死亡：此期胎盘停止生长，而胎儿迅速生长，或由于胎盘机能不健全，胎盘循环失常，影响营养物质通过胎盘，不足以供给胎儿发育所需营养，致使胚胎死亡。同时母猪临产前受不良刺激，如挤压、剧烈活动等，也可导致脐带中断而死亡。这是胚胎死亡的第三个高峰期。

（3）影响胚胎存活率的因素　影响胚胎存活率高低的因素很多，也很复杂，主要有以下几种：

①遗传因素：不同品种猪的胚胎存活率有一定的差异。据报道，梅山猪在妊娠30日龄时胚胎存活率（85%~90%）高于大白猪（66%~70%），其原因与其子宫内环境有很大关系。

②近交与杂交：繁殖性状是对近交反应最敏感的性状之一，近交往往造成胚胎存活率降低，畸型胚胎比例增加。因此在商品生产群中要竭力避免近亲繁殖。杂交与近交的效应相反，繁殖性状是杂种优势多现最明显的性状，窝产仔数的杂种优势率在15%以上。因此在商品生产中应尽力利用杂种母猪。

③母猪年龄：在影响胚胎存活率的诸因素中，母猪的年龄是一个影响较大、最稳定最可预见的因素。一般规律是，第五胎以前，窝产仔数随胎次的增加而递增，至第七胎保持这一水平，第七胎后开始下降。因此要注意淘汰繁殖力低的老龄母猪，由壮龄母猪构成生产群。

④公猪的精液品质：在公猪精液中，精子占2%～5%，每1mL精液中约有1.5亿个精子，正常精子占大多数。公猪精液中精子密度过低、死精子或畸形精子过多、pH过高或过低、颜色发红或发绿等，均属异常精液，用产生异常精液的公猪进行配种或人工授精，会降低受精率，使胚胎死亡率增高。

⑤母猪体况及营养水平：母猪的体况及饲粮营养水平对母猪的繁殖性能有直接的影响。母体过肥、过瘦都会使排卵数减少，胚胎存活率降低。妊娠母猪过肥会导致卵巢、子宫周围过度沉积脂肪，使卵子和胚胎的发育失去正常的生理环境，造成产仔少，弱小仔猪比例上升。在通常情况下，妊娠前期和中期容易造成母猪过肥，尤其是在饲粮缺少青绿饲料的情况下，危害更为严重。母体过瘦，也会使卵子、受精卵的活力降低，进而使胚胎的存活率降低。中上等体况的母猪，胚胎成活率最高。

⑥温度：高温或低温都会降低胚胎存活率，尤以高温的影响较大。在32℃左右的温度下饲养妊娠25d的母猪，其活胚胎数要比在15.5℃饲养的母猪约少3个，因此，猪舍应保持适宜的温度（16～22℃），相对湿度70%～80%为宜。

⑦其他：如母猪配种前的短期优饲、配种时采用复配法、建立良好的卫生条件以减少子宫的感染机会、严禁鞭打、合理分群防止母猪互相拥挤、咬架等，均可提高母猪的产仔数。

3. 妊娠母猪的饲养管理技术

妊娠母猪饲养管理的好坏直接关系到胚胎的生长发育、产仔数、初生重、仔猪成活率、日增重、母猪的泌乳力和下一个繁殖周期的发情配种。保证妊娠母猪健康，才能保证胎儿发育正常。

（1）妊娠母猪的饲养

①妊娠母猪的营养需要：妊娠初期胎儿发育较慢，营养需要不多，但在配种后21d左右，必须加强妊娠母猪的管理并要注意饲料的全价性，否则就会引起胚胎的早期死亡。由此可见，加强母猪妊娠初期的饲养，是保证胎儿正常发育的第一个关键时期。妊娠后期，尤其是怀孕后的最后1个月，胎儿的发育很快，日粮中精料的比例应逐渐增加，以保证胎儿对营养的需要，也可让母猪积蓄一定的养分，以供产后泌乳的需要。因此，加强妊娠后期的饲养，是保证胎儿正常发育的第二个关键性时期。所谓妊娠母猪抓两头就是这个道理，这也是饲养妊娠母猪时，节省饲料，把精料用在刀刃上的科学方法。

②妊娠母猪的饲养方式：我国群众在生产实践中，根据妊娠母猪的营养需

要、胎儿发育规律以及母猪的不同体况，分别采取以下不同的饲养方式。

a. “抓两头带中间”的饲养方式。对断奶后膘况差的经产母猪，从配种前几天开始至怀孕初期阶段加强营养，前后共约1个月加喂适量精料，特别是富含蛋白质饲料。通过加强饲养，使其迅速恢复繁殖体况，待体况恢复后再回到青粗饲料为主饲养，到妊娠80d后，由于胎儿增重速度加快，再次提高营养水平，增加精料喂量，既保证胎儿对营养的要求又使母猪为产后泌乳贮备一定量的营养。

b. “步步登高”的饲养方式。对处于生长发育阶段的初产母猪和生产任务重的哺乳期间配种的母猪，整个妊娠期的营养水平及精料使用量，按胎儿体重的增长，随妊娠期的增进而逐步提高。

c. “前粗后精”的饲养方式。对配种前膘况好的经产母猪可以采取这种饲养方式。即在妊娠前期胎儿发育慢，母猪膘情又好者可适当降低营养水平，日粮组成以青粗饲料为主，相应减少精料喂量；到妊娠后期胎儿发育加快，需要营养增多，再按标准饲养，以满足胎儿迅速生长的需要。

③妊娠母猪的管理：妊娠母猪管理好坏直接影响胚胎存活和产仔数。因此，在生产上需注意以下几个方面的管理工作。

a. 避免机械损伤。妊娠母猪在妊娠后期宜单圈饲养，防止相互咬架、挤压造成死胎和流产。不可鞭打、追赶和惊吓怀孕母猪，以免造成机械性损伤，引起死胎和流产。

b. 注意环境卫生，预防疾病。凡是引起母猪体温升高的疾病如子宫炎、乳房炎、乙型脑炎、流行性感冒等，都是造成胎儿死亡的重要原因。故要做好圈舍的清洁消毒和疾病防治工作，防止子宫感染和其他疾病的发生。

c. 盛夏酷暑季节，要做好防暑降温工作。降温措施一般有洒水、洗浴、搭凉棚、通风等。冬季要搞好防寒保温工作，防止母猪感冒发烧造成胚胎死亡或流产。

d. 做好妊娠母猪的驱虫、灭虱工作。蛔虫、猪虱最容易传染给仔猪，在配种前应进行一次药物驱虫，并经常做好灭虱工作。

e. 防止突然更换饲料。更换妊娠母猪饲料，一般需要经过5~7d。母猪在产前10~15d起，即需将饲料逐渐更换成产后饲料。更换饲料切忌突然，以防引起母猪便秘、腹泻，甚至流产。

f. 适当增加饲喂次数。母猪妊娠后期应适当增加饲喂次数，每次不能喂得过饱，以免增大腹部容积，压迫胎儿造成死亡。母猪产前减料是防止母猪乳房炎和仔猪下痢的重要环节，必须引起足够的重视。

g. 适当运动。妊娠母猪要给予适当的运动。无运动场的猪舍，要赶至圈内运动。在产前5~7d停止驱赶运动。

④防止母猪流产的措施：为增加产仔数，确保丰产丰收，除加强妊娠母猪饲养管理以外，应特别注意防止母猪流产，确保胎儿正常生长发育。

a. 保证母猪饲粮的营养水平和全价性。以确保子宫乳的质与量，维持内分泌的正常水平。防止胎儿因营养不足或不全价而中途死亡，维持正常妊娠。应当指出，在妊娠前期能量不可过高，不然会增加胚胎死亡，影响产仔数。同时，严禁喂给发霉、变质和冰冻饲料，以防胚胎中毒或受冰冷刺激引起流产。

b. 加强管理，避免一些机械性伤害。例如：妊娠母猪出入圈门挤着、趴卧欺堆压着、跨沟越壕抻着、走冰道摔着、鞭打脚踢大声吆喝惊吓着、互相咬斗等，均易引起流产。因此，在妊娠母猪日常管理中，应避免激烈活动，防止拥挤、咬斗等现象发生，饲养人员绝对不能以粗暴的态度对待母猪，不允许惊吓、殴打母猪。

c. 要搞好疾病防治工作，防止热应激。平时应重视卫生消毒和疾病防治工作。尤其是一些热性病，如布氏杆菌病、细小病毒病、伪狂犬病、钩端螺旋体病、乙型脑炎、弓形体病、感冒发烧、生殖道炎症、中暑等极易引起流产。要密切注视妊娠母猪群，做到尽早预防及时诊断。在炎热的夏天，尤其在高温天气，要特别注意给妊娠母猪防暑降温，防止热应激造成胚胎死亡或临产死胎。

4. 预产期的推算

妊娠期指从受精开始至胎儿出生这段时间，猪的妊娠期平均 114d（110 ~ 117d）。预产期的计算有以下几种办法。

（1）“三三三”法　即母猪妊娠期为三个月三周零三天。根据妊娠期，可以推算预产期，以便搞好日常饲养管理和在母猪临产前做好接助产准备，避免在母猪分娩时忙乱而发生意外的损失。

（2）查表法　预产期也可以利用查表法进行，见表 3 - 8。

表 3 - 8　母猪预产期推算表

月 / 日	一 Ⅳ	二 Ⅴ	三 Ⅵ	四 Ⅶ	五 Ⅷ	六 Ⅸ	七 Ⅹ	八 Ⅺ	九 Ⅻ	十 Ⅰ	十一 Ⅱ	十二 Ⅳ
1	25	26	23	24	23	23	23	23	24	23	23	25
2	26	27	24	25	24	24	24	24	25	24	24	26
3	27	28	25	26	25	25	25	25	26	25	25	27
4	28	29	26	27	26	26	26	26	27	26	26	28
5	29	30	27	28	27	27	27	27	28	27	27	29
6	30	31	28	29	28	28	28	28	29	28	28	30

续表

月 日	一 Ⅳ	二 Ⅴ	三 Ⅵ	四 Ⅶ	五 Ⅷ	六 Ⅸ	七 Ⅹ	八 Ⅺ	九 Ⅻ	十 Ⅰ	十一 Ⅱ	十二 Ⅳ
7	1/5	1/6	29	30	29	29	29	29	30	29	1/3	31
8	2	2	30	31	30	30	30	30	31	30	2	1/4
9	3	3	1/7	1/8	31	1/10	31	1/12	1/1	31	3	2
10	4	4	2	2	1/9	2	1/11	2	2	1/2	4	3
11	5	5	3	3	2	3	2	3	3	2	5	4
12	6	6	4	4	3	4	3	4	4	3	6	5
13	7	7	5	5	4	5	4	5	5	4	7	6
14	8	8	6	6	5	6	5	6	6	5	8	7
15	9	9	7	7	6	7	6	7	7	6	9	8
16	10	10	8	8	7	8	7	8	8	7	10	9
17	11	11	9	9	8	9	8	9	9	8	11	10
18	12	12	10	10	9	10	9	10	10	9	12	11
19	13	13	11	11	10	11	10	11	11	10	13	12
20	14	14	12	12	11	12	11	12	12	11	14	13
21	15	15	13	13	12	13	12	13	13	12	15	14
22	16	16	14	14	13	14	13	14	14	13	16	15
23	17	17	15	15	14	15	14	15	15	14	17	16
24	18	18	16	16	15	16	15	16	16	15	18	17
25	19	19	17	17	16	17	16	17	17	16	19	18
26	20	20	18	18	17	18	17	18	18	17	20	19
27	21	21	19	19	18	19	18	19	19	18	21	20
28	22	22	20	20	19	20	19	20	20	19	22	21
29	23	—	21	21	20	21	20	21	21	20	23	22
30	24	—	22	22	21	22	21	22	22	21	24	23
31	25	—	23	—	22	—	22	23	—	22	—	24

注：上行月份为配种月份，左侧第一列为配种日期；下行月份为预产期月份，从左侧第 2 ~ 12 列的数字为预产日期。

例如：5 月 3 日配种，经查表 3 -8 后，其预产日期为 8 月 25 日。

（3）推算法　预产期可以按配种月份加 4，日期减 6，再减大月数，过 2 月加 2d、过闰年 2 月加 1d 的方法推算。

例如，某母猪10月27日配种，月份加4是14月，扣减1年12个月为2月。日期减6是21，再减3个大月（从当年10月至次年2月，经10月、12月和次年1月3个大月），过2月加2d，即只减1d。因此，这头母猪的预产期是次年的2月20日。

又如，某母猪1月3日配种，月份加4是5；日期减6不够减，须借1月，月份变为4月。日期是33日（借1个月按30d计算），减6是27。从1月到4月经过2个大月（1月和3月）需减2，过2月需加2，即不增不减。所以，这头母猪的预产期是当年的4月27日。

（三）哺乳母猪的饲养管理

母猪的分娩哺乳是养猪生产中最繁忙、要求最细致、最易出现问题的生产环节，影响养猪的经济效益，为了保证母猪安全分娩，提高初生仔猪的成活率，必须加强母猪分娩前后的饲养管理。母猪在哺乳期内的泌乳量与乳中营养成分，对哺乳仔猪的生长发育、成活率与断奶体重影响很大。因此，饲养哺乳母猪的基本任务是提高泌乳量，保证仔猪的生长发育，获得最大的断奶窝重；同时，还要使母猪在仔猪断奶时有一定膘情（6～7成膘），使母猪在仔猪断奶后能够正常发情与排卵。

1. 分娩期母猪的管理

（1）分娩的征兆　随着胎儿逐渐发育成熟和接近临产期，母猪生理上发生一系列变化。根据这些变化，可以预测母猪分娩时间，做好接产准备。

在分娩前3周，母猪腹部急剧膨大而下垂，乳房也迅速发育，从后至前依次逐渐膨胀。至产前3d左右，乳房潮红加深，两侧乳头膨胀而外张。猪乳房动、静脉分布多，产前3d左右，用手挤压，可以在中部两对乳头挤出少量清亮液体；产前1d，可以挤出1～2滴初乳；产前半天，可以从前部乳头挤出1～2滴初乳。如果能从后部乳头挤出1～2滴初乳，而能在中、前部乳头挤出更多的初乳，则表示在6h左右即将分娩。

分娩前3～5d，母猪外阴部开始发生变化，其阴唇逐渐柔软、肿胀增大，皱褶逐渐消失，阴户充血而发红，与此同时，骨盆韧带松弛变软，有的母猪尾根两侧塌陷。临产前，子宫栓塞软化，从阴道流出。在行为上母猪表现出不安静，时起时卧，在圈内来回走动，但其行动缓慢谨慎，待到出现衔草做窝、起卧频繁、频频排尿等行为时，分娩即将在数小时内发生。

（2）母猪分娩前的管理

①分娩前的饲养：体况良好的母猪，在产前5～7d应逐渐减少20%～30%的精料喂量，到产前2～3d进一步减少30%～50%，避免产后最初几天泌乳量过多或乳汁过浓引起仔猪下痢或母猪发生乳房炎。体况一般的母猪不减料，对

体况较瘦的母猪可适当增加优质蛋白质饲料，以利于母猪产后泌乳。临产前母猪的日粮中，可适当增加麦麸等带轻泻性饲料，可调制成粥料饲喂，并保证供给饮水，以防母猪便秘导致难产，产前2～3d不宜将母猪喂的过饱。

②分娩当天的饲养：母猪分娩当天可以不喂料或少喂料，但要保证饮水充足，母猪在分娩当天因失水过多，身体虚弱疲乏，此时可补充2～3次麸皮盐水汤，每次麸皮250g、食盐25g、水2kg左右。

（3）母猪分娩的过程　分娩是借助子宫和腹壁肌肉的收缩，将胎儿和胎衣排出的过程。在分娩过程中，子宫的收缩称为“阵缩”，腹壁肌的收缩，称为“努责”。分娩过程分为三期。

第一期，开口期。本期从子宫开始收缩起，至子宫颈完全张开。此时，子宫颈与阴道的界限消失，胎儿开始楔入产道。母猪行为变化为喜在安静处时起时卧，稍有不安，尾根举起常作排尿状，衔草做窝。

在开口期母猪子宫开始出现阵缩，初期阵缩持续时间短，间歇时间长，一般间隔15min左右出现一次，每次持续约30s。随着开口期的后移。阵缩的间歇期缩短，持续期延长，而且阵缩的力量加强，至最后间隔数分钟出现一次阵缩。子宫的收缩呈波浪式进行，由子宫经尖端逐渐向子宫体移动。阵缩力压迫胎膜胎水，迫使其移向子宫颈内口；随着胎衣胎水不断流入子宫颈管，迫使子宫颈管逐渐张开，直至与阴道界限消失。穿过子宫颈管的胎水压迫胎膜，造成胎膜破裂，一部分胎水流出。开口期所需时间为3～4h。

第二期，胎儿娩出期。本期从子宫颈完全张开至胎儿全部娩出。在本期母猪表现起卧不安，前蹄刨地，低声呻吟，回顾腹部，呼吸、脉搏增快。最后侧卧，四肢伸直，强烈努责，迫使胎儿通过产道排出。

在娩出期间，子宫继续收缩，力量比前期加强，次数增加，持续期延长，间歇期缩短，同时腹壁发生收缩。阵缩和努责迫使胎儿从产道娩出。当第一个胎儿娩出后，阵缩和努责暂停，一般间隔5～10min，阵缩和努责又开始，第二个胎儿娩出。如此反复，直至最后一个胎儿娩出。胎儿娩出的时间为1～4h。

第三期，胎衣排出期。本期从胎儿完全排出至胎衣完全排出。当母猪产仔完毕后，表现为安静，阵缩和努责停止。休息片刻之后，母猪开始闻嗅仔猪。不久阵缩努责又起，但力量较前期减弱，间歇期延长。最后排出胎衣，母猪恢复安静。胎衣排出期为0.5～1h。

（4）接产前的准备　为了迎接妊娠母猪的转群，产仔舍应做好圈舍的维修、消毒，并将接产所需要的器具、药品准备好。同时，对于妊娠母猪也做好产前护理。

①产房的准备：主要包括维修、消毒，在冬季还要加强保温。针对哺乳仔猪黄白痢的多发性以及母猪产后疾患多等生产实际问题，对产仔舍进行完全彻

底的消毒是至关重要的环节。一般推荐在母猪转入产仔舍前的 5～10d，对产仔舍进行清理和消毒。清理掉粪便、污物，对于产房内的地面、饲槽、饮水器、围栏、走廊等，用清水刷洗后，还要用高压水枪进行冲洗，以去除粘在这些设备上的污物。清洗完毕后，要进行消毒。消毒药品可以是 2% 的火碱，也可以是新洁尔灭、来苏儿等药品。对于死角，甚至要用酒精喷灯进行火焰消毒。对产仔舍的总体要求是干燥、保温、清洁、卫生。

②接产用具和药品的准备：包括产仔箱、垫草、耳号钳、水桶、秤、5% 的碘酊、止血药物、催产药物、肥皂等。其中，垫草要清洁、干燥、消毒、柔软，长度为 10～15cm。同时，将母猪的预产期通知到产仔舍。

③在转入产仔舍前，应驱除母猪体内外的寄生虫，以防止在产仔后，传染给仔猪，影响仔猪的生产性能。还应该根据母猪不同胎次、体重、膘情、生理阶段，合理变料。例如，对于膘情良好的母猪，应在产仔前的 5～7d 进行减料，到产仔当天，仅喂正常饲料采食量的一半左右。在配制饲粮时，要注意能量浓度和粗纤维的含量，以防止母猪发生便秘。而对于临产膘情不好和乳房膨胀不大的母猪，则应增加饲料的质和量。

同时，还要加强母猪的运动与调教。在转群时，应注意天气的因素对母猪的影响，例如炎热天气容易使母猪中暑，在转群前应给母猪洗澡，既加强了卫生，又有助于消除母猪体内外寄生虫。同时，要避免追赶，造成母猪的剧烈运动，而使母猪流产。一般情况下，临产母猪的运动以逍遥运动为主。

（5）接助产方法　母猪一般是侧卧分娩，少数为伏卧或站立分娩。母猪躺卧的位置，应在产房内宽敞明亮之处，这样有利于接助产工作的进行。如果母猪躺卧在墙角或后躯紧贴墙壁，这样不利于胎儿娩出和接产操作，还可能造成新生仔猪窒息。当出现这种情况时，接产人员轻轻赶起母猪，帮助它在宽敞处重新躺卧。

仔猪娩出时，正生和倒生均属正常，一般不需帮助，让其自然娩出。当仔猪娩出时，接产人员用一手捉住仔猪肩部，另一手迅速将仔猪口鼻腔内的黏液掏出，并用毛巾擦净，以免仔猪呼吸时黏液阻塞呼吸道或进入气管和肺，引起病变。再用毛巾将仔猪全身黏液擦净，然后在距离仔猪腹部 4cm 处用手指掐断脐带，或用剪刀剪断，在脐带断端用 5% 碘酊消毒。如果断脐后流血较多，可以用手指捏住断端，直至不流血为止，或用线结扎断端。当做完上述处理后，将新生仔猪放入保温箱内。每产一仔，重复上述处理，直至产仔结束。在母猪产仔结束时，体力耗损很大，这时可以用麦麸、米糠之类粉状饲料用温热水调制成稀薄粥状料，内加少许食盐，喂给母猪，可以帮助母猪恢复体力。

母猪产仔完毕休息一段时间后，阵缩和努责又起，预示胎衣将排出。当胎衣排出时，立即拿开，不能让母猪吃掉胎衣，否则在以后的胎次中，养成母猪吃仔猪的恶癖。对排出的胎衣进行检查，如果胎衣完整，胎衣上残留的脐带数与仔猪数相符，表明胎衣全部排出，否则胎衣未完全排出，应及时处理。检查后的胎衣可以洗净后煮熟喂给母猪，既补充了蛋白质，又有催乳的作用。

（6）难产处理及预防　母猪分娩过程中，胎儿不能顺利产出的称为难产。母猪分娩一般都很顺利，但有时也发生难产，发生难产时，若不及时采取措施，可能造成母仔双亡，即使母猪幸免而生存下来，也常易发生生殖器官疾病，导致不育。

①难产原因：母猪骨盆发育不全，产道狭窄（初产母猪多见）；死胎多或分娩缺乏持久力，宫缩弛缓（老龄母猪、过肥母猪、营养不良母猪和近亲交配母猪多见）；胎位异常；胎儿过大。

②救助方法：对于已经发育完善待产的胎儿来说，其生命的保障在于及时离开母体，分娩时间延长易造成胎儿窒息死亡。因此，发现分娩异常的母猪应尽早处理，具体救助方法取决于难产的原因及母猪本身的特点。难产处理方法常见有以下几种：首先，用力按压母猪乳房，然后用力按压腹部，帮助仔猪产出。若反复进行 20～30min 仍无效果，应采取其他方法，如注射催产素等。对老龄体弱、娩力不足的母猪，可肌肉注射催产素，促进子宫收缩，必要时可注射强心剂。如半小时左右胎儿仍未产出，可以判断为难产，应进行人工助产。

人工助产具体操作方法：将指甲剪短、磨光，以防损伤产道；手及手臂先用肥皂水洗净，然后用2%来苏儿（或0.1%高锰酸钾液）消毒，再用75%医用酒精消毒，最后在已消毒的手及手臂上涂抹清洁的润滑剂；母猪外阴部用上述消毒液消毒；将手指尖合拢呈圆锥状，手心向上，在子宫收缩间歇时将手及手臂慢慢伸入产道，握住胎儿的适当部位（眼窝、下颌、腿）后，随着母猪子宫收缩的频率，缓慢将胎儿拉出。其次，对于母猪羊水排出过早、产道干燥、产道狭窄、胎儿过大等原因引起的难产，可先向母猪产道中灌注生理盐水或洁净的润滑剂，然后按上述方法将胎儿拉出。第三，对胎位异常引起的难产，可将手伸入产道内矫正胎位，待胎位正常后将胎儿拉出。有的异位胎儿经矫正后即可自然产出。如果无法矫正胎位或因其他原因拉出有困难时．可将胎儿的某些部分截除，分别取出。在整个助产过程中，必须小心谨慎，尽量防止产道损伤。助产后应给母猪注射抗生素类药物，防止感染。

2. 哺乳期母猪的饲养管理

（1）影响母猪泌乳的因素

①母猪的泌乳量：母猪一次泌乳量为 250～400g，整个泌乳期可产乳 250～500kg，平均每天泌乳 5～9kg。整个泌乳期泌乳量呈曲线变化，一般约在分娩后 5d 开始上升，至 15～25d 达到高峰，之后逐渐下降。

母猪有十几个乳房，不同乳房的泌乳量不同。前面几对乳房的乳腺及乳管数量比后面几对多，排出的乳量也多，尤以第 3～5 对乳房的泌乳量高。仔猪有固定乳头吸吮的习性，可通过人工辅助将弱小仔猪放在前面的几对乳头上，从而使同窝仔猪发育均匀。

②泌乳次数和泌乳间隔时间：母猪泌乳次数随着产后天数的增加而逐渐减少，一般在产后 10d 左右泌乳次数最多。在同一品种中，日泌乳次数多的，泌乳量也高，但在不同品种中，日泌乳次数和泌乳量没有必然的联系，往往泌乳次数较少，但每次泌乳量较高，如太湖猪、民猪，60d 哺乳期内平均日泌乳 25.4 次，共 6.2kg，而大白猪和长白猪平均日泌乳 20.5 次，共 9.8kg。

③乳的成分：母猪的乳汁可分为初乳和常乳。初乳通常是指产后 3d 内的乳，以后的乳为常乳。初乳中干物质、蛋白质含量较高，而脂肪含量较低。初乳中含镁盐，具有轻泻作用，可促使仔猪排出胎粪和促进消化道蠕动，因而有助于消化活动。初乳中含有免疫球蛋白和维生素等，能增强仔猪的抗病能力。因此，使仔猪生后及时吃到初乳非常必要。

④影响母猪泌乳量的因素：影响母猪泌乳量的因素包括遗传和环境两大类。诸如品种（系）、年龄（胎次）、窝带仔数、体况及哺乳期营养水平等。

a. 品种（品系）。一般规律是大型肉用型或兼用型猪种的泌乳力较高，小型脂肪型猪种的泌乳力较低。例如，民猪平均日泌乳量为 5.65kg，哈白猪为 5.74kg，大白猪为 9.20kg，长白猪为 10.31kg。

同一品种内不同品系间的泌乳力也有差异，如同属太湖猪的枫径系日泌乳量为 7.44kg，梅山系为 6.43kg，沙乌头系为 7.60kg，二花脸系为 6.20kg。此外，不同品种（系）间杂交，其后代的泌乳力也有变化。

b. 年龄或胎次。在一般情况下，初产母猪的泌乳量低于经产母猪，原因是初产母猪乳腺发育不完全，又缺乏哺育仔猪的经验，对于仔猪吮乳的刺激，经常处于兴奋或紧张状态，加之自身的发育还未完善，泌乳量必然受到影响，同时排乳速度慢。据测定，民猪、哈白猪 60d 哺乳期内，初产母猪平均日泌乳量比经产母猪分别低 1.20kg 和 1.45kg。

一般来说，母猪的泌乳从第 2 胎开始上升，以后保持一定水平，6～7 胎后有下降趋势。我国繁殖力高的地方猪种，泌乳量下降较晚。

c. 哺乳仔数数量。母猪一窝带仔数多少与其泌乳量关系密切，窝带仔数多的母猪，泌乳量也大，但每头仔猪每日吃到的乳量相对较少。

带仔数每增加 1 头，母猪 60d 的泌乳量可大约增加 25kg。如前所述。母猪的放乳必须经过仔猪的拱乳刺激脑垂体后叶分泌催产素，然后才放乳，而未被吃乳的乳头分娩后不久即萎缩，因而带仔数多，泌乳量也多。因此，调整母猪产后的带仔数（串窝、并窝），使其带满全部有效乳头的作法，有利于发挥母猪的泌乳潜力。产仔少的母猪，仔猪被寄养出去后，可以促使其尽快发情配种，从而提高母猪的利用率。

d. 分娩季节。春秋两季，天气温和凉爽，青绿饲料多，母猪食欲旺盛，所以在这两季分娩的母猪，其泌乳量一般较多。夏季虽青绿饲料丰富，但天气炎热，影响母猪的体热平衡，冬季严寒，母猪体热消耗过多。因此，冬夏分娩的母猪泌乳受到一定程度的影响。为了避免夏季炎热和冬季严寒对母猪泌乳量的影响，有些猪场采取春秋两季季节性分娩。

e. 营养与饲料。母乳中的营养物质来源于饲料，若不能满足母猪需要的营养物质，母猪的泌乳潜力就无从发挥，因此饲粮营养水平是决定泌乳量的主要因素。在配合哺乳母猪饲粮时，必须按饲养标准进行，要保证适宜的能量和蛋白质水平，最好要有少量动物性饲料，如鱼粉等。同时要保证矿物质和维生素含量，否则不但影响母猪泌乳量，还易造成母猪瘫痪。泌乳期饲养水平过低，除影响母猪的泌乳力和仔猪发育，还会造成母猪泌乳期失重过多，影响断乳后的正常发情配种。

f. 管理。干燥、舒适而安静的环境对泌乳有利。因此，哺乳舍内应保持清洁、干燥、安静，禁止喧哗和粗暴地对待母猪，不得随意更改工作日程，以免干扰母猪的正常泌乳。若哺乳期管理不善，不但降低母猪的泌乳量，还可能导致母猪发病，大幅度降低泌乳量，甚至无乳。

（2）哺乳母猪的饲养　母猪乳汁是仔猪出生后 3 周内的主要营养来源，是仔猪生长的物质基础，养好哺乳母猪，保证它有充足的乳汁，才能使仔猪健康的生长，提高仔猪断奶窝重，并保证母猪有良好的体况。母猪哺乳期体重下降幅度如果很大，则会影响断奶后的正常发情配种和下一胎的产仔成绩。因此，无论从保持哺乳母猪的正常体况，还是从提高仔猪断奶窝重，都必须加强哺乳母猪的饲养。

哺乳母猪的营养需要量，因品种、体重、带仔数不同而有差异。如体重 90kg 左右，带仔数 10 头的地方品种经产母猪，每日需要消耗能量 47.28MJ、粗蛋白质 533g、钙 25g、磷 16.6g，而一头 120 ~ 150kg 体重、带仔数 10 头的外国良种猪，每日需要消耗能量 60.67MJ、粗蛋白质 700g、钙 32g、磷 22.5g。

哺乳母猪的饲粮配合，要求每 1kg 饲粮含消化能 12.14MJ、粗蛋白 700g、钙 0.64%、磷 0.46%、盐 0.4%（表 3 – 9）。例如，北京市北郊农场畜牧实验站，按标准配合的妊娠母猪和哺乳母猪的饲粮，获得了满意的繁殖成绩。

哺乳母猪的饲料配合应多样化，易消化，营养全面，适口性好。同时要求哺乳母猪饲粮应保持相对稳定，以免母猪不适应造成减食，影响母猪泌乳。为保持母猪的良好的食欲和必需的采食量，可采取日喂 3 次。青绿多汁饲料适口性好，容易消化，含维生素丰富，蛋白质品质也优良，并且有催乳作用，可显著的提高母猪的泌乳力，可适当多喂些。

表 3-9 母猪饲粮配方 单位:%

饲料	妊娠母猪	哺乳母猪
玉米	48	58
大麦	15	—
麦麸	25	29.5
叶粉	8	—
鱼粉	—	1.5
豆饼	2	9
骨粉	1	1.7
食盐	0.5	0.3
添加剂	0.5	—
消化能/(MJ/kg)	12.43	12.16
粗蛋白	11.35	13.19

猪乳中含有80%的水分，因此，应保证饮水供应，让母猪自由饮水。切忌饲喂霉烂、腐败和变质的饲料，以免引起母猪和仔猪的下痢，或诱发其他疾病，严重者还会中毒死亡。

(3) 哺乳母猪的管理 哺乳母猪的正确管理，对保证母仔的健康，提高泌乳量极为重要，应注意做好以下管理内容：

哺乳母猪舍一定要保持清洁干燥和通风良好，冬季要注意防寒保暖。母猪舍肮脏潮湿常是引起母仔患病的原因，特别是舍内的空气湿度过高，常会使仔猪患病和影响增重，应引起重视。

注意运动，多晒太阳。合理运动和猪多晒太阳是保证母仔健康，促进乳汁分泌的重要条件。产后3~4d开始让母猪带领仔猪到运动场内活动。

保护好哺乳母猪的乳房和乳头。仔猪吸吮对母猪乳房乳头的发育有很大影响。特别是头胎母猪一定要注意让所有的乳头都能均匀利用，以免未被利用的乳房发育不良，影响以后的泌乳量。当新生仔猪数少于母猪乳头数时，应训练仔猪吃2个乳头的奶，以防止剩余的乳房萎缩。经常检查乳房，如发现咬伤或踏伤时，应及时治疗；冬天还要防止乳头的冻伤。

注意观察母猪膘况和仔猪的生长发育情况。如果仔猪生长健壮，被毛有光泽，个体之间发育均匀，母猪体重虽逐渐减轻但不过瘦，说明饲养管理合适。如果母猪过肥或过瘦，仔猪瘦弱生长不良，则说明饲养管理存在问题，应及时查明原因，采取措施。

（4）生产管理中存在的问题

①母猪缺奶：在哺乳期内有个别母猪在产后缺奶或无奶，导致仔猪发育不良或饿死，遇到这种情况，应查明原因，及时采取相应措施加以解决。

a. 无乳的原因。母猪营养不良，过度瘦弱，年老体衰，生理机能衰退；或母猪过肥，乳房被脂肪填充，对仔猪吮吸刺激弱；或配种过早，乳房和乳腺发育不全；或母猪产后患子宫炎、乳房炎、高烧造成无乳。有时个别乳头孔内有乳塞现象，饲养员用手用力挤压，挤出乳塞后就能吸出奶。

b. 催乳的方法。先将母猪与仔猪暂时分开，每头母猪用20万~30万单位的催产素肌肉注射，用药10min后让仔猪自行吃奶，一般用药1~2次药即可达到催乳效果。

喂豆浆、荤油。在煮熟的豆浆中，加入适量的荤油，连喂2~3d。

花生仁500g，鸡蛋4个，加水煮熟，分两次喂给，1d后就可催乳。

海带250g泡胀后切碎，加入荤油100g，每天早晚各一次，连喂2~3d。

白酒200g，红糖200g，鸡蛋6个。先将鸡蛋打碎加入红糖搅匀，然后倒入白酒，再加少量精料搅拌，一次性喂给哺乳母猪，一般5h左右产奶量大增。

喂胎衣。将各种健康的家畜的鲜胎衣，用清水洗净，煮熟剁碎，加入少量的饲料和少许盐，分3~5次喂完，可催乳。

将活泥鳅或鲫鱼1500g加生姜、大蒜适量及通草5g，煎水拌料连喂3~5d，促乳效果很好。

中药：用王不留行35g，通草20g、穿山甲20g，白末30g、白芍20g，黄芪30g，当归20g，党参30g，水煎加红糖喂服。或用母通30g、茴香30g，水煎后拌入少量稀粥，分两次喂给。

②母猪拒绝仔猪哺乳：母猪不让仔猪哺乳，多发生在初产母猪。由于初产母猪没有哺乳经验，对仔猪吸吮刺激总是处于兴奋和紧张状态。所以，拒绝哺乳。生产上可采取醉酒法，用100~200g白酒拌适量的精料一次喂给哺乳母猪，然后把仔猪捉去吃奶，或者肌肉注射冬眠灵，每1kg体重2~4mg，使母猪睡觉，再哺乳。经过几次哺乳，母猪习惯后，就不会拒绝哺乳。另外，经产母猪因营养不良而无奶，仔猪吃不饱老是缠着母猪吃奶，母猪烦躁而拒绝哺乳。表现为母猪长时间平爬地面，而不是倒卧地上。对此应加强母猪的营养供给，增加精料，特别是蛋白质饲料的喂量，母猪有奶后，就不会拒绝了。

③母猪吃小猪：猪吃小猪是因为母猪吃过死小猪、生胎衣或泔水中的生骨肉；母猪产仔后，非常口渴，又得不到及时的饮水，别窝小猪串圈误入此圈，母猪闻出气味不对，先咬伤、咬死，后吃掉；或者由于母猪缺奶，造成仔猪争奶而咬伤奶头，母猪因剧痛而咬仔猪，有时咬伤、咬死后吃掉。消除母猪吃小

猪的办法：供给母猪充足的营养，适当增加饼类饲料，多喂青绿、多汁饲料，每天喂骨粉和食盐；母猪产仔后，及时处理掉胎衣和死小猪，不喂有生骨肉的泔水，让母猪产前、产后饮足水，不使仔猪串圈等。

五、仔猪的饲养管理

仔猪培育中常发生以下情况：仔猪出生后存活率不高（特别是出生后 1 周内的死亡率最高）；哺乳期间仔猪常出现拉稀下痢；仔猪断奶后 1 周经常增重缓慢。解决以上的问题需要做好以下几个方面。

（一）初生仔猪的护理

1. 初生仔猪出生前后的变化

（1）呼吸方式的变化　由通过脐带靠血液进行气体交换，供给氧气和排除二氧化碳，向出生后通过自身呼吸系统进行气体交换的转变。

（2）环境的变化　由恒温环境，不需要进行体温调节向随外界环境的变化需要进行体温调节维持体温的恒定的转变。由无菌环境，不需要产生抗体以抵抗病原向处于外界有菌环境中，需迅速从母体获得抗体以产生被动免疫的转变。

（3）营养摄取的变化　胎儿由在母体内靠母体血液通过胎盘摄取营养，排出废物，向出生后哺乳母乳，排泄的转变。

2. 初生仔猪护理程序

初生仔猪出生后呼吸方式、生活环境和营养摄取方式均发生变化，这些对初生仔猪产生了及大的应激，为了减少应激对仔猪的危害，仔猪出生后要“静、快、准、稳”地完成对仔猪的“擦、断、剪、称、救、吃”护理。

（1）擦黏液　当母猪屏气，腹部上抬，尾部高举，尾帚扫动，胎儿即可娩出。当仔猪的前躯娩出后，用消毒过的手将娩出部分轻轻固定，然后再顺着产轴方向轻轻将仔猪拉出，使仔猪胸部位于手掌心，用清洁的毛巾顺序擦掉口腔、鼻腔和身体黏液。这样做的目的：一是防止仔猪窒息；二是防止仔猪体温散失过多，特别是冬天；三是促进仔猪血液循环。

（2）断脐带　仔猪出生后脐带处理不当，往往会造成脐疝、脐带炎、脐孔脓肿、腹膜炎，甚至发生脓毒败血症、破伤风等疾患，严重者可引起死亡，从而造成不应有的损失。脐带正确的处理方法是：当仔猪出生后，用左手托住仔猪腹部，使脐带从中指和无名指中间拖下，右手把脐带内的血向仔猪腹部积压，目的是获得更多的胎盘血，使初生仔猪长得更健壮。待脐动脉停止搏动后，在距脐孔（脐眼）4～5cm 处，用左手拇指、食指固定住脐带，右手食指托起脐带后，用右手拇指甲用力掐断脐带，最后在断端上充分涂以碘酒。如果仔猪脐带流血较多，可用手指捏住断端压迫止血或在距脐眼大约2.5cm处用缝线结扎止血。

为保证初生仔猪不因脐带处理不当而造成多种疾病，断脐时应注意做到六忌：一忌不人工断脐，任其脐带在地面上乱拖，过长的脐带被蹄子践踏，很容易造成脐轮闭锁不全而形成脐疝；二忌不消毒或消毒不严，忌用2%人用碘酒消毒，因浓度太低，过不到消毒效果；三忌将脐带缠绕打结，以免影响脐带干燥与脱落；四忌脐带留得太长或太短，一般以4指或4cm为宜。太长易被蹄践踏，太短也易导致腹壁脐孔闭合不全，当腹压增大时，肠管通过脐孔形成脐疝；五忌结扎脐带，因结扎后断脐，脐带断端的渗出液排不出去，不容易干燥反而招致细菌感染；六忌用剪刀或刀片剪断脐带，由于切割断脐其断端平齐，血管暴露，容易感染，一般常用扯断法断脐（用手指甲掐断）为好。

（3）剪齿　仔猪出生时已有末端尖锐牙齿8枚，分别位于左右上下颌各2枚，在仔猪相互争斗和吮乳时会咬伤母猪和同伴，使母猪不让仔猪吸乳，因此将其剪掉。方法是：左手抓住仔猪头部后方，以拇指及食指捏住口角将口腔打开，用剪齿钳从根部剪平，断齿清出口腔，碘酒消毒齿龈。

（4）剪耳号　猪的编号时间一般是在仔猪出生后12h内进行编号，编号顺序一般是按每年窝号顺序进行，公猪采用单号1、3、5、7……，母猪采用双号2、4、6、8……，养猪场对猪编号通常采用在猪耳上剪耳号或用耳号牌等方法。

①剪耳号法：即利用耳号钳（剪）在猪耳上打出缺口或圆孔，每个缺口或圆孔代表一个不同的数字，把几个数字相加，即得出猪的耳号。

编号方法：用棉球上碘酒（或酒精）涂擦仔猪的耳背，然后，用消过毒的耳号剪，在耳缘剪下不同的缺口或耳中间打上不同的圆孔，以此来代表不同的数字。目前猪场多采用“左大右小，上三下一”的剪耳法，现将左右耳不同部位的缺口和圆孔所代表的数字说明如下：

左耳：上缘剪一个缺口为3，下缘剪一个缺口为1，耳尖剪一个缺口为100，耳中间打一个圆孔为400，靠耳尖端打一个圆孔为1000。

右耳：上缘剪一个缺口为30，下缘剪一个缺口为10，耳尖剪一个缺口为200，耳中间打一个圆孔为800，靠耳尖端打一个圆孔为2000。

②打耳号牌法：先用记号笔在耳号牌上写出猪的编号数字，然后，用专用的耳号钳一次性把耳号牌打入猪的耳朵中间，此法相对比较简单，对猪的应激较小，但耳号牌使用时间过长容易出现掉号。

（5）断尾　仔猪断尾可有效降低互相追逐“咬尾”的现象，可促进生猪育肥，加快生长，利大于弊。断尾的猪日龄越小应激就越小，康复也就越快；

因此仔猪断尾一般在仔猪出生12h内完成。断尾后留的长度以2~3cm为适宜，太短易伤到马尾神经，可能会引起后躯瘫痪；留太长，猪还是会互相追逐“咬尾”，不能达到断尾的真正目的。

①电烙铁断尾：断尾时一般在距尾根2~3节尾骨处进行切割，操作方法是将仔猪横抱，腹部向下，侧身站立，术者站在通道处，左手将仔猪尾根拉直，右手持已充分预热的弯头电烙铁在距尾根2~3cm处，稍用力压下，尾巴被瞬间切断，此种方法的应激小，出血少。

②橡皮筋结扎法：对刚出生的仔猪尾巴实行橡皮筋结扎法，操作方法是在距尾根2~3cm处套上橡皮筋，此方法主要是通过禁止尾部血液供应导致尾巴萎缩而自然脱落的一种断尾方式。应激小，不出血，操作简便。

③钝形钢丝钳断尾：使用钝形钢丝钳给仔猪断尾取得了较好的效果。操作方法是固定好仔猪，左手提尾，右手用钝型钢丝钳在距尾根2~3cm处连续钳两下，5d之后猪尾巴由于尾骨组织被破坏而停止生长。此种断尾方法不出血、不发炎、不用涂碘酒，7d之后被剪的尾巴下端可自然干掉脱落。

（6）称量　仔猪断尾后立即称量，并记录在母猪产仔记录卡上。

（7）吃初乳　仔猪出生后尽早，最晚不得超过生后1~2h吃上初乳。

3. 假死仔猪的急救

有的仔猪刚产下时，全身瘫软，没有呼吸，但心脏仍在跳动的现象称仔猪假死现象。对假死仔猪施以急救措施，可以恢复其生命，减少损失。

（1）引起假死仔猪的原因

①胎儿在产道内停留时间过长，从而引起暂时性窒息。

②胎儿产出后，胎膜未能及时破裂，引起暂时性窒息。

③母猪分娩时间过长，使一部分胎儿胎盘过早脱离母体胎盘，使胎儿得不到足够的氧气，引起暂时性窒息。

（2）假死仔猪的急救方法

①人工呼吸法：将假死仔猪仰卧在垫草上，掏除和擦净其口腔内和鼻部的黏液，然后可一手托住仔猪臀部，一手托住肩部，将仔猪轻轻折动，做人工呼吸，直到恢复呼吸为止。

②温水泡法：将仔猪放在40~45℃温水中，露出耳、口、鼻、眼，5min后取出，擦干水汽，使其慢慢苏醒成活。

③倒提拍打法：用左手提起猪的两后肢，使猪头朝下尾朝上倒提仔猪后腿，右手轻轻有节奏地拍打仔猪的胸部和臀部，使仔猪口鼻中的羊水和黏液流出，直至仔猪出现呼吸。

④药物刺激法：将酒精、氨水等刺激性强的药物涂擦于仔猪鼻端，刺激鼻腔黏膜恢复呼吸。在紧急情况时，可以注射尼可刹米或用0.1%肾上腺素1mL，

直接注入假死仔猪心脏急救。

（二）哺乳仔猪的培育

1. 仔猪的生理特点

（1）消化器官不发达，消化功能不完善　仔猪出生时，消化器官虽然已经生成，但重量和容积都比较小。胃部仅为5g左右，能容纳乳汁40mL左右；小肠为40～50g，长3.5～4.0m，能容纳液体约100mL；10日龄的仔猪，胃部为15g左右，容积约增至150mL；20日龄胃部质量达35g左右，容积扩2～3倍。仔猪胃液中的消化酶主要有凝乳酶和胃蛋白酶，小肠液中有乳糖酶和淀粉酶。10日龄内的仔猪只能消化猪乳、牛乳、羊乳等乳制品，对谷物类饲料消化能力低。20日龄前因胃腺尚未形成，不能分泌盐酸，只靠其他酸类（如乳酸）及小肠内的胰液和肠液来消化乳汁及其他食物。因此，仔猪易饱、易饿这也是要求仔猪料容积要小、质量要高、少喂勤添、日喂次数较多（或自由采食）的主要原因之一。

（2）体温调节机能不完善，抗寒能力差　初生仔猪由于大脑发育不健全，体温调节能力差；皮薄毛稀，皮下脂肪少；加上机体内能量贮备不多，体型小，单位体重的体表面积相对较大，故仔猪对低温环境敏感，遇到寒冷时，管理不当，易饿死、冻死。仔猪出生适宜的温度为35℃左右，生产中据季节（热季偏低，冷季偏高）、体质（强壮的偏低，弱小的偏高）不同，采取不同的调节方式。以仔猪不聚堆，分散躺卧为适宜温度的表现。2日龄以后每星期降3℃，至22～25℃。仔猪处于低温中，易引发低血糖，生长速度减慢，甚至死亡。

（3）缺乏先天免疫力，抗病力　免疫抗体是大分子球蛋白，猪的胎盘、构造特殊，母猪血管与胎儿脐血管被6～7层组织隔开，母源抗体不能通过血液循环进入胎儿体内；因此初生仔猪不具备先天免疫力，必须靠吃初乳来获得抗体，才能增强对疾病的抵抗能力。10日龄以后，仔猪自身开始产生抗体，30～35日龄抗体水平仍较低。

（4）生长发育快，物质代谢旺盛　仔猪生长发育特别快，出生体重1.3kg左右，10日龄体重为初生重2倍以上；30日龄体重为初生重5～6倍；60日龄体重为初生重10～13倍。仔猪生长快，是因为物质代谢旺盛，特别是蛋白质代谢和钙磷代谢比成年猪高得多，20日龄的仔猪，每千克体重可沉积蛋白质9～14g，成年猪只能沉积0.3～0.4g，相当于成年猪的30～35倍，仔猪对营养的需要无论是质还是量上都高于成年猪。

2. 哺乳仔猪死亡原因分析

在正常生产状况下，死亡率可以差别很大（从1%～15%），而在母猪健康状况差或管理混乱的猪场，仔猪死亡率可能更高。哺乳仔猪死亡的原因是多方面的，既有母猪的原因，又有仔猪的原因，但更多的是饲养管理的原因。

（1）死亡原因　在断奶前的死亡率中，压死（其中大部分是弱仔）、弱死、饿死的仔猪占总死亡率的79%。死亡的根本原因是管理的疏忽和不当，真正由于传染病或感染死亡的比例很低（图3－6）。

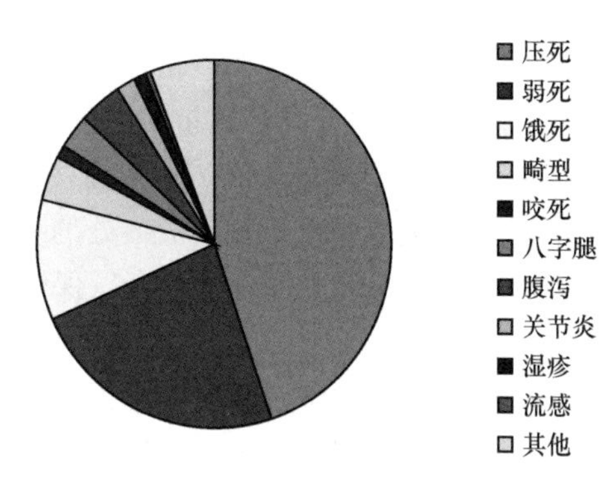

图3－6　正常情况下哺乳仔猪死亡原因分析

（2）死亡时间　哺乳仔猪在出生后第1周内的死亡率占总死亡率的76%，而前3天又占了第1周死亡数的70%，因此，在头3d这一个阶段的首要任务是如何降低死亡率（图3－7）。

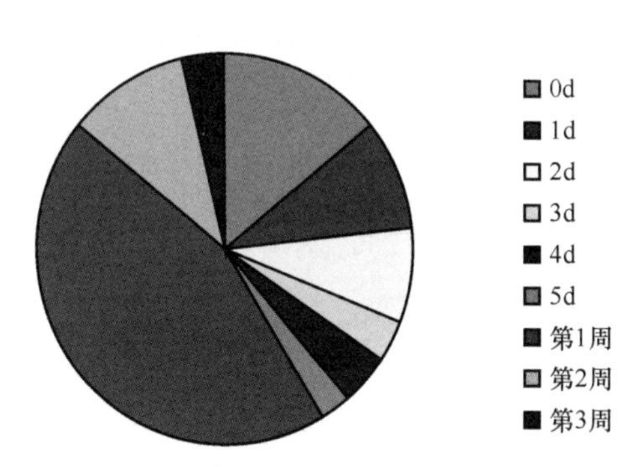

图3－7　哺乳仔猪死亡的时间分析

（3）仔猪初生重与死亡率的关系　初生重低的仔猪死亡率高，若体重低于0.75kg，死亡率可达70%以上，所以保留体重特低的仔猪，将显著提高死亡率。主要原因是弱仔体内各器官没有发育完善，活力低。没有能力获得足够的奶水，被饿死、压死的比例更高，尤其是免疫系统发育不完全，容易发生腹泻和全身感染。初生重越大，成活率越高，生长速度越快。但初生重太大的仔猪又容易引起母猪难产，尤其是初产母猪，难产造成分娩时间及仔猪在产道内停留的时间延长，导致仔猪缺氧、活力低。

3. 降低哺乳仔猪死亡率的措施

（1）母猪的管理

①种猪的选择：选择体型较大的种猪，并适当推迟后备母猪的配种时间（如在第2次或第3次发情时配种），可以使母猪的产仔数多、初生重较大、泌乳量高且使用寿命延长。

②改善产房环境：全进全出的猪场一定要严格冲洗和消毒，等干燥至少3d后才能进下一批猪，以保证消毒的效果。母猪的最适温度为18～22℃，超过26℃，每升高1℃，每天采食量降低200g左右，因此夏季应注意降温。新猪场或新铸铁地板要求光滑，不能有毛刺，以免损伤关节处的皮肤。

③调整母猪采食量：配种后的前2d尽量少喂，以保证顺利受精和受精卵着床。妊娠前期采食量不宜过高（注意：妊娠前期采食量高或体况偏肥，可导致哺乳期采食量下降），一般为1.8～2.2kg/d，可根据环境温度的变化和饲料营养浓度适当调节，如在寒冷季节可提高营养浓度或者提高饲喂量，而在炎热季节可适当降低。提高妊娠后期（妊娠90～107d）母猪的采食量，一般为3～3.5kg/d，但不能增加多，否则会造成母猪过肥，引起胎儿过大难产。母猪的体况标准为产前7d上产床时达到3.5～4分。

④合理的免疫和用药程序：切实做好猪瘟、伪狂犬病、细小病毒病、乙型脑炎、蓝耳病等病毒性疾病的免疫接种，因为在木乃伊胎、死胎或弱仔多的窝内，母猪的健康状况通常不好，并且产后仔猪的成活率低。大部分细菌是通过母猪传播给仔猪的，因此，在产前、产后一段时间内饲料中添加特定的药物如支原净、强力霉等，可有效降低母猪的感染率和子宫内感染的比例。但加药时需要考虑母猪的采食量，保证每头母猪能够得到足够的药物。也可以在产前、产后注射长效抗生素。

⑤合理使用氯前列烯醇和催产素：在妊娠第112～113天凌晨注射氯前列烯醇2mL/头（可颈部肌肉注射，但最好在阴户注射），可调整产仔时间到白天，特别是夏天，以利于饲养人员的管理。在生下4～5头仔猪后，可以注射催产素（剂量不能太大，每次20IU）加快分娩速度，没有开始分娩则不能注射，以免子宫颈口不开放，收缩力太强，使胎儿窒息死亡。产后注射催产素可以促进子宫内恶露的排放，减少子宫炎发生的机会，也可在产后注射氯前列烯醇，除能增进恶露的排放外，还可促进泌乳。

⑥合理营养，防止母猪分娩体力不足及缓解热应激：能量不足和缺钙都可降低子宫的收缩力，造成产程延长，导致泌乳障碍。特别是夏季，产程一般比其他季节的长，要消耗母猪更多的能量，并且容易造成仔猪活力低。因此，提供合理的营养，特别是能量饲料和钙的补充就显得尤为重要。油脂（如豆油）

代谢产生的热量低，可以在母猪采食量低的时候补充能量。有机铬是缓解热应激的很好的微量元素，每吨料中补充0.2g铬即具有显著的效果。此外，补充氯化钾、硫酸镁和硫酸钠以达到离子平衡，也可缓解热应激。霉菌毒素对所有猪都有影响，有时母猪不表现任何症状，但可见仔猪“八”字腿、弱仔、外阴红肿等，因而需要使用合格的原料，尽可能选择好的霉菌毒素吸附剂，并添加足够的量。

⑦确保足够、清洁的饮水：要注意夏季猪场水压力低造成的饮水量不足，导致采食量低的情况。夏季将水管埋在地下可保持温度，不致水发烫，有利于为母猪降温。

⑧防止母猪便秘：母猪便秘可使子宫炎、乳房炎的发病率提高，原因是大肠内有大量的细菌内毒素，便秘母猪肠道蠕动缓慢，很容易吸收这些毒素进入血液，诱发炎症反应。此外，这些毒素具有靶向作用，引起乳腺炎并干扰催乳激素的产生和作用，降低泌乳量。可适当提高日粮粗纤维的含量，或在饲料中添加朴硝等物质，促进粪便排出。

（2）仔猪的饲养管理

①初生：

a. 仔猪出生0.5h内要让其吃上初乳。母猪产后3d内分泌的淡黄色乳汁为初乳。初乳中营养物质含量高，比常乳浓厚，产后初乳中免疫球弱蛋白变化较大，产后3d便从每100mL含7~8g迅速降到0.5g。初生仔猪肠道上皮24h内处于原始状态，免疫球蛋白很容易渗透进入血液，等36~72h后，这种渗透性显著降低。因此仔猪生后要尽早吃到初乳。

b. 初乳的作用。第一，增强仔猪的抗病能力：初乳中含有较多的抗体，仔猪必须通过早吃初乳，及早地获得抗体，以增强仔猪的抗病能力；第二，增强仔猪的抗寒能力：初乳中含有较多的热源基质，仔猪必须通过早吃初乳，及早地获得能量，以增强仔猪的抗寒能力；第三，增强消化道的活动能力：初乳酸度较高，有利于消化道的活动；第四，具有轻泻作用：初乳中含有较多镁盐，具有轻泻作用，可促使胎粪排除。

②固定乳头：为了使全窝仔猪都能充分发育，在生产中要利用猪嗅觉灵敏这一生物学特性和有固定乳头吸吮这一习性给仔猪固定乳头。仔猪固定乳头多于产后2~3d内采用自然固定和人工固定方式完成。

a. 自然固定法。当母猪有效乳头数与仔猪相同时、仔猪发育又较为均匀时，用自然固定法。

b. 人工固定。当母猪有效乳头不那么多、仔猪抢奶现象严重而又发育不均时或当母猪奶头比仔猪多时，则可采取人工固定奶头。

c. 固定乳头方法。母猪乳头的泌乳量从前至后依次减少，为了整窝仔猪全活全壮，需给仔猪及早固定乳头，可以在仔猪出生时体质弱的仔猪吃前几对乳头，体质中等的仔猪吃中间的几对乳头，体质强的仔猪吃后面的几对乳头。当母猪奶头比仔猪多时，要教会猪同时吸吮多个乳头，以保护母住猪乳头。

③保温、防压：

a. 保温。仔猪生理特点决定了猪怕冷，因此在产房或育仔舍内设置采暖设备，采取保温措施。仔猪最适宜的环境温度是：1～7日龄为32～28℃，8～14日龄为28～30℃，15～28日龄为26～28℃，且要求温度稳定，忌忽高忽低和骤然变化。

b. 防压。仔猪行动不灵敏，容易被母猪压死，特别是出生1～3d，发生的几率高，因此要加强看护，同时在产房设护仔箱。

④寄养与并窝：

a. 需要寄养情况。母猪产后无奶、母猪产后死亡、活产仔猪数超过母猪有效乳头数需要寄养，同时有两头或更多母猪产活仔数目不多需要并窝。

以上情况，需要将仔猪过寄给别的母猪代养，为寄养的仔猪找个“养母”，生产中称作“过哺”或“并窝”。过哺和并窝，能提高仔猪成活率和母猪的利用率，有利于提高经济效益。

b. 仔猪寄养注意事项。第一，仔猪出生日期尽量接近，最好不超过3d；第二，过寄前一定要吃初乳；第三，过寄前要看仔猪体重与个头，若从体重较大的窝里往体重较小的窝里过寄时，是应拿小些的仔猪过出；反之，则应挑大些的仔猪过出；第四，使被寄养仔猪与养母仔猪气味相同：方法是利用猪嗅觉发达这一特性，将寄养仔猪涂上养母猪胎液、乳汁和尿液，或将过入仔猪与这窝仔猪混一起，互相接触一段时间，充分“混味”或将寄养仔猪往母猪腋下等部位摩擦，或将寄养仔猪和养母仔猪身上都涂上同一种味道（图3－8）；第五，过寄最好在夜间进行；第六，过寄完毕，必须加强看护，防止母猪辨认出过入仔猪要花招生咬仔猪。

图3－8　仔猪喷雾法寄养

⑤贫血：

a. 仔猪贫血的产生。初生仔猪出生时，体内铁的总储存量约为50mg，仔猪正常生长每天每头需铁7～8mg，每100g乳中含铁仅0.2mg，仔猪每天从母乳中仅能获得1mg铁。因此，仔猪体内铁的储存量很快被耗尽，如得不到及时补充，仔猪会出现缺铁性贫血。

b. 仔猪贫血的症状。患病仔猪表现精神萎靡不振，食欲减退，被毛蓬乱、无光泽，皮肤和可视黏膜苍白，下痢，生长停滞。病猪逐渐消瘦、衰弱严重时可导致死亡。

c. 仔猪贫血的预防措施。第一，补铁：仔猪出生后3日龄补铁，补铁的方法有肌注和口服两种：肌注：生产中常用；生产中常用血旺、牲血素等，3日龄注射一次，每次2～3mL，7日龄再注射一次，注射部位选在颈部或臀部肌肉厚实处；口服：将2.5g硫酸亚铁和1g硫酸铜容于1000mL水中，每天喂1～2次，每天每头10mL；第二，补铜：铜与体内正常的造血作用密切相关，高剂量铜（50～250mg/kg）对仔猪生长和饲料利用有促进作用。

⑥诱食：仔猪生理特点表明，仔猪随着日龄的增加，其体重和对营养物质的需要与日俱增；而母猪泌乳量于产后20～30d达到高峰后，逐渐下降，这样仔猪生长营养需要与母乳营养供给产生矛盾。据报道：4周龄时，母乳中的营养物质只能满足仔猪需要的37%。因此，仔猪生长营养需要与母乳营养供给产生矛盾，在生产中为了解决这一矛盾，需对仔猪及早补料，开食。仔猪6～7日龄时，开始出牙，牙根刺痒，需要“磨牙棒”就喜欢啃咬硬东西解痒。生产上应在5～7日龄开食，仔猪体况好的可在3日龄开食。开食后需要一周的调教时间，从仔猪认料到正式吃料大约需要10d时间。

开食的方法：

将开食料，撒在仔猪经常活动的地方。仔猪凭嗅觉和喜欢探究的行为很快闻到香味，拱食；

将开食料撒在母猪经常活动的地方，母猪采食后，利用仔猪的模仿行为，让仔猪学母猪吃料；

有意识地将仔猪关进补料栏，在补料曹里放上颗粒料，限制吃乳，强制吃料；

将开食料调制成糊状，糊在仔猪嘴周围，让其舔食；

人工将开食料喂到仔猪嘴里。

常用的开食料：

乳清粉、脱脂奶粉加糖拌入饲料；

炒熟的大麦和玉米，磨成粗粉；

膨化饲料；

嫩青料；

颗粒料。

开食注意事项：

仔猪料应细度适中，以仔猪适口为度；

多用颗粒料或干粉料；

每天喂 5 ~6 次；

料槽、水槽应经常刷洗；料要少给，保持新鲜；水要常换，保持清洁。

开食的作用：

训练仔猪咀嚼固体饲料及适应气味；

刺激消化道中各淀粉酶和蛋白酶活性；

减少母猪断奶应激；

弥补母乳供应不足所出现的营养缺乏。

⑦下痢：仔猪下痢是最常见也是危害最大的疾病。仔猪腹泻包括多种肠道传染病，最常见的有仔猪黄、白痢和轮状病毒腹泻，其发病率、死亡率都较高，给养猪生产带来很大的影响。生后 1 周左右，仔猪常因脱水而死，死亡率高；仔猪 20 日龄前后，多因消化不良引起，死亡率虽然不那么高，但影响仔猪增重。

预防仔猪下痢措施：

养好妊娠母猪，产出正常健壮的仔猪；

实行网上产仔、育仔，可大大减少下痢的发生；

产房每周最少消毒 1 ~2 次；

泌乳母猪饲粮配合合理、稳定；

母猪产前注射黄白痢疫苗。

⑧免疫：猪群的安全在仔猪阶段都要进行必要的免疫。不同地方，同一地方不同猪场，同一猪场不同季节猪疫病流行情况不同、猪群健康状况不同，因此，应因地制宜地制定本场免疫计划。

研究与实践证明：最科学的做法是对猪群进行免疫监测，并根据监测结果制定本场的免疫程序。

超前免疫：若需做紧急预防时，仔猪于生后未吃初乳之前以 2 头份猪瘟疫苗注射。

常规免疫：20 ~30 日龄猪瘟首次免疫；55 日龄进行二免，同时进行猪丹毒、仔猪副伤寒、猪肺疫等常规免疫（表 3 –10）。

表 3 –10　商品猪参考免疫程序

免疫时间	使用疫苗
1 日龄	猪瘟弱毒疫苗
7 日龄	猪喘气病灭活疫苗
20 日龄	猪瘟弱毒疫苗

续表

免疫时间	使用疫苗
21 日龄	猪喘气病灭活疫苗
23 ~25 日龄	高致病性猪蓝耳病灭活疫苗 猪传染性胸膜肺炎灭活疫苗 链球菌二型灭活疫苗
28 ~35 日龄	口蹄疫灭活疫苗猪丹毒疫苗、猪肺疫疫苗或猪丹毒 - 猪肺疫二联苗 仔猪副伤寒弱毒疫苗 传染性萎缩性鼻炎灭活疫苗

4. 去势

对于准备做商品猪场育肥用的仔猪，种猪场不能作种用仔猪均需要去势。去势可使仔猪性情安静，食欲增加，易沉积脂肪，提高增重速度，并且肉的品质也能得到改善。若不去势育肥，后期肉脂会有异味。去势后饲养可以提高饲料的转换率，经试验证明：去势的公猪比不上去势的公猪增重高 10%，去势的母猪比不去势的母猪多产脂肪 7.6%。

一般在仔猪断奶前，生长发育好的出生 15d，工厂化养猪在仔猪生后 3d 对公猪去势。仔猪去势越早，应激越小，伤口愈合越快，手术越简单。

去势的注意事项：仔猪健康无病，去势前 2h 禁喂；去势过程严格消毒；去势时注意不要把肠管戳破；地面垫草要清洁，干燥，以免污染伤口。

（三）断奶仔猪的饲养管理

断奶仔猪是指生后 3 ~5 周龄断奶到 10 周龄阶段的仔猪。仔猪断奶是继出生以来又一强烈的刺激。一是营养的改变，由吃温热的液体母乳为主改成吃固体的生干饲料；二是由依附母猪的生活改为完全独立的生活；三是生活环境的改变迁移，由产房转到育仔舍，并伴随着重新编群；四是容易受到病原微生物的感染而患病。加强断奶仔猪的饲养管理会减轻断奶仔猪应激带来的损失。

1. 断奶时间的确定

（1）断奶时间

①传统断奶时间：50 ~60 日龄断奶，母猪一年内只能产 1.8 窝，可育活仔猪 16 头左右。

②早期断奶时间：28 ~35 日龄断奶，可年产仔 2.3 窝，育活仔猪 20 头左右。

③超早期断奶时间：仔猪出生14d以内，可年产仔2.7窝，育活仔猪24头左右。

目前，国内不少地方仍于56～60日龄断奶；多数国家推行28～35日龄断奶；世界通行的断奶时间为21～28日龄；日本推行“三个养猪制”：即仔猪生后30日龄断奶，培育30日龄，再肥育3个月。

图3-9　断奶仔猪

（2）提早断奶的优点

①提高母猪年生产力：母猪年生产力：每头母猪一年所提供的断奶仔猪数。母猪早期断奶可缩短母猪的繁殖周期，从而增加年产仔窝数。母猪的一个繁殖周期包括妊娠期、哺乳期和空怀期，因此母猪年产仔窝数可通过如下公式计算：

$$\text{母猪年产仔窝数}=\frac{365}{\text{妊娠期}+\text{哺乳期}+\text{空怀期}}$$

②提高饲料利用率：据报道：早期断奶可使1头泌乳母猪少吃90～150kg的饲料，如不断奶，一直采取母猪吃料、仔猪吃奶的饲料利用方式，则饲料利用效率为20%；而断乳后，仔猪直接吃料的饲料利用效率可达50%～60%。后者显著高于前者。

③有利于仔猪的生长发育。

④提高分娩猪舍和设备的利用率。

（3）断奶方法

①一次断奶法：当仔猪达到断奶日龄时，即可将母猪断奶隔出，仔猪留在原圈，完成断奶。适用于乳房已回缩、泌乳量较少的母猪。此方法多被工厂化养猪生产采用。

②分批断奶法：在预定断奶日期的前一周，先把准备育肥的仔猪断奶，而留作种用或生长发育落后的仔猪继续哺乳，养到断奶的日期再将母猪隔开，实行断奶；适用于奶较旺的母猪。此方法费工、费时、费劳力。

③逐渐断奶法：在预定断奶日期前的4～6d，开始控制哺乳次数。或者使母仔白天分开，夜晚再将母猪赶回，使母仔都有个适应过程，最后于断奶日期顺利断奶。同样适用于奶较旺的母猪。

三种断奶方法各有利弊。一经断奶，不能再让仔猪“听到母猪声、见到母猪的面、闻着母猪的味”。此方法有条件的猪场才能采用。

（4）提早断奶注意事项

①要抓好仔猪早期开食、补料的训练；

②早期断奶的仔猪饲粮一定要全价，要求高能量、高蛋白。断奶的第一周要适当控制采食量；

③断奶仔猪留在原圈养育一段时间，以免因换圈、混群、争斗等应激因素的刺激；

④注意保持圈舍干暖，搞好圈舍卫生和消毒；

⑤将预防注射、去势、分群等应激因素与断奶时间错开，尽量减少这些不利因素影响的累加作用。

2. 断奶仔猪的营养需求

断奶仔猪处于快速的生长发育阶段，一方面对营养需求特别大，另一方面消化器官机能还不完善。断奶后营养来源由母乳完全变成了固定饲料，母乳中的可完全消化吸收的乳脂、蛋白由谷物淀粉、植物蛋白所代替，并且饲料中还含有一定量的粗纤维。仔猪对饲料的不适应是造成仔猪腹泻的主要原因，仔猪腹泻是断奶仔猪死亡的主要原因之一，因此满足断奶仔猪的营养需求对提高猪场经济效益极为重要。

断奶前期饲喂人工乳，人工乳成分以膨化饲料为好，实践证明：膨化饲料不仅对仔猪消化非常有利，而且有效地降低了仔猪腹泻。饲料经膨化可糊化其中的泻粉，抗营养因子被破坏，进行巴氏超高温杀菌，提高了适口性，降低了腹泻发生比例。

3. 断奶仔猪的饲养管理

仔猪断奶后尽量在网上保育，仔猪保育是哺乳仔猪由断奶顺利过渡到补料的重要饲养阶段，搞好仔猪保育是提高生猪育成率和经济效益的关键技术措施。

（1）原栏留养，同窝保育　哺乳仔猪 28 ~ 35 日龄时，随着母，泌乳量和乳汁质量的下降，就应当及时断奶并转入保育阶段。断奶时，应首先把母猪赶下产仔床，将仔猪原栏留养 1 ~ 2d，以减少转栏时的离母、寂寞和环境应激。断奶仔猪转入保育栏后，最好同窝仔猪转入同一保育栏，不要合群补栏，以防仔猪大欺小、强欺弱和互相追咬等现象的发生。

（2）维持原料　仔猪断奶后 2 周内不换料，仍旧使用哺乳期饲料，然后再逐渐过渡到断奶仔猪料。“扶上马、再送程”。

（3）喂次过渡　饲喂次数由 5 ~ 6 次/d 逐渐向 3 ~ 4 次/d 过渡。

（4）食量过渡　仔猪断奶后 3 ~ 5d 限量饲喂，平均日采食量为 160g，每喂 8 成饱；5d 后自由采食。

（5）保证充足的饮水　要供给保育仔猪充足清洁的饮水，保证不断水，刚进栏的猪可适当在饮水中加入多维。

（6）做好环境消毒，控制疫病发生　仔猪转入保育栏前，对保育舍、保育栏，采用熏蒸和喷洒等消毒方法。对于保育舍的粪污、饲具、保育栏及垫板等物体进行强化消毒和无害化处理，并经1～3d通风清舍，清除异味。再将仔猪转入保育栏。对于面积较大、保育栏设置较多的保育舍可根据情况，采用双效季铵盐、胍类等异味较小的消毒药进行刷拭消毒，在以后的保育过程中，每周消毒1～2次。消毒时可采用两种或两种以上的消毒药，交替使用。同时饲养人员要随时观察猪群体况，注意疫情监测，及时控制疫情。

（7）调节猪舍温湿度，保持通风良好　仔猪转入保育栏后，仔猪卧场要铺设一定范围的垫板，防止仔猪就栏随卧，引起腹泻和咳喘等疫病。猪舍温度应保持在25℃以上，随着日龄的增长，适时调节猪舍温度，每周减少2～3℃。保持适宜相对湿度：65%～75%，夏季要注意防暑降温，冬季要搞好防寒保温。同时，保持猪舍清洁干净，通风良好，空气新鲜，给保育仔猪创造一个适宜的生长生活环境。

（8）加强调教　仔猪转入保育栏后，也是仔猪从半寄生生活转入独立生活的重要阶段，吃喝拉撒均无定律。因此，饲养管理人员从仔猪转栏伊始，就要精心调教仔猪，使仔猪吃、喝、拉、撒养成“四定位”的生活规律。为搞好仔猪防寒保暖，应在猪栏卧场上面安装一只150～250W的红外线灯泡，提高猪舍温度，保证仔猪安全越冬。此外，冬季采用夜间轰猪，让仔猪自由活动，也是增强仔猪体能的好办法。

4. 防止僵猪的产生

（1）僵猪产生的原因

①胎僵：母猪在妊娠期饲养管理不当，母体内营养供给不能满足多个胎儿发育的需要，致使胎儿生长发育受阻。近亲交配是双方与共同祖先总代数不超过6代的公、母猪互相交配，即其所产仔代的近交系数大于0.78%。近交能造成生产性能衰退，表现为繁殖力减退，死胎、弱胎和畸形胎增多，生活力下降，适应性较差，体质转弱，生产力降低。后备种猪需经过一段时间后达到体成熟，才可交配。若过早交配，因母猪自身要生长，还要供给胎儿生长发育，从而会导致僵猪。母猪年龄过大，各方面机能开始全面下降，特别是消化、吸收、运输营养的功能降低，会使胎儿得不到充分营养。

②奶僵：奶僵猪表现为哺乳期生长缓慢，断乳时仔猪体重轻，被毛粗乱。奶僵猪的形成有几个原因：母猪怀孕后期营养供应不足，产后泌乳能力差、缺乳。哺乳母猪在哺乳期饲养管理不当，其获得的营养不能满足泌乳汁需要，泌乳量少或无乳。仔猪出生后固定乳头工作未搞好。仔猪出生后可自行固定乳位，但需要较长时间，常造成体强仔猪占有泌乳量高的中间及前排乳头，体弱仔猪被挤到泌乳量少的后排乳头，导致强者更强，弱者更弱，强弱个体大小相差越来越悬殊。没有及时进行寄养。母猪一般所生仔猪较多，常

超过其有乳头数。母猪产后乳量不足或母猪产后死亡时，若不及时将仔猪部分或全部寄养，会使仔猪因吃乳不足造成生长发育受阻。仔猪开食补料过迟，消化机能得不到及时锻炼，会引起仔猪食欲不振、腹泻、消瘦。同时，随着仔猪生长发育加快，母乳供应与仔猪营养需要形成矛盾，若不及时补料，就会阻碍仔猪发育，即使以后改善营养，也较难补偿。仔猪、母猪患病及其他因素也可导致奶僵。

③病僵：仔猪因长期患病，如伤寒、气喘病、蛔虫病、肺丝虫病、疥癣病、姜片虫、肾虫病及营养性贫血，得不到及时、准确的治疗所致。尤其是寄生虫病引起的病僵占 70% ~80% 。

④食僵：断乳后饲养管理不善，饲料日粮配方不良，品种配合单一，营养低，难以满足仔猪生长发育的需要，特别是缺乏蛋白质、矿物质和维生素，致使断乳仔猪生长发育停滞。

（2）防止僵猪产生的措施

①加强母猪妊娠期和泌乳期的饲养管理，保证蛋白质、维生素、矿物质等营养和能量的供给——治“胎僵”“奶僵”。

②搞好仔猪的养育和护理，创造适宜的温度环境条件。早开食、适时补料，满足仔猪迅速生长发育的营养需要——治“料僵”。

③搞好仔猪圈舍卫生和消毒工作。使圈舍干暖清洁，空气新鲜——治“病僵”。

④及时驱除仔猪体内外寄生虫，有效地防制仔猪下痢等疾病的发生。要及时采取相应的有效措施，尽量避免重复感染，缩短病程——治“病僵”。

⑤避免近亲繁殖和母猪偷配，以保证和提高其后代的生活力和质量——治“弱僵”。

5. 防止相食症的产生

产生相食症的主要原因有吸吮习惯、营养不良、环境因素、猪群组群等。防止相食症产生的措施主要是改善仔猪饲养管理、调整日粮配方、加强猪群观察、为仔猪设置玩具等。

6. 断奶仔猪保健

为确保仔猪安全，要进行必要的免疫。因各地各个场家的疫病流行情况不同，其免疫程序也应有所不同。最科学的做法是对猪群进行免疫监测，并根据监测结果制定本场的免疫程序。注射疫苗时应选择晴朗的天气，且在食后 2h 进行，在注射疫苗期间应供给仔猪“电解质 + 维生素 C + 白糖水溶液”，以免仔猪发生注射应激和疫苗反应。

猪病免疫的推荐程序见表 3 -11。

表 3-11 断奶仔猪的免疫程序

55 日龄	猪伪狂犬基因缺失弱毒疫苗 传染性萎缩性鼻炎灭活疫苗
60 日龄	口蹄疫灭活疫苗 猪瘟弱毒疫苗
70 日龄	猪丹毒疫苗、猪肺疫疫苗或猪丹毒 - 猪肺疫二联苗

为预防猪呼吸道疾病综合征可在仔猪开始时断奶，每 1t 全价饲料内添加 80% “支原净”（泰妙菌素）125g 和土霉素原粉 300g，连续投喂药 14d。仔猪在保育期间，大约体重在 15kg，即是保育将要结束时，统一进行一次驱虫。常用的驱虫药品有阿维菌素、伊维菌素、左旋咪唑，具体用药量可根据猪的体重，按所选驱虫药品使用剂量说明拌入饲料内，让猪一次性采食完成。

六、育肥猪的饲养管理

某农民养猪户小王，饲养了 50 头肉猪，饲养到 125kg 以上出售，但年终一核算，自己获得的经济报酬很低。可同村的养猪户小李，把猪养到 90kg 出售，效益却比他高，小王就很纳闷，自己养猪养的体重比小李家的高，而且比小李多费了力气，怎么效益反倒不如小李呢，请同学们学完这次课，帮小王分析一下，是什么原因呢？

解决以上的问题需要掌握以下内容。

（一）肉猪生产前的准备

1. 肥育用仔猪的选择与处理

仔猪是进行肉猪生产的先决条件。仔猪的好坏与肉猪肥育期增重、饲料转化率和发病率高低关系极大。

（1）选择性能优良的杂种猪　优良杂交组合的杂种仔猪生活力强，增重快，肥育期短，节省饲料，抗病力强，有较大的杂种优势，可降低育肥成本，提高经济效益。

我国的大量试验和生产实践证明，一般两品种的杂交猪可提高增重达 20% 左右，饲料转换率可提高 10% 左右。三品种杂交比两品种杂交效果好，每窝所产猪肉量可比经两品种杂交提高 19%。因此，有条件地区尽量利用三品种杂交的仔猪进行肉猪生产，以提高肥育效果。

为提高肥育效果，应选择性能优良的杂种仔猪进行肥育，以充分利用杂种优势。选择选择性能优良的杂种仔猪，对于自繁自养的养猪场（户）来说比较容易，在进行商品仔猪生产时只要选择好杂交用父、母本，然后按相应的杂交配套体系进行杂交就可以获得相应的杂种仔猪。对于已经建立起完整繁育体系的地区，也比较容易办到，肉猪饲养场（户）只要同相应的杂交繁殖场（户）签订购销合同，就可获得合格的仔猪。但对于从交易市场购买仔猪的生产者来说，选择性能优良杂种仔猪的难度就比较大，风险也较大。因此建议商品猪饲养场（户）采用“自繁自养”的生产方式。

（2）提高肥育用仔猪的体重并提高仔猪的均匀度　仔猪体重大小是发育好坏的重要标志。体重大、活力强、发育整齐的仔猪，肥育时增重快，省饲料，发病率和死亡率都低。体重大小不同，育肥效果差别很大。正像群众总结的那样：“初生差一两，断奶差一斤，出栏差十斤。”因而，在购买猪苗时，不能为一时省钱，而挑选小猪购买，否则会得不偿失。起始体重越小，要求的饲养管理条件越高，但起始体重过大也没有必要，如系外购仔猪，还会增大购猪成本。从目前的饲养管理水平出发，肥育用仔猪的肥育起始体重以 20 ~ 30kg 为宜。

肉猪是群饲，肥育开始时群内均匀度越好，越有利于饲养管理，肥育效果越好。

（3）选用健康无病的仔猪

①原因：某些慢性病如猪喘气病和萎缩性鼻炎等，对成年猪和仔猪的影响不算太大，但却严重干扰生长期的肉猪。虽无明显临床症状，死亡率也不高，但会严重降低生长速度，使饲养期延长，增加饲料消耗。这种非死亡造成的经济损失，常易被人忽视。因此，应尽量选用健康未感染疾病的仔猪，不能选用疫区及病弱仔猪。

②健康仔猪的特征：两眼明亮有神，被毛光滑有光泽，站立平稳，呼吸均匀，反应敏捷，行动灵活，步态平稳，摇头摆尾或尾巴上卷，叫声清亮，鼻镜湿润，随群出入。粪软尿清，排便姿势正常，主动采食。

（4）驱虫　猪体内感染寄生虫后，多无明显的临床症状，但表现生长发育慢，消瘦，被毛无光泽，严重的可使增重速度降低 30% 左右，有的甚至可成为僵猪。应在肥育开始前驱虫。

①方法：猪的体内寄生虫以蛔虫为多，主要危害 3 ~ 6 月龄的猪。一个肥育期应驱虫 2 次，第一次在育肥前，第二次在催肥前。

②常用药物：敌百虫，每千克体重为 60 ~ 80mg；四咪唑，每千克体重为 20mg；丙硫苯咪唑，每 1kg 体重为 100mg，拌入饲料中一次喂服。体外寄生虫以疥螨和猪虱为常见，常用药物为敌百虫，0.1g/kg 体重，溶于温水中，拌入饲料喂服，或用温水配制成 2% 敌百虫溶液，喷雾患猪全身及其圈舍四壁与地

面。为彻底消灭猪虱，应间隔一周再喷一次。

③注意事项

第一，无论驱除体内还是体外寄生虫，应酌情添加药量。

第二，大群驱除时，应事先选择体况及发育中等的几头有代表性的猪，先做试验性驱虫。经观察，确认效果良好且安全后，再进行大群驱虫工作。

第三，服用驱虫药后，应注意观察，若出现副作用时要及时解救。驱虫后排出的虫体和粪便，要及时清除发酵，以防再度感染。

（5）预防注射　为避免传染病的发生，保证肉猪肥育期及整个猪群的安全，仔猪必须按要求、按程序进行预防注射。特别是从集市购入的仔猪，进场时必须全部进行一次预防接种，并隔离观察30d以上方可混群，以防传染病暴发造成损失。

①预防猪瘟：仔猪在20日龄或断奶时肌肉注射猪瘟兔化弱毒疫苗1mL，即可免疫1年以上。外购的中猪在入栏前肌肉注射，用量同上。

②预防猪丹毒：可用猪丹毒弱毒疫苗（冻干苗），大小猪一律皮下注射1mL（使用前用1.5%氢氧化铝生理盐水稀释，在6h内用完），可免疫9个月，注射后7d即可产生免疫力。也可改用猪丹毒氢氧化铝甲醛疫苗，断奶仔猪皮下注射5mL，21d后产生免疫力，免疫期6个月。

③预防猪肺疫：小猪一律皮下注射猪肺疫氢氧化铝甲醛疫苗5mL，7d后产生免疫力，免疫期9个月。或者口服猪肺疫弱毒冻干疫苗，先用凉开水稀释，拌匀于饲料中，让猪自食，21d后产生免疫力，免疫期6个月。

目前，生产中大量使用猪瘟、猪丹毒、猪肺疫三联苗，不论大小猪可一律皮下注射1mL，免疫期：猪瘟1年，猪丹毒和猪肺疫均为6个月，具体按说明书使用。

④预防仔猪副伤寒：1月龄以上仔猪有仔猪副伤寒弱毒疫苗耳后肌肉注射1mL，免疫期9个月。

2. 提供适宜的环境条件

为避免或减少肉猪产过程中传染病或寄生虫等病的发生，在肉猪进圈之前应对圈舍及环境进行彻底清扫和清毒。

（1）圈舍的消毒　在进猪之前，对于旧圈舍，在消毒前要将圈舍维修好，特别是损坏的水泥地面要提前修补好，然后对猪舍、圈栏、用具等进行彻底的清洗、消毒、干燥。要彻底清扫猪舍走道、猪栏内的粪便、垫草等污物，用水洗刷干净后再进行消毒。猪栏、走道、墙壁等可用2%～3%的火碱水溶液喷洒消毒，停1d后再用清水冲洗、晾干。墙壁可用20%石灰乳粉刷。饲槽、饲喂用具、车辆等，消毒后洗刷干净，除去消毒药味备用。密闭圈舍也可以进行熏蒸消毒，常配制的浓度是每$6m^2$圈用福尔马林25mL、高锰酸钾25g、水

12.5mL。使用方法是将水与福尔马林置于大瓷碗中，混合后，再将预先称好的高锰酸钾倒入。消毒进程中应将门窗关好，经过 12～24h 再打开通风。日常可定期用对猪只安全的消毒液进行带猪消毒。

（2）合理组群

①优点：肉猪一般多采取群饲，合理分群是十分必要的，这不仅可提高劳动效率，降低肥育成本，并且可以利用猪的抢食习性，使猪多吃饲料，从而提高增重效果。

②组群不合理的弊端：肉猪常常会发生咬斗、争食等情况，影响增生和肥育潜力的发挥。因此，对肉猪进行合理组群，是十分必要的。

③组群的方法：

a. 按品种、杂交组合、体重大小、体质强弱、性别等情况进行组群。一般要求小猪阶段体重差异不宜超过 4～5kg，中猪阶段不超过 7～10kg。这样既考虑到同群肉猪的习性、大小、强弱等较相近，又可避免合群猪发生大欺小、强欺弱、互相干扰的现象，管理方便，使肉猪生长发育整齐。

b. 合群时通常采取“留弱不留强、拆多不拆少、夜并昼不并”等方法，即把处于不利争斗地位或较弱小的猪只留在原圈，把其他圈的猪并进来；或把较少的猪留在原圈，把其他圈的猪并进来；或要把两群猪合并为一群时，在夜间并群。主要防止猪只因并群发生咬架、攻击现象。

c. 合群最好在夜间进行，还可在合群的猪身上喷同样的药液，如来苏儿等，使猪体彼此气味相似，而不易辨别。

d. 组群后要相对固定，因为每一次重新组群后，往往会发生频繁的个体间争斗，大约需 1 周左右的时间，才能建立起新的比较稳定的群居秩序，猪只一周内很少增重。合为一群的仔猪赶入新圈，应及时调教，让其保持相对稳定后，饲养人员才能离开猪舍，加强调群后 2～3d 内的管理，尽量减少发生争斗，以免相互咬架，造成伤亡损失。

e. 每群头数的多少，要根据猪舍设备、饲养方式、圈养密度等决定。一般以每头猪的占地面积为 0.8～1.0m^2 为宜，每圈一群以 10～20 头为宜。

f. 肉猪合群经过一段时间饲养后，若发生大小强弱参差不齐的现象，应重新调整猪群，否则会影响肉猪的生长发育。

（3）饲养密度与群的大小　群体密度过大时，个体间冲突增加，炎热季节还会使圈内局部气温过高而降低猪的食欲，这些都会影响猪只的正常休息、采食和健康，进而影响猪的增重和饲料利用率。群体密度过小时，会降低猪舍的建筑利用率。过大会造成浪费。兼顾提高圈舍利用率和肥育猪的饲养效果两个方面，随着猪体重的增大，应使圈舍面积逐渐增大。在实体地面饲养时，猪只体重 20～45kg 时每头猪需 0.3～0.4m^2，45～70kg 时 0.5～0.8m^2，70～100kg

时 0.9 ~ 1.2m^2。

饲养密度满足需要时，如果群体大小不能满足需求，同样不会达到理想的肥育效果。当群体过大时，猪与猪个体之间的位次关系容易削弱或混乱，使个体之间争斗频繁，互相干扰，影响采食和休息。生长肥育猪最有利的群体大小是 4 ~ 6 头，但密度过小会降低圈舍及设备利用率。综合考虑肥育猪的生产水平、圈舍及设备利用率，在温度适宜、通风良好的情况下，每圈以 10 ~ 20 头为宜。

（4）调教　调教就是利用猪的生物学习性进行诱导和训练，使猪只养成良好的生活习惯，这样即有利于猪只的健康和生长发育，也便于日常的饲养管理。猪一般多在门口、低洼处、潮湿处、圈角等处排泄，排泄时间多在喂饲前或是在睡觉刚起来时。因此，如果在调群转入新圈以前，事先把圈舍打扫干净，并在指定的排泄区堆放少量的粪便或泼点水，然后再把猪调入，可使猪养成定地点排便的习惯。如果这样仍有个别猪只不按指定地点排泄，应将其粪便铲到指定地点并守候看管，经过 3 ~ 5d 猪只就会养成采食、卧睡、排泄三点定位的习惯。

（5）保持猪舍温暖、干燥、空气清新、光照适宜　在诸多环境因素中，温度对肉猪的肥育性能影响最大。当环境温度低于下限临界温度时，猪的采食量增加，生长速度减慢，饲料利用率降低。温度过高时，为增强散热，猪只的呼吸频率增高，食欲降低，采食量下降，增重速度减慢。应根据猪只的大小，保持猪舍温度在 15 ~ 25℃。

湿度的影响远远小于温度，如果温度适宜，则空气湿度的高低对猪的增重和饲料利用率影响很小。对猪影响较大的是低温高湿有风和高温高湿无风。低温高湿有风环境会加剧体热的散失，加重低温对猪只的不利影响；高温高湿无风环境会影响猪只的体表蒸发散热，阻碍猪的体热平衡调节，加剧高温所造成的危害。同时，空气湿度过大时，还会促进微生物的繁殖，容易引起饲料、垫草的霉变。应保持猪舍干燥，相对湿度以 45% ~ 75% 为宜。

舍内空气污浊，充满大量氨气、硫化氢和二氧化碳等有害气体时，会降低猪的食欲、影响猪的增重和饲料利用率，并可引起猪的眼病、呼吸系统疾病和消化系统疾病。在生产中，冬季不能单纯追求保温而关严门窗，必须保证适量的通风换气，使有害气体及时排出。做好防潮和保暖可以适当减少舍内有害气体含量，氨气和硫化氢易溶于水，在潮湿的猪舍，氨和硫化氢常吸附在潮湿的地面、墙壁和顶棚上，舍内温度升高时又挥发出来，很难通过通风而排出。对于有害气体的影响不易觉察，常使生产蒙受损失，应予以足够重视。

光照对肉猪增重、饲料利用和胴体品质及健康状况的影响不大。因此肉猪舍的光照只要不影响饲养管理人员的操作和猪的采食就可以了，强烈的光照反而会影响肉猪的休息和睡眠，从而影响其生长发育。

猪舍内要及时清除粪尿，控制有害气体的产生。通风换气，创造一个空气新鲜、温湿度适宜、阳光充足、干净舒适的环境条件，才能使肉猪充分休息，保持旺盛的食欲，降低发病率，获得较高的增重速度和饲料转换率，创造较高的经济效益。

（二）肉猪生产技术

1. 生长育肥舍饲养管理技术操作规程

（1）工作目标

①育成阶段成活率≥99%；

②饲料转化率（15~90kg 阶段）≤2.7；

③日增重（15~90kg 阶段）≥650g；

④生长育肥阶段（15~95kg）饲养日龄≤119d（全期饲养日龄≤168d）。

（2）工作日程的建立

7：30—8：30 喂饲；

8：30—9：30 观察猪群、治疗；

9：30—11：30 清理卫生、其他工作；

14：30—15：30 清理卫生、其他工作；

15：30—16：30 喂饲；

16：30—17：30 观察猪群、治疗、其他工作。

（3）操作规程

①转入猪前，空栏要彻底冲洗消毒，空栏时间不少于 3d。

②转入、转出猪群每周一批次，猪栏的猪群批次清楚明了。

③及时调整猪群，强弱、大小、公母分群，保持合理的密度，病猪及时隔离饲养。

④转入第 1 周饲料添加土霉素钙预混剂、呼诺玢、泰乐菌素等抗生素，预防及控制呼吸道病。

⑤小猪 49~77 日龄喂小猪料，78~119 日龄喂中猪料，120~168 日龄喂大猪料，自由采食，喂料时参考喂料标准，以每餐不剩料或少剩料为原则。

⑥保持圈舍卫生，加强猪群调教，训练猪群吃料，睡觉，排便“三定位”。

⑦干粪便要用车拉到化粪池，然后再用水冲洗栏舍，冬季每隔一天冲洗一次，夏季每天冲洗一次。

⑧清理卫生时注意观察猪群排粪情况；喂料时观察食欲情况；休息时检查呼吸情况，发现病猪，对症治疗。严重病猪隔离饲养，统一用药。

⑨按季节温度的变化，调整好通风降温设备，经常检查饮水器，做好防暑

降温等工作。

⑩分群合群时，为了减少相互咬架而产生应激，应遵守“留弱不留强”“拆多不拆少”“夜并昼不并”的原则，可对并圈的猪喷洒药液（如来苏儿），清除气味差异，并后饲养人员要多加观察（此条也适合于其他猪群）。

另外，可以每周消毒一次，坚持出栏猪前事先鉴定合格后才能出场，残次猪特殊处理出售。

2. 肉猪生产的特点及要求

（1）肉猪生长发育三个时期

①从断奶至体重35kg为生长期，或称为小猪阶段或前期。

②体重35～60kg为发育期，或称中猪阶段或中期。

③体重60kg至出栏为肥育期，或称为大猪阶段或后期。

实践证明，小猪阶段不易饲养，很容易感染疾病和生长发育受阻，而到中猪阶段以后就比较容易饲养了。因此，小猪阶段的生长发育是提高肉猪饲养效果的关键。

（2）肉猪的生长发育呈现一定的规律

①体重增长规律：肉猪的体重是表示身体各部位和各组织生长的综合指标，一般以日增重表示增长速度。生长肥育猪随日龄增长，体重增加，6～8月龄前增重较快，饲料转换率也高，而4月龄以前的生长强度最大，肉猪体重75%要4月龄前完成。到10月龄以后，增重速度减慢。

营养物质日沉积量和体组织组成成分变化规律（图3－10）：蛋白质沉积在肥育开始时逐渐增加，然后几乎保持不变。脂肪沉积随肥育进展不断增加。因此，体组织生长高峰出现的顺序为骨骼、肌肉、脂肪。即生产发育早期，骨骼的生长发育最快，而后为肌肉，后期则大量沉积脂肪。

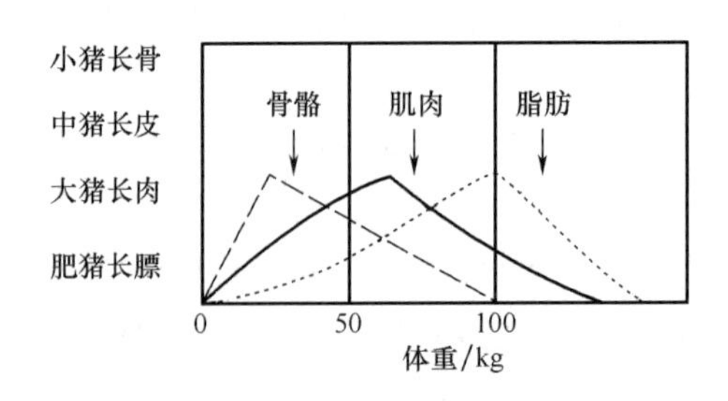

图3－10　猪内不同成分的沉积规律

肉猪随着年龄和体重的增长，蛋白质和灰分的含量下降，但变化不太大。而水分和脂肪的变化很大，脂肪增加的同时水分下降，但两者之和没有太大变化。

肉猪从饲料中获得营养的主要去向是维持需要和增重：肉猪摄食的能量首

先用于维持需要，若有剩余，则用于增重。如果肉猪日粮中的能量只够维持需要，那么肉猪则光吃不长，只是维持生命而已；若除去维持需要后稍有剩余，肉猪则生长缓慢；若除去维持需要后剩余相对比较充足，肉猪则长得较快，这样才能充分发挥其肥育潜力。二是肉猪生活一天，无论是增重与否，就得用掉一天的维持消耗，而且随着体重增加，维持消耗相对也有所增加。

②肉猪生产的目的：肉猪生产的目的就是在较短的时间内，使用较少的饲料，获得数量多肉质好的猪肉。提高肉猪的日增重、出栏率和商品率，从而满足人们对猪肉的数量、质量的需求，也能增加养猪户的经济效益。

肉猪的快速育肥，不可照搬国外的高投入、高产出、高能量、高蛋白的作法。应立足于我国当前广大农村的实际生产水平和饲料条件与特点，应以高效益为前提，以解决我国十几亿人中吃肉为目标。这样，快速养猪法才是最适用、最经济的。

3. 科学地配制饲粮并进行合理地饲养

（1）饲粮的营养水平　应根据生长肥育猪的饲养标准配制生长肥育猪饲粮。综合考虑猪的增重速度、饲料利用率和胴体肥瘦度，确定适宜的饲粮能量浓度（消化能 11. 9 ~13. 3MJ/kg）、蛋白质水平（60kg 体重以前 15% ~18%，后期 12% ~15%）。需要特别指出的是，猪对粗纤维的消化利用率很低，饲粮粗纤维含量过高，会严重降低饲粮养分的消化率，同时由于采食的能量减少，降低猪的增重速度。为保证饲粮有较好的适口性和较高的消化率，生长肥育猪饲粮的粗纤维水平应控制在 6% ~8%，若将肥育分为前后两期，则前期不宜超过 5%，后期不宜超过 9%。在控制粗纤维水平时，还要考虑粗纤维来源，稻壳粉、玉米秸粉、稻草粉、稻壳酒糟等高纤维粗料，不宜喂肉猪。而试图将玉米秸、稻草等作物秸秆粉碎后加水、“发酵剂”或“生物制作剂”，经发酵后喂猪纯属无稽之谈，因为猪是单胃杂食动物，胃中没有能分解粗纤维的微生物，其消化系统也不能分泌纤维分解酶。

（2）饲粮的调制　玉米、高粱、大麦、小麦等谷实饲料，都有坚硬的种皮或软壳，喂前应粉碎以利于采食和消化。用于配制生长猪饲粮时，粉碎细度以微粒直径 1 ~2mm 为宜，肥育猪则以 2 ~3mm 为宜，过细会造成胃溃疡。粉碎细度也不能绝对不变，当含有部分青饲料时，粉碎粒度稍细既不致影响适口性，也不致造成胃溃疡。

配制好的干粉料，可直接用于饲喂（干喂），只要保证充足饮水就可以获得较好的饲喂效果，而且省工省时，便于应用自动饲槽进行饲喂。也可将料和水按一定比例混合、调制成潮拌料或湿拌料后饲喂（湿喂），既能提高饲料的适口性，又可避免产生饲料粉尘，但加水量不宜过多，一般按料水比 1∶1 左右为宜，在加水后手握成团，松手散开即可。在饲喂潮拌料或湿拌料时，在夏季注意不要使饲料腐败变质。

（3）饲喂方法　生长肥育猪可采用自由采食或顿喂的饲喂方法。顿喂时的饲喂次数应根据猪只的体重和饲粮组成作适当调整。体重 20～35kg 时，胃肠容积小，消化能力差，而相对饲料需要多，每天宜喂 4 次；35～60kg 体重阶段，胃肠容积扩大，消化能力增加，每天宜喂 3 次；60kg 以后，每天可饲喂 2 次。饲喂次数过多并无益处，反而影响猪只的休息，也增加了用工量。

在保证饲喂次数的前提下，应注意控制饲喂间隔，应尽量保持各次饲喂的时间间隔均衡。饲喂时间应选在猪只食欲旺盛时为宜，如夏季选在早晚天气凉爽时饲喂。

顿喂时通常采用通常饲槽。用通常饲槽时，要保证有充足的采食槽位，以防强夺弱食。夏季尤其要防止剩余残料的发霉变质。

有的养猪场（户）采用地面撒喂的方式。地面撒喂的饲料损失较大，饲料易污染，虽减少了设备投资、日常操作简便，但往往得不偿失。

（4）供给充足洁净的饮水　肉猪的饮水量随体重、环境温度、饲粮性质和采食量等有所不同。一般在冬季时，其饮水量应为采食饲料风干量的 2～3 倍或体重的 10% 左右，春、秋两季为采食饲料风干重的 4 倍或体重的 16% 左右，夏季约为 5 倍或体重的 23%。因此，必须供给充足洁净的饮水，饮水不足或限制饮水，会引起食欲减退，采食量减少，日增重降低和饲料利用率降低，膘厚增加，严重缺水时将引起疾病。饮水设备以自动饮水器为好，也可以在圈栏内单设水槽，但应经常保持充足而洁净的饮水，让猪自由饮用。

4. 选择适宜的肥育方式

（1）阶段育肥方式　阶段肥育方式又称“吊架了”肥育法。即把整个肥育期划分为三个阶段：小猪阶段、架子猪阶段和催肥阶段。在小猪阶段喂给较多的精料，搭配泔水和少量青粗饲料；在中猪（架子猪）阶段，以青粗饲料和泔水为主，搭配少量精料；到大猪（催肥）阶段，一般是在屠宰前 2 个月左右，加喂大量的富含淀粉的精料，同时减少青粗饲料的给量。这是我国民间在长期养猪实践中，总结出来的一种肥育方法。

由于猪种不同，各地饲料条件的差异以及屠宰体重要求不同，对各阶段的划分也不完全一样，大致可划分为以下三个阶段。

①小猪阶段：从断奶到体重 25kg 左右，饲养期约为 2 个月。

②架子猪阶段：体重 25～50kg，饲养期 4～5 个月，不宜过长。

③催肥阶段：体重 50kg 左右到出栏，饲养期 2 个月左右。

阶段饲养方式的优缺点：

优点是在青粗饲料量多质优的条件下，能够少用精料。

缺点：一是前期正是肉猪肌肉迅速生长发育时期，蛋白质供应不足，限制了肌肉的生长。而后期正是脂肪沉积能力高的时期，却喂给大量转化脂肪的含能量较高的饲料，促进脂肪的沉积，导致猪肉过肥；二是这种阶段饲养方式，由于用了大量的青粗饲料和泔水，降低了饲养水平，拖长了肥育期，增加了维持消耗，浪费饲料，使猪增重迟缓。

（2）直线饲养方式　直线饲养方式又称“一条龙”肥育法。就是根据肉猪生长发育的不同阶段对营养需要的特点，肥育全期实行丰富饲养的肥育方式。

优点：直线育肥方式，在较短的时期内用较多的精料，满足了肉猪各阶段的营养需要，发挥了肉猪的增重潜力，能获得较高的日增重，缩短育肥期，减少维持消耗，节省饲料，提高出栏率和商品率。

缺点：有点浪费饲料，胴体瘦肉率含量低。

（3）“前高后低”的饲养方式　本饲养方式是在直线育肥的基础，为了提高瘦肉率所改进的一种前期高营养水平饲养后期限制饲养的育肥方法。

蛋白质和脂肪的沉积规律：肉猪体内瘦肉的生长量，主要取决于日粮中的蛋白质和必需氨基酸的供给，而肉猪体内脂肪的生长量主要取决于日粮中的能量含量。蛋白质沉积规律表明，在 20～60kg 时先是直线上升，到 60kg 以后，基本稳定在一定水平上。脂肪的沉积则相反，开始时沉积较慢，到 60kg 以后直线上升。

①肉猪日粮育肥全期都要保持一定的蛋白质和氨基酸供给，以促进体蛋白的沉积，增加瘦肉量；

②应适当降低肉猪的日粮中能量含量，以限制脂肪的沉积。这样可以多长瘦肉。

具体做法是体重 60kg 前采用高能量高蛋白的饲粮，每 1kg 饲粮消化能为 12.5～12.97MJ，粗蛋白质为 16%～17%，可让肉猪自由采食或不限量饲喂。体重 60kg 以后要限制采食量，控制在自由采食量的 75%～80%。这样既不会严重影响肉猪增重速度，又可减少脂肪的沉积。据研究，大体上肉猪每少食 10% 饲粮，瘦肉率可提高 1～1.5 个百分点。限饲方法：一是定量饲喂；二是饲粮中搭配一些优质草粉等能量较低、体积较大的粗饲料，使每 1kg 饲粮中能量含量降下来。在当今人们喜爱食用瘦肉的情况下，这种育肥方法正逐步得到推广普及。

5. 选择适宜的出栏体重

（1）影响出栏体重的因素　出栏体重不是一成不变的，猪的类型及饲养方式、消费者对胴体品质的要求、生产者的最佳经济效益、猪肉的供求状况等是影响出栏体重的主要因素，如高瘦肉生长潜力的猪肌肉生长能力较强且保持强度生长的持续期较长，因而可适当加大出栏体重。后期限制饲养也可适当加大出栏体重。消费者对猪肉的要求集中表现在胴体肥瘦度和肉脂品质上，不同地区、不同阶层、不同饮食习惯的消费者对猪肉品质的要求不同，因而会影响猪肉生产者确定不同的肉猪屠宰体重。生产者的经济效益与肉猪的出栏体重有密切关系，因为出栏体重直接影响肥育平均日增重、饲料利用率，肉猪生产者应以实现经济效益最大化而确定适宜的出栏体重。市场猪肉供求状况也影响出栏体重，供不应求时，肉猪或猪肉价格高，提高出栏体重，会提高经济效益；供过于求时，导致肉猪或猪肉价格低，消费者的要求也必然提高，应适时出栏或适当降低出栏体重。

（2）适宜的出栏体重　综合考虑以上因素，我国地方猪种的出栏体重宜为75～80kg，培育猪种和地方猪种为母本，引入肉用型猪种为父本的二元杂种猪，适宜出栏体重宜为80～90kg，引入猪种为父母本的三元杂种猪，适宜出栏体重宜为100～110kg。

6. 提高猪胴体瘦肉率的途径

目前，一些养猪先进的国家，肉猪的胴体瘦肉率较高，多为55%～65%，而我国的肉猪胴体瘦肉率较低，一般为40%～50%，远不能适应国内外市场的需求。研究与实践证明，瘦肉型肉猪具有较强的沉积蛋白质的能力和较高的饲料转换率。因此，提高肉猪的瘦肉率，增加瘦肉的生产，能提高肉猪的饲料转换率，从而提高养猪生产的经济效益。因此，提高肉猪胴体瘦肉率，是我国当前养猪生产的重要课题之一。

肉猪胴体瘦肉率的高低，受多种因素制约，必须采取综合措施，努力提高肉猪的胴体瘦肉率，增加瘦肉的产量。

（1）选种时注重胴体瘦肉率的选择　猪的胴体瘦肉率的遗传力较高，因此，选择胴体瘦肉率高的父本和母本，其后代胴体瘦肉率也高。

（2）正确地开展杂交　正确地开展杂交是提高肉猪胴体瘦肉率的有效途径。我国地方猪种分布广，数量多，多数是经济杂交的理想母本，但其瘦肉率较低，又不可能完全用现代瘦肉型肉猪来取代。实验证明，用杂交手段提高肉猪瘦肉率是行之有效的。

①选择父本时，应选择那些瘦肉率高的品种：一般两品种杂交肉猪其胴体瘦肉率介于父母本之间，大致为父母本的平均数，并向值高的亲本偏移。地方猪种作母本的杂交组合，其杂交父本猪的瘦肉率越高，则对杂种肉猪胴体瘦肉率的提高越有利。如长白猪、大约克夏猪、杜洛克猪、汉普夏猪等。据辽宁省畜牧研究所报道，辽宁本地黑猪瘦肉率为48.7%，杜洛克猪瘦肉率为63.04%，“杜本”交一代肉猪瘦肉率为54.40%，杂种肉猪胴体瘦肉率比纯种母本猪提高了5.62个百分点。

②进行三品种杂交可采用两种方式：第一是以我国地方猪种为母本，用繁

殖性能较好的国外引进瘦肉型品种作第一父本与之杂交，所得到的一代杂种母猪留种，再用瘦肉率较高的国外引进瘦肉型品种作第二父本进行杂交，产生的子代肉猪就可以达到胴体瘦肉率55%的指标。第二是以培育新品种作母本，先后用繁殖性能较好和瘦肉率较高的国外引进瘦肉型品种猪作第一和第二父本，那么三品种杂交的杂种瘦肉型肉猪，其胴体瘦肉经可达58%以上，甚至60%以上。据报道，以上海白猪为母本，长白猪和杜洛克猪先后作第一和第二父本，产生的三品种杂交的瘦肉型肉猪，胴体瘦肉率达60%以上，肉质良好。值得重视的是，在同一品种内，个体间的瘦肉率还有差异。

（3）控制营养水平　在肉猪饲养中，根据其体脂肪及体蛋白沉积规律，只要保证一定水平的粗蛋白质供给，控制能量水平，采取限食等方法，可以提高胴体瘦肉率。一般来说，肉猪在整个肥育期饲粮的能量水平保持在一定水平，瘦肉量的增长取决于饲粮中蛋白质和氨基酸的水平。

猪对蛋白质的需要实质上是对氨基酸的需要。必需氨基酸含量丰富，而且配比恰当的蛋白质才是能被猪充分利用的全价蛋白质。必需氨基酸的合理比例以及每千克饲粮应含各种氨基酸的含量。

在育肥方法上可以采用“前高后低”的肥育方式。例如，以此种方式喂养的24头杜长姜（姜曲海猪）的育肥试验，瘦肉率达64%。采用这种肥育方式既不影响肉猪的日增重和饲料转换率，又可以提高肉猪的胴体瘦肉率。

（4）创造适宜的环境温度　环境温度过高或过低对肉猪蛋白质的沉积都不利，都会降低肉猪的瘦肉率。体蛋白质的沉积主要标志是猪体内氮的沉积量。在不限量饲喂方式下测得舍温对肉猪体内氮沉积量的影响。

试验表明，在不限量饲喂条件下，高温与低温对氮的沉积量都有不良影响。氮的沉积量减少，则会降低肉猪体内瘦肉的生长量，从而降低肉猪的瘦肉率。

因此，应该为肉猪创造一个适宜的圈舍温度条件。据报道，一般肉猪舍内温度在18～20℃时，有利于蛋白质的沉积，能促进肉猪瘦肉率的提高。

（5）适当提早屠宰　同一杂交组合，在同样的饲养条件下，屠宰体重不同，肉猪的胴体瘦肉率也不同。肉猪的屠宰体重与胴体瘦肉率呈强负相关。即屠宰体重越大，胴体瘦肉率越低。在不影响肉猪增重效果的前提下，适当提早屠宰，可以提高肉猪的胴体瘦肉率。因此，确定肉猪适宜的屠宰体重，既要考虑瘦肉率高低，又要兼顾获得较高的屠宰率、增重速度和饲料转换率等综合因素。各地可以结合当地肉猪品种的特点，综合考虑确定其适宜的屠宰体重。

实操训练

实训一 母猪发情鉴定与人工授精

（一）实训目标

1. 通过母猪发情鉴定实习训练，进一步掌握母猪发情变化规律，深入体会母猪发情的变化过程，通过母猪发情鉴定技术的运用能够准确鉴定母猪发情与否和所处的发情阶段，为进驻猪场从事猪场检情工作奠定基础。

2. 熟悉和了解公猪的采精技术及精液处理和精液品质检查、稀释、输精和保存。

3. 判断最佳配种期，适时配种。

4. 选择适宜的配种输精方法。

（二）实训条件

母猪发情变化记录表，发情母猪群。

高压蒸气消毒器，乳胶手套，集精杯，显微镜，一次性输精管，过滤纸，集精袋，分装瓶，假台猪，种公猪，发情母猪，采精室，精液品质检查实验室等。

（三）实训内容

1. 发情特征观察

发情鉴定人员经过更衣消毒后，带上记录本进入带配母猪舍，在工作道上逐栏进行详细观察，也可以在该舍饲养员的指导下，重点观察母猪发情前期、发情期、发情后期、间情期的特征。

2. 采精及品质检查、精液稀释与保存

熟悉采精室设计及设备，完成手握式采精过程操作；通过精液处理和精液品质检查，决定精液稀释倍数和方法，并妥善保存精液。

3. 输精

（1）依据发情的特征变化，确定母猪发情的最佳配种时期在发情中期。

（2）选择适合的配种方法，包括人工输精、倒吸式输精、深部输精、浅部输精等。

（四）实训报告

1. 各学习小组分别拟定发情鉴定方案、工作人员配比及工作流程安排。根据实际观察总结归纳母猪发情期规律和发情前期、中期和后期的典型症状和明显变化，确定最佳配种时机的发情母猪外部表现，同时筛选最佳工作方案，形成实训报告。

2. 根据实际操作过程写出实训报告，总结归纳人工授精技术容易出现的问题及对策，写出实训报告。

实训二　猪的接产、助产及产后 1 周的仔猪护理

（一）实训目标

1. 从观察母猪的分娩与接产全过程，掌握母猪的分娩接产的各项准备工作。

2. 熟悉和了解母猪的临产症状、分娩接产及假死仔猪的处理等方法。

3. 熟悉和掌握初生仔猪的护理技术等。

（二）实训条件

临产母猪、接产所需物品。

（三）实训内容

1. 猪分娩的准备工作

分娩与接产工作是猪场重要生产环节，除应做好产前预告，使分娩母猪提前 1 周进产房，还应在产前作好以下工作。

（1）事先作好产房或猪栏的防寒保暖或防暑降温工作，修缮好仔猪的补料栏或暖窝，备足垫料（草）。

（2）备好有关物品和用具如照明灯、护仔箱、称猪篮、耳号钳、记录本、毛巾、消毒药品（碘酒、高锰酸钾）。

（3）产前 3 ~ 5d 做好产房或猪栏，猪体的清洁，消毒工作。

（4）临产前 5 ~ 7d，调整母猪日粮。母猪过肥要逐步减料 10% ~ 30%，停喂多汁料。防乳汁过多或过浓引起乳房炎或仔猪下痢。母猪过瘦或膨胀不足，应适当富加蛋白质饲料催奶。

2. 观察母猪临产症状

（1）母猪临产前腹部大而下垂，阴户红肿、松弛，成年母猪尾根两侧

下陷。

（2）乳房膨大下垂，红肿发亮，产前 2 ~ 3d，乳头变硬外张，用手可挤出乳汁。待临产 4 ~ 6h 前乳汁可成股挤出。

（3）衔草作窝，行动不安，时起时卧，尿频。排粪量少次数多且分散（拉小尿）。一般在 6 ~ 12h 可分娩。

（4）阵缩待产，即母猪由闹圈到安静躺卧，并开始有努责现象，从阴户流出黏性羊水时（即破水），1h 内可分娩。

3. 人工接产

（1）当母猪出现阵缩待产征状时，接产人员应将接产用具，药品备齐，在旁安静守候。母猪腹部肌肉间歇性的强烈收缩（阵缩像颤抖），阴户阵阵涌出胎水。当母猪屏气，腹部上抬，尾部高举，尾帚扫动，胎儿即可娩出。产式有头位，臀位属正常。

（2）仔猪产出后，接生员应立即用左手抓住仔猪躯干。右手掏出口鼻黏液，并用清洁抹布或垫草，擦净全身黏液。

（3）用左手抓住脐带，右手把脐带内的血向仔猪腹部积压几次，然后左手抓住仔猪躯干。用中指和无名指夹住脐带，右手在离腹部 4cm 处把脐带捏断，断处用碘酒消毒，若断脐流血不止，可用手指捏住断头片刻。

（4）仔猪正常分娩间歇时间为 15min 一头。也有两头连产的。分娩持续时间 1 ~ 4h，一般胎衣开始流出（全部仔猪产出后 10 ~ 30min）说明仔猪已产完。胎衣经 1 ~ 4h 可排尽。但有时产出几头小猪后，即下部分胎衣，再产仔几头，再下胎衣，甚至随着胎衣娩出产仔。胎衣包着的仔猪易窒息而死，应立即撕开胎衣抢救。

（5）以上工作做完后，应打扫产房，擦干母猪后躯污物，再一次给母猪乳房消毒后，换上新垫草，安抚母猪卧下。清点胎衣数与仔猪数是否相符，产程即告结束。

（6）难产处理与仔猪假死急救

①母猪一般难产较少，有时因母猪衰弱，阵缩无力或个别仔猪胎衣异常，堵住产道，导致难产。应及早人工助产。先注射人工合成催产素，注射后 20 ~ 30min 可产出仔猪。如仍无效，可采用手术掏出。术前应剪磨指甲，用肥皂，来苏儿洗净，消毒手臂，涂润滑剂。术后并拢成圆锥状沿着母猪努责间歇时慢慢伸入产道，摸到仔猪后，可抓住不放，随着母猪慢慢努责将仔猪拉出，掏出一头后，如转为正常分娩，不再继续掏，术后，母猪应注射抗菌素或其他抗炎症药物。

②仔猪的急救，对虽停止呼吸而心跳仍在的仔猪应进行急救，方法如下：

a. 实行人工呼吸：仔猪仰卧，一手托着肩部，另一手托着臀部，作一曲一伸运，直到仔猪叫出声为止。或先吸出仔猪喉部羊水，再往鼻孔吹气，促使仔猪呼吸。

b. 提起仔猪后腿，用手轻轻拍打仔猪臀部。

c. 用酒精涂在仔猪的鼻部，刺激仔猪恢复呼吸。

4. 初生护理

（1）早吃初乳　对性情较好或已进入昏产的母猪可以随产随给仔猪哺乳。采用护仔箱接产仔猪，吃初乳最晚不得超过生后1～2h。吃初乳前应用手挤压各乳头，弃去最初挤出的乳汁。检查乳量及浓度，和各乳头的乳空数目以便确定有效乳头数和适当的带仔数，并用0.1%高锰酸钾水清洗乳房，然后给仔猪吮吸。对弱仔可用人工辅助吃1～2次的初乳。

（2）匀窝寄养　对多产或无乳仔猪采取匀窝寄养应做到以下几点：

①乳母要选择性情温顺，泌乳量多，母性好的母猪。

②养仔应吃足半天以上初乳，以增强抗病力。

③两头母猪分娩日期相近（2～3d内）。两窝仔猪体重大小相似。

④隔离母仔使生仔与养仔气味混淆。使乳母胀奶，养仔饥饿，促使母仔亲和。

⑤避免病猪寄养，殃及全窝。

（3）剪齿　仔猪出生时已有末端尖锐的上下第三门齿与犬齿3枚。在仔猪相互争抢固定乳头过程会伤及面颊及母猪乳头，使母猪不让仔猪吸乳。剪齿可与称重、打号同时进行。方法是左手抓住仔猪头部后方，以拇指及食指捏住口角将口腔打开，用剪齿钳从根部剪平，即可。

（4）保育间培育训练　为保温、防压可与仔猪补饲栏一角，设保育间，留有仔猪出入孔，内铺软干草。用150～250W红外灯。吊在距仔猪躺卧处40～50cm处，可保持猪床温度30℃左右。仔猪出生后即放入取暖，休息。完时放出哺乳经2～3d训练。即可养成自由出入的习惯。

（5）母猪初产护理　为保温与防便秘。产后母猪第一次可喂给加盐小麦麸汤。分娩后2～3d喂料不能过多，应喂一些易消化的稀粥状饲料，经5～7d后才按哺乳母猪标准喂给，并随时注意母猪的呼吸、体温、排泄和乳房的状况。

（四）实训报告

叙述仔猪接产方法和体会。

实训三　猪的日常饲养管理

（一）实训目标

1. 通过与不同阶段猪只的密切接触，观察猪的行为特性和生物学特性，了解猪的品种特性，熟悉种猪生产和育肥猪生产程序。

2. 掌握各阶段猪只的饲养管理技术，并初步了解猪场的常规管理技巧。

（二）实训条件

实训种猪场 6 个，种猪和商品猪若干。

（三）实训内容

具体实训操作可参照本项目的“必备知识”部分，实训要点如下。

（1）后备猪舍　后备舍内种猪的饲养管理。

（2）配种妊娠舍　公猪的饲养管理，公猪的人工授精技术，母猪的饲养管理（待配和妊娠），母猪的发情鉴定与配种，母猪的妊娠鉴定。

（3）分娩哺育舍　母猪的分娩与接产，仔猪产后一周的护理，哺乳母猪的饲养管理。

（4）保育舍　保育舍仔猪的饲养管理。

（5）生长肥育舍　肉猪生产前的准备，肉猪生产实用技术，生长肥育舍得管理。

（6）猪场经营与管理　猪场的常规管理（消毒、防疫、饲料生产、行政管理、计划管理）。

实训步骤：预先与实训猪场取得联系，做好准备工作；将各项技术内容，实训步骤和要求每位同学一份。将该班分为 8 组，每组一项技术项目一天，轮换进行。每组由实训场指定老师和随行指导教师负责。

（四）实训报告

写出现代养猪场各流程实用技术要点。

项目思考

1. 如何结合生产实际判断母猪的分娩时间?

2. 母猪分娩前应做好哪些准备工作?

3. 母猪难产的原因及助产措施是什么?
4. 结合实际谈谈如何判断母猪是否妊娠?
5. 如何推算母猪的预产期?
6. 在生产实践中如何防止母猪流产的发生?
7. 假死的仔猪如何救助?
8. 影响母猪泌乳量的因素有哪些?
9. 如何预防母猪吃仔猪?
10. 生产中造成母猪缺乳的原因有哪些? 如何解决?
11. 如何合理地利用种公猪? 并阐述其理由。
12. 怎样进行正确的仔猪接产与助产?
13. 哺乳仔猪的生理特点和培育的关键措施各是什么?
14. 如何饲养育肥猪?
15. 提高商品肉猪瘦肉率的措施有哪些?

项目四　猪场预防保健技术

知识目标

1. 理解猪病防治的基础理论知识，掌握病死猪剖检技术。
2. 掌握猪场常用的消毒方法和消毒程序。
3. 掌握免疫程序的制定方法。

技能目标

1. 能正确剖检病死猪。
2. 能正确配制常用消毒液，在猪场更衣室和消毒间进行人员消毒；猪舍周围环境进行消毒；在猪舍内进行猪舍消毒、带猪消毒以及用具消毒。
3. 给不同猪群制定免疫程序。

必备知识

一、猪传染病防治基础知识

（一）感染与传染病的概念

病原微生物侵入动物机体，并在一定的部位定居、生长繁殖，从而引起机体一系列病理反应，这个过程称为感染或传染。猪被病原微生物感染后会有不同的临床表现，从完全没有临床症状到表现出明显的临床症状，甚至死亡，是病原的致病性、毒力与宿主条件综合作用的结果。凡是由病原微生物引起，具有一定的潜伏期和临诊表现，并具有传染性的疾病，称为传染病。传染病的表现虽然多种多样，但也具有一些共同特点，根据这些特点可与其他传染病相区别。这些特点如下。

1. 在一定环境条件下由病原微生物与机体相互作用所引起

每一种传染病都有其特异性的致病性微生物存在，如猪瘟是由猪瘟病毒引起的，没有猪瘟病毒就不会发生猪瘟。

2. 具有传染性和流行性

从患传染病的病猪体内排出的病原微生物，侵入另一有易感性的健康猪体内，能引起同样症状的疾病。像这样使疾病从病猪传染给健康猪的现象，就是传染病与非传染病相区别的一个重要特征。当环境条件适宜时，在一定时间内，某一地区易感动物群中可能有许多动物感染，致使传染病蔓延传播，形成流行。如某饲养户从外地引进一批仔猪，当引入时，该批仔猪中有 1 头或几头仔猪体内已经感染了猪的高致病性蓝耳病毒，放入到自己的圈舍内，当遇到气温忽高忽低、或饲养管理不当、猪抵抗力下降等就可造成全群该病的发生，临床上常见病猪体温升高达 42℃以上，呼吸困难，耳发绀，眼结膜潮红，猪脸部肿大，关节肿大，后躯瘫软无力，呈犬坐式等，一般 3 ~ 7d 内死亡，这就是说由 1 头或几头带病菌的仔猪，可通过粪便、尿液、互相舔咬引起全批仔猪的感染，而造成该病的流行。

3. 被感染的机体可发生特异性反应

在传染发展过程中，由于病原微生物的抗原刺激作用，机体发生免疫生物学的改变，产生特异性抗体和变态反应等。这种改变可以用血清学方法等特异性反应检查出来。

4. 耐过动物能获得特异性免疫

耐过传染病后，在大多数情况下均能产生特异性免疫，使机体在一定时期内或终生不再患该种传染病。如猪、牛、羊的口蹄疫和慢性猪瘟等。

5. 具有特征性的临诊表现

大多数传染病都具有该种病特征性的综合症状和一定的潜伏期和病程经过。如猪丹毒，一般架子猪和育肥猪多发病，以夏天发病较多，临床表现为体温升高达 42℃或更高，不食、便秘、皮肤有圆形、菱形疹块，俗称打火印，它的潜伏期一般为 1 ~ 7d，平均 3 ~ 5d，急性型一般多在 2 ~ 4d 内死亡。

（二）传染病的类型

临床上的传染病表现错综复杂，从不同的角度可以有不同的分类方法。下面介绍几种主要的临床分类方法。

1. 按病程长短划分

按病程长短可划分为最急性、急性、亚急性和慢性。病程短，常不超过

1d，症状和病变不明显而突然死亡者称为最急性传染病。病程较短，从几天到两三周不等，并伴有明显的症状者称为急性传染病。症状不如急性传染病明显、比较缓和者称为亚急性传染病。病程发展慢，常达1个月以上，症状是明显或不表现的称为慢性传染病。

2. 按病原种类划分

按病原的种类可划分为单纯性、混合性、原发性和继发性。由一种病原体所引起的传染病称为单纯性传染病。由两种或两种以上不同病原体同时在同一动物体内发生的传染，称为混合性传染病。猪感染了一种病原体后，又有另一种病原体传染了该猪，则前者称原发性传染病，后者称继发性传染病。如慢性猪瘟常继发猪肺疫或副伤寒等。

3. 按临床表现划分

按临床表现划分为显性传染病和隐性传染病。感染了某种病原微生物后表现出该病所特有的明显的临床症状的称为显性传染病。在感染后不呈现任何临床症状而呈隐蔽经过的称隐性传染病。

4. 按传染病严重程度划分

按传染病的严重程度可划分为良性传染病和恶性传染病。一般以猪的死亡率作为判定传染病严重的主要指标。不引起病畜大批死亡者称良性传染病，引起病畜大批死亡者称为恶性传染病。

5. 按是否表现全身症状划分

按是否表现全身症状可划分为局部性传染病和全身性传染病。由于机体的抵抗力较强，而侵入的病原体毒力较弱或数量较少，被局限在一定部位生长繁殖，并引起一定的病变者称局部性传染病，如放线菌病、各种脓肿。由于机体抵抗力较弱，而病原体数量多、毒力强，病原体冲破机体的各种防御屏障侵入血液向全身扩散，并引起全身症状者称全身性传染病，如菌血症、病毒血症、毒血症、败血症、脓毒症和脓毒败血症等。

（三）传染病的发展阶段

传染病的发展过程在大多数情况下具有严格的规律性，大致可以分为潜伏期、前驱期、明显（发病）期和转归期4个阶段。

1. 潜伏期

从病原体侵入机体开始至最早临床症状出现为止的时期，称为潜伏期。不同的传染病其潜伏期的长短是不相同的，就是同一种传染病的潜伏期长短也有很大的变动范围。这是由于不同的动物种属、品种或个体的易感性不同，侵入病原体的种类、数量、毒力和侵入途径、部位等不同而出现的差异。

2. 前驱期

从开始出现临床症状，到出现主要症状为止的时期，称为前驱期。其特点是临床症状开始表现出来，如体温升高、食欲减退、精神沉郁、生产性能下降等，但该病的特征性症状仍不明显。

3. 明显（发病）期

前驱期之后，疾病的特征性症状逐步明显地表现出来的时期称为明显期。是疾病发展的高峰阶段，这个阶段因为很多有代表性的特征性症状相继出现，在诊断上比较容易识别。

4. 转归（恢复）期

疾病进一步发展为转归期。如果病原体的致病性增强，或动物体的抵抗力减退，则传染过程以动物死亡为转归。如果动物体的抵抗力增强，临诊症状逐渐消退，正常的生理机能逐步恢复，则传染过程以动物康复为转归。但动物机体在一定时期内仍保留免疫学特性，有些传染病在一定时期内还有带菌（毒）、排菌（毒）现象存在。

（四）传染病流行过程的基本环节

猪传染病的一个基本特征是能在猪之间通过直接接触或间接接触互相传染，形成流行。病原体由传染源排出，通过各种传播途径，侵入易感猪体内，形成新的传染，并继续传播形成猪群体感染发病的过程称为猪传染病的流行过程。传染病流行必须具备三个条件：一是传染源，二是传播途径，三是易感动物。这三个条件常统称为传染病流行过程的三个基本环节，当这三个条件同时存在并相互联系时就会造成传染病的发生。因此，掌握传染病流行过程的基本条件及其影响因素，有助于制定正确的防疫措施，控制传染病的蔓延或流行。

1. 传染源

传染源（又称传染来源）是指体内有病原体寄居、生长、繁殖，并能将其排到体外的动物。具体说传染源就是受感染的猪，可以分为患病猪和病原携带猪两种类型。

2. 传播途径

病原体由传染源排出后，经一定的方式再侵入其他猪体内所经的途径称为传播途径。传播途径可分两大类。一是水平传播，即传染病在群体之间或个体之间以水平方式横向传播；二是垂直传播，即母体所患的疫病或所带的病原体，经胎盘传播给子代的传播方式。水平传播在传播方式上可分为直接接触和间接接触传播两种。

（1）直接接触传播　被感染的猪（传染源）与其他猪直接接触（交配、舐咬等）而引起感染的传播方式，称为直接接触传播。

（2）间接接触传播 易感猪接触传播媒介而发生感染的传播方式，称为间接接触传播。将病原体传播给易感猪的中间载体称为传播媒介。传播媒介可能是生物（媒介者），如蚊、蝇、牛虻、蜱、鼠、鸟、人等；也可能是无生命的物体（媒介物或称污染物），如饲养工具、运输工具、饲料、饮水、畜舍、空气、土壤等。

大多数传染病如口蹄疫、猪瘟等以间接接触为主要传播方式，同时也可以通过直接接触传播。两种方式都能传播的传染病也可称为接触性传染病。

在正常的养殖过程中，饲养人员和兽医工作者等在工作中如不注意遵守卫生消毒制度，或消毒不严时，在进出患病猪和健康猪的圈舍时可将手上、衣服、鞋底沾染的病原体传播给健康动物；兽医使用的体温计、注射针头以及其他器械如消毒不彻底就可能成为猪传染病的传播媒介。

3. 群体的易感性

它是指机体对某种传染病病原体感受性的大小，是抵抗力的反面。一个地区群体中易感个体所占的比例和易感性的高低，直接影响传染病是否能造成流行以及感染发病后的严重程度。机体易感性的高低虽与病原体的种类和毒力强弱有关，但主要还是由机体的遗传特征等内在因素及特异性免疫状态决定的。外界环境条件如气候、饲料、饲养管理、卫生条件等因素都可能直接影响到群体的易感性和病原体的传播。免疫接种是有效降低易感动物易感性、预防疫病的最主要措施之一。

（五）流行过程的特征

1. 流行过程的表现形式

在传染病的流行过程中，根据一定时间内猪的发病率高低和传染范围大小（即流行强度）可将猪群体中疾病的表现分为下列 4 种表现形式：散发性、地方流行性、流行和大流行。

疾病发生无规律性，随机发生，局部地区病例零星地散在发生，各病例在发病时间与发病地点上没有明显的关系时，称为散发。出现这种散发的主要原因之一可能是猪群对某种疾病的免疫水平较高，如猪瘟本是一种流行性很强的传染病，但在每年进行全面防疫注射后，易感猪的环节基本上得到控制，如平时预防工作不够细致，防疫密度不够高时，还有可能出现散发病例；原因之二是某病的隐性感染比例较大，仅有一部分猪偶尔出现症状；原因之三是某病的传播需要的条件比较高，如破伤风、放线菌病等。

在一定的地区和猪群体中，带有局限性传播特征的，并且是比较小规模流行的猪传染病，可称为地方流行性，或该病的发生有一定的地区性。

所谓发生流行是指在一定时间内一定猪群体出现比寻常为多的病例，它没有一个发病比例的绝对数界限，而仅仅是指疾病发生频率较高的一个相对名词。流行性疾病的传播范围广、发病率高，如不加以防制常可传播到几个乡、县甚至省。这些疾病往往是病原的毒力较强，能以多种方式传播，猪群体的易感性较高。

“爆发”是一个不太确切的名词，大致可作为流行性的同义词。一般认为，某种传染病在一个猪群体单位或一定地区范围内，在短期间（该病的最长潜伏期内）突然出现很多病例时，可称为爆发。

大流行是一种规模非常大的流行，流行范围可扩大至全国，甚至可涉及几个国家或整个大陆。在历史上如口蹄疫和流感等都曾出现过大流行。上述几种流行形式之间的界限是相对的，并且不是固定不变的。

2. 流行过程的季节性和周期性

猪某些传染病经常发生于一定的季节，或在一定的季节出现发病率显著上升的现象，称为流行过程的季节性。出现季节性的原因，主要有下述几个方面。

（1）季节对病原体在外界环境中存在和散播的影响　夏季气温较高，日照时间长，这对那些抵抗力较弱的病原体在外界环境中的存活是不利的。例如，炎热的气候和强烈的日光暴晒可使散播在外界环境中的口蹄疫病毒很快失去活力，因此，口蹄疾的流行一般在夏季减缓货平息期。又如在多雨或洪水泛滥季节，如土壤中含有炭疽杆菌芽孢或气肿疽梭菌芽孢，则可随洪水散播，因而炭疽或气肿疽的发生可能增多。

（2）季节对活的传播媒介（如节肢动物）的影响　夏、秋炎热季节，蚊、蝇、虻类等吸血昆虫大量滋生和活动频繁，凡是能由它们传播的疾病，都较易发生，如猪丹毒、炭疽等。

（3）季节对家畜活动和抵抗力的影响　冬季，猪群聚集拥挤，接触机会增多，如圈内温度降低，湿度增高，通风不良，常易促使经由空气传播的呼吸道传染病暴发流行。季节变化，主要是气温和饲料的变化，对猪抵抗力有一定的影响，这种影响对于由条件性病原微生物引起的传染病尤其明显。如在寒冬或初春，容易发生某些呼吸道传染病。

除了季节性以外，在某些传染病如口蹄疫，经过一定的间隔时期（常以数年计)，还可能表现再度流行，这种现象称为传染病的周期性。

3. 影响流行过程的因素

构成猪传染病的流行过程，必须具备传染源、传播途径和易感猪 3 个基本环节。只有这些基本环节相互联结，协同作用时，猪传染病才有可能发生和流行。导致这 3 个基本环节相互联结、协同作用的因素是动物活动所在的环境和条件，即各种自然因素和社会因素。它们对流行过程的影响是通过对传染源、传播途径和易感猪的作用而发生的。

（1）自然因素

①作用于传染源：例如，一定的地理条件（海、河、高山等）对传染源的转移产生一定的限制，成为天然的隔离条件。季节变换，气候变化引起机体抵抗力的变动，如气喘病的隐性病猪，在寒冷潮湿的季节里病情恶化，咳嗽频繁，排出病原体增多，散播传染病的机会增加。反之，在干燥温暖的季节里，加上饲养情况较好，病情容易好转，咳嗽减少，散播传染的机会也小。

②作用于传播媒介：自然因素对传播媒介的影响非常明显。例如，夏季气温上升，在吸血昆虫滋生的地区，作为传播流行性乙型脑炎等病的媒介昆虫——蚊类的活动增强，因而乙型脑炎病例增多。日光和干燥对多数病原体具有致死作用，反之，适宜的温度和湿度则有利于病原体在外界环境中较长期的生存。当温度降低湿度增大时，有利于气源性感染，因此呼吸道传染病在冬、春季节发病率常有增高的现象。洪水泛滥季节，地面粪尿被冲刷至河塘，造成水源污染，易引起钩端螺旋体病和炭疽等疫病的流行。

③作用于易感动物——猪：自然因素对易感猪这一环节的影响首先是增强或减弱机体的抵抗力。例如，低温高湿的条件下，不但可以使飞沫传播媒介的作用时间延长，同时也可使易感猪易于受凉、降低呼吸道黏膜的屏障作用，有利于呼吸道传染病的流行。在高气温的影响下，肠道的杀菌作用降低，使肠道传染病增加。

（2）社会因素　影响猪病流行过程的社会因素主要包括社会制度、生产力和人们的经济、文化、科学技术水平以及贯彻执行法规的情况等。它们既可能是促进猪病广泛流行的原因，也可以是有效消灭和控制猪传染病流行的关键因素。

总之，影响流行过程是多因素综合作用的结果。传染源、宿主和环境因素不是孤立地起作用，而是相互作用引起传染病的流行。

（六）猪传染病防治工作的基本原则

1. 贯彻“预防为主”的方针

抓好猪的饲养管理、防疫卫生、免疫接种、检疫、消毒等综合性防治工作，以达到提高猪群健康水平和抵抗疾病能力，控制和杜绝传染病的发生、传播和蔓延，降低传染病的发生率和病猪的死亡率。实践证明，只要平时做好预防工作，很多传染病可以避免发生，一旦发生传染病，也能及时得到控制。随着现代化、集约化猪业的发展，“预防为主”方针的重要性更加突出。在大型养猪企业中，兽医工作的重点如果不是放在群发病的预防上，而是忙于治疗患病猪，势必造成发病率增加，工作完全陷入被动，把生产推向危险的境地。

2. 全面落实并执行有关法规

我国于1991年颁布了《中华人民共和国进出境动植物检疫法》，对我国动物检疫的原则和办法做了详尽的规定。1997通过、2007年修订、2015年再次修订的《中华人民共和国动物防疫法》，对我国动物防疫工作的方针政策和基本原则做了明确而具体的规定。这两部法律是我目前执行的主要兽医法规。做好猪传染病防治的前提是严格执行以上法律法规。

（七）防治工作的基本内容

猪传染病的流行是由传染源、传播途径和易感动物3个因素相互联系而造成的复杂过程。因此，采用适当的方法来消除或切断这3个环节的相互关联，就可以阻止疫病的继续传播。在采取防疫措施时，应根据各种传染病对应不同的流行环节，分轻重缓急，找出重点措施，以达到在尽可能短的时间内以最少的人力、物力控制传染病的流行。例如，消灭猪瘟以免疫接种为主，而消灭结核病、猪气喘病则以控制病猪和带菌猪为重点措施。但是任何传染病都不能凭单一的措施进行控制，而要采取“养、防、检、治”4个基本环节的综合性措施。传染病的防疫措施主要分为平时的预防性措施和发生传染病后的隔离、封锁和扑灭措施。

1. 平时的预防性措施

（1）控制和消灭传染源　主要采取以下六项措施。

①隔离饲养：隔离饲养的目的是防止或减少有害生物（病原微生物、寄生虫、虻、蚊、蝇、鼠等）进入和感染（或危害）健康猪群，也就是防止从外界传入疫病。为做好隔离饲养，猪场应选择地势高、干燥、平坦、背风、向阳、水源充足、水质良好、排水方便、无污染的地方，远离铁路、公路干线、城镇、居民区和其他公共场所，特别应远离其他动物饲养场、屠宰场、畜产品加工厂、集贸市场、垃圾和污水处理场所、风景旅游区等。

②猪场建设应符合动物防疫条件：猪场要分区规划，生活区、生产管理区、辅助生产区、生产区、病死动物和污物、污水处理区，应严格分开并相距一定距离；生产区应按人员、动物、物资单一流向的原则安排建设布局，防止交叉感染；栋与栋之间应有一定距离；净道和污道应分设，互不交叉；生产区大门口应设置值班室和消毒设施等。

③要建立严格的卫生防疫管理制度：严格管理人员、车辆、饲料、用具、物品等流动和出入，防止病原微生物侵入猪场。

④要严把引进猪关：凡需从外地引进猪，必须首先调查了解产地传染病流行情况，以保证从非疫区健康猪群中购买；再经当地动物检疫机构检疫，签发

检疫合格证后方可启运；运回后，隔离观察30d以上，在此期间进行临床观察、实验室检查，确认健康无病，方可混群饲养，严防带入传染源。

⑤定期开展检疫和疫情监测：通过检疫和疫情监测，及时发现患病猪和病原携带猪，以便及时清除，防止疫病传播蔓延。

⑥科学使用药物预防：使用化学药物防治动物群体疾病，可以收到有病治病，无病防病的功效，特别是对于那些目前没有有效的疫苗可以预防的疾病，使用化学药物防治是一项非常重要的措施。

（2）切断传播途径　主要有以下五种途径。

①消毒：建立科学的消毒制度，认真执行消毒制度，及时消灭外界环境（圈舍、运动场、道路、设备、用具、车辆、人员等）中的病原微生物，切断传播途径，阻止传染病传播蔓延。

②杀虫：虻、蝇、蚊、蜱等节肢动物是传播疫病的重要媒介。因此，杀灭这些媒介昆虫，对于预防和扑灭动物传染病有重要的意义。

③灭鼠：鼠类是很多种人、畜传染病的传播媒介和传染源。因此灭鼠对于预防和扑灭传染病有着重大意义。

④实行“全进全出”饲养制度：同一饲养圈舍只饲养同一批次的动物，同时进、同时出，同一饲养圈舍动物出栏后，经彻底清扫，认真清洗，严格消毒（火焰烧灼、喷洒消毒药、熏蒸等）、并空圈舍半个月以上，再饲养另一批猪，可消除连续感染、交叉感染。

⑤严防饲料、饮水被病原微生物污染。

（3）提高易感动物的抵抗力　主要有以下三种途径。

①科学饲养：科学饲养，喂给全价、优质饲料，满足动物生长、发育、繁育和生长需要，增强猪抵抗力。

②科学管理：圈舍保持适宜的温度、适宜的湿度、适宜的光照、通风，给猪创造一个适宜的环境，增强猪的抵抗力和免疫力。

③免疫接种：要按照动物防疫部门的安排及时给猪接种疫苗，使猪机体产生特异性抵抗力，让易感染猪转化为不易感染猪。

2. 动物传染病扑灭措施

（1）迅速报告疫情　任何单位和个人发现猪传染病或疑似猪传染病时，应立即向当地动物防疫机构报告，并就地隔离患病猪或疑似病猪和采取相应的防治措施。

（2）尽快做出正确诊断和查清疫情来源　动物防疫机构接到疫情报告后，应立即派技术人员奔赴现场，认真进行流行病学调查、临床诊断、病理解剖检查，并根据需要采取病料，进一步进行实验室诊断和调查疫情来源，尽快做出正确诊断和查清疫源。

（3）隔离和处理患病猪　确诊的患病猪和疑似感染猪应立即隔离，指派专人看管，禁止移动。并根据疫病种类、性质，采取扑杀、无害化处理或隔离治疗。

（4）封锁疫点、疫区　当发生一类动物疫病，或二、三类动物疫病呈暴发流行时，当地畜牧兽医行政部门应当立即派人到现场，划定疫点、疫区、受威胁区，并报请当地政府实行封锁。封锁要“早、快、严、小”，即封锁要早、行动要快、封锁要严、范围要小。同时，在封锁区边缘地区，设立明显警示标志，在出入疫区的交通路口设置动物检疫消毒站；在封锁期间，禁止染疫和疑似染疫猪、猪产品流出疫区；禁止非疫区的猪进入疫区；并根据扑灭传染病的需要对出入封锁区的人员、运输工具及有关物品采取消毒和其他限制性措施。对病猪和疑似病猪使用过的垫草、残余饲料、粪便、污染物及病死猪的尸体等采取集中焚烧或深埋等无害化处理措施。对染疫猪污染的场地、物品、用具、交通工具、圈舍等进行严格彻底消毒，并开展杀虫、灭鼠工作。在疫区，根据需要对易感猪及时进行预防接种。必要时暂停猪的集市交易和其他集散活动。

（5）受威胁区要严密防范，防止疫病传入　受威胁区要采取对易感猪进行紧急免疫接种，管好本区人、畜，禁止出入疫区，加强环境消毒，加强疫情监测，及时掌握疫情动态。

（6）解除封锁　在最后一头患病猪急宰、扑杀或痊愈并且不再排出病原体时，经过该病一个最长潜伏期，再无疫情发生时，经全面的、彻底的终末消毒，再经动物防疫监督机构验收后，由原决定封锁机关宣布解除封锁。

二、猪场消毒

随着现代化、集约化养猪业的迅速发展，市场不断开放，流通逐渐加强，但猪病也更趋复杂化。尤其某些传染病，猪场一旦发生，难以控制，往往大批死亡，造成惨重的损失。因此，搞好种猪场的疫病防治和净化消毒越来越重要。

（一）消毒的概念

消毒是贯彻“预防为主”方针的一项重要措施。消毒主要是指用消毒药剂杀灭病原微生物，切断传染途径，预防和控制传染病流行，避免损失，从而达到提高猪群健康水平的目的。

（二）消毒的种类

1. 预防性消毒

预防性消毒是指未发生传染病的安全猪场，为防止传染病的传入，结合平时的清洁卫生、工作和门卫制度所进行的消毒，以达到预防一般传染病的目的。这是猪场一项经常性的工作。主要包括日常对猪群及其生活环境的消毒，定期向消毒池内投放药物，对进入生产区的人员和车辆的消毒、饮用水的消毒等。

2. 紧急消毒

紧急消毒是在猪群发生传染病时，为了及时消灭刚从病猪体内排出的病原体而采取的消毒措施。主要包括对病猪所在栏舍、隔离场地已被病猪分泌物、排泄物污染和可能污染的场所和用具的消毒。

3. 终末消毒

终末消毒是在疫区解除封锁之前所进行的一次全方位彻底消毒。某些烈性传染病感染的猪群，已经死亡、淘汰或痊愈，在解除封锁之前为了消灭猪场内可能残留的病原体所进行的一次全面、彻底的大消毒。

（三）消毒的方法

1. 物理消毒方法

猪场中的物理消毒主要包括清扫冲洗、通风干燥、太阳暴晒、紫外线照射、火焰喷射等。

（1）清扫冲洗　猪圈、环境中存在的粪便、污染物等，用清洁工具进行清除并用高压水泵冲洗，不仅能除掉大量肉眼可见的污物，而且能清除许多肉眼见不到的微生物，同时也为提高使用化学消毒方法的效果创造了条件。

（2）通风干燥　通风虽然不能消灭病原体，但可以在短期内使舍内空气交换，减少病原体的数量。特别在寒冷的冬春季节，为了保温常紧闭猪舍的门窗，在猪群密集的情况下，易造成舍内空气污浊，氨气积聚。注意通风换气对防病有重要的作用。同时通风能加快水分蒸发，使物体干燥，缺乏水分，致使许多微生物不能生存。

（3）太阳暴晒　病原微生物对日光尤为敏感，利用阳光消毒是一种经济、实用的办法。但猪舍内阳光照不进去，只适用于清洁工具、饲槽、车辆的消毒。

（4）紫外线照射　即用紫外线灯进行照射消毒。紫外线的穿透力很弱，只能对表面光滑的物体才有较好的消毒效果，而且距离只能在1m以内，照射的时间不少于30min。此外，紫外线对人的眼睛和皮肤有一定的损害，所以并不适宜放置在猪场进出口处对人员的消毒。

（5）火焰喷射　用专用的火焰喷射消毒器，喷出的火焰具有很高的温度，这是一种最彻底而简便的消毒方法，可用于金属栏架、水泥地面大的消毒。专用的火焰喷射器需要用煤油或柴油作为燃料，不能消毒的木质、塑料等易燃的物体。消毒时应注意安全，并按顺序进行，以免遗漏。

2. 化学消毒方法

具有杀菌作用的化学药品，可广泛地应用于猪场的消毒。化学消毒药的使用方法有以下几种。

（1）喷雾法　即将消毒药配制成一定浓度的溶液，用喷雾器对需要消毒的地方进行喷雾消毒。此法方便易行，大部分化学消毒药都可以用喷洒消毒方法。消毒药的浓度，按各药物的说明书配制。喷雾器的种类很多，一般农用喷雾器都适用。消毒药液的用量，按消毒对象的性质不同而有差别。

（2）擦拭法　用布块浸沾消毒药液，擦拭被消毒的物体，如猪舍内的栏杆、笼架以及哺乳母猪的乳房。

（3）浸泡法　将被消毒的物品浸泡于消毒药液内，如食槽、铲子及各种用具。

（4）熏蒸法　常用的有福尔马林配合高锰酸钾等进行熏蒸消毒，此法的优点是熏蒸药物能分布到各个角落，消毒较全面，省工省力，但要求畜舍能够密闭。消毒后有较浓的刺激气味，畜舍不能立即应用。

3. 生物热消毒法

生物热消毒法用于污染粪便的无害处理。采取堆积发酵等方法，可使其温度达到70℃以上。经过一段时间，可杀死芽孢以外的病原体。

4. 消毒注意事项

（1）猪舍进行大消毒前，必须将全部猪只迁出。

（2）猪舍中有机物的存在，可使药物的杀菌作用大为降低，而且有机物被覆于菌体上，阻碍与药物接触，对细菌起着机械保护作用，因此，对猪舍中有机物，包括粪便、分泌物、排泄物、饲料残渣等，必须清扫、冲洗干净。试验表明：清扫猪圈可除掉20%的细菌，高压冲洗，可除掉50%的细菌，消毒药只能杀灭20%的细菌，三者相加可使猪舍内的细菌减少90%以上。

（3）影响消毒药物作用的因素很多。一般来说，消毒液的浓度、温度和作用时间与消毒杀菌的效果成正比，即消毒液的浓度越大、温度越高、作用时间越长，其消毒效果越好。

（4）每种消毒剂的消毒方法和浓度各有不同，应按产品说明书配制。对于某些有挥发性的消毒药（如含氯制剂），应注意其保存方法是否适当，保存期是否已超过，否则会使效果减弱或失效。

（5）有些消毒剂具有刺激性气味，如甲醛等，有的消毒剂对猪的皮肤有腐蚀性，如氢氧化钠等，当猪舍使用这些消毒剂后，不能立即进猪。有的消毒剂有挥发性气味，如臭药水、来苏儿等，应避免污染饲料、饮水，否则影响猪的食欲。

（6）几种消毒剂不能同时混合使用，以免影响药效。但同一场所，用几种消毒药搭配使用，则能增加消毒效果，如经喷雾消毒后再熏蒸消毒。

（四）猪场消毒程序

1. 猪场大门口

（1）车辆消毒

①运猪车辆的消毒：对于运输商品猪运猪车，每次回场之后，要在专门的地方对其进行清洗消毒，注意不可使其进入生产区。对于生产区使用的仔猪转运车，每次使用完毕后，要在生产区特定的地点进行消毒处理。可按照下列程序进行：清除遗留粪便→5%浓度氢氧化钠消毒液冲洗干净→再次喷洒其他消毒药液→干燥一定时间→清水冲洗→暴晒5h以上→存放以备下次使用。

②场区运粪车辆的消毒：对于场区使用的运粪车辆，要做到每栋猪舍专车专用，不同猪舍之间不可串用。每次使用完毕后要在集粪场将车辆冲洗干净，然后喷洒消毒液进行消毒。

③场区其他车辆和用具的消毒：对于场区使用的其他车，如饲料运输车等和用具，要定期进行清洗消毒。

（2）人员消毒　猪场入口设置专用消毒通道，进入养殖场的一切员工和访客，在进入通道前先进行汽化喷雾，待人员进入后全身黏附一层消毒剂气溶胶，能有效地阻断外来人员携带的各种病原微生物。可用碘酸消毒液1∶500稀释或百毒杀1∶800稀释，二种消毒剂1～2月互换一次。通道地面可做成浅池型，池中可垫入塑料地毯，并加入碘消毒液1∶500稀释或戊二醛消毒液1∶300稀释，每天适量添加，每周更换一次。两种消毒剂1～2月互换一次。

有条件的养殖场，在生产区入口设置消毒室。在消毒室内洗澡、更换衣物，穿戴清洁消毒好的工作服、帽和靴经消毒池后进入生产区。消毒室经常保持干净、整洁、工作服、工作靴和更衣室定期洗刷消毒。每立方米空间用42mL福尔马林熏蒸消毒20min。工作人员在接触猪、饲料等之前必须洗手，并用1∶1000的新洁尔灭溶液浸泡消毒3～5min。

2. 场区环境的消毒

场区环境的消毒对于猪场疫病的控制也十分重要，因此要定期进行消毒。消毒次数可根据季节的变化而定。夏季是蚊蝇等可携带病原微生物的昆虫的活动高峰，又是疫病容易流行的季节，因此应每天进行一次喷雾消毒。春秋季每3～5d进行一次。冬季一般对病原微生物的繁殖不利，同时猪舍的门窗关闭对微生物的传播也起到一定的阻挡作用。场区环境的消毒可每10～15d进行一次。在进行场区环境消毒时，应该注意要全面消毒，不要遗漏任何地方。同时，对于场区的垃圾要及时清运出去。若本地区发生疫情，可适当增加场区环境消毒次数，并选用针对该种疫情的消毒剂。

3. 猪舍消毒

（1）“全进全出”猪舍消毒　实行“全进全出”饲养工艺的猪舍，在猪群转出后，可按以下程序进行消毒。第一，喷雾消毒。先对猪舍进行喷雾消毒，作用一定时间后再清扫。先消毒后清扫，其一可以避免清扫过程中的尘土飞扬，其二可以最大限度地避免病原微生物随着飞扬的尘土和清除的粪便污物到处扩散。第二，除粪、清扫。为了使消毒剂发挥最大功效以达到消毒的目的，首先要彻底清除猪舍及其设备、用具上遗留的污物和饲料残渣。在清扫时尤其应该注意的是不应只清扫地面，墙壁和天花板上的灰尘等也要清扫干净。第三，冲洗。清扫过后，用高压清洗机彻底冲洗天花板、墙壁、门窗、地面及其他一切设施、设备。第四，喷洒消毒。等冲洗过后的猪舍干燥后，用5%浓度的氢氧化钠等消毒液进行喷洒消毒。第五，火焰消毒。喷洒消毒过后，用火焰消毒器对猪舍地面，尤其是清粪通道、离地面1.5m内的墙壁进行火焰消毒，以最大限度地杀灭病原微生物。对于铸铁网床、食槽等不怕火的设备也可进行火焰消毒。第六，熏蒸消毒。火焰消毒过后，关闭门窗，用甲醛气体进行熏蒸消毒，24h后打开门窗进行通风或强制排风，3～5d以后才能转进猪群。

（2）一般猪舍消毒　对连续使用的一般猪舍，每次转出猪群后，空出的猪栏按照以下程序进行消毒。第一，清除剩余饲料。猪群转出后，首先将空出的猪栏中的剩余饲料清除，以利于后面的清扫消毒工作。第二，喷洒消毒剂。用5%浓度的氢氧化钠喷洒地面、墙壁和天花板，作用一定时间后再清扫。第三，清扫。将墙壁和天花板上的灰尘清扫干净，地面上遗留的粪便要彻底清除。第四，消毒。清扫过后，再用消毒液对地面、墙壁、天花板和猪栏等进行喷洒消毒。在消毒时注意不要使用甲醛等对猪有伤害的消毒剂。消毒过后1～2d再转入新的猪群。第五，冲洗地面。新猪群转入之前要对地面进行冲洗。

4. 运动场消毒

运动场的消毒按照以下程序进行：首先将运动场上遗留的粪便冲洗干净，然后进行喷雾消毒。不要使用对猪有伤害的消毒剂。运动场喷雾消毒，夏季每天一次，春秋季每2～3d进行一次，冬季每7d进行一次。采用实体猪栏的运动场，每半年要用石灰乳粉刷一次。

5. 转群通道的消毒

猪场每次转群或育肥猪出栏结束，都要对转群通道进行一次消毒。首先清除遗留在通道上的粪便，然后进行清洗，最后喷洒消毒液消毒。

6. 带猪消毒

带猪消毒可选用苯扎溴铵（新洁尔灭）、甲酚皂溶液（来苏儿）等对猪体无害的注毒剂。通常采用喷雾的方法进行带猪消毒，要求雾粒直径小于100μm。分娩猪舍和保育猪舍每1～2d进行一次带猪消毒。其他猪舍，春、夏、秋三季每3～5d进行一次，冬季每7～10d进行一次。实践证明，猪喷雾消毒可有效控制猪气喘病、猪萎缩性鼻炎等，其效果比抗生素鼻内喷雾和饲料拌喂更好。不要使用常温烟雾机进行带猪消毒，以免雾粒直径过小而使猪将消毒液吸入肺部引起肺水肿，甚至诱发呼吸道疾病。

三、猪群保健

随着现代化养猪技术的迅速发展，猪的生产力得到很大提高，但由于引种，猪场设施和饲养管理等方面不够完善，使各类疾病的发生增多，致使很多猪场猪群带毒带菌，长期处于亚健康状态。因此，对猪群合理保健的要求也越来越高，只有真正做到防患于未然，才能有效保障猪群的健康，提高猪的生产性能，并降低生产成本。猪群保健是复杂的工作，猪群保健不仅包括健康时期的预防，还包括疫病发生时期的治疗、保养，就是有效预防控制猪疾病的流行、发生和寄生虫的感染，提高猪群的整体健康质量，最终达到饲养场防疫能力和经济效益双丰收。

（一）免疫接种

免疫接种是通过给猪接种疫苗、菌苗、类毒素等生物制剂做其抗原物质，从而激发猪产生特异性抵抗力，使易感猪转化为非易感猪的一种手段。有组织有计划地进行免疫接种，是预防和控制猪传染病的重要措施之一。根据免疫接种时机的不同，可分为预防接种和紧急接种两大类。

1. 预防接种

在经常发生某种传染病的地区，或有某些传染病潜在的地区，或受到邻近地区某些传染病经常威胁的地区，为了防患于未然，在平时有计划地给健康猪群进行的免疫接种称为预防接种。预防接种通常使用疫苗。根据疫苗的免疫特性，可采取注射、喷鼻等不同途径。接种疫苗后经一定时间，可产生免疫力。根据免疫要求可通过重复接种强化免疫力和延长免疫保护期。

在预防接种是应注意以下问题：

（1）预防接种要根据猪群中所存在的疾病和所面临的威胁来确定接种何种疫苗，制定免疫接种计划。对于从来没有发生过的、也没有可能从别处传来的传染病，就没有必要进行该病的预防接种。对于外地引进猪要及时进行补种。

（2）在预防接种前，应全面了解猪群情况，如猪的年龄、健康状况、是否妊娠期等。如果年龄不适宜、有慢性病；正在妊娠期等暂时不接种，以免引起猪的死亡、流产等；或者产生不理想的免疫应答。

（3）如果当地某种疫病正在流行，则首先安排对该病的紧急接种。如无特殊疫病流行则应按计划进行预防接种。

（4）如果同时接种两种以上的疫苗，要考虑疫苗间的相互影响。如果疫苗间在引起免疫反应时互不干扰或互相促进可以同时接种，如果相互抑制就不可以同时接种。

（5）制定合理的免疫程序。猪场需要使用疫苗来预防不同的传染病，也需要根据各种疫苗的免疫特性来制定合理的预防接种次数和间隔时间，这就是所谓的免疫程序。

（6）重视免疫监测，正确评估猪群的免疫状态，为制定合理的免疫程序做好准备。清除在进行免疫接种后不产生抗体的有免疫耐受现象的猪，以及其他一些不能使抗体上升到保护水平的猪。

2. 紧急接种

紧急接种是在发生传染病时，为了迅速扑灭和控制疫病的流行，而对疫区和受威胁区尚未发病的猪进行的应急性免疫接种。在紧急接种时，应注意猪的健康状况。对于病猪或受感染猪接种疫苗可能会加快发病。由于貌似健康的猪群中可能混有处于潜伏期的患猪，因而对外表正常的猪群进行紧急接种后一段时间内可能出现发病增加，但由于急性传染病潜伏期短，接种疫苗又很快产生免疫力，所以发病率不久即可下降，最终使流行平息。

（二）免疫程序

制定免疫程序时除参考别人的成功经验外，还应重点考虑传染病的流行特点、国家重点防控的疫病、本地区流行的主要疫病、本场的疾病背景及其实际生产情况。免疫效果的好坏是衡量免疫程序优劣的主要标准。免疫程序不是固定不变的，而应根据免疫效果随时进行调整。在免疫程序实施过程中，应随时观察免疫效果，建立猪群免疫监测机制。免疫效果监测不仅能为免疫程序制定的是否合理提供科学依据，而且能动态监测猪群是否有足够的免疫抗体抵抗病原侵袭，以便对免疫程序进行合理的调整，以获得最佳的免疫效果。

1. 猪场制定免疫程序的基本原则

（1）确定需要免疫的病种　首先按照国家重点防控和本地区流行的主要疫病确定必须免疫的病种；根据本场存在的疫病确定需要免疫的病种；按照疫病流行规律确定其它季节性免疫的病种；依据监测结果随时增减其他免疫的病种。

（2）选择疫苗与制定免疫计划　选用合法、有效、安全的优质疫苗；优先接种病毒性疫苗，合理接种细菌性疫苗；重点做好种猪群的免疫；依据本场疫病流行和种猪群的免疫水平合理制定仔猪、肉猪的疫苗种类与免疫计划。能分隔免疫的不采用2种疫苗以上同时免疫。不同时接种同类型活疫苗；非同类型的疫苗，可同时免疫，但必须不同部位。不同时接种两种副反应大的疫苗。有潜伏的疫病或亚健康猪群不适宜接种疫苗。细菌性活疫苗免疫前后2～3d禁用抗菌素保健。尽可能避免母源抗体的干扰。联合免疫：毒力弱的疫苗做基础免疫，再用毒力稍强的疫苗进行加强免疫；弱毒苗做基础免疫，灭活苗做增强免疫。注射免疫与局部免疫可以同时进行。

2. 规模化猪场免疫程序的制定

按照免疫程序制定的基本原则，规模化猪场在制定免疫程序时需要考虑多方面的因素：猪场的疾病背景、疾病的流行特点和免疫特点、结合猪场生产方式以及可供选择的疫苗等来制定，并严格执行免疫程序，保证达到相应的免疫效果。通过对免疫效果的监测来分析可能出现的问题，并改进和完善免疫程序，从而将猪场主要传染病发生的风险降到最低，减少疾病暴发的可能性和降低发病后的损失。

（1）熟悉传染病发生的三个环节和掌握猪场疫病情况　任何传染病的控制都要从控制传染源、切断传播途径、保护易感动物入手。免疫的主要目的是为了保护易感动物，减少患病动物或带毒动物的排毒。在做好生物安全的基础上，根据本场以及周边猪场疫病情况，并通过监测全面了解本场需要重点防控的疫病，有针对性地制定和调整免疫程序，确定合理的疫苗种类和免疫时机，保证猪群在疾病来袭之前有足够的抗体水平。

（2）了解各种传染病的病原特性、流行和免疫特点　充分了解原发性疾病有哪些，继发感染病原有哪些，可以通过胎盘感染的病原有哪些，持续感染、循环感染、终身感染的病原有哪些，产生免疫抑制的病原有哪些，容易变异的病原有哪些，哪些病原是没有交叉免疫力，哪些是有抗体依赖增强作用的，哪些是可以做鉴别诊断的，哪些是使用药物后不能达到理想效果的。充分了解这些，对制定免疫程序和评估免疫效果至关重要。

（3）重点做好种猪群的免疫，合理制定仔猪、肉猪免疫程序　改善种猪免疫抗体水平，提高母源抗体是减少甚至避免隐性感染，释放仔猪免疫空间的重要手段。很多猪场被迫在仔猪断奶前接种各种疫苗，是因为其猪群的母源抗体水平偏低，对哺乳仔猪保护力不够，被迫对产房里的仔猪进行多种疫苗接种，而造成严重的免疫应激。因此，做好种猪群免疫是规模化猪场预防和控制传染病的重要环节。仔猪、肉猪免疫程序的关键是免疫哪些疫苗种类，免疫的疫苗要尽可能地避开母源抗体干扰。

（4）选择恰当的免疫时机和合适的免疫途径　有些疾病流行具有一定的季节性，如传染性胃肠炎和流行性腹泻秋冬季节多发；一些疾病在免疫接种时存在潜伏感染，由于抗原之间的竞争，机体对感染病毒不产生免疫应答，这时发病情况可能比不接种疫苗更严重，因此要把握适宜的免疫时机。应根据疫苗的类别和特点来选择免疫途径，合适的免疫途径能刺激机体快速产生免疫应答，而不合适的免疫途径则可能导致免疫失败或造成不良反应。如灭活疫苗、类毒素和亚单位疫苗一般采用肌肉注射；猪喘气病弱毒冻干疫苗有的采用胸腔内免疫，有的采用喷鼻或肌肉注射；传染性胃肠炎和流行性腹泻疫苗采用后海穴免疫；伪狂犬病基因缺失苗对仔猪采用滴鼻免疫效果更好。

（5）合理的免疫剂量和免疫次数　各种疫苗产生抗体效价的高低在一定范围内与注射的剂量呈正相关，一旦越过这个剂量界限，即使注射几倍剂量的疫苗，抗体效价的升高也是很小或根本不会升高，这样做的结果不但增加了成本，而且超剂量的使用还可能导致免疫麻痹。好的疫苗在首次免疫和加强免疫后，均能产生较好的免疫抗体，并能维持一定的时间。大部分疫苗加强免疫后能维持 4 个月左右，但有些猪场盲目增加免疫次数却没有得到预期的效果。

（6）避免各种影响疫苗免疫效果的因素　健康的猪才能针对疫苗产生最佳的特异性免疫反应，但当前许多猪场都存在诸多免疫抑制性因素，包括免疫抑制性病原的感染和饲料中的霉菌毒素等。在使用两种以上弱毒疫苗时应相隔适当的时间，可能因先接种的病毒会诱导产生干扰素，从而抑制了后接种的病毒复制，致使免疫效果低下，甚至免疫失败。疫苗可直接引起猪只不同程度体温升高、食欲下降、精神沉郁等应激反应。在一天当中，早晚接种比为 11～16 时接种应激小；断奶后 1 周内、有病和亚健康猪群、抓猪都会造成应激，应尽量避免和减少这些因素。某些细菌性活疫苗免疫前后应禁用抗菌素，如大肠杆菌、链球菌、巴氏杆菌等活疫苗。仔猪在母源抗体水平较高的情况下免疫疫苗不仅造成浪费，更重要的是不能刺激机体产生抗体，反而中和了部分具有保护力的母源抗体，使得仔猪面临更大的疾病危机。但由于母源抗体受个体、胎次、环境等因素影响，在小猪体内维持时间长短不一，如果首免日龄设在所有猪抗体都阴性时是非常危险的。如猪瘟疫苗的免疫，非流行猪场可以在 20～30 日龄实施首免：但对于猪瘟发病场或生物安全措施严重缺陷的猪场，这种免疫程序显然不能有效防止猪瘟的发生，采用超前免疫则更有保障。

3. *建立猪群疫病与免疫效果监测制度*

猪病日益复杂，仅凭临床经验和病理剖检难以确诊。最科学、有效的办法是借助专业实验室进行日常的疫病和免疫效果监测，以便对场内疫病情况、免疫质量、疫病净化水平进行监控，为防控工作提供客观依据。疫病监测主要是对流行严重的传染病、本地区和本季节流行的传染病加强检测，以便了解本场是否存在这些疫病，进而采取有针对性的防控措施。免疫效果监测是对场内使用的疫苗进行免疫效果跟踪，了解各种疫苗在不同猪群，不同阶段抗体的消长情况。根据监测结果，综合分析猪场疫病和所采取的免疫防控措施是否科学合理，并及时调整免疫程序，使免疫程序更加优化，以获得良好的免疫效果。

（1）主要疫病监测　疫病监测主要是全面掌握猪群是否存在主要疫病，准确把握疫情动态，为制定和改进动物疫病防控措施提供科学依据。主要包括以下内容：

①引种疫病监测：引种监测重点是防止带入烈性或猪繁殖障碍以及本场没有的传染病，如口蹄疫、猪瘟、蓝耳病、猪伪狂犬病、猪圆环病毒病、布鲁氏菌病等。

②疫病净化监测：疫病净化监测主要是通过采取防控措施后，对本场内存在的疫病，通过监测，确认猪群中带毒或可疑带毒猪，并将其淘汰，使该疫病在猪群中逐步消灭，以达到净化的目的，如猪伪狂犬病、猪瘟、布鲁菌病等疫病净化监测。

③日常疫病监测：日常疫病监测是当猪场未出现或刚出现有临床症状的病猪，通过实验室检测确诊本场存在的疫病，进而采取相应的防控措施，防止该疫病在猪群中流行，以达到有病无疫的目的。

（2）免疫效果监测　免疫效果监测主要是为免疫程序制定是否合理提供科学依据。主要包括以下内容：

①种猪群免疫效果监测：重点是监测种猪群各种疫苗免疫前后抗体效价的变化，分析疫苗的质量，判断是否达到免疫效果，预测猪群抗体维持时间和确定下次免疫效果监测时间。

②后备猪群免疫效果监测：除分析各种疫苗的质量是否达到免疫效果外，还应该结合疫病净化监测，淘汰可疑带毒和不适宜种用的个体，防止不健康的猪进入生产区。特别是引进的后备猪群，该猪群最好是全群采集样品监测。

③保育猪群免疫效果监测：首先做好母源抗体消长情况监测，确定最佳的首免时间；其次监测各种疫苗首免和二免效果，及时调整免疫程序，以达到最佳的免疫效果。采集的样品数量按照统计学的方法进行最为科学。

④中、大猪免疫效果监测：监测的目的除分析各种疫苗的质量、判断是否达到免疫效果外，还要评估分析免疫持续保护期，从而决定免疫时间、免疫次数和免疫剂量。近年猪场上市的肉猪多超过 7 月龄，猪场更应重视育肥大猪的检测，评估育肥猪免疫效果的重要指标是看免疫后抗体水平是否能保护猪群直至出栏。

4. 参考免疫程序

以某规模猪场为例，制定了免疫程序（表 4－1）。

表4－1　规模猪场免疫程序

猪别	日　龄	免疫内容/途径/剂量	备注
仔猪肉猪	初乳前2h	猪瘟弱毒疫苗超前免疫/肌肉/1头份	流行猪场零时免疫较为保险
	1~5日龄	猪伪狂犬病弱毒疫苗/鼻黏膜/0.5头份	黏膜免疫避开母源抗体
	4~7日龄	猪支原体肺炎灭活苗/鼻腔黏膜喷雾/1头份	一次免疫，可减少应激
	10~12日龄	蓝耳病变异株活疫苗/肌肉/0.5~1头份	确诊有该病原该日龄免疫
	14日龄	副猪嗜血杆菌灭活苗/肌肉/1头份	临床和病变显示有病原
	30日龄	口蹄疫合成肽灭活苗/肌肉/1头份	该苗应激小、抗体效果好
	35日龄	副猪嗜血杆菌灭活苗/肌肉/1头份	1免后21天要加强免疫
	40日龄	蓝耳病变异株活疫苗/肌肉/1头份	1免后28天要加强免疫
	50日龄	猪伪狂犬病弱毒疫苗/后腰内侧肌肉/1~2头份	流行猪场加强一次免疫
	55~60日龄	口蹄疫灭活苗（Ⅱ或高效）/肌肉/2mL	浓缩苗首次免疫
	60~65日龄	猪瘟弱毒疫苗/肌肉/1.5头份	二免（加强一次免疫）
	85~100日龄	口蹄疫（高效）灭活苗/肌肉/2mL	浓缩苗二次免疫
	40~150日龄	流行性腹泻三联活疫苗/后海穴/1头份	10月至次年4月
初产母猪	5月龄	猪细小病毒弱毒疫苗/肌肉/1头份	该病威胁初胎猪
	5个半月龄	猪伪狂犬病弱毒疫苗/后腿肌肉/1~1.5头份	如引种3周后加强一次
	6月龄	乙型脑炎弱毒疫苗/肌肉/1头份	经产猪可不免疫
	配种前7周	蓝耳病变异株活疫苗/肌肉/1头份	确诊有该病原的场免疫
	配种前4周	猪瘟弱毒疫苗/肌肉/1.5头份	加强免疫
	配种前3周	口蹄疫（高效）灭活苗/肌肉/2mL	加强免疫
	产前8周	副猪嗜血杆菌灭活苗/肌肉/1头份	为保护吃乳猪而免疫
	产前7周	猪流行性腹泻三联活疫苗/后海穴/1头份	首次免疫
	产前5周	副猪嗜血杆菌灭活苗/肌肉/1头份	加强免疫提高母源抗体
	产前4周	猪流行性腹泻三联活疫苗/后海穴/1头份	加强免疫
经产母猪	配种前3周	猪伪狂犬病弱毒疫苗/后腿肌肉/1~1.5头份	根据该场疫病情况，结合疫病流行特点：猪乙脑和细小病毒主要威胁初产猪，猪支原体肺炎种猪临床症状不明显，经产猪可减免几种疫苗。
	配种前2周	蓝耳病变异株活疫苗/肌肉/1头份	
	怀孕后1~2个月	猪瘟弱毒疫苗/肌肉/1.5头份 口蹄疫（高效）灭活苗/肌肉/2mL	
	产前5周	副猪嗜血杆菌灭活苗/肌肉/1头份	
	产前4周	猪流行性腹泻三联活疫苗/后海穴/1头份	
	产前3周	猪伪狂犬病弱毒疫苗/后腿肌肉/1~1.5头份	

续表

猪别	日　龄	免疫内容/途径/剂量	备注
青年公猪	5 个月龄	猪伪狂犬病弱毒疫苗/后腿肌肉/1～1.5 头份	根据该场疫病情况，结合疫病流行特点，细小病毒主要威胁初产母猪，猪支原体肺炎种猪临床症状不明显，公猪可减免几种疫苗。
	配种前 7 周	蓝耳病变异株活疫苗/肌肉/1 头份	
	配种前 5 周	乙型脑炎弱毒疫苗/肌肉/1 头份	
	配种前 4 周	猪瘟弱毒疫苗/肌肉/1.5 头份	
	配种前 3 周	口蹄疫（高效）灭活苗/肌肉/2mL	
	配种前 2 周	猪流行性腹泻三联活疫苗/后海穴/1 头份	
成年公猪	每半年一次	猪口蹄疫高效灭活疫苗、猪瘟弱毒疫苗、蓝耳病（变异株）灭活疫苗、猪伪狂犬弱毒疫苗、猪流行性腹泻三联活疫苗。	

该规模猪场环境条件一般。经过疫病监测确定存在猪瘟、蓝耳病（变异株）、猪伪狂犬病；生产种猪有繁殖障碍，特别是初胎母猪；冬春季节受周边口蹄疫、猪流行性腹泻等威胁较大，也有过发病和流行；有喘气病和副猪嗜血杆菌病的临床症状和病变；保育阶段残次猪较多，肉猪偶有体温升高。经临床处理均能恢复正常，其他疫病未检出。因此该场应重点考虑免疫以下疫病的疫苗：口蹄疫、猪瘟、蓝耳病（变异株）、猪伪狂犬病、猪流行性腹泻 + 猪传染性胃肠炎（PED + TGE）、猪乙型脑炎、猪细小病毒；副猪嗜血杆菌和猪肺炎支原体。做好日常监测，根据结果随时调整。

总之，免疫程序的制定必须因地制宜，因场而定，不能固定或套用某个场的免疫程序。在制定免疫程序时，需要综合考虑多方面的因素，制定免疫程序后，要结合疫病和免疫效果监测结果，对程序进行调整优化，以达到最佳的免疫效果，让科学合理的免疫为猪场的安全生产保驾护航。

实操训练

实训一　病猪的尸体剖解与病料采集

（一）实训目的

掌握尸体剖解方法、病料的采集、处理及送检方法。

（二）实训条件

猪场病例、解剖器械、消毒液、工作服、工作帽、眼镜、胶皮手套、高锰酸钾、30% 甘油缓冲盐水等。

（三）实验方法与手段

现场病猪解剖并进行详细记录。

（四）实训内容

1. *尸体剖检方法及顺序*

（1）剖检前准备工作　穿工作服、胶靴、戴工作帽、胶皮手套。

（2）在剖解以前先进行外部观察　观察皮肤有无脱毛、创伤、充血、淤血、疹块、肿胀、乳房是否肿胀以及体表寄生虫，蹄部有无水泡烂斑。

（3）对尸体变化和卧位的观察　对尸体变化的检查，对判定死亡时间以及病理变化有重要的参考价值。卧位的判定与成对器官（肾、肺）的病变认定有关，以便区别生前的淤血与死亡的坠积性淤血。

（4）剥皮　根据诊断需要以及皮的利用价值可采用全剥皮或部分剥皮。尸体仰卧，从下颌间隙向后直至尾根沿腹侧正中线做一纵切口，对生殖器、肛门等应绕开，在四肢内侧与正中线垂直切开皮肤，止于腕、跗关节做一环状切线，随后进行剥皮。在剥皮的同时检查皮下组织的含水程度，皮下血管的充盈程度，血管断端流出血液的颜色、性状，皮下有无出血性浸润及胶样浸润，有无脓肿，同时检查皮下脂肪的颜色、厚度。检查体表淋巴结的颜色、体积，然后纵切或横切，观察切面的变化。

（5）关节肌肉检查　在剥皮后检查四肢关节有无异常，同时检查肌肉的变化，是否有肌肉变白、多水、变软。

（6）腹腔剖开　由剑状软骨向耻骨联合，沿腹正中线切开腹壁，然后沿肋骨弓向左右切开，再从耻骨联合处向左右切开，暴露腹腔器官。观察腹腔内各器官的外观，有无胃肠破裂，腹腔是否积液，有无纤维素性渗出物。按脾、胃、肠、肝、肾的顺序依次将内脏取出。

（7）胸腔剖开　在剖开之前应检查是否存在气胸，在胸壁 5 ~ 6 肋间，用刀尖刺一小口，此时如听到有空气进入，同时膈后移，即为正常。切断肋软骨和胸骨连接部，切开膈肌，将刀伸入胸腔划断肋骨和胸椎连接部的胸膜和肌肉，然后双手按压两侧胸壁肋骨，敞开胸腔，取出心肺。观察是否存在胸腔积液、胸膜有无纤维素性渗出物。

（8）口腔检查　在下颌骨内侧切开，取出舌及喉头气管，观察扁桃体是否有肿胀、化脓、坏死，检查舌有无出血溃疡，喉头是否有出血。

(9) 心脏检查　是否有心包积液，积液数量，有无纤维素渗出物；心冠脂肪是否存在出血；心肌是否松软；心外膜是否有出血斑，有无坏死灶；必要时测量心脏大小、重量。切开心脏，检查心瓣膜有无赘生物及心内膜有无出血。

(10) 对气管和肺检查　观察气管内有无泡沫状液体，以及液体颜色、气管黏膜有无充血。检查肺的颜色、体积、光泽、硬度，判断是否存在淤血出血，间质性炎，是否水肿。对于病灶可切一小块放入水中，如含有气体则浮于水面上；若沉入水底，则为肺炎或无气肺。

(11) 脾脏检查　观察脾的长、宽、厚、形态、颜色、有无出血、梗死或坏死、机化。检查其质地是坚硬、柔软或是质脆。检查其切面是否外翻，刀刮切面检查刮取物数量。

(12) 肝脏检查　观察肝的体积、颜色、形态、被摸紧张情况。判断是否存在出血、淤血、变性和肝硬化。

(13) 胰脏检查　观察形态、大小、颜色。胰脏最早出现死后变化，此胰脏呈红褐色、绿色或黑色，质地极软，甚至呈泥状。

(14) 肾及肾上腺检查　检查肾脂肪囊的脂肪，有无出血和脂肪坏死。剥离脂肪囊检查肾脏的大小、颜色、表面是否光滑，观察是否存在淤血、出血、贫血，以及肾脏是否存在脂肪变性和颗粒变性，将肾沿其长轴从肾的外缘向肾门切开，检查被膜是否易剥离，检查切面的颜色、纹理。检查肾盂内容物的形状、数量。检查肾上腺的外形、大小、颜色，然后纵切检查皮质与髓质的厚度比例。

(15) 膀胱检查　先检查其充盈程度，浆膜有无出血等变化。然后从基部剖开检查尿液色泽、性状、有无结石，翻开膀胱检查有无出血溃疡等。

(16) 生殖器官检查　分离骨盆入口的软组织，取出阴道、子宫、卵巢。依次剪开阴道，子宫颈、子宫体及子宫角，检查黏膜颜色、有无出血、内容物性状，妊娠母猪检查羊水、胎衣、胎儿。对公猪检查包皮、阴茎、睾丸。

(17) 颅腔的剖开及脑的检查　先将头从第一颈椎处分离下来，去掉头顶部肌肉，在眶上突后缘 2 ~ 3cm 的额骨上锯一横线，再在锯线的两端沿颞骨到枕骨大孔中线各锯一线，用斧头和骨凿除去颅顶骨，露出大脑。用外科刀切断硬脑膜，将脑上提，同时切断脑底部的神经和各脑的神经根，即可将脑取出，检查脑膜血管的充盈状态，有无出血。检查脑回和脑沟的状态。将脑沿正中线纵向切开，进行观察，然后进行横向切开。

(18) 鼻腔检查　在第一臼齿前缘锯断上颌骨，检查鼻中隔及鼻甲骨。

(19) 最后检查胃肠　首先观察胃的大小、浆膜有无出血。然后从贲门到幽门沿胃大弯剪开，检查胃内容物的数量和性状，胃壁是否肿胀，黏膜是否存在出血和溃疡。检查猪各段肠管的浆膜有无出血，肠系膜淋巴结是否肿胀、充血、出血；然后剪开，检查黏膜是否出血、肿胀、溃疡。

一般情况下是按照以上顺序进行剖检，实际剖检时应根据临床资料灵活改变程序。虽然一般最后检查胃肠，但临床显示主要是胃肠疾病时，应首先检查胃肠。当怀疑炭疽时不要剖检。病死猪要及时剖检，角膜浑浊、腹下发绿的尸体已无剖检价值。

2. 病料的采集、处理、送检

（1）病料采集　在检查之前采集病料。坚持无菌原则，所用器械均应灭菌处理，采取一种病料，应用一套器械，不可用其再采集其他病料。根据不同疾病采集不同的脏器或内容物，在无法估计是某种疾病时，可进行全面采集。

①脓汁：用灭菌棉签或灭菌注射器取样后放入灭菌试管中。

②淋巴结及内脏：将淋巴结、肺、肝、脾、肾等有病变的部位采集 1～2cm^3 的组织块，置灭菌容器中。若为供病理组织学检查，应将典型病变部分和相连的健康组织一并切取。

③血液：无菌采取 10mL 血液置灭菌试管中，析出血清供血清学检查。供血常规检查的血液 9mL 加入 3.8% 枸橼酸钠 1mL 置灭菌试管中轻摇混合。

④胆汁：烧烙胆囊表面，用灭菌注射器吸取胆汁，放入灭菌试管中。

⑤肠：用线扎紧一段肠道的两端，然后将两端切断，放入灭菌试管中。

⑥水疱性疾病采取水疱皮、水疱液放入 50% 甘油缓冲盐水中。

⑦流产胎儿整个装入不透水的容器内。

⑧脑、脊髓：如采取脑、脊髓作病毒检查。可将脑、脊髓侵入 50% 甘油盐水溶液中。如供病理组织学检查，将其固定于包音氏（Bouin's）固定液。

（2）病料处理

①病理组织学检查材料：要想使试验诊断得出正确结果，除采取适当的病料外，需使病料保持或接近新鲜状态，为此需对病料进行处理。采用 10% 福尔马林溶液（市售福尔马林溶液 1 份加蒸馏水 9 份）或 95% 酒精等固定。固定液体体积应为病料的 10 倍。如用 10% 福尔马林溶液固定组织，经 24h 必须更换一次新鲜溶液。神经系统组织需使用 10% 福尔马林溶液，并且加入 5%～10% 的碳酸镁溶液。

②细菌检查病料：一般用灭菌的液体石蜡、30% 甘油缓冲盐水或饱和氯化钠溶液来保存病料。

③病毒学检验材料：一般使用 50% 甘油缓冲盐水，需作组织学检查的材料最好使用包音氏液。

④血清学检验材料：从发病猪无菌采取 10～20mL 血液，注入灭菌试管中，室温或 37℃ 放置 0.5～1h，然后 4℃ 冷藏。

（3）病料的送检　送检病料的容器必须是结实严密，不可因容器破损污染环境。最好使用双重容器，将盛有病料的容器封口后置内容器中，内容器中衬垫废纸。当气候温暖时，需加冰块，但避免病料标本直接与冰块接触，以免冻结。将内容器置外容器中，外容器内应以废纸等衬垫，外容器密封好。

病料送检时，应随同送检尸体剖检记录、流行病学、临床症状、发病后的治疗措施等相关资料，注明送检的目的要求，病料名称数量。

送检越快越好，避免病料接触高温和阳光，以免病料腐败或病原体死亡。

（五）实训报告

尸体剖检记录，不可以病理名字代替客观描述。对所剖检病例提出诊断意见，说明如何采集病料、处理及送检病料。

实训二　猪场免疫程序的制定

（一）实训目的

掌握猪常见传染病免疫程序制定。

（二）实训条件

当地猪传染病调查资料或某猪场发病资料，猪场主要传染病抗体水平监测结果。

（三）实验方法和手段

现场分析某猪场的免疫程序及近几年该程序在实际生产中应用的免疫效果。并找出该程序制定的合理的部分与不合理的部分。

（四）实训内容

1. 免疫程序的制定

（1）因地制宜建立免疫程序　搞好免疫接种是预防家畜疫病流行的重要措施，应该注意的是，免疫程序的建立，要考虑本地区疫病流行情况，母源抗体状况，动物的发病日龄和发病季节，免疫间隔时间以及以往免疫效果等因素。拟定一个好的免疫程序，不仅要有严密的科学性，而且要符合当地畜群的实际情况，也应考虑疫苗厂家推荐的免疫程序，根据综合的分析，拟定出完整的免疫程序。

（2）免疫失败的原因及对策　在对动物进行免疫接种后，有时仍不能控制传染病的流行，即发生了免疫失败，其原因主要有以下几个方面。

①动物本身免疫功能失常，免疫接种后不能刺激机体产生特异性抗体。

②母源抗体干扰疫苗的抗原性，因此，在使用疫苗前，应该充分考虑体内的母源抗体水平，必要时要进行检测，避免这种干扰。

③没有按规定免疫程序进行免疫接种，使免疫接种后达不到所要求的免疫效果。

④动物生病，正在使用抗生素或免疫抑制药物进行治疗，造成抗原受损或免疫抑制。

⑤疫苗在采购、运输、保存过程中方法不当，使疫苗本身的效能受损。

⑥在免疫接种过程中疫苗没有保管好，或操作不严格，或疫苗接种量不足。

⑦制备疫苗使用的毒株血清型与实际流行疾病的血清型不一致，而不能达到良好的保护效果。

⑧在免疫接种时，免疫程序不当或同时使用了抗血清。

总之，免疫失败原因很多，要进行全面的检查和分析，为防止免疫失败，最重要的是要做到正确使用疫苗及严格按免疫程序进行免疫。

2. 常见猪病的推荐免疫程序

（1）生长肥育猪的免疫程序

①日龄：猪瘟常发猪场，猪瘟弱毒苗超前免疫，即仔猪生后在未采食初乳前，先肌肉注射一头份猪瘟弱毒苗，隔 1～2h 后再让仔猪吃初乳。

②3 日龄：鼻内接种伪狂犬病弱毒疫苗。

③7～15 日龄：肌肉注射气喘病灭活菌苗、蓝耳病弱毒苗。

④20 日龄：肌肉注射猪瘟、猪丹毒二联苗（或加猪肺疫三联苗）。

⑤25～30 日龄：肌肉注射伪狂犬病弱毒疫苗。

⑥30 日龄：肌肉或皮下注射传染性萎缩性鼻炎疫苗。

⑦30 日龄：肌肉注射仔猪水肿病菌苗。

⑧35～40 日龄：仔猪副伤寒菌苗，口服或肌注（在疫区首免后，隔 3～4 周再二免）。

⑨60 日龄：猪瘟、肺疫、丹毒三联苗，二倍量肌注。

⑩生长育肥期肌注两次口蹄疫疫苗。

（2）后备公猪和母猪的免疫程序

① 配种前 1 个月肌肉注射细小病毒、乙型脑炎疫苗。

②配种前 20～30d 肌肉注射猪瘟、猪丹毒二联苗（或加猪肺疫的三联苗）。

③配种前 1 个月肌肉注射伪狂犬病弱毒、口蹄疫、蓝耳病疫苗。

（3）经产母猪免疫程序

①空怀期：肌肉注射猪瘟、猪丹毒二联苗（或加猪肺疫的三联苗）。

②初产猪肌注一次细小病毒灭活苗，以后可不注。

③头三年，每年3~4月份肌注一次乙脑苗，三年后可不注。

④每年肌肉注射3~4次猪伪狂犬病弱毒疫苗。

⑤产前45d、15d，分别注射K88、K99、987p大肠杆菌腹泻菌苗。

⑥产前45d，肌注传染性胃肠炎、流行性腹泻、轮状病毒三联疫苗。

⑦产前35d，皮下注射传染性萎缩性鼻炎灭活苗。

⑧产前30d，肌注仔猪红痢疫苗。

⑨产前25d，肌注传染性胃肠炎、流行性腹泻、轮状病毒三联疫苗。

⑩ 产前16d，肌注仔猪红痢疫苗。

（4）配种公猪免疫程序

①每年春季、秋季各注射一次猪瘟、猪丹毒二联苗（或加猪肺疫的三联苗）。

②每年3~4月份肌肉注射1次乙脑苗。

③每年肌肉注射2次气喘病灭活菌苗。

④每年肌肉注射3~4次猪伪狂犬病弱毒疫苗。

（5）其他疾病的防疫

① 口蹄疫：

a. 常发区。常规灭活苗，首免35日龄，二免90日龄，以后每3个月免疫一次；高效灭活苗，首免35日龄，二免180日龄，以后每6个月免疫一次。

b. 非常发区。常规灭活苗，每年1、9和12月份各免疫一次；高效灭活苗，每年1和9月份各免疫一次。

②猪传染性胸膜肺炎：仔猪6~8周龄一次，2周后再加免一次。

③猪链球菌病：成年母猪每年春季、秋季各免疫一次；仔猪首免在10日龄，二免在60日龄，或首免在出生后24h，二免在断奶后2周。

④蓝耳病：成年母猪每胎妊娠期60d免疫一次灭活苗；仔猪14~21日龄免疫一次弱毒苗；成年公猪每半年免疫一次灭活苗；后备猪在配种前免疫一次灭活苗。

上述免疫程序仅供参考，每个猪场应根据各自的实际情况，疾病的发生史，以及猪群当前的抗体水平高低制定自己的免疫程序。防疫的重点是多发性疾病和危害严重的疾病，对未发生或危害较轻的疾病可酌情免疫。

（五）实训报告

拟定免疫程序以及注意事项。

实训三　规模化猪场的消毒措施与方法

（一）实训目的

掌握规模化猪场各种消毒的方法。

（二）实训条件

规模化猪场现场、高压喷雾消毒机、菌毒敌、过氧乙酸、福尔马林、氨水、10～20%的石灰水、0.1%新洁尔灭、强力消毒灵或抗毒碱等消毒药。

（三）实训方法与手段

猪场现场操作。

（四）实训内容

1. 消毒药物的选择

猪场选择消毒药物应选用有实力、信誉好，并且通过兽药良好生产规范（GMP）认证的厂家生产的产品。选用消毒药时要注意检查消毒剂有无批准文号、生产厂家、生产日期、有效期限、使用说明书等，严格按照消毒程序和要求进行。一般来说，现代消毒剂应具备下列条件。

①广谱：对各种病毒、细菌、芽孢以及真菌等微生物都有效。

②高效：在高稀释倍数时仍有较好的杀菌、杀毒能力，作用快且时间长。

③对人畜的腐蚀性、刺激性较小，毒性低、残留少，无色无味，易溶于水，使用无危险性。

④渗透性强：能穿透隙逢和有机物膜，并保持药物致死浓度的性能，保证在有机物（粪便、血污）存在的情况下，取得杀灭效果。能发挥良好的杀病毒作用。

⑤使用方便，易溶于水。

⑥性质稳定，有机物影响小，耐酸碱环境，便于运输、保存。

⑦价格合理，养猪场用得起。

以前猪场经常使用一些简单化学消毒剂，如烧碱、甲醛、过氧乙酸等，而这些简单化学品消毒剂却存在着一些明显的缺陷，如对有机物穿透能力弱、受环境温度影响大，稳定性差，效力有限，不仅猪场疫病不断，并且对人体健康和环境造成危害。目前大部分猪场已意识到，在疫病复杂的今天，简单化学品消毒剂已不能满足现代养猪的需要，而只有复合型消毒剂才能达到生物安全体系的要求，很多大型的动物药品生产厂家也纷纷研究开发出新型的消毒药物。

2. 消毒的种类

通常可分预防性消毒和疫源性消毒。前者是指没有发生传染病时，对畜舍、用具、场地、饮水等进行消毒，后者是在发生传染病时及发生传染病后，为控制病原的扩散对已造成污染的环境、畜舍、饲料、饮水、用具、场地及其他物品进行全面彻底的消毒。

3. 消毒方法

（1）畜舍消毒　全进全出的猪场，在引进猪群前，空猪舍要进行彻底消毒。包括粪便、垫料、污物的清除及无害处理（如发酵、烧毁等）；地面、墙壁、门窗、饲槽、用具等进行冲洗或洗刷；畜舍干燥后，用消毒药液喷洒消毒，选择药液浓度可按说明书规定浓度适当提高 0.5 ~1 倍，消毒后最好关闭门窗，24h 后开窗通风。畜舍消毒，如菌毒敌、过氧乙酸、福尔马林、氨水均可选择。对于种猪舍，可采用0.05%的过氧乙酸或0.5%的强力消毒灵等喷洒消毒，猪群可不必转移。污水可按每升加2 ~5g 漂白粉消毒。

消毒的步骤：第一步应进行机械性清扫，第二步用化学消毒液消毒。机械性清扫是通过清扫、冲洗、洗刷等一系列搞好畜舍环境卫生方法。此方法可使畜舍微生物污染程度大大下降。在清扫和冲洗后再用化学药物进行消毒，可达到预期消毒目的。当前市面上销售的消毒剂很多，应该注意选择效力强、效果广泛、生效快且持久、毒性低、刺激性和腐蚀性小、价格适宜的消毒剂。原则上讲，一种消毒剂难以满足上述所有条件，因此可依据不同环境条件选用数种消毒剂，也可选用不同消毒剂交替使用，避免永久使用同一种消毒剂。

（2）用具的消毒　食糟、饮水器、载运车辆等除每天刷洗外，定期用0.1%新洁尔灭、强力消毒灵或抗毒碱等消毒。

4. 常用消毒药品及其使用方法

（1）石灰水　用新鲜石灰配成10% ~20%的石灰水，可用来消毒场地，粉刷棚圈墙壁、木柱等。

石灰水的配制方法：1kg 生石灰加4 ~9kg 水即可。配制时，可先将生石灰放在桶内，加少量水使其溶解，然后再加入水至规定的比例。石灰水应现配现用，如配后放置时间过长，易吸收空气中的二氧化碳变成碳酸钙而失效。

（2）草木灰水　用新鲜草木灰配成20% ~30%的热草木灰水，可用来消毒棚圈、用具和器械等。

热草木灰水的配制方法：用 10kg 水加 2 ~3kg 新鲜草木灰，加热煮沸（或用热水浸泡 3d），待草木灰水澄清后使用。消毒时需加温为热溶液，才有显著的消毒效果。

（3）烧碱　配成2%溶液可消毒棚圈、场地、用具和车辆等；配成3% ~

5%的溶液，可消毒被炭疽芽孢污染的地面。消毒棚圈时，应将家畜赶（牵）出栏圈，经半天时间，将消毒过的饲槽、水槽、水泥或木板地用水冲洗后，再让家畜进圈。

（4）过氧乙酸　配成2‰~5‰的溶液，可喷雾消毒棚圈、场地、墙壁、用具、车船、粪便等。

（5）复合酚　1/100~1/300溶液用于消毒畜舍、场地、污物等。

（6）百毒杀　3000倍稀释的百毒杀溶液，喷洒、冲洗、浸渍，可用来消毒畜舍、环境、机械、器具等；2000倍稀释的百毒杀溶液可用于紧急预防时畜禽舍的消毒；10000~20000倍稀释的百毒杀溶液可预防储水塔、饮水器的污染堵塞，并可杀死微生物、除藻、除臭、改善水质。

（五）实训报告

制定规模为500头的猪场消毒计划。

项目思考

1. 简述传染病的特点。
2. 阐述传染病流行过程的三个基本环节。
3. 如何做好猪传染病的防治工作？
4. 简述消毒的种类。
5. 简述消毒的方法。
6. 如何做好猪场消毒？
7. 如何制定猪场的免疫程序？
8. 影响消毒的因素有哪些？在实际操作中应该注意哪些问题？

项目五　猪常见疾病防治技术

知识目标

1. 熟练掌握现代猪场常发、危害严重的传染病、寄生虫病和普通病的诊断与防治的基本知识。
2. 重点掌握各种常见猪病的鉴别诊断要点和防治措施等。
3. 了解国际、国内猪病流行、防控的最新动态。

技能目标

1. 能对各种常见猪传染病、寄生虫病和普通病进行鉴别诊断，能针对性地设计科学、有效的防控方案。
2. 掌握某些重要猪病的实验室诊断的操作方法，并能熟练使用。

必备知识

一、猪常见病毒性疾病的防治

（一）猪瘟

猪瘟又称“烂肠瘟”，由猪瘟病毒引起猪的一种急性、热性和高度接触性传染病，其特征为发病急、高热稽留和小血管壁变性引起广泛出血、梗塞和坏死。具有很高的发病率和死亡率。自发现本病以来，在世界范围广泛流行，因传染性强，病死率高，给各国养猪业造成极大的损失，被世界动物卫生组织国际兽医局定为 A 类传染病，被我国农业部定为一类动物疫病。在我国，猪瘟呈现典型猪瘟和非典型猪瘟共存、持续感染和隐性感染共存、免疫耐受与带毒综合征共存等特点。

1. 病原学

（1）分类及形态　猪瘟病毒（HCV）属黄病毒科瘟病毒属，病毒粒子直径40～50nm，基因组为单股RNA，长约12kb，有囊膜，是一种泛嗜性病毒，分布遍及全身各种器官和组织，其中淋巴结、脾和血液病毒含量最高。

（2）血清型　猪瘟病毒只有一个血清型，但毒力有强弱之分，强毒株引起高死亡率的急性猪瘟，中毒株一般导致亚急性或慢性感染，低毒力株导致繁殖障碍；猪瘟病毒与同属的牛病毒性腹泻病毒具有高度的同源性，有血清学交叉反应和交叉保护作用。

（3）抵抗力　病毒对环境的抵抗力较强，在尿、血液和腐败尸体中能存活2～3d，骨髓中可存活15d，含猪瘟病毒的猪肉储存几个月后仍有传染性，具有重要的流行病学意义。最经济有效的消毒药为2%氢氧化钠溶液。

2. 流行病学

（1）易感动物　猪是本病唯一的自然宿主，猪（包括家猪、野猪）不分年龄、性别、品种均易感。

（2）传染源　病猪和带毒猪是最主要的传染源。感染猪在发病前即可通过口、鼻及眼分泌物、尿和粪等途径排毒，并延续整个病程。

（3）传播途径　病毒主要经消化道感染，但也可以通过呼吸道（经鼻腔黏膜）和眼结膜感染，此外，破裂的皮肤或去势时的伤口也可以感染。怀孕母猪感染可通过胎盘进行垂直传播，导致繁殖障碍。

（4）发病特点　本病一年四季均可发生，一般以春、秋两季较为严重。目前，本病的流行和发生表现为以下几个方面：从频繁大规模的流行和高致死率转变为周期性、波浪式的区域性散发流行；感染猪瘟的后期常继发沙门菌、巴氏杆菌、大肠杆菌或支原体感染等，加剧病程和病死率；从早期流行的最急性型和急性型猪瘟演变为目前在规模猪场以亚急性型和非典型猪瘟为主。

3. 临床症状

潜伏期一般5～7d，短的2d，长的可达21d。据临床症状和特征，猪瘟可分为最急性、急性、慢性和非典型猪瘟。

（1）最急性型　新发病地区多见，病情严重，常在不出现任何症状的情况下突然倒地死亡。有的病猪突然发病，体温升至41℃以上，呼吸急促，皮肤出现红斑，后肢衰弱，1～2d死亡。死亡率可达90%～100%。

（2）急性型　体温可达40～41℃或更高，眼结膜潮红，眼角有多量黏液性或脓性分泌物。病猪表现精神沉郁、弓背、怕冷，食欲废绝或减退。粪便干硬，呈小球状，常附带伪膜或血液，后期拉稀，稀薄如水，有时带血、恶臭。

四肢内侧、耳廓、腹部等皮肤、口腔黏膜、齿龈、阴道黏膜、眼黏膜等可见出血点。公猪包皮内积尿。哺乳仔猪发生急性猪瘟时，表现为角弓反张或倒地抽搐，最终死亡。病程 14～20d。死亡率 50%～60%。不死即转为慢性型。

（3）慢性型 主要表现贫血，食欲不振，全身衰弱，轻度发热，体温忽高忽低。便秘和腹泻交替出现，皮肤有紫斑或坏死，病程 1 个月以上，有的可康复，但易变为僵猪。

（4）迟发型 妊娠母猪感染低毒力的猪瘟，一般不表现症状，但通过胎盘传染导致流产、木乃伊胎、死胎、早产、弱仔和外表健康的仔猪等。

（5）非典型 又称为温和性猪瘟，由低毒力猪瘟病毒引起，是近年来发生较为普遍的一种猪瘟病型。其症状和病变不典型，病情缓和，体温升高 40～41℃，发病率和死亡率均低。常见于猪瘟预防接种不及时或患免疫抑制性疾病的猪群。

4. 病理变化

（1）急性型 淋巴结不同程度水肿、充血、出血，外观呈深红、紫红或黑红色；切面呈红白相间的大理石样病变，尤以颌下、腹股沟、肺门、胃门、肾门、肝门、肠系膜及盆腔淋巴结最为明显；脾脏以边缘出现粟粒至黄豆大、颜色深于脾本色而呈黑紫色隆起的出血性梗死灶、断面楔形为特征；有的病猪脾边缘梗死灶连接成带状。肾脏表面呈不同程度针尖状、点状出血点分布；切面肾皮质和髓质均见有点状和线状出血点，肾乳头、肾盂及输尿管、膀胱黏膜均有不同程度的出血点，小部分病猪膀胱出现大面积出血性浸润。消化道病变主要表现在口角、齿龈、颊部和舌面黏膜有出血点或坏死灶，舌底部偶见梗死灶。大网膜、小肠系膜和各肠段浆膜常见小点状出血。胃底部黏膜有不同程度的出血和溃疡；各肠段黏膜均有不同程度的出血点。回盲瓣口淋巴滤泡常肿大出血和坏死。以喉黏膜尤其甲状软骨及会厌软骨表面黏膜出现针尖状的点状出血点或出血斑为特征，扁桃体出血或坏死；肋胸膜、膈肌有不同程度出血；肺有局灶性出血斑块。心外膜、冠状沟、左右纵沟及心内膜均有不同程度的出血点或出血斑。脑膜和脑实质出现程度不等的针尖状出血点。

（2）亚急性型 亚急性型猪瘟的病理变化与急性型猪瘟相近，但以皮肤、膀胱、肾出现陈旧性出血点或出血斑为特征，淋巴结多以萎缩及退行性病变为特征。

（3）慢性型 本型猪瘟以皮肤和各器官出现陈旧性出血斑点及出血吸收灶，大肠尤其盲肠黏膜出现不同程度纽扣状或轮层状溃疡为主要特征。断奶仔猪肋骨末端与软骨连接处发生钙化，呈黄色骨化线，具有一定的临床诊断意义。

（4）迟发型 胎儿呈木乃伊化、死胎和畸形。死产的胎儿最显著的病变是全身性皮下水肿（如水牛状），腹水和胸水。胎儿畸形包括头和四肢变形，小脑和肺以及肌肉发育不良。弱仔死亡后可见内脏器官和皮肤出血。

（5）温和型　无典型病变，或病变很轻微。仅在口腔、咽喉部出现坏死等病变。或有时可见的淋巴结水肿和边缘充血、出血。

5. 诊断

（1）初步诊断　急性型猪瘟可根据临床出现的高热稽留、全身皮肤病变、脾特征性的梗死灶、淋巴结特征性病变及全身脏器针尖状出血点、盲肠不明显或明显的轮层状或纽扣状溃疡等做出初步诊断，急性型猪瘟、温和型猪瘟、迟发型猪瘟等的确诊需进一步鉴别诊断和实验诊断。

（2）鉴别诊断　急性及亚急性猪瘟易和猪急性败血型链球菌病、急性猪丹毒、急性附红细胞体病、猪弓形体病、高致病性蓝耳病、急性传染性胸膜肺炎、急性猪肺疫混淆，均表现为全身败血变化，全身皮肤尤其颈、胸、腹部皮肤均出现不同程度的发绀，外观有暗红色出血斑；高烧；呼吸困难；死亡快等临床表征。

猪败血型链球菌一般以生长育肥猪、仔猪为主，母猪、公猪较少发病；发病期间较少引起流产症状；病死猪不出现“蓝耳朵”症状，仅在全身颈、胸、腹部等处呈暗红色出血斑；病变主要在心室腔有煤焦样血凝块，脑灰质和白质有出血点。猪瘟少有这两个病理解剖特征。

急性败血型猪丹毒较少引起繁殖障碍，病理解剖重点在脾和肾，脾外观呈樱桃红色，肾重度充血、出血，外观蓝紫色，俗称“大彩肾”，转为亚急性型猪丹毒，皮肤呈方块形、菱形等疹块；慢性型心腔房室口有菜花样赘生物。

弓形体病临床可见大部分病猪背部毛孔有出血点；病变主要在肝、肾、淋巴结，均有程度不等的白色坏死灶。

猪附红细胞体病特征性界定指标：高烧；全身脏器不同程度黄染；血液稀薄；全身皮肤发红，又名“红皮猪”，与猪瘟相区别。

猪高致病性蓝耳病的四大临床指标：大小猪只均呈现不同程度的死亡，即“死亡风暴”；有1/3左右或以上的妊娠母猪出现流产，即“流产风暴”；所有病猪均高烧，42℃以上，即“高热风暴”；所有发病猪均表现呼吸障碍，末梢循环障碍，即“呼吸障碍风暴或蓝耳风暴”。除此之外，特征性间质性肺炎与程度不等的肺肉变是主要的病理特征。

猪传染性胸膜肺炎以特征性的“红色肝变肺”、肺断面流出带泡沫酱油样血液且凝固不良、血液呈酱油色与猪瘟区别。

猪肺疫以特征性的颈部皮下或咽、喉黏膜下胶冻状水肿浸润、喉头黏膜重度充血、出血与本病区别。患猪肺疫的病猪使用敏感抗菌素如恩诺沙星、氟苯尼考、头孢类药品等有效，患猪瘟的病猪使用抗菌素均无效。

非典型猪瘟或温和型猪瘟引起种猪的繁殖障碍较易和猪普通型蓝耳病、猪衣原体病、猪日本乙型脑炎、猪伪狂犬病等混淆，其具体鉴别诊断可参见本书“猪日本乙型脑炎”相关内容。

（3）实验室诊断　包括抗体和抗原检测，有免疫荧光抗体试验、酶联免疫吸附试验、动物接种试验和 RT – PCR 法。

6. 防治

主要有两种防治，一是扑杀，二是免疫。关键是定期进行病原学和血清学检测、及时发现并淘汰带毒猪。

（1）预防　引种严格检疫，隔离，然后混群。猪瘟兔化弱毒疫苗免疫接种，但要注意母源抗体可以影响免疫效果，仔猪一般在 20 日龄、60 日龄各接种 1 次，在猪瘟多发地区可实行超前免疫，即仔猪出生后立即接种疫苗，1.5h 后再哺以母乳，种猪在每次配种前免疫 1 次。猪场定期监测猪瘟抗体。

（2）紧急防治措施　一旦发生猪瘟疫情，应当立即隔离、封锁，限制生猪和猪肉产品的流通，从而减少疫情的散播，对于感染猪瘟病毒的后备母猪应立即淘汰捕杀。除早期应用抗猪瘟血清治疗猪瘟有一定疗效外，目前对本病尚无有效药物治疗。对同群未发病以及受威胁的猪，用猪瘟兔化弱毒疫苗 2 ~4 头份进行紧急接种。被污染的猪舍及用具均应彻底消毒（一般用 2% 氢氧化钠溶液），病、死猪尸体要高温处理或深埋。

（二）口蹄疫

口蹄疫（FMD）是由口蹄疫病毒（FMDV）引起偶蹄动物的一种急性、热性、高度接触性传染病，也可感染人，是一种人畜共患病。临床上以口腔黏膜、蹄部、乳房皮肤发生水疱和溃烂为特征，幼龄动物多因心肌炎而死亡率升高。世界动物卫生组织（OIE）将其列为 A 类动物疫病之首，被我国农业部列为一类动物疫病。

1. 病原学

（1）分类及形态　口蹄疫病毒属于小核糖核酸病毒科，口蹄疫病毒属。呈球形或六角形，直径 23 ~25nm，二十面体立体对称，无囊膜，核酸类型为单股正链 RNA，约有 8500 个核苷酸，病毒衣壳由 4 种结构蛋白即 VP1、VP2、VP3 和 VP4 组成，其中 VP1 和 VP3 是主要免疫性抗原。

（2）血清型　根据血清型特征，目前可分为 7 个主型，分别命名为 O、A、C、SAT1（南非 1 型）、SAT2（南非 2 型）、SAT3（南非 3 型）及 Asia Ⅰ型（亚洲Ⅰ型），每个型又可进一步分成若干亚型；各主型之间几乎没有交叉免疫保护性，同主型各亚型之间有一定的交叉免疫保护性。据最近报道，口蹄疫亚型已增加到 70 个以上。口蹄疫病毒因 RNA 易突变，因而变异性极强，导致其血清型、血清亚型较多。

（3）抵抗力　本病毒对热敏感，但在低温条件下可长期存活；病毒对酸、碱十分敏感，2%～4%氢氧化钠溶液、3%～5%福尔马林溶液、0.2%～0.5%过氧乙酸溶液为口蹄疫病毒良好的消毒剂。

2. 流行病学

（1）易感动物　口蹄疫病毒能侵害多种动物，但以偶蹄动物最敏感，家畜中以牛、羊、猪为主，野生动物（如鹿、长颈鹿、麝、野猪、象等）也可发病，人也能被感染发病。

（2）传染源　患病动物和隐性带毒动物是主要的传染源，特别是发病初期的病畜，排毒量最多，毒力最强；康复动物的带毒现象可能具有重要的流行病学及生态学意义。感染猪只的水疱液中病毒含量最高。

（3）传播途径　本病可经消化道、呼吸道、破损的皮肤、黏膜、眼结膜、交配和人工受精等直接或间接接触传染；另外，鸟类、鼠类、昆虫等野生动物也能机械性地传播本病。近年来证明，空气也是口蹄疫的重要传播途径。

（4）流行特点　本病一年四季均可发生，但受高温和日光直接影响，以天气寒冷多变的季节多见，尤其在春、秋季节流行最多；本病传播迅速，流行范围广，发病率高，死亡率低，口蹄疫的爆发，还具有周期性的特点，常呈大流行性，传播方式有蔓延式和跳跃式，一般每隔1～2年或3～5年流行一次。

3. 临床症状

潜伏期1～2d，病猪体温升高至40～41℃，精神沉郁，水疱主要发生于蹄部，在蹄冠、蹄叉、蹄踵等处发生水疱，破溃后出血和形成烂斑。一周左右恢复。如有细菌感染，造成蹄壳脱落，甚至死亡。有时在鼻吻、嘴角、母猪乳房发生水疱。哺乳仔猪通常呈急性胃肠炎和心肌炎而突然死亡，病死率达60%～80%。

4. 病理变化

病死猪尸体消瘦或略显消瘦，鼻镜、唇内黏膜、齿龈舌面上发生大小不一的圆形水泡和糜烂病灶，个别猪局部感染化脓，且有脓样渗出物；急性死亡病死猪口腔未见口蹄疫的水泡性典型病变；部分病死猪口腔呈卡他性－纤维素性口炎、卡他性出血性胃肠炎和糜烂等。典型口蹄疫病死猪除口腔与蹄部、乳房等出现病变外，心外膜有弥漫性或点状出血，心外膜和心肌切面有灰白色或淡黄色斑点或条纹，称“虎斑心”。心肌松软似煮肉样，左心室充满血凝块。

5. 诊断

（1）初步诊断　根据在病猪蹄与皮肤连接处出现水泡、嘴唇等处出现水泡、乳房周围等出现水泡等临床症状，发病猪场的牛、羊等偶蹄动物相继表现相同或类似症状，传播迅速等发病特点，病死猪心脏断面呈特殊的“虎斑心”

病理特征等，初步能诊断本病，确诊需进一步鉴别诊断和实验室诊断。

（2）鉴别诊断　本病最易与猪水泡病、猪水泡性口炎、猪水泡性疹混淆。四个病均表现发病猪口腔黏膜、蹄与皮肤连接处出现水泡、破溃和行走困难等症状。一般从易感动物的特点、发病季节可对4种易混淆疾病做初步鉴别诊断。猪水泡病和猪水泡性疹仅感染猪并出现临床症状，猪水泡性疹不感染初生乳鼠，目前，常见动物中仅偶蹄动物易感染口蹄疫，猪水泡性口炎能感染马、牛、羊、猪和人，并表现临床症状；猪水泡病、猪口蹄疫多发于冬、春寒冷季节；猪水泡性口炎多发于夏、秋炎热季节。

（3）实验室诊断　主要有病毒中和试验、酶联免疫吸附试验（ELISA）及聚合酶链式反应（PCR）法。中和试验具有型特异性，需2～3d才能获得结果。ELISA是指利用血清型专一的单或多克隆抗体的阻断或竞争ELISA，并同样具有型特异性、敏感性高，定量、操作更快、更稳定和不需要组织培养等优点。PCR法则是最快速的抗原检测手段。

6. 防制

（1）预防

①建立和健全严格的兽医防疫制度：限制或拒绝来自口蹄疫疫区的易感动物及其副产品进入非疫区；禁止将病猪及其产品转移，并严密监视同群猪；对从外面猪场或不确定是疫区或非疫区引进或购买的种猪或设施设备进行严格的消毒、口蹄疫的检疫等工作。

②做好猪场清洁和消毒工作：及时清理猪场粪便、尿液、撒落的饲料残料，并按清理、冲洗、干燥、健康区消毒、疑似发病舍消毒等程序彻底消毒；对一切外来人员、出入猪场的工作人员执行严格的消毒制度。2%～4%氢氧化钠、10%石灰乳溶液、2%福尔马林溶液或含氯制剂均是圈舍或场地针对本病原的敏感消毒药。

③强化免疫接种和坚决的淘汰制度：选择本地区流行的主要血清型口蹄疫苗，按年度2～3次的普免制免疫程序分次或每次联合免疫规模猪场的不同猪群。免疫过程中应注意本疫苗的应激效应，免疫时避开配种30d以内或怀孕40d以内的怀孕母猪，可以等怀孕母猪进入稳定期时再补免本疫苗。同时，定期对猪群进行口蹄疫病毒抗体水平监测，坚决淘汰可疑猪只。

（2）紧急防制措施　本病属于“一类”动物疫病，当怀疑为本病爆发流行时，除及时诊断外，应按国家“一类”动物疫病处置程序逐级上报。

①扑杀病猪及感染动物：疫情发生后，可根据具体情况决定扑杀动物的范围，扑杀措施由宽到严的次序可为病率—病畜的同群畜—疫区所有易感动物。

②划定疫区，隔离和封锁：一旦爆发口蹄疫，应该尽快划定疫点、疫区和受威胁区，按“早、快、严、小”的原则及时隔离封锁疫点；与疫区临近的非

疫区，应在交通要道处设消毒站；运输工具、猪舍、饲养用具等要彻底消毒。在疫区未解除封锁前，严禁由外地购入猪只，同时对非疫区内的猪群进行紧急疫苗接种。

③紧急疫苗接种：对疫区与受威胁地区的猪群进行疫苗接种，实施免疫接种应根据疫情选择疫苗种类、剂量和次数。紧急预防应加倍剂量或增加疫苗病毒抗原含量，并增加免疫次数。

（3）治疗　依国家动物防疫法规定，发病后采取果断措施。对所有病猪、同群猪实行扑杀、火化或深埋。严禁隐瞒疫情和拖延处理发病猪场。

（三）猪繁殖与呼吸障碍综合征

猪繁殖与呼吸系统综合征，又称“蓝耳病”，是由猪繁殖与呼吸综合征病毒（PRRSV）引起猪的一种病毒性传染病，其特征为厌食、发热，母猪流产、死胎、木乃伊胎、弱仔等繁殖障碍及各种年龄猪特别是仔猪的呼吸道疾病。目前，该病广泛流行于欧美及亚洲国家，已给世界养猪业造成严重的经济损失。2006 年，我国南方发生的无名高热病，与本病有关，其病原为高致病性的猪繁殖与呼吸综合征病毒的毒株。

1. 病原学

（1）分类及形态　猪繁殖与呼吸综合征病毒属于动脉炎病毒科、动脉炎病毒属。病毒粒子呈卵圆形，直径 50 ~ 60nm，有囊膜，20 面体对称，为单股 RNA 病毒。

（2）血清型　猪繁殖与呼吸综合征病毒可分为两种血清型，即欧洲型和美洲型，欧洲型主要流行于欧洲，美洲型主要流行于美洲和亚太地区。我国流行毒株主要为美洲型。

（3）抵抗力　病毒对低温具有较强抵抗力，在 -70℃可保存 18 个月，4℃保存 1 个月。对常规消毒剂抵抗力不强，对乙醚和氯仿敏感。在 pH 为 6.5 ~ 7.5 时较稳定。

2. 流行病学

（1）易感动物　猪是唯一自然宿主。各种年龄、性别、品种的猪均具有易感性，但以怀孕母猪（怀孕 90d 以后）和初生仔猪（1 月龄以内）症状最为明显。肥育猪发病温和。

（2）传染源　病猪和带毒猪是主要传染源。感染猪可以通过粪、尿、鼻汁、眼分泌物、胎儿、公猪精液等途径排出体内病毒。耐过猪可长期带毒和向体外排毒，持续感染。

（3）传播途径　本病可以接触传染，如公猪配种精子传播，也可以通过空气经呼吸道感染。怀孕母猪体内病毒可通过胎盘进行母子间的垂直传播。卫生条件不良、气候恶劣、饲养密度过高可促进本病的流行。

3. 临床症状

（1）种母猪　精神沉郁，食欲减退或废绝，咳嗽，不同程度地呼吸困难。间情期延长或不孕。妊娠母猪感染后，高热（40℃以上），嗜睡，早产，后期流产、死产、木乃伊化、弱仔，预产期后延。有的皮肤发绀，耳朵发蓝。

（2）仔猪　1月龄以内仔猪最易感，体温高达40℃以上，呼吸困难，有时呈腹式呼吸。食欲减退或废绝，腹泻。被毛粗乱，肌肉震颤，共济失调，甚至后躯麻痹，渐进性消瘦，眼睑水肿。死亡率高，可达100%。耐过猪生长缓慢，易患其他疾病。

（3）育肥猪　体温升高40℃以上，食欲减退或废绝，被毛粗乱。皮肤发红，便秘，症状轻微，有的可见一过性厌食和轻度呼吸困难，有的症状较重，呼吸困难，死亡率高。

（4）种公猪　公猪感染后厌食，咳嗽，呼吸急促，其精液数量和质量下降，发病率低（2%～10%）。一般呈零星散发，症状不典型。

4. 病理变化

自然病例通常见不到剖检病变。有的病猪出现胸腔、腹腔积水。淋巴结高度肿大、出血，尤以腹股沟淋巴结、肠系膜淋巴结、肺门淋巴结变化最显著。弥散性间质肺炎，肺间质增宽，肺膨胀、坚硬几乎没有弹性，肺尖叶和心叶出现暗红色肝变区，隔叶部分呈大理石状外观，这是本病的代表性病变特征之一。继发感染其他疾病时，可见到相应疾病的病变。部分病例胃肠道出血、坏死和溃疡。死胎胸腔内有大量清亮液体。

5. 诊断

（1）初步诊断　本病的高致病株根据临床表征、发病特点及病理解剖特征能初步确诊。高致病毒株具有使大、小猪群发病和死亡的“死亡风暴”；使发病猪场接近或至少1/3的怀孕母猪流产的“流产风暴”；发病大、小猪只均体温升高至41℃以上，即“高热风暴”；发病大、小猪只在中后期耳朵末梢均呈现蓝紫色，即“蓝耳风暴”。病死猪肺具有特征性的间质性肺炎。结合“四大风暴”和特征性的间质性肺炎病变能初步诊断为高致病性猪繁殖与呼吸障碍综合征（俗称高致病性蓝耳病）。普通型或经典型猪繁殖与呼吸综合征（俗称普通型蓝耳病）以及隐性感染导致经产母猪繁殖障碍和仔猪的继发感染，较难从临床表征初步诊断。高致病性蓝耳病及普通型蓝耳病的准确诊断尚需进一步开展鉴别诊断和实验室诊断。

（2）鉴别诊断　猪高致病性蓝耳病易和急性猪肺疫、急性败血型猪瘟、急性败血型猪丹毒、猪弓形体病、急性败血型猪链球菌病、急性附红细胞体病混淆；仔猪患普通型猪蓝耳病后易与猪副伤寒、副猪嗜血杆菌病、繁殖障碍型猪瘟、猪圆环病毒病等误诊。

猪肺疫以特征性的颈部皮下或咽、喉黏膜下胶冻状水肿浸润、喉头黏膜重度充血、出血与高致病性蓝耳病区别。使用敏感抗菌素如恩诺沙星、氟苯尼考、头孢类药品等有效。

猪瘟临床除高热风暴、末梢循环障碍引起的皮肤出血斑外，母猪、种公猪较少发病和死亡，死亡以仔猪和架子猪为主；病变特征是全身脏器有广泛性出血点；脾边缘特征性的梗死灶；慢性病例可见盲结肠黏膜特殊的纽扣状溃疡。

急性型猪丹毒与猪高致病性蓝耳病的相似之处在于均表现高烧、急性死亡和全身皮肤程度不等的败血变化。但急性败血型猪丹毒不具备猪高致病性蓝耳病的流产风暴，病理解剖重点在脾和肾，脾外观呈樱桃红色，肾重度充血出血，外观蓝紫色，俗称“大彩肾”，转为亚急性型猪丹毒，皮肤呈方块形、菱形等疹块；慢性型心腔房室口有菜花样赘生物。

猪弓形体病临床可见大部分病猪背部毛孔有出血点；病变主要在肝、肾、淋巴结，其均有程度不等的白色坏死灶。脑实质不见出血，心室腔不见煤焦油样血凝块，与链球菌病相区别。

猪败血型链球菌病一般以生长育肥猪、仔猪为主，母猪、公猪较少发病；发病期间较少引起流产症状；病死猪不出现蓝耳朵症状，仅在全身颈、胸、腹部等处呈暗红色出血斑；病变主要在心室腔有煤焦样血凝块，脑灰质和白质有出血点。

猪附红细胞体病的特征性界定指标：高烧；全身脏器不同程度黄染；血液稀薄；全身皮肤发红，又名“红皮猪”，较易和本病区别。

仔猪和母猪患普通型猪蓝耳病的鉴别诊断参见“猪伪狂犬病”等相关内容。

（3）实验室诊断　采取病猪的血清、肺、脾、淋巴结或流产胎儿送检。主要通过病毒的分离鉴定、免疫荧光、酶联免疫吸附试验、RT－PCR 等方法可以确诊。

6. 防治

（1）预防

①严格执行引种、检疫和隔离制度：对新引进种猪在了解其系谱史、免疫史、引进种猪场疫病发生情况的前提下，根据被引进猪场类别（祖代猪场、父母代猪场等）对引进种猪连续做 2～3 次猪蓝耳病抗体水平监测并隔离饲养 3～8 周不等，连续两次监测阴性且无异常表征的新进种猪方可转入已有猪群所在猪舍统一饲养管理和种用。

②坚持自繁自养，建立稳定健康的种猪群：坚持自繁自养的原则，除特殊育种需要外，一般情况下不引种。对自繁自养猪群严格执行猪蓝耳病的免疫程

序和净化制度，建立稳定的健康种猪群。

③建立健全规模化猪场的生物安全体系：实行封闭式管理，生产流程实现全进全出，特别应做到产房和保育阶段的全进全出。严格执行科学的免疫程序和定期的重点疫病（如猪瘟、猪伪狂犬病等）抗体水平监测制度；完善规模猪场人员、车辆进出制度、消毒制度、粪污及病死猪、流产胎儿等的处理制度。严格执行科学的消毒程序和彻底的消毒工作，选择 2～3 种不同类别消毒药，按每种连续使用 1～3 次后交替消毒。

④提高饲养管理水平：做好规模猪场的“三度一通风”工作，安装干湿温度计、水帘、空调、风机等设备设施，在保证猪舍适宜的温度、湿度前提下，做好猪舍的通风；按育肥猪 1～1.2m^2/头的标准，每个饲养阶段猪群减少0.3～0.4m^2/头，控制饲养密度。种母猪、种公猪、仔猪原则上均采用全价颗粒饲料饲喂。

⑤做好猪群猪繁殖与呼吸障碍综合征疫苗免疫和抗体水平监测工作：猪蓝耳病疫苗目前有经典蓝耳病灭活疫苗（CH－1a 株）和高致病性猪蓝耳病灭活疫苗（NVDC－JXA1 株）两种灭活疫苗，中国自行研制成功的经典蓝耳病弱毒疫苗（CH－1R 株），猪蓝耳病基因工程疫苗，共 4 种。根据规模猪场类别（祖代猪场、父母代猪场等）和猪场猪蓝耳病抗体水平等选择上述 4 种疫苗中的一种进行免疫，原则上所有种猪均以灭活疫苗为首选，尽管在免疫程序的设计上可能会多增加免疫次数。参考免疫程序如下：

a. 后备种公猪。一般后备种公猪在配种前 30d 免疫一次经典蓝耳病灭活疫苗，间隔 10～15d，免疫高致病性蓝耳病灭活疫苗 1 次，种公猪每 6 个月免疫 1 次，两种疫苗都要防疫，间隔 10～15d。

b. 后备母猪。后备母猪配种前 30d 免疫 1 次经典蓝耳病灭活疫苗，间隔 10～15d，免疫高致病性蓝耳病灭活疫苗 1 次。

c. 经产母猪。产后 20d 免疫经典蓝耳病灭活疫苗，间隔 10～15d，免疫高致病性蓝耳病灭活疫苗。

d. 断奶仔猪。断奶后注射经典蓝耳病灭活疫苗 1 次，间隔 10～15d，再注射高致病性蓝耳病灭活疫苗 1 次，至出栏。

（2）治疗　本病无特效药物，但是为了控制死亡率和防止进一步发病，可采取以下紧急防控措施对本病进行控制。

①隔离和分圈、分群与严格消毒。

②紧急治疗方案：

a. 血清抗体方案。根据发病猪只症状轻重按 0.4～0.6mL/kg 体重肌注与或静注猪蓝耳病血清抗体，同时配合葡萄糖与双黄连注射液；中等程度病症猪根据混感疾病不同，配合注射敏感抗菌素，如混合感染猪传染性胸膜肺炎，可同时配合注射盐酸多西环素、头孢等，若混合感染支原体肺炎，配合应用泰乐菌素或泰妙菌素等。

b. 疫苗紧急接种方案。针对父母代级别以下的自繁自养商品猪，可采取全群紧急倍量接种猪蓝耳病经典株弱毒疫苗或高致病性蓝耳病的灭活疫苗；接种同时，可用治疗剂量的一半剂量注射转移因子或干扰素，同时配合口服黄芪多糖口服液或水溶性粉，连用5～7d。

（四）猪伪狂犬病

猪伪狂犬病又名猪疱疹病毒病、阿捷申氏病等，是由伪狂犬病毒引起的猪及其他动物共患的一种急性传染病。其特征为发热、奇痒及脑脊髓炎。不同年龄阶段的猪感染后，其症状不同，但都无明显的皮肤瘙痒表现。哺乳仔猪表现发热和神经症状，病死率较高，育肥猪呈隐性感染，有时有轻度呼吸机能障碍，母猪流产、死胎、返情和屡配不孕。目前该病对养猪业影响很大，一旦传染，很难清除，在许多国家的地位仅次于猪瘟。

1. 病原学

（1）分类及形态　伪狂犬病病毒属于疱疹病毒科，α－疱疹病毒亚科成员。病毒粒子呈圆形，直径为150～180nm，核衣壳直径为105～110nm，有囊膜和纤突。基因组为线状双股DNA。

（2）培养特征及血清型　病毒能在鸡胚及多种动物细胞培养上生长繁殖，并引起明显的细胞病变，产生核内包涵体。猪伪狂犬病毒只有一个血清型，但毒株间存在差异。

（3）抵抗力　病毒对外界抵抗力较强，在污染的猪舍能存活1个多月，在低温潮湿环境下，pH为6～8时病毒能稳定存活。本病毒对热、甲醛、乙醚、紫外线都很敏感，一般常用的消毒药都有效。

2. 流行病学

本病一年四季均可发生，但以冬春寒冷季节和产仔旺季多发。

（1）易感动物　伪狂犬病毒感染动物种类很多，各种年龄猪、牛均易感染，在自然条件下，还能使羊、犬、猫、兔、鼠、水貂、狐狸等动物感染发病。

（2）传染源　病猪、带毒猪及带毒鼠类是本病的主要传染源，带毒鼠类的粪、尿中含有大量病毒。隐性感染的成年猪是该病主要传染源。病毒主要从病猪的鼻分泌物、唾液、乳汁和尿中排出，有的带毒猪可持续排毒一年，成为本病流行、很难根除的重要原因。

（3）传播途径　空气飞沫是本病的主要水平传播方式，消化道、皮肤伤口、交配也可传播本病，妊娠母猪感染本病时，可经胎盘感染胎儿。泌乳母猪感染本病的1周左右乳中有病毒出现，可持续3～5d，此时仔猪可因哺乳而感染本病。

3. 临床症状

（1）哺乳仔猪　体温升高41℃以上，呕吐，下痢、厌食、精神不振，呼吸困难，呈腹式呼吸，继而出现神经症状，共济失调。有神经症状的猪一般在24～36h死亡。死亡率可达100%。

（2）架子猪、肥育猪　常为隐性感染，症状轻微，仅见一过性发热，咳嗽，但影响生长发育速度和饲料转化率。有的病猪呕吐。无继发感染，病死率很低，为1%～2%。多在3～4d恢复。

（3）妊娠母猪　早期感染常见返情现象。受胎40d以上感染时，常有流产、死胎现象，死胎大小差异不显著，无畸形胎。末期感染时，可产活胎，但往往因活力差，于产后不久出现典型的神经症状而死亡。

（4）种猪　后备母猪、空怀母猪表现为屡配不孕，返情率高达90%，公猪表现为睾丸肿胀、萎缩，丧失配种能力，但是一般病死率很低，不超过2%。

4. 病理变化

一般无特征性病理变化。如有神经症状，脑膜明显充血，出血和水肿，脑脊髓液增多。扁桃体和脾均有散在白色坏死点。肺水肿、有小叶性间质性肺炎、胃黏膜有卡他性炎症、胃底黏膜出血。流产胎儿的脑和臀部皮肤出血点，肾和心肌出血点，肝和脾有灰白色坏死灶。组织学变化见中枢神经系统呈弥漫性非化脓性脑膜炎，有明显血管套和胶质细胞坏死。在鼻咽黏膜，脾和淋巴结的淋巴细胞内有核包涵体。

5. 诊断

（1）初步诊断　根据怀孕母猪有程度不等的繁殖障碍、存活胎儿弱仔较多、有神经症状如斜耳、八字脚或用后脚频繁弹颜面部等、仔猪顽固性排黄红色稀粪，解剖可见脏器尤其是肝、脾表面有灰白色坏死灶、脑室积液、充血和出血等，结合免疫史及抗体监测情况可做初步诊断。确诊需鉴别诊断和实验室诊断。

（2）鉴别诊断　猪伪狂犬病引起的繁殖障碍易与繁殖型猪瘟、普通型猪繁殖与呼吸障碍综合征、猪日本乙型脑炎、细小病毒、衣原体、弓形体病等混淆，临床表征具有神经症状，易与李氏杆菌、神经型链球菌、猪日本乙型脑炎、仔猪水肿病等误诊。

在感染普通型猪繁殖与呼吸障碍综合征的猪场，隐性感染本病的妊娠母猪早产率达80%，1周龄仔猪病死率大于25%；病程较长的仔猪出现典型或较明显的“蓝耳”表征；但不出现公猪的睾丸炎，仔猪较少出现神经症状与本病相区别；而间质性肺炎是猪繁殖与呼吸障碍综合征较典型的病理特征，猪伪狂犬不具备此特征。

猪细小病毒病主要见于初产母猪，出现流产、死胎、木乃伊胎等繁殖障碍，其他猪只无症状，不见公猪睾丸炎和仔猪的神经症状，而猪伪狂犬病以仔猪神经症状和寒冷季节多发为特征。

李氏杆菌病多发于断乳仔猪，发病仔猪多表现头颈后仰的“观星”姿势；特征性病变为脑桥、延髓和脊髓软化和化脓灶。

神经型链球菌病除表现神经症状外，一般均有全身脏器败血症表征；且伴随关节炎、化脓等表征；青霉素等抗菌素能缓解症状。猪伪狂犬病无可见的全身败血症状，抗菌素治疗无效。

猪弓形体病以高烧（42℃以上）且稽留、全身败血症状为特征，无神经症状；磺胺类药品有特效。乙型脑炎体温低于弓形体病，且无全身性的败血症状，抗菌素无效，患病仔猪一般有神经症状。

仔猪水肿病易发生于断乳仔猪，且一般体格健壮的仔猪最易发病；头、眼睑、颌面部及颈部皮下呈程度不等的凉粉状水肿；胃大弯、大肠系膜均水肿明显。不引起繁殖障碍病，较易与猪伪狂犬病区别。

繁殖障碍型猪瘟单从临床表征较难和本病区别，但存活弱仔、死于繁殖障碍猪瘟的病死猪，其尸体解剖具有部分典型猪瘟病理解剖特征，如脾边缘梗死灶、肾皮质针尖状出血点、肾脏畸形、膀胱黏膜针尖状出血点或全身淋巴结程度不等的充血、出血等，且繁殖障碍型猪瘟一般不引起仔猪神经症状，是与猪伪狂犬病区别的主要指标之一。确诊需在实验室做病原的分离鉴定或聚合酶链式反应（PCR）抗原检测。

感染衣原体而引起的繁殖障碍，若仔猪不发病，单从临床表征即繁殖障碍较难与猪乙型脑炎相区别，但若引起仔猪发病，从神经症状表征可以将两者区别，患衣原体病的仔猪除引起关节炎和多发性浆膜炎、公猪的睾丸炎外，一般无神经症状。

（3）实验室诊断　诊断本病的常用实验室方法包括常规病毒分离和鉴定、血清中和试验、琼脂扩散试验、乳胶凝集试验、补体结合试验、荧光抗体试验、酶联免疫吸附试验和聚合酶链式反应等。其中，根据伪狂犬病毒目前的市售基因缺失疫苗而针对性建立的 PCR 定性检测法，可以快速检测由疫苗免疫或由本病毒的野毒株感染引起而在快速诊断中广泛应用。另外，将采集、提取的疑似病料接种于家兔，利用接种家兔的瘙痒反应来鉴别本病也是实验室快速诊断本病的常用方法之一。

6. 防制

（1）预防

①免疫接种：接种猪伪狂犬疫苗的有效性与疫苗类型选择、被免猪群为伪

狂犬病阴性猪群还是阳性猪群有重要关系。原则上，阴性猪群首选基因缺失疫苗进行免疫，其次为灭活疫苗。参考免疫程序：生长猪 70 日龄时首免，100 日龄时二免；后备公猪和母猪配种前 30d 接种 1 次；公猪和母猪每年上半年、下半年各 1 次普免制免疫。猪伪狂犬病阳性猪群根据规模猪场类别（祖代猪场、父母代猪场或商品猪场等）慎重选择猪伪狂犬弱毒活疫苗、灭活疫苗或基因缺失疫苗进行紧急免疫或普免。

②加强猪伪狂犬病的净化措施：采取定期抗体或抗原监测并执行坚决的淘汰政策；实行场内的单一性饲养，即仅饲养猪，杜绝猪、鸡、羊等的混合养殖模式；灭绝鼠患；严格引种、检疫与隔离观察制度，彻底淘汰检疫伪狂犬阳性的引进种猪；建立全进全出的养殖模式；建立猪场隔离带或隔离网，防止野生动物及其他易感染伪狂犬病毒的动物窜入场内。

③加强饲养管理：做好猪场的“三度一通风”工作，即适宜的温度、湿度、饲养密度，并在保持圈舍温度基础上保持适度的通风；执行严格、科学的消毒制度，对所有进出的人员、车辆、养殖场内的设备、设施进行科学彻底的消毒，原则上选择对本病敏感的 2 ~ 3 种（如甲醛、1% ~ 2% 的氢氧化钠溶液等）消毒药交叉使用。

（2）治疗　本病暴发流行后，无特效药物，只能用猪伪狂犬血清及紧急倍量接种疫苗进行防控，同时，对症选用相关药物。猪伪狂犬血清抗体按 0.2 ~ 0.5mL/kg 肌注；紧急接种以疑似健康猪群和发病猪群同时注射，均在原接种剂量基础上倍量注射，存活下来的猪只在 4 ~ 6 周后加免 1 次。

（五）猪乙型脑炎

猪流行性乙型脑炎又称日本乙型脑炎，简称乙脑，是由流行性乙型脑炎病毒引起的一种人畜共患传染病。在人和马呈现急性脑炎症状，猪表现流产、死胎和睾丸炎，新生仔猪脑炎，其他家畜和家禽大多呈隐性感染。传播媒介为蚊虫，流行有明显的季节性。本病属于自然疫源性疾病，被世界卫生组织列为重点防控的传染病，我国将其列入二类动物传染病。

1. 病原学

（1）分类及形态　流行性乙型脑炎病毒属于黄病毒科黄病毒属。病毒粒子呈球形，直径为 30 ~ 40nm，二十面体对称，为单股 RNA 病毒，核心 RNA 包以脂蛋白囊膜，外层为含糖蛋白的纤突。病毒在感染动物血液内存留时间很短，主要存在中枢神经系统及肿胀的睾丸内。

（2）培养特性及血凝性　可在许多肾细胞系如 Vero、BHK21、PK15 细胞及鸡胚成纤维细胞上增殖并产生明显的致细胞病变效应（CPE）。具有血凝活性，能凝集鹅、鸽、绵羊和雏鸡的红细胞，但不同毒株的血凝滴度有明显差异。

（3）抵抗力 病毒对外界环境的抵抗力不强，对酸碱的耐受力差，常用的消毒药如2%火碱溶液、3%来苏儿对本病毒都有良好的抑制和杀灭作用。

2. 流行病学

（1）易感动物 家畜中马属动物、猪、牛、羊均有易感性。猪不分品种和性别均易感，发病年龄多与性成熟期相吻合。

（2）传染源 病猪和带毒猪是主要传染源，猪虽发病率低，但感染率高，因此猪是最重要的自然宿主，也是很危险的传染源。在本病流行地区，畜禽的隐性感染率均很高，特别是猪的感染最为普遍，容易通过猪—蚊—猪等的循环，扩大病毒的传播，所以猪是本病毒的主要增殖宿主和传染源。

（3）传播途径 本病主要通过带病毒的蚊虫叮咬而传播。已知库蚊、伊蚊等不少蚊种以及库蠓均能传播本病。

（4）流行特点 主要在夏季至初秋的7～9月份流行，这与蚊的生态学有密切关系。本病在猪群中的流行特征是感染率高，发病率低，绝大多数在病愈后不再复发，成为带毒猪。

3. 临床症状

人工感染潜伏期一般为3～4d。不同猪群感染乙型脑炎病毒表现为不同的临床症状。

（1）一般症状 突然增食或减食，体温升高达40～41℃，呈稽留热，精神沉郁、嗜睡。饮欲增加。粪便干燥呈球状，表面常附有灰白色黏液，尿呈深黄色。有的猪后肢轻度麻痹，步态不稳，也有后肢关节肿胀感疼而跛行。个别表现明显神经症状，视力障碍，摆头，乱冲乱撞，后肢麻痹，最后倒地不起而死亡。

（2）妊娠母猪 常突然发生流产，多见于妊娠后期，流产后症状减轻，体温、食欲恢复正常。流产胎儿多为死胎或木乃伊胎，大小不等，或濒于死亡。部分存活仔猪虽然外表正常，但衰弱不能站立，不会吮乳；有的生后出现神经症状，全身痉挛，倒地不起，1～3d死亡。有些仔猪哺乳期生长良莠不齐，同一窝仔猪有很大差别。

（3）种公猪 除有上述一般症状外，突出表现是在发热后发生睾丸炎。一侧或两侧睾丸明显肿大，较正常睾丸大半倍到一倍，具有诊断意义。患睾阴囊皱褶消失，温热，有痛觉。如一侧萎缩，尚能有配种能力。

（4）仔猪 可发生神经症状，如磨牙、口流白沫、转圈、视力障碍、盲目冲撞，严重者倒地不起而死亡。

4. 病理变化

脑脊液增量，脑膜和脑实质充血、出血、水肿，睾丸有充血、出血和坏死。子宫内膜充血、水肿、黏膜上附有黏稠的分泌物。胎盘呈炎性浸润，流产或早产的胎儿常见脑水肿、皮下水肿，有血性浸润，胸腔积液，腹水增多。

5. 诊断

（1）初步诊断　如多发于夏、秋炎热的蚊蝇滋生季节，临床表征如种公猪的一侧性睾丸肿胀及幼龄仔猪神经症状、怀孕母猪的繁殖障碍等，病理解剖特征如呈明显的脑炎症状等可对本病作初步诊断。确诊需进行进一步的鉴别诊断和病毒分离鉴定、实验室快速定性诊断。

（2）鉴别诊断　猪乙型脑炎引起的繁殖障碍易与繁殖型猪瘟、普通型猪繁殖与呼吸障碍综合征、猪伪狂犬病及细小病毒、衣原体、弓形体病等混淆，临床表征具有神经症状，与李氏杆菌、神经型链球菌、猪伪狂犬病、仔猪水肿病等误诊。鉴别诊断参见“猪伪狂犬病”内容。

（3）实验室诊断

①病毒分离鉴定：在本病流行初期，采取濒死期脑组织或发热期血液，立即进行鸡胚卵黄囊接种或1～5日龄乳鼠脑内接种，可分离到病毒，但分离率不高。

②血清学诊断：在本病的血清学诊断中，血凝抑制试验、中和试验和补体结合试验是常用的实验室诊断方法，以发病初期和康复期双份血清抗体效价升高4倍以上作为阳性标准。

③PCR法：利用已知猪乙型脑炎病毒的保守基因序列设计引物并扩增建立的快速PCR定性检测方法，是目前实验室快速诊断本病较常用的方法。

6. 防制

（1）预防

①消灭传播媒介——蚊虫：严格执行兽医防疫制度，加强猪场粪便、尿液、散落饲料、流产污物、死胎、病死猪尸体及圈舍外其他物品的即时清理、清洁和科学处置；定期严格的消毒；采取干湿分离及生物发酵的粪污处理方法。可于每年蚊蝇开始滋生的季节前，每吨饲料中添加8～10g环丙氨嗪等灭蚊蝇的药品，混合均匀，连续饲喂4～6周后，停药4～6周，循环饲喂至苍蝇活动季节结束；也可于蚊蝇滋生季节在猪场放置多个灭蚊灯、浸泡有敌百虫的灭蚊棉条等，有助于降低或减少猪场蚊蝇的滋生。

②免疫接种：可对5～6月龄种猪免疫接种猪乙型脑炎病毒疫苗，2周后加强免疫1次，后转为年度普免制，即每年3～4月份时对猪场所有种猪（包括种公猪、经产母猪等，商品仔猪除外）进行猪乙型脑炎病毒疫苗的普免，能有效防控本病的暴发流行。

（2）治疗　本病无特效疗法，一旦确诊应尽早淘汰。针对价值高的种猪，应积极采取对症疗法和支持疗法，同时加强护理，可收到一定的疗效。可对发病猪只静脉注射20%甘露醇、10%葡萄糖，同时辅以板蓝根、干扰素等抗病毒类药品，对兴奋不安的病猪可用氯丙嗪注射，若高烧症状较严重，病猪可辅以解热药配合使用。

（六）猪细小病毒病

猪细小病毒感染是由猪细小病毒引起母猪繁殖障碍的一种传染病。其特征是怀孕母猪特别是初产母猪或血清学阳性母猪，产出死胎、木乃伊胎、畸形胎、弱仔及延迟分娩，母猪本身无明显症状。其他年龄的猪感染不表现明显的临床症状。

1. 病原学

（1）分类及形态　猪细小病毒（PPV）属于细小病毒科，细小病毒属，核酸为单股DNA，病毒粒子呈六角形或圆形，二十面体等轴立体对称，直径为20~28nm，无囊膜。

（2）血清型及血凝性　目前所分离的病毒均属一个血清型。病毒能够凝集人、猴、豚鼠、小鼠及鸡的红细胞。

（3）抵抗力　细小病毒对热、酸、碱抵抗力均很强，能抵抗乙醚、氯仿等脂溶剂，但0.5%漂白粉、1%~2%氢氧化钠能迅速杀灭病毒。

2. 流行病学

（1）易感动物　仅猪易感，猪是本病目前已知的唯一宿主，不同年龄、性别、品系的家猪和野猪都可感染。感染后终身带毒。

（2）传染源　病猪、带毒猪和母猪所产死胎、弱胎是主要传染源。污染的圈舍是PPV的主要储存场所。地方性流行或散发，多发生于每年春夏或母猪产仔和交配后的一段时间，一旦发生本病能持续多年，或连续几年不断出现母猪繁殖失败。

（3）传播途径　病毒由口、鼻、肛门及公猪精液中排出，被污染的器具、饲料、饮水等均可成为传染媒介。妊娠母猪感染病毒可通过胎盘传给胎儿，其他猪群可通过消化道、呼吸道及交配感染。

3. 临床症状

母猪主要表现发情不正常，久配不孕，或重新发情而不分娩。不同孕期感染症状表现不同，妊娠30d内感染，胚胎死亡、吸收使产仔数减少。在怀孕30~50d感染时，主要是产木乃伊胎，怀孕50~60d感染多出现死胎，胎儿大小不同。怀孕70d以上则多能正常产仔，常产出瘦小弱胎，无其他明显症状。受感染公猪的性欲或受精率没有明显的影响。

4. 病理变化

母猪子宫内膜有轻微炎症，胎盘有部分钙化现象，胎儿在子宫胎盘内有被溶解、吸收的现象。还可看到感染胎儿充血、水肿、出血、体腔积液、木乃伊化（脱水）及坏死等病变。70d 以后感染 PPV 的胎猪具有免疫能力时，其病变就不明显，甚至没有病变。

5. 诊断

如果出现多头母猪，尤其是初产母猪发生流产、死胎、木乃伊胎，胎儿大小不同，而没有其他的临床症状，可考虑细小病毒感染。但最后确诊必须进行实验室检查，如分离病毒，荧光抗体检查及血凝抑制试验。

6. 防制

（1）预防措施　控制带毒猪进入猪场，引种加强检疫，若从本病阳性猪场引进种猪时，应隔离 14d，进行 2 次血凝抑制试验，当血凝抑制滴度在 1∶256 以下或呈阴性时，才可以引进。后备母猪，配种前 1 个月免疫，20d 后加强免疫 1 次，剂量 1 头份。经产妊娠母猪，分娩前 1～2 月免疫，剂量 1 头份，3 胎后母猪因有较高的抗体滴度，一般不需再免疫。种公猪一年 2 次免疫，剂量 1 头份。

（2）治疗　猪场一旦发生本病，应立即将发病的母猪或仔猪隔离或彻底淘汰，所有与病猪接触的环境、用具应严格消毒，与此同时，对猪群进行紧急疫苗接种。流产后若发生产道感染，可肌内注射青霉素 160 万～240 万 IU、链霉素 100 万 IU，每天 2 次，连用 3d。

（七）猪传染性胃肠炎

猪传染性胃肠炎（TGE）是由传染性胃肠炎病毒引起猪的一种急性、高度接触性肠道性疾病。以呕吐、严重腹泻和脱水为特征。各种年龄猪都可发病，10 日龄以内仔猪病死率很高，可达 100%，5 周龄以上猪的死亡率很低，成年猪几乎没有死亡。

1. 病原学

（1）分类及形态　猪传染性胃肠炎病毒属于冠状病毒科、冠状病毒属成员，有囊膜，形态多样，呈圆形、椭圆形和多边形，表面有一层棒状纤突，病毒直径为 80～120nm，主要存在于空肠、十二指肠及回肠的黏膜。猪传染性胃肠炎病毒（TGEV）基因组为单股 RNA。

（2）血清型及血凝性　只有一个血清型，但近年来许多国家都发现了变异株，即猪呼吸道冠状病毒。本病毒对牛、猪、豚鼠及人的红细胞没有凝集或吸附作用。

（3）抵抗力　病毒对热、阳光抵抗力不强，常用的消毒药对病毒均有杀灭作用。在 pH 4～8 时稳定，pH 2.5 时则被灭活。

2. 流行病学

（1）易感动物　猪是唯一的易感动物。各种年龄的猪均可感染发病，以 10

日龄以下的哺乳仔猪发病率和死亡率最高，随年龄的增大死亡率逐步下降，断奶猪、育肥猪和成年猪的症状较轻。

（2）传染源 病猪和带毒猪是本病的主要传染来源。可通过呕吐物、粪便、鼻液和呼吸的气体排出体内的病原体。病毒也可通过带毒母猪的乳汁传给仔猪。

（3）传播途径 病猪和带毒猪排出的病原体污染饲料、饮水、空气及用具等通过消化道和呼吸道传染给易感猪群。

（4）流行特点 本病的发生具有较明显的季节性，我国多流行于冬春寒冷季节，夏季发病少，在产仔旺季发生较多。新疫区呈流行性，老疫区呈地方流行性或周期性流行。

3. 临床症状

本病潜伏期较短，一般为 15～18h，长的可达 2～3d。不同日龄猪群感染本病后临床症状略有不同。

（1）仔猪 典型临床表现是突然呕吐，接着出现急剧的水样腹泻，粪水呈黄色、淡绿或发白色。病猪迅速的脱水，体重下降，精神萎靡，被毛粗乱无光。吃奶减少或停止吃奶、颤栗、口渴、消瘦，于 2～5d 内死亡，一周龄以下的哺乳仔猪死亡率 50%～100%，随着日龄的增加，死亡率降低。病愈仔猪增重缓慢，生长发育受阻，甚至成为僵猪。5 周龄以上仔猪症状轻，死亡率低。

（2）架子猪、肥猪及成年母猪 主要是食欲减退或消失，水样腹泻，粪水呈黄绿、淡灰或褐色，混有气泡；哺乳母猪泌乳减少或停止，3～7d 病情好转随即恢复，极少发生死亡。

4. 病理变化

胃内充满凝乳块，胃底黏膜充血、出血。特征性病变在小肠，小肠内充满白色至黄色液体，肠壁菲薄缺乏弹性，呈透明状，肠腔气性膨胀。肠系膜充血、淋巴结肿大。小肠绒毛变短和萎缩；肾浑浊肿胀和脂肪变性，并含有白色尿酸盐。

5. 诊断

（1）初步诊断 根据发病季节、临床症状、病理解剖特征、死亡特点及用药史等能对本病作初步诊断，确诊需进行鉴别诊断和实验室诊断。

（2）鉴别诊断 本病单从临床表征最易与猪流行性腹泻混淆，除此之外，与猪轮状病毒病、猪副伤寒、猪大肠杆菌病、猪增生性肠炎、肠型猪瘟、猪痢疾等较难区别。猪传染性胃肠炎的鉴别特征包括：多发于寒冷季节，同时具有呕吐和腹泻症状，以呕吐症状为主，且呕吐可发生于采食前或采食后，以采食前发生呕吐较多为特征；病理解剖特征不仅仅在小肠出现变薄充气、肠壁呈透明状、肠绒毛变短等，胃黏膜也充血出血明显。

猪流行性腹泻在发病季节和临床症状有类似之处，但发病猪呕吐症状比猪传染性胃肠炎要轻，呕吐症状多在采食后发生；病理解剖以小肠病变为主，胃黏膜较少出现充血和出血症状。

猪轮状病毒病死亡率很低、较少有呕吐症状，基本可以和猪传染性胃肠炎区别开来。

猪副伤寒以草绿色或黄绿色稀粪为临床表征，无呕吐症状，病理变化以盲结肠出现纤维素性伪膜或糠麸样伪膜为其特征，且氨基糖苷类药物如庆大霉素、卡那霉素对本病有效，可区别于传染性胃肠炎。

猪增生性肠炎一般排沥青样黑色稀粪或偶尔干粪；病变主要在回肠和前1/3盲结肠，黏膜增厚，外观似橡皮胶管为其特征，与猪传染性胃肠炎的主要病变在胃和小肠不一样。

仔猪大肠杆菌病包括黄痢和白痢，分别发生于出生后 1 周内及 10 日龄以上仔猪，一般不出现呕吐症状，使用敏感抗菌素能控制仔猪腹泻。病理解剖可在小肠和大肠分别观察到肠腔内的黄色或黄白色稀粪、白色或灰白色稀粪。

猪痢疾大小猪均能发生，无呕吐症状，血便为主，病理变化主要在大肠尤其结肠，黏膜被覆一层纤维素性假膜。痢菌净有特效。

肠型猪瘟较难与本病区别，但肠型猪瘟除引起仔猪顽固性腹泻外，一般无呕吐症状，除胃肠病变外，其他脏器常可见针尖状出血点。病仔猪全身淋巴程度不等的充血和出血。

（3）实验室诊断　实验室诊断方法有免疫荧光、酶联免疫吸附试验、中和试验、PCR 法。其中，PCR 法是目前最快速的实验室检测方法。

6. 防制

（1）预防

①预防原则：严格引种和隔离观察与检疫。实行严格的“全进全出”制度并定期、彻底、科学地消毒。

②免疫接种：根据猪场感染本病的严重程度及是否暴发流行本病设计免疫程序，按免疫程序接种猪传染性胃肠炎弱毒疫苗或灭活疫苗。可参考如下免疫程序：按后备母猪免疫 1 次，妊娠母猪产前 30～40d、临产前 7～10d 接种猪传染性胃肠炎弱毒疫苗，猪传染性胃肠炎病毒感染较严重猪场，可于 10～15 日龄哺乳仔猪加强免疫 1 次。免疫剂量均以疫苗厂家提供的参考用量进行免疫。目前，已有猪传染性胃肠炎－猪流行性腹泻－猪轮状病毒病三联灭疫苗的商品疫苗生产和销售，可以按免疫程序给母猪、公猪、仔猪免疫接种该三联疫苗。

③加强饲养管理：保持产房的温度、湿度，把握好产房的饲养密度，做好产房清洁卫生和定期严格、彻底、科学的消毒工作。

（2）治疗

①口服或注射猪传染性胃肠炎高免血清或康复猪血清，或猪传染性胃肠炎

卵黄抗体口服液，均在预防剂量基础上加倍使用，2 次/d，连用 3 ~ 4d，后减半剂量和时间使用。

②电解多维配葡萄糖，自由饮用。其中，水为煮沸后冷却至 40℃左右的水。同时，配恩诺沙星饮水，上午和下午各 1 次，连用 5d。

③在上述方案执行的同时，可辅助使用中药方剂，如“三黄加白汤”或“神曲、焦麸芽与焦山楂加减”对发病猪群投服，每日 1 剂，连用 3 剂为一个疗程。

（八）流行性腹泻

猪流行性腹泻（PED）是由猪流行性腹泻病毒引起猪的一种急性接触性肠道传染病，其特征为呕吐、腹泻和脱水，各个年龄的猪均易感。本病的流行特点、临床症状和病理变化与猪传染性胃肠炎极为相似。

1. 病原学

（1）分类及形态　猪流行性腹泻病毒属于冠状病毒科冠状病毒属成员。病毒粒子呈多形性，倾向于圆形。大多数病毒粒子有一个电子不透明的中央区，顶端为膨大的纤突，从核衣壳向外呈放射状排列。病毒粒子直径为 95 ~ 190nm，有囊膜，病毒核酸为单股正链 RNA。

（2）抗原性　本病毒仅有一个血清型。本病毒与猪传染性胃肠炎病毒、新生犊牛腹泻病毒、犬肠道冠状病毒、猫传染性腹膜炎病毒无抗原关系。

（3）抵抗力　本病毒对外界环境和消毒药抵抗力不强，对乙醚、氯仿敏感，一般消毒药都可将其杀灭，但在 50℃条件下相对稳定。病毒在 40℃、pH 5.0 ~ 9.0 或 37℃、pH 6.5 ~ 7.5 时稳定。

2. 流行病学

（1）易感动物　本病仅发生于猪，各种年龄的猪都能感染发病。哺乳仔猪、架子猪或育肥猪的发病率很高，尤以哺乳仔猪受害最为严重，母猪发病率变动很大，约为 15% ~ 90%。

（2）传染源　病猪是主要传染源。病毒随粪便排出后，污染环境、饲料、饮水、交通工具及用具等而传染。

（3）传播途径　主要通过消化道传播。如果一个猪场陆续有不少窝仔猪出生或断奶，病毒会不断感染失去母源抗体的断奶仔猪，使本病呈地方流行性，在这种繁殖场，猪流行性腹泻可造成 5 ~ 8 周龄仔猪的断奶期顽固性腹泻。本病多发生于寒冷季节，以 12 月和翌年 1 月发生最多。

3. 临床症状

潜伏期一般为 5 ~ 8d，人工感染潜伏期为 8 ~ 24h。

（1）哺乳仔猪　主要的临床症状为水样腹泻，或者在腹泻之间有呕吐。呕吐多发生于吃食和吃奶后。病猪体温正常或稍高，精神沉郁，食欲减退或废绝。症状的轻重随年龄的大小而有差异，年龄越小，症状越重。1周龄内新生仔猪发生腹泻后3～4d，呈现严重脱水而死亡，死亡率可达50%，最高的死亡率达100%。

（2）断乳仔猪、母猪　常呈现精神委顿、厌食和持续腹泻（约1周），并逐渐恢复正常。少数猪恢复后生长发育不良。

（3）育肥猪　在同圈饲养感染后都发生腹泻，有的仅表现呕吐，1周后康复，死亡率1%～3%。

4. 病理变化

病死猪尸体消瘦、脱水，胃内有黄白色凝乳块。小肠病变具有特征性，小肠扩张呈半透明状，内充满黄色液体，肠系膜充血，肠系膜淋巴结水肿，小肠绒毛缩短。组织学变化，见空肠段上皮细胞的空泡形成和表皮脱落，肠绒毛显著萎缩。

5. 诊断

（1）初步诊断　结合有呕吐现象、仔猪死亡率较高、病变主要在空肠、常规抗菌素不能控制腹泻和死亡等临床症状和病理特征，且母猪群未免疫猪流行性腹泻或未能检测到本病原抗体等，可初步诊断为本病，确诊需鉴别诊断和实验室诊断。

（2）鉴别诊断　本病在临床表征方面最易与猪传染性胃肠炎混淆，其次易与猪轮状病毒性腹泻误诊。另外，与猪副伤寒、猪红痢、仔猪黄痢、白痢、猪痢疾及增生性肠炎也难区别。猪流行性腹泻多发于仔猪，死亡率较高，有呕吐症状，但多发生在采食之后，解剖病变部位以小肠病变为主，常规抗菌素不能控制腹泻和病猪死亡。猪流行性腹泻鉴别诊断参见“猪传染性胃肠炎”内容。

（3）实验室诊断　免疫荧光检查、酶联免疫吸附试验（ELISA）、聚合酶链式反应（PCR）均是实验室较常用的诊断方法，其中，PCR法是目前最快速、有效的猪流行性腹泻抗原检测方法。

6. 防制

（1）预防措施

①免疫接种：根据猪场仔猪发生顽固性腹泻的严重程度及猪场饲养环境等因素，设计免疫程序，对后备母猪、经产母猪、种公猪、哺乳期仔猪免疫接种猪流行性腹泻灭活疫苗，并定期进行抗体水平监测。目前，已有猪传染性胃肠炎－猪流行性腹泻－猪轮状病毒病三联灭活疫苗的商品疫苗销售，可对上述猪群设计的免疫程序免疫接种该三联疫苗预防猪流行性腹泻。参考免疫程序：于每年4～5月或9～10月对规模猪场除育肥猪之外的猪群进行免疫本病原弱毒疫苗或三联灭活疫苗，其中，若在普免期间有配种1个月内的妊娠母猪，于妊娠

40d 后再补免猪流行性腹泻疫苗。或按后备母猪免疫 1 次，妊娠母猪产前 30 ~ 40d、临产前 7 ~ 10d 接种猪流行性腹泻弱毒疫苗或三联灭活疫苗，猪流行性腹泻病毒感染较严重的猪场，10 ~ 15 日龄的哺乳仔猪可加强免疫 1 次。免疫剂量均以疫苗厂家提供的参考用量为准。

②强化猪瘟、猪繁殖与呼吸障碍综合征、猪圆环病毒病及猪伪狂犬病的免疫和净化工作：设计科学的免疫程序，对猪群（尤其是种公猪、种母猪）严格执行猪瘟、猪繁殖与呼吸障碍综合征、猪圆环病毒病、猪伪狂犬病的免疫和定期对该四种病原抗体水平的监测，坚决淘汰结果呈阳性的猪群。

③加强饲养管理，给仔猪营造洁净的生活环境：做好猪场的“三度一通风”工作，即控制好猪舍温度、饲养密度、湿度，保持猪舍适度通风。严格执行消毒程序和科学选择消毒药物。

（2）对症治疗

①口服或注射猪流行性腹泻高免血清或卵黄抗体口服液，均在预防剂量基础上加倍使用，2 次/d，连用 3 ~ 4d，后减半剂量和时间使用。

②氯化钠 3.5g、氯化钾 1.5g、碳酸氢钠 2.5g、葡萄糖 20g、注射用水 1000mL，配成口服液，让其自由饮用。为防止继发感染，对 2 周龄以下的猪可适当用抗生素或其他抗菌药物，如庆大霉素注射液，2 ~ 4mg/kg，每天 2 次，肌内注射；或用恩诺沙星饮水。

（九）猪轮状病毒病

本病是由轮状病毒引起多种新生动物和幼龄动物腹泻的一种肠道传染病，也是引起哺乳仔猪和断奶仔猪胃肠炎的常见病因，是一种传染性人畜共患病。其临床特征为萎顿、厌食、腹泻和脱水，体重减轻。该病遍及全球，经济损失巨大，轮状病毒可以单独感染引起腹泻。

1. 病原学

（1）分类及形态　轮状病毒（简称 RV）是一种双链核糖核酸病毒，属于呼肠孤病毒科。人和各种动物的轮状病毒在形态上无法区别。病毒由 11 个双股 RNA 片段组成，有双层衣壳，因像车轮而得名。直径 70nm，也有直径 55nm 的缺损病毒。

（2）血清型　轮状病毒分为 A、B、C、D、E、F、G 群，A 群又分为两个亚群（亚群Ⅰ和亚群Ⅱ）。其中，A 群是最为常见的一种，而人类轮状病毒感染超过 90% 的案例也都是该血清型造成的。B 群宿主为猪、牛、大鼠和人，C 群和 E 群为猪，D 群为鸡和火鸡，F 群为禽。

（3）抵抗力　轮状病毒对理化因素有较强的抵抗力。室温下保持 7 个月。

2. 流行病学

（1）易感性　各个日龄段的猪只都可感染。因其抗体持续时间短，还会出现重复感染。但通常以幼龄猪发病率高。易感猪只为7～14日龄仔猪，尤以20日龄前后的猪只发病多见。

（2）传染源　传染源为病猪和带毒动物，包括人。猪轮状病毒广泛分布于各种猪场。血清学调查其阳性率为77%～100%。

（3）传播途径　常见的传播途径为消化道。急性感染期的猪通过粪便持续排毒3～4d，严重污染环境。无明显的季节性，多发生于冬季。一般呈地方性流行。常与传染性胃肠炎、病原性大肠杆菌甚至球虫混合或继发感染。存在各种应激因素时，如寒冷、饲养管理不良、环境卫生条件差等病情将更为严重。

3. 临床症状

自然感染病例多见于7～14日龄的仔猪。有的猪场以断奶后1周以内的仔猪多见。青年母猪的头胎仔猪的发病率偏高，病情较重。以拉稀为主，粪便呈黄色或白色，水样至糊状不等，或含片状漂浮物，轻度脱水，发病率高低不定，死亡率低于15%。若无大肠杆菌、冠状病毒或球虫感染，症状轻微，腹泻时间也短，为2～3d。日龄越小，病情越重。大于14日龄的仔猪发病后很少死亡。育肥猪、经产母猪或种公猪很少发病。

4. 病理变化

猪轮状病毒引起的病变，主要局限于小肠。1～14日龄仔猪的病变最严重。胃内一般有内容物。小肠后1/2～2/3的肠壁变薄，松软无力，内有大量水样、片状黄色或灰白色内容物。小肠后2/3中没有食糜，肠系膜淋巴结小、扁平呈褐色。盲肠和结肠膨胀，内容物相似。大于21日龄的仔猪，剖检病变不明显。病理组织学检查可见空肠、回肠刷状缘不整齐，肠绒毛上皮细胞肿胀、变性、坏死、脱落。

5. 诊断

（1）初步诊断　结合发病季节多在寒冷的冬、春季节、新生仔猪或哺乳期仔猪多发、常规抗菌素无效等可对本病做出初步诊断，确诊需进一步鉴别诊断和实验室诊断。

（2）鉴别诊断　本病最易与猪传染性胃肠炎、猪流行性腹泻混淆和误诊，也易与猪增生性肠炎、猪梭菌性肠炎、猪副伤寒病和急性猪球虫病混淆，感染本病后，与上述疾病均表现程度不同的浆糊状、灰色、淡黄色、深灰色、黑灰色或带血的黑色、黑红色稀粪。猪轮状病毒性腹泻少有死猪和粪便极少带血，病变主要在小肠。

传染性胃肠炎的主要临床区别在呕吐方面，呕吐症状较重，多在采食前就开始呕吐，病变侧重于胃和小肠。猪流行性腹泻以腹泻为主，呕吐多在采食过后发生，且呕吐症状较轻，病变主要在小肠。猪传染性胃肠炎和流行性腹泻常规抗菌素均无效，病死率较高。

猪增生性肠炎一般排沥青样黑色稀粪或偶尔干粪；病变主要在回肠和前1/3盲结肠处，黏膜增厚，外观似橡皮胶管为其特征。

猪梭菌性肠炎发病多见于3日龄内的仔猪；小肠病变最为明显；另外，解剖观察小肠之间有充气的灰色气泡存在。

猪副伤寒的猪粪便多呈草绿色或灰绿色稀粪；发病后期耳、嘴唇、四肢下端等处皮肤有程度不等的发绀；病变主要在盲结肠，呈豆腐渣式假膜，且回盲口黏膜坏死。

猪球虫病除最急性型和重症病猪表现带血的粪便外，其他病猪一般排黄灰色、深灰色不等的浆糊状稀粪便；猪球虫病一般以地面平养的养殖模式发病较多，高床饲养较少发病；病变主要在小肠，尤其空肠和回肠，肠壁有球虫结节。

（3）实验室诊断　确诊本病需进行病原分离鉴定或PCR抗原检测。可采集急性期或开始腹泻后24h以内的新鲜粪便或未用药病猪肠内容物，进行电镜负染观察，免疫电镜或酶联免疫吸附试验、病毒分离培养、胶乳凝集试验，发现病毒后即可确诊。由于本病广泛流行，通过抗体检查来诊断本病意义不大。

6. 防制

（1）预防

①免疫接种：根据各规模猪场饲养环境、猪群状况、仔猪腹泻严重程度制定免疫程序，采用免疫猪传染性胃肠炎－猪流行性腹泻－猪轮状病毒病三联灭活疫苗。也可参考如下免疫程序：分别于间情期母猪、临产前10～20d怀孕母猪、14～20日龄哺乳期仔猪各阶段免疫接种猪传染性胃肠炎－猪流行性腹泻－猪轮状病毒病三联灭活疫苗。

②做好猪瘟、猪伪狂犬病、猪繁殖与呼吸障碍综合征、猪圆环病毒病的免疫接种和抗体水平监测：加强猪群（尤其是母猪、种公猪）的猪瘟、猪伪狂犬病、猪繁殖与呼吸障碍综合征、猪圆环病毒病的免疫接种和定期抗体水平监测，坚决淘汰猪瘟、猪伪狂犬病、猪繁殖与呼吸障碍综合征、猪圆环病毒病连续两次以上监测结果为阳性的猪群。

③加强饲养管理：做好临产母猪的产前饲养管理与产房饲养管理工作，包括临产母猪的产前清洗、消毒，产房的彻底清洁和消毒，保护产房和保温箱的温度，同时在保护产房温度的前提下做好产房的通风工作，最大限度降低产房空气病原菌含量的生存条件。

（2）治疗

①口服或注射猪轮状病毒高免血清或卵黄抗体口服液，均在预防剂量基础

上加倍使用，2 次/d，连用 3 ~ 4d，然后减半剂量和时间使用。

②任选以下配方及方案之一口服饮水：

a. 氯化钠 3.5g、氯化钾 1.5g、碳酸氢钠 2.5g、葡萄糖 20g、注射用水 1000mL，配成口服液，让其自由饮用。为防止继发感染，对 2 周龄以下的猪可适当用抗生素或其他抗菌药物，如庆大霉素注射液，2 ~ 4mg/kg，2 次/d，肌内注射。

b. 电解多维配葡萄糖，自由饮用，其中水为煮沸冷却后至 40℃左右的水。同时，配恩诺沙星饮水，上、下午各 1 次，连用 5d。

c. 磺胺脒 0.5 ~ 4.0g，次硝酸铋 1 ~ 5g，小苏打 1 ~ 4g，混合口服。

（十）猪圆环病毒病

猪圆环病毒病是由猪圆环病毒引起的猪的一种新的免疫抑制的传染病。主要感染 8 ~ 13 周龄猪，其特征为猪体质下降、消瘦、呼吸困难、咳喘、腹泻、贫血和黄疸等。目前已证实，猪圆环病毒与仔猪断奶多系统衰竭综合征（PMWS）、猪皮炎与肾病综合征（PDNS）、猪间质性肺炎（IP）、母猪繁殖障碍和传染性先天性震颤（CT）有关。其中 PMWS、CT 和 PDNS 是本病的主要表现形式，其他表征多是与其他病原混合感染所致。本病可对机体产生严重的免疫抑制，被世界各国的专家公认为最重要的传染病之一。自猪圆环病毒（PCV）发现以来，PCVⅠ型和 PCVⅡ型已经证实为世界性流行和存在的病毒。

1. 病原学

（1）分类及形态　圆环病毒（PCV）属于圆环病毒科、圆环病毒属成员。它是最小的动物病毒之一。病毒粒子直径为 14 ~ 25nm，二十面体对称，无囊膜，基因组为单股 DNA。

（2）血清型及培养　圆环病毒存在 2 种血清型，即 PCVⅠ型和 PCVⅡ型。PCVⅠ型无致病性，广泛存在于健康猪体内各个组织、器官及猪源细胞系中。PCVⅡ型对猪有致病性，是引起猪圆环病毒与仔猪断奶多系统衰竭综合征的主要病原。两血清型间血清学交叉反应较弱。圆环病毒只在猪原和 Vero 细胞培养物中才能完全复制，但不引起明显的细胞病变。

（3）抵抗力　圆环病毒对外界环境抵抗力较强，对氯仿不敏感，在 pH 为 3 的环境内很长时间不被灭活，70℃可存活 15min。应用 0.3% 过氧乙酸溶液、3% 氢氧化钠溶液等消毒效果较好。

2. 流行病学

（1）易感动物　猪是圆环病毒主要宿主。各种年龄、品种、性别的猪均可被感染，但仔猪感染后发病严重。胚胎期和出生后的早期感染，往往在断奶后才发病，主要在 5 ~ 18 周龄。

（2）传染源　病猪和带毒猪为本病主要传染源。病毒主要存在于病猪的呼吸道、肺脏、脾和淋巴结中，从鼻液和粪便中排出，引起病毒在不同猪个体之间进行传播。少数怀孕母猪感染圆环病毒后，可经胎盘垂直感染给胎儿，引起繁殖障碍

（3）传播途径　主要经过呼吸道、消化道和精液及胎盘传播，也可通过管理人员、饲养人员、工作服、工具等传播。

（4）流行特点　本病的发生无季节性。常与猪繁殖与呼吸综合征病毒、猪细小病毒、猪伪狂犬病毒及副猪嗜血杆菌、猪肺炎支原体、多杀性巴氏杆菌和链球菌等混合或继发感染。饲养管理不良、饲养条件差、通风不良、饲养密度过大等因素存在可以诱发本病，从而造成病情加重，发病率和死亡率增加。

3. 临床症状

（1）仔猪断奶后多系统衰竭综合征　主要发生于2～3周龄断奶后的仔猪，一般在断奶后2～3d至1周发病。病猪精神沉郁，食欲不振，发热、被毛粗乱、渐进性消瘦，生长迟缓、呼吸困难、咳嗽、气喘、贫血、体表淋巴结肿大。有的皮肤与可视黏膜发黄、腹泻、胃溃疡。临床上约有20%病猪呈现贫血与黄疸症状。发病率为20%～60%，病死率为5%～35%。

（2）猪皮炎与肾病综合征　此病通常发生于8～18周龄的猪。病猪发热、厌食、消瘦、皮下水肿、跛行、结膜炎、腹泻。特征性症状为在会阴部、四肢、胸腹部及耳朵等处皮肤上出现圆形或不规则的红紫色病变斑点或斑块，有的斑块相互融合呈条带状，不易消失。主要发生在保育猪和生长育肥猪。发病率12%～14%，病死率5%～14%。

（3）母猪繁殖障碍　主要发生于初产母猪，产木乃伊胎儿占产仔总数15%，产死胎占8%。发病母猪主要表现体温升高41℃～42℃，食欲减退、流产、产死胎、弱胎、弱仔及木乃伊胎儿。病后母猪受胎率低或不孕，断奶前仔猪死亡率可达11%。

（4）猪间质性肺炎　临床表现主要为猪呼吸疾病综合征，多见于保育期和育肥期。病猪喘气、咳嗽、流鼻液、呼吸加快、精神沉郁、食欲不振、生长缓慢。

（5）传染性先天性震颤　多见于初产母猪所产仔猪，常于出生后1周内发病。我国猪群多为6～8周龄发病，发病仔猪站立时震颤，由轻变重，卧下时震颤消失。受外界刺激时可引发或加重震颤，严重时影响吃奶以致死亡。发病率20%～60%，病死率5%～35%。

4. 病理变化

（1）仔猪断奶后多系统衰竭综合征　尸体消瘦，有不同程度贫血和黄疸。淋巴结肿大4～5倍，在胃、肠系膜、气管等淋巴结尤为突出，切面呈均质苍

白色。肺部有散在隆起的橡皮状硬块。严重病例肺泡出血，在心叶和尖叶有暗红色或棕色斑块。脾肿大，肾苍白有散在白色病灶，被膜易于剥落，肾盂周围组织水肿。胃在靠近食管区常有大片溃疡形成。盲肠和结肠黏膜充血和出血点，少数病例见盲肠壁水肿而明显增厚。如有继发感染则可见胸膜炎，腹膜炎，心包积液、心肌出血、心脏变形、质地变软等。

（2）猪皮炎与肾病综合征　主要表现为出血性坏死性皮炎和动脉炎，以及渗出性肾小球肾炎和间质性肾炎。剖检可见肾肿大、苍白，表面有出血点；脾脏轻度肿大，有出血点；肝脏呈橘黄色；心脏肥大，心包积液；胸腔、腹腔积液；淋巴结肿大，切面苍白；胃有溃疡。

（3）母猪繁殖障碍　产死胎和木乃伊胎儿，新生仔猪胸腹部积水。心脏扩大、松弛、苍白、充血性心力衰竭。

（4）猪间质性肺炎　可见弥漫性间质性肺炎，呈灰红色，肺细胞增生，肺泡腔内有透明蛋白，细支气管上皮坏死。

5. 诊断

根据流行特点，结合发病的临床症状、病理变化等可以做出初步诊断，确诊需要进行实验室诊断。目前，可用的病原学检查方法包括病毒分离鉴定、组织原位杂交和 PCR 方法等。检测抗体的方法主要是间接免疫荧光、免疫组织化学法、酶联免疫吸附试验和单克隆抗体法等。

6. 防制

（1）预防

①免疫接种：按后备母猪、后备种公猪、经产母猪间情期、15 日龄哺乳仔猪阶段免疫猪圆环病毒灭活疫苗，也可根据各规模猪场的实际情况酌情调整本病的免疫程序；同时，做好猪伪狂犬病、猪瘟、猪细小病毒病、猪喘气病、猪繁殖与呼吸障碍综合征及猪肺疫等的免疫接种工作。

②定期监测抗体水平，即时淘汰结果呈阳性的猪群：每年定期对猪群猪圆环病毒病进行抗体水平监测，根据猪场类别进行 1 ~ 3 次不等的本病抗体水平监测，连续 2 ~ 3 次监测结果呈阳性的猪群并坚决淘汰，达到在猪群中净化本病的目的。

③加强饲养管理，提高猪群生活环境：做好猪场的“三度一通风”工作，即适度的温度、湿度、饲养密度，在此基础上保持圈舍的通风和定期消毒，为猪群营造干净、舒适的生活环境。

④科学保健，提高猪群机体的内平衡和非特异性保护屏障：根据不同季节和不同猪群，针对性制定科学的保健方案，确保仔猪“三食三关”、怀孕母猪的“三期三关”、怀孕母猪及哺乳期仔猪的季节性患病、种公猪的功能性患病如采精过度等。

（2）治疗　本病无特异性药物。感染本病的猪群在提高猪群非特异性保护屏障基础上，防止继发或并发感染是主要防控原则。患有本病的猪场，在紧急倍量接种猪圆环病毒灭活疫苗基础上，全群可选择扶正解毒散、黄芪多糖等拌料，有腹泻症状的猪群分别配合应用氨基糖苷类药品，如庆大霉素、卡那霉素、大观霉素等，喹诺酮类药品如恩诺沙星、环丙沙星等；有呼吸症状的猪群配合应用大环类酯类药品，如泰乐菌素、替米考星等，或头孢类药品等。根据猪群临床表征严重程度，可分别使用强心药、免疫增强剂、抗坏血酸、葡萄糖等。患本病的种用公猪或母猪等贵重猪群，可使用本病特异性的血清抗体辅以其他药物进行治疗。

二、猪常见细菌性疾病的防治

（一）猪接触传染性胸膜肺炎

猪接触传染性胸膜肺炎（PCP）又称猪副溶血嗜血杆菌病，或猪嗜血杆菌胸膜肺炎，或猪胸膜肺炎，是由胸膜肺炎放线杆菌引起猪呼吸系统的一种严重接触性传染病。该病的典型特征表现为临床上的肺炎及两侧性肺炎、胸膜粘连、肺炎区色暗质脆的病变特征。急性病例病死率高，慢性者常能耐过。

近年来，该病在美洲、欧洲和亚洲一些国家和地区广泛流行。该病的广泛传播和逐年的增长趋势，学者们认为与养猪生产的高度集约化密切相关。目前，规模猪场猪繁殖与呼吸障碍综合征、猪圆环病毒Ⅱ型、猪瘟等免疫抑制性疾病隐性感染的存在，导致该病与猪副嗜血杆菌、支原体肺炎混合感染，在断奶仔猪阶段发现较多病例，值得警惕和注意。

1. 病原学

胸膜放线杆菌包括两个生物型，生物Ⅰ型即依赖Ⅴ因子生长的原胸膜肺炎嗜血杆菌；生物Ⅱ型即引起猪坏死性胸膜肺炎的类溶血性巴斯德菌，生长不依赖Ⅴ因子。生物Ⅰ型菌株为球杆菌或纤细的小杆菌，偶尔也有纤维状形态；生物Ⅱ型菌株呈杆状，比生物Ⅰ型菌株大些，并且具有两极浓染性。革兰染色阴性，不形成芽孢，无运动性，有荚膜。某些菌株具有周身性纤毛，特别是生物Ⅰ型菌株的周身性纤毛非常纤细。

生物Ⅰ型菌株的酶系统不完备，需在培养基中加入Ⅴ因子，不能在麦康凯培养基上生长繁殖。在加Ⅴ因子的牛心肌浸汁琼脂培养基上，37℃培养6～8h就可出现菌落，10h左右菌落直径可达1～1.5mm。菌落呈圆形，凸起（或稍扁平）、半透明状。生物Ⅱ型菌株生长时不需要Ⅴ因子，能在麦康凯上生长，在不加Ⅴ因子的牛心肌浸汁琼脂培养基上生长良好，菌落稍大。在血琼脂上溶血能力是鉴别特性。本菌最适生长温度为37℃。兼性厌氧。多数菌株在绵羊鲜血平板上呈β溶血。卵黄琼脂平板上培养3d，也可形成较大的菌落。

胸膜放线杆菌的生化特性为可发酵乳糖、果糖、葡萄糖产酸，不发酵甘露醇、山梨醇、鼠李糖及甘露糖。靛基质、甲基红、V-P、柠檬酸盐试验均为阴性。过氧化氢酶、氧化酶、尿素酶、血浆凝固酶均为阳性。

根据荚膜多糖及菌体脂多糖（LPS）的抗原性差异分类，目前将本菌分为2种生物型和14个血清型。生物Ⅱ型中含有2个血清型（13，14），主要分布于欧洲，其致病性比生物Ⅰ型要弱。生物Ⅰ型含有12个血清型（1~12），其中血清Ⅰ型、5型又分为两个亚型（1a和1b、5a和5b）。世界各国流行的血清不尽相同，不同血清型之间的毒力有差异，1型最强。各血清型之间有不同程度的交叉保护性，其中8型与血清3、6型，血清1型与9型间有血清学交叉反应。中国以血清7型为主，血清2、3、5、8型也有存在。胸膜放线杆菌引起猪致病的主要毒力因素包括荚膜多糖、菌体脂多糖（LPS）、外膜蛋白、转铁结合蛋白、蛋白酶、渗透因子及溶血素等。

2. 流行病学

（1）易感动物　各种年龄、性别的猪均易感，但以3月龄左右的青年猪最为易感。其发病率为5%~80%，死亡率6%~20%。重症病例多发生于育肥晚期，死亡率为20%~100%，这可能与饲养管理和气候条件有关。

（2）传染源及传播途径　病猪和带菌猪是本病的传染源。传播途径主要是通过呼吸道，配种也可导致本病由种公猪传播给健康母猪或其他猪群。胸膜肺炎放线杆菌主要存在于患猪支气管、肺和鼻汁中，也位于病死猪的坏死肺脏及扁桃体，若没正确处理尸体，携带有该病原菌的尸体污染环境也是本病的又一传染源。通风不良和没有定期消毒极易导致携带有该病原菌的带菌猪排出大量病菌，增加猪群的感染几率。

（3）流行特点　本病具有明显的季节性，一般多发于每年的4~5月份和9~11月份。发病一般与饲养环境突然改变、密集饲养、气温急剧改变、通风不良、长途运输等应激密切相关，尤其长途运输后极易发生本病，因此又称“运输病”。另外，大群比小群易发本病。本病对猪群的危害程度随饲养管理条件的改变、提升而降低。

3. 临床症状

潜伏期依菌株毒力和感染量而变化，自然感染一般为1~2d，人工感染为4~12d。根据病程经过可将此病临床表征分为最急性型、急性型、亚急性型和慢性型四型。

（1）最急性型　同舍或不同舍的一个或几个猪突然发病，开始体温41.5℃以上，精神沉郁，食欲废绝，短暂的腹泻或呕吐。病猪常卧地不起，初无明显呼吸症状，心跳加快、血液循环障碍，鼻、耳、腿、体侧皮肤发绀。迅速出现呼吸急促、高度困难，使病猪不愿卧地，伸颈或呈犬坐姿势，张口伸舌，极度痛苦状，如不及时治疗，常在24～36h内窒息而死，一些病猪常无任何症状而突然死亡；临死前从口、鼻中流出大量带血色的泡沫状液体。

（2）急性型　同舍或不同舍的许多猪患病，体温40.5～41℃，食欲废绝，呼吸困难，咳嗽，心衰。病程和病情视肺部病变程度、开始治疗时间和治疗措施得当与否而定，可能转为亚急性型或慢性型。

（3）亚急性型和慢性型　发生于急性症状消失之后，或由急性型转变而来。病猪体温不高，39.5～40℃，食欲废绝，不同程度的间歇性咳嗽，生长缓慢，如能耐过4周以上，则症状可逐渐消失自行康复。很多病猪感染后，症状轻微呈亚临床感染，当遇到应激时，如长途运输、气候剧变等可导致急性发作。

4. 病理变化

在24h内死亡的急性病猪，胸腔只见淡红色渗出液，肺充血、水肿，肺炎病变多发于肺的前下部，而在肺的后上部，特别是靠近肺门的主支气管周围，常出现界限清晰的出血性实变区域或坏死区，但不出现硬实的肝病变；另外，该型病死猪往往从鼻孔流出有带血色的泡沫液体，气管和支气管内充满血色样的泡沫液。

病程在24h以内的病死猪，剖检可见肺脏的心叶、尖叶充血，呈紫红色，质地坚韧切面似肝，肺间质充满淡红色胶样液体，在肺炎区出现纤维素性渗出物附着于表面，并有黄色渗出物。除胸腔外，腹腔有时也有纤维素性渗出液。肝充血，暗红色。脾肿大，柔软，呈暗黑色；肠系膜淋巴结有时肿大，充血呈紫红色；消化道常不见明显病变。

病程较长的慢性病例，纤维素性胸膜炎是其特征，肺脏有肝变的肺炎区，肺炎区为硬化或坏死性病灶，其大小如鸭蛋或拳头大小，主要表现在肺的膈叶出现大小不等的结节。肺与肋骨内表面、膈和心包粘连较明显。有个别猪可出现关节炎、心内膜炎和不同部位的脓肿等病变。

5. 诊断

（1）初步诊断　结合发病猪群类型、发病季节、临床表征及病理解剖特征能初步准确诊断该病。即架子猪多发本病、发病时间多集中在4～5月和9～11月，临床症状以呼吸困难、死亡时口鼻流出带血色的泡沫状液体，剖检主要病变在肺，且以红色肝变肺及肺断面凝固不良的酱油样血液为特点，基本能诊断为该病。

（2）鉴别诊断　本病易与猪肺疫、猪喘气病、急性败血型猪链球菌病、急性败血型猪瘟、急性败血型猪丹毒和急性附红细胞体病、弓形体病相混淆。急性败血型猪肺疫最大的特征在于咽喉部黏膜及颈部皮下水肿，肺因炎性反应呈暗红、灰黄或灰色，俗称“花斑肺”，可与本病区别开来。猪喘气病体温正常，淋巴结断面灰白色，且肺一般呈对称性的虾肉样病变，而猪传染性接触性胸膜肺炎不具备这些特点。急性败血型猪链球菌病一般眼结膜潮红，流泪，流浆液状鼻涕；发病无明显季节性；病变表现在全身脏器；一般无特征性的红色肝变肺，不具有肺断面酱油样血液流出等特征。急性败血型猪瘟皮肤会出现程度不等的出血点，且全身脏器均以针尖状出血点为其特征，脾边缘特殊的梗死灶可与本病区别。急性败血型猪丹毒以樱桃红色的脾与胸膜肺炎蓝红色或蓝黑色的脾相区别。附红细胞体病以茶色尿液、全身脏器黄染特征能较易鉴别。弓形体病以临床出现后肢跛脚、发病猪体温一般均比胸膜肺炎高、实质脏器如脾、肾、肝等表现均有程度不等的坏死灶、气管和支气管较少见带血样泡沫液而与猪传染性胸膜肺炎进行鉴别诊断。

（3）实验室诊断　实验室诊断猪传染性胸膜肺炎常采取常规细菌学分离鉴定与血清学检查。其中，血清学检查葡萄球菌 A 蛋白（SPA）协同凝集试验、琼脂扩散试验、间接血凝（IHA）试验、酶联免疫吸附试验（ELISA）及聚合酶链式反应（PCR）法等。PCR 法是实验室快速检测本病的主要方法。

6. 防治

（1）预防　加强饲养管理，定期消毒，是预防本病最有效的措施之一。同时，针对猪场性质（是祖代猪场、父母代猪场或商品代猪场）可选免猪传染性胸膜肺炎油佐剂灭活疫苗，应用同血清型菌株制备的疫苗免疫 2 ~ 3 日龄仔猪，能有效防控该病的暴发流行。

（2）治疗　泰乐菌素、盐酸多西环素、氨苄西林素、头孢及配合应用增效磺胺甲异恶唑等均是本病较敏感而有效的药物，根据猪场对上述药物的使用频率选择平时使用较少的药物应用于病猪群。盐酸多西环素在饮水时注意用药疗程不宜过长，以免导致已恢复猪只出现胃穿孔而急性猝死的情况发生。

（二）猪副嗜血杆菌

1. 病原学

猪副嗜血杆菌的病原为副猪嗜血杆菌（Hps），该菌暂归为巴氏德菌属，革兰氏染色阴性、非溶血 NAD 依赖性短小杆菌。有时呈球形、棒状或丝状，无鞭毛、芽孢，通常可见荚膜，美蓝染色呈两极着色。副猪嗜血杆菌对 pH 变化和热应激都非常敏感，60℃经 5 ~ 20min 死亡，常规消毒药均能杀死该病原菌，4℃下可存活 7 ~ 10d。

副猪嗜血杆菌生长缓慢，生长时需要烟酰胺腺嘌二核苷酸（NAD）或 V 因子。一般使用巧克力琼脂板，在温度为 37℃、体积分数为 5% 的 CO_2 条件下进行培养，最适 pH 为 7.6 ~ 7.8。血液培养基上该菌落不出现溶血现象。

根据表型特征和致病能力，传统血清学方法将副猪嗜血杆菌分为 15 个标准血清型，其中血清 4、5 型和 13 型最常见。各血清间毒力差别很大，1、5、10 型毒力最强，8 型和 15 型为中等毒力，一般认为 3 型和 6 型与临床症状无关。但是到目前为止，毒力的分子基础还未确立。本菌存在大量的异源基因，采取分子生物学手段对本菌也较难进行科学的分群。

2. 流行病学

（1）易感动物　副猪嗜血杆菌只感染猪，2 ~ 4 月龄的猪只均易感，具有很强的宿主特异性。仔猪易感，尤其断奶后 10d 至保育阶段仔猪多易发病，发病率可达 40% ~60%，严重时死亡率可达 50% ~90%。母猪隐性感染猪繁殖与呼吸障碍综合征病毒、圆环病毒Ⅱ型病毒及猪瘟病毒是该病在规模猪场较易感染流行的主要因素。

（2）传染源和传播途径　患猪或带菌猪是本病的主要传染源。该菌是猪上呼吸道共生菌，也是早期寄生在小猪鼻液中的细菌之一，可以通过拭子从感染副猪嗜血杆菌猪的鼻腔、扁桃体和气管中分离得到病原菌。本病主要通过空气经呼吸道传播，病原菌也可以经过排泄物、分泌物等污染饲料和饮水。有人发现经产母猪的胎衣等分泌物中副猪嗜血杆菌的含量要比初产母猪高出许多。另外，生长环境的恶劣、营养不良、天气的突变、不同日龄猪的混养、提前断奶、转群以及运输等各种应激因素都有可能是诱发本病的原因。

（3）流行特征　在一个猪群中，副猪嗜血杆菌的致病作用是影响其他许多全身性疾病严重程度和发生发展的因素，这与支原体肺炎日趋流行有关，也与病毒型呼吸道病原体有关，其中有猪繁殖与呼吸综合征（PRRS）病毒、猪流感病毒和呼吸道冠状病毒。副猪嗜血杆菌与支原体结合，在患猪繁殖与呼吸综合征猪的检出率为 51.2%，应引起注意。

（4）流行现状　本病目前广泛存在于各规模猪场，根据母猪的繁殖与呼吸障碍综合征病毒、猪圆环病毒 2 型、猪伪狂犬病毒、猪瘟病毒感染程度而在各规模猪场出现程度不等的表征和死亡率。

3. 临床症状

根据临床症状和病程，感染副猪嗜血杆菌的临床症状可以是急性的，也可以是慢性的，这主要取决于炎性损伤的部位和种群整体的免疫状态，一般高度健康的猪群，发病很急，接触病原菌后几天内就会发病，随后可能出现死亡。

（1）急性型猪副嗜血杆菌病　一般膘情良好的猪会突然发病，体温升高至 40.5 ~42℃，精神沉郁，食欲下降，咳嗽，呼吸困难并表现为腹式呼吸。体表皮肤发红，耳稍发紫，指压不褪色。有时腕关节和跗关节会发生炎症，驱赶时病猪发生尖叫，共济失调。临死前常常侧卧或四肢呈划水样，一般无明显症状而突然死亡，有时发病 1 ~5d 死亡。

（2）慢性型猪副嗜血杆菌病　多发生于保育阶段的猪，常由急性型转化而来，一般呈慢性经过，病猪多见关节尤其后肢跗关节明显肿胀，生长不良，衰弱，被毛粗乱，出现间歇热，结膜发绀，随后全身发紫，站立不稳，有时头顶墙角而不能收回，渐行性消瘦，有时甚至是因衰竭而死亡，同时也易受沙门菌、多杀性巴氏杆菌等其他病原微生物的侵害而发生继发或并发症 。

4. 病理变化

本菌引起的病死猪以全身多发性浆膜炎和关节炎为主要病理特征。全身淋巴结肿大，切面呈一致的灰白色。胸膜、腹膜、心包膜以及关节的浆膜出现纤维素性炎，表现为单个或多个浆膜的浆液性或化脓性的纤维蛋白渗出物，外观淡黄色蛋皮样或薄膜状的伪膜附着在肺胸膜、肋胸膜、心包膜、脾、肝与腹膜、肠以及关节等器官表面，也有条索状纤维素性膜。一般情况下肺和心包的纤维素性炎同时存在。组织学显微镜下观察渗出物为纤维蛋白、中性粒细胞和少量巨噬细胞。

5. 诊断

（1）初步诊断　结合流行病学、临床症状及尸体病理解剖能对本病作初步诊断；实验室对本菌的分离鉴定和血清学鉴定是准备诊断本病的主要手段。

（2）鉴别诊断　确诊本病时，需与猪链球菌、放线杆菌、猪沙门氏菌、大肠埃希菌等引起的败血性疾病相区别。感染猪链球菌病时大、小猪只均能感染，临床以关节炎型、淋巴结脓肿型、神经型和败血型为主；放线杆菌可引起不同年龄猪只发病，断奶仔猪以败血症为主要特征，成年猪皮肤出现圆形或菱形红斑、突然死亡、脓肿及母猪流产等表征。沙门氏菌引起的仔猪副伤寒以急性败血型、亚急性或慢性的顽固性腹泻、回肠及大肠发生固膜性肠炎为特征；致病性大肠杆菌分别引起仔猪黄痢、白痢及仔猪水肿病，后者以健壮仔猪多发神经症状而与副猪嗜血杆菌病区别。

（3）实验室诊断　副猪嗜血杆菌病实验室诊断常采取细菌的常规分离鉴定法，但本病原营养条件要求极高，较难培养、分离和纯化。

6. 防治

由于本菌血清型较多且各血清型间交叉保护性抗原较少，疫苗免疫不是本病的主要防控方式。加强饲养管理、做好母猪和种公猪的免疫及抗体监测、适时和科学给药是预防和控制该病的主要手段和措施。针对本病的防控，重点对母猪和种公猪免疫猪瘟、猪繁殖与呼吸障碍综合征、圆环病毒Ⅱ型、猪伪狂犬四种病原并定期检测其相应抗体水平。

感染有猪副嗜血杆菌的猪场可按如下方式给药：根据猪群临床症状明显程度将其分为健康无病猪群、刚出现咳嗽但未气喘猪群、已出现气喘但症状并不十分严重猪群、气喘严重并消瘦猪群共 4 类猪群。把健康和刚出现咳嗽猪群保留原猪舍，中度气喘猪群放隔离舍，消瘦和气喘严重猪群根据情况适时淘汰。健康猪群采食量较好，采用在饲料中添加药物，10% 氟苯尼考 400g/t 配 70% 阿莫西林 300g/t；或 80% 泰妙菌 120g/t 配 15% 金霉素 3000g/t 和 70% 阿莫西林 300g/t，混合于饲料中，连续饲喂一周；同时，肌注林可霉素 10mg/kg 体重或丁胺卡那霉素 8mg/kg 体重。隔离舍中度症状病猪群采用饮水给药与注射相结合的办法，在饮水中加入 10% 水溶性氟苯尼考 400g/t 加 40% 水溶性林可霉素 200g/t，让其自由饮用；同时注射复方阿奇霉素 10mg/kg 体重或泰乐菌素 10mg/kg 体重。

加强饲养管理、严格引种制度与隔离观察、定期消毒是防控本病的常规措施和方式。

（三）猪肺疫

猪巴氏杆菌病俗称猪肺疫，主要是由多杀性巴氏杆菌及溶血性巴氏杆菌引起畜禽共患的传染病，又称出血性败血症。本病的特征是最急性型呈败血症变化，咽喉部急性肿胀，高度呼吸困难。急性型呈纤维素性胸膜肺炎症状，均由 Fg（相当于 A 型）引起；慢性型症状不明显，逐渐消瘦，有时伴发关节炎，多由 Fo 型（相当于 D 型）引起。急性病例以败血症和炎症出血过程为主要特征，慢性病例的病变只局限于局部器官。

本病分布于世界各地，各种畜、禽及野生动物都可发病。通常被称为出血性败血症，简称“出败”。

1. 病原学

本病的主要病原是多杀性巴氏杆菌（*Pasteurella multocida*）、溶血性巴氏杆菌（*Pasteurella hemolytica*）和鸡巴氏杆菌（*Pasteurella gallinaum*），属于巴斯德氏菌科（Pasteurellaceae）巴斯德氏属（*Pasteurella*）的成员。多杀性巴氏杆菌革兰染色阴性，美蓝或瑞氏染色呈明显的两极着色性，但陈旧的培养物或多次继代的培养物两极着色不明显。该菌两端钝圆，是中央微凸的短杆菌，大小为 0.25 ~0.4μm ×0.5 ~2.5μm，单个存在，无鞭毛，无芽孢，无运动性，产毒株则有明显的荚膜。

多杀性巴氏杆菌为需氧及兼性厌氧，最适生长温度为 37℃，最适 pH 为 7.2 ~7.4。在普通培养基上能够生长，但生长不佳，必须加有血液、血清或葡萄糖等才能生长茂盛。在液体培养基呈轻度浑浊，时间稍长，则有黏性沉淀出现，轻轻振摇则形成小辫样的盘旋。在加有血清的固体培养基上，菌落为圆形、隆起、光滑、湿润、边缘整齐、灰白色的中等大小菌落，并有荧光性。在麦康凯培养基上不生长，血液培养基上不溶血。在生理盐水中，可出现自溶现象，稀释时需注意。

生化特性：来自于畜类的巴氏杆菌能分解木糖，但不分解阿拉伯糖。可形成靛基质，接触酶和氧化酶均为阳性，不具备液化明胶。

多杀性巴氏杆菌菌落荧光性可分为Fo型、Fg型和NF型，后者一般是无毒力的菌株。Fg型对猪等家畜具有强毒力和致病性。

依据荚膜抗原和菌体抗原可区分多杀性巴氏杆菌的血清型。以荚膜抗原可分为A、B、C、D、E、F共6个血清型，菌体抗原有16个型。不同血清型菌株的致病性和宿主特异性有差异。中国境内感染猪的巴氏杆菌以5：A和6：B血清型为主，其次是8：A和2：D多见。各荚膜型之间不能交互保护。此外，溶血性巴氏杆菌也可成为本病的病原。溶血性巴氏杆菌在形态、培养特性等方面与多杀性巴氏杆菌相似，但在鲜血培养基上呈明显的β溶血。

巴氏杆菌对理化因素的抵抗力很低，在自然界中生长的时间不长，浅层的土壤中可存活7～8d，粪便中可存活14d。一般消毒药在数分钟内均可将其杀死。本菌对青霉素、链霉素、四环素、土霉素、磺胺类药物及许多新的抗菌药物敏感。

2. 流行病学

（1）易感动物　多杀性巴氏杆菌对人及多种动物均有致病性，以猪、牛、兔、鸡、鸭、火鸡最为易感；年龄、性别、品种对本病发生的影响无明显差异，但以小猪、中猪易感性较大为特征；绵羊、山羊、鹿和鹅次之；马偶可发生。溶血性巴氏杆菌可引起牛和绵羊肺炎、羔羊败血症。

（2）传染源及传播途径　病畜、病禽和带菌畜、禽是主要传染源。传播途径主要经过消化道、呼吸道或损伤的皮肤、黏膜和吸血昆虫的叮咬感染。病畜禽通过其排泄物、分泌物不断排出有毒力的病菌，污染饲料、饮水、用具及外界环境，经消化道而感染健康畜禽，或由咳嗽、喷嚏排出的病菌，通过飞沫经呼吸道传染。当畜禽饲养管理不良、气候恶劣，使动物抵抗力降低时即可发生内源性传染。在健康猪上呼吸道中常带有本菌，但多为弱毒或无毒的类型。

（3）流行特征　本病多为散发，有时可呈地方流行性。一般无明显的季节性，但以冷热交替、气候剧变、潮湿、闷热、拥挤、通风不良、多雨时期发生较多；在南方大多发生在潮湿闷热及多雨季节。一些诱发因素如营养不良、寄生虫、长途运输、饲养管理条件不良等降低了猪体的抵抗力，或发生某种传染病时，病菌乘机侵入机体内系列，而毒力增强，引起发病。这种以内源性感染为主的猪肺疫，呈散发性发生。在自然条件下很少能传染另外的健康猪。但由于细菌通过发病猪体后毒力可增强，仍可传染同舍健康猪，因此，不能忽视健康猪在传染来源上的作用。诱因作用促进本病内源性感染，发病率可达40%，死亡率5%左右。

3. 临床症状

潜伏期1～5d，根据病程经过该病可分为最急性、急性和慢性3个类型。最急性和急性多表现为败血症及胸膜肺炎，常以地方性流行方式出现；慢性者多表现为慢性和慢性胃肠炎症状，多以散发形式出现。

（1）最急性型　突然发病，常来不及出现症状，即迅速死亡。常常晚间尚吃料正常，次日清晨发现已死于栏内。病程稍长，症状明显的可表现体温升高达41～42℃，呼吸困难，心跳急速，可视黏膜发绀，食欲废绝，常卧地不起。咽部发热、红肿、坚硬、严重者向上伸至耳根，向后可达胸前。病猪呼吸极度困难，常呈犬坐姿势，伸长头颈呼吸，时发喘鸣声，口鼻流出泡沫，终因窒息而死，故俗称为“锁喉风”。腹侧、耳根和四肢内侧皮肤出现有紫红色斑块。病程常仅1～2d，病死率100%，未见自然康复者。

（2）急性型　是本病主要和常见病型。除具有败血症的一般症状外，还表现纤维素性胸膜肺炎症状。体温升高至40～41℃，初期呈痉挛性干咳，呼吸困难，鼻有黏性鼻液，有时混有血液。后变为湿咳，咳时痛感明显，触诊胸部有剧烈的疼痛，听诊有啰声和摩擦音。病情发展后期呼吸更感困难，张口吐舌，呈犬坐姿势，可视黏膜发绀，常有脓性结膜炎。初便秘后腹泻，皮肤有出血斑或小出血点。病猪消瘦无力，卧地不起，病程4～5d，不死的转为慢性。

（3）慢性型　主要表现慢性肺炎或慢性胃肠炎症状，有时有持续性咳嗽与呼吸困难，鼻孔不时流出黏性或脓性分泌物，胸部触诊有痛感，听诊有啰音。精神不振，食欲较差，时发腹泻，如不及时治疗，终因衰竭而亡，病程2周左右，病死率60%～70%。

4. 病理变化

（1）最急性型病理变化　本病特点是外观见咽喉部和颈部常呈急性肿胀，触摸肿胀部硬实，腹部、耳根及四肢内侧皮肤出现紫红色斑块，用手压之褪色。从口、鼻流出白色泡沫样液体。全身可视黏膜呈紫红色。主要变化为全身黏膜、浆膜和皮下组织的大量出血点，尤以咽喉部及其周围结缔组织的出血性浆液浸润最为特征，见咽喉黏膜下组织有多量淡黄色略透明的液体流出，被水肿液浸润的组织呈黄色胶冻样。水肿可蔓延到舌根部，严重时可波及胸前和前肢皮下。全身淋巴结肿大，切面呈红色，为浆液性出血性炎。心外膜和心包膜等浆膜有小出血点。脾出血但不肿大，肺有急性水肿，皮肤有原发性红斑。

（2）急性型病理变化　急性病例除全身黏膜、浆膜、实质器官的出血性病变外，特征性的病变是纤维素性肺炎。肺有不同程度的肝变区，周围常伴有水肿和气肿；病程长的肝变区内还有坏死灶，肺小叶间有浆液性浸润，切面呈大理石样斑纹。胸膜常有纤维素附着物，有时与肺发生粘连，胸腔及心包积液。肺门淋巴结、支气管淋巴结肿大，切面多汁。气管、支气管内含多量泡沫状黏液，黏膜有炎症病变。

（3）慢性型病理变化　病尸消瘦、贫血。肝变区较大，并有黄色或灰色坏死灶，外面包有结缔组织的包被，内含干酪样物质；有的形成空洞，与支气管相通。心包与胸腔积常积多量黄色混浊的液体，肺、肋胸膜常发生粘连。

5. 诊断

（1）初步诊断　根据本病多发季节，发病以中、小猪较多，高热，咽喉部红肿，触摸形似硬物感，呼吸困难，剖检发现在败血症病变基础上突出的病变在胸腔，可作出对本病的初步诊断。

（2）鉴别诊断　初步诊断基础上，表现败血症状方向需与猪瘟、猪丹毒、猪副伤寒进行鉴别诊断；在呼吸系统症状和肺部病变需与猪流行性感冒、猪气喘病及传染性胸膜肺炎相区别。猪瘟对大、小猪只均能感染，除常见的败血症状引起全身皮肤及脏器广泛针尖状出血点外，盲肠形成纽扣状溃疡是其特征性病理变化；猪丹毒与猪肺疫均为急性热性传染病，但猪丹毒临床表征为急性败血型、皮肤疹块型和关节型，几种表征均程度不等的出现心内膜增生及脾呈樱桃红色；猪副伤寒主要发生于哺乳期、断乳后仔猪，生长育肥猪发生相对较少，且以盲结肠出现豆腐渣样的伪膜为其特征病理变化；流行性感冒多见于冬、春气温较低季节，尤其春季气温多变季节最易发生，全身肌肉和关节疼痛及喜扎堆、低死亡率是其主要临床特征；猪喘气病体温不升高、死亡率低及病死猪淋巴结断面呈灰白色与猪肺病相区别；传染性胸膜肺炎多见于生长育肥猪，且以肺出现红色肝变及断面酱油色的凝固不良血液与猪肺疫相区别。

（3）实验室诊断　对疑似猪肺疫的病例，实验室最常见的诊断方法包括细菌的常规分离鉴定和动物接种试验。

6. 防治

（1）免疫预防　选择与当地常见血清型相同的菌株或当地分离菌株制成疫苗进行免疫。

猪肺疫口服弱毒苗，按疫苗使用说明书，每瓶免疫头数，用冷开水或疫苗专用稀释液稀释，依所喂头份添加于质量好的饲料中，充分拌匀后，令猪采食，7d 后产生免疫力，免疫期 10 个月。

猪肺疫氢氧化铝菌苗，断奶后大、小猪只一律皮下肌注 5mL，14d 后产生免疫力，免疫期 9 个月。一般为每年对猪群分别于春、秋两季进行该病疫苗的两次普免，猪群对该病能产生较强的保护力。

免疫程序：种猪应每间隔 6 个月免疫接种 1 次（尽量安排在配种前 15 ~ 20d），临产母猪暂不注射。一般春、秋两季定期接种疫苗。45 ~ 60 日龄首免，90 日龄左右再免 1 次。接种疫苗前几天和后 7d 内，禁用抗菌药物。

（2）群体预防性投药　当前猪群呼吸系统疾病多由多种病原引起，一旦暴发猪肺疫，特别是原发病、有支原体肺炎在猪群中存在时，常致预防性投药效果降低。预防性投药时需把握投药时机、选择药物种类、添加剂量、投服时间等。投药时机多选择在诱发本病的应激因素情况多发时，例如季节交替、寒潮来临之前、长途运输、转群转舍等应激发生时，且主要针对仔猪断奶前后、育成转入育肥前后一周为最佳时机；药物多选择氨基糖苷类、喹诺酮类等药物；添加剂量一般为治疗剂量减半使用，必要时可采用脉冲式给药；投服时间周期一般为1~3周。

（3）紧急治疗　急性型、最急性型病猪，早期用抗血清和敏感抗生素结合治疗效果最好。单价或多价抗血清，一般使用剂量为0.4mL/kg体重，皮下、肌肉或静脉各注射一半，24h后重复注射一次，对病情严重的病猪可加倍剂量使用抗血清。

青霉素、链霉素、四环素、土霉素、庆大霉素、磺胺二甲嘧啶钠、喹诺酮类药物（恩诺沙星、氧氟沙星等）、头孢类药品、大环内酯类药品（泰乐菌素、替米考星等）均有一定疗效。因多杀性巴氏杆菌易产生耐药性，可根据发病猪场平时使用药品的频率从上述药品中筛选使用频率低的药品进行治疗，效果将更好。

（四）仔猪大肠杆菌病

大肠杆菌是人畜肠道内的正常栖居菌，部分该类细菌对人和动物有益。但其中之一的某些致病菌株，可引起畜、禽，特别是幼畜、幼禽的大肠杆菌病，使患病动物发生严重腹泻或败血症，使患病动物生长停滞或死亡，从而给养殖业带来重大的经济损失。

1. 病原学

大肠杆菌革兰染色阴性、中等大小的杆菌，有鞭毛、无芽孢，能运动，但也有无鞭毛能运动的变异株。多数无菌毛，少数菌株有荚膜。菌体大小为（0.4~0.7）μm×（2~3）μm。

本菌为需氧或兼性厌氧，最适生长温度为37℃，最适生长pH为7.2~7.4。常规培养基均能生长。营养琼脂上生长24h后，形成圆形、边缘整齐、隆起、光滑、湿润、半透明、近似灰白色的菌落，直径2~3mm。在肉汤中培养18~24h，呈均匀浑浊（S型菌落），管底有黏性沉淀，液面管壁有菌环。麦康凯琼脂上18~24h后形成红色菌落。伊红美蓝琼脂上产生黑色带金属闪光的菌落，在远藤琼脂上形成带金属光泽的红色菌落，SS琼脂上一般不生长或生长较差，生长者呈红色，菌落较小。能致仔猪黄痢或水肿病的菌株，多数可溶解绵羊红细胞，血琼脂上呈β溶血。

本菌能发酵多种碳水化合物包括葡萄糖而产酸产气，大部分菌株迅速发酵乳糖，某些不典型菌株则迟缓或不发酵乳糖；吲哚、甲基红反应均阳性，V－P试验及枸橼酸钠利用试验均阴性。

病原性大肠杆菌与动物肠道内正常寄居的非致病性大肠杆菌在形态、染色反应、培养特性和生化反应等方面没有差别，但抗原结构不同。大肠杆菌有菌体（O）抗原、表面（K）抗原和鞭毛（H）抗原三种，O抗原已分出171种，K抗原103种，H抗原60种，因而构成许多血清型。血清型用O∶K∶H来表示。

根据大肠杆菌对人和动物的致病性不同，可以分为以下三种：产肠毒素大肠杆菌（ETEC），可借助于菌毛的附着因子，粘附于小肠黏膜表面生长繁殖，产生耐热和不耐热两种肠毒素，引起肠炎，出现腹泻；肠致病性大肠杆菌（EPEC），是引起婴儿腹泻的病原体，不产生肠毒素，病原菌粘附在小肠黏膜上皮细胞表面引起腹泻；肠出血性大肠杆菌（EHEC），其主型为O157∶H7，EHEC不产生肠毒素，但可产生志贺毒素样细胞毒素，能侵袭人类肠黏膜上皮细胞，引起炎症和溃疡，发生腹泻。

猪大肠杆菌在中国发生最多的有三种，即生后3～5d内发生的仔猪黄痢；2～3周龄发生的仔猪白痢；断乳前后（1～2月龄）发生的仔猪水肿病。有自繁自养的猪场内，由某种疾病分离的菌株，常为一定的血清型。仔猪黄痢以O88、O45、O60、O101、O115、O138、O141、O149等群较为常见，多数具有K88（L）表面抗原，能产生肠毒素；仔猪白痢有一部分与仔猪黄痢和仔猪水肿病相同，以O8∶K88、O5∶K88较为常见；仔猪水肿病以O139∶K82、O2∶K88、O8、O138、O141等血清型常见。

该菌对外界因素的抵抗力中等，50℃加热30min、60℃加热15min即可死亡。普通浓度的一般消毒剂均能迅速杀死本菌。在潮湿、阴暗而温暖的外界环境中，本菌的存活不超过1个月，在寒冷而干燥的环境中存活较久。

各地分离的大肠杆菌菌株对抗菌药物的敏感性差异较大，且易产生耐药性。亚硒酸盐、亮绿等对本菌生长有抑制作用。

2. 仔猪黄痢

（1）流行病学

①易感性：本病发生于初生及7日龄以内的仔猪，以出生后1～3d内的仔猪最为常见，7d以上很少发病。同窝仔猪中发病率很高，常在90%以上，50%以下的少，病死率也较高，40%～100%的死亡率。因饲养管理水平、治疗是否即时和科学等不同，其死亡率也不同。

②传染源及传播途径：带菌母猪及发病仔猪排出的粪便是本病的主要传染源；传播途径主要经过消化道感染。健康仔猪通过吮乳、舐食母猪躯体或被带菌母猪、其他病仔猪接触和污染的猪舍器具、水等而感染。

③流行特点：无季节性。在猪场内一次流行之后，一般经久不断，只是发病率和病死率有所下降。如不采取适当的防制措施，一般较难自然停止发病。实践中发现，在疫区猪场中初产母猪所产仔猪的发病率和死亡率最高，可达90%以上。

（2）临床症状　潜伏期短的在出生后12h内发病，长的1～3d，7d以上的很少发病。一窝仔猪出生时体况正常，于12h之后，突然有一两头表现全身衰竭，很快死亡。以后其他仔猪相继发生腹泻，粪便呈黄色浆状，含有凝乳小片。捕捉时在挣扎和鸣叫中，常由肛门流出黄色稀粪，迅速脱水，昏迷死亡。

（3）病理变化　外观病死仔猪尸体消瘦、干瘪，皮肤皱缩，肛门周围沾满黄色稀粪；颈部、腹部的皮下常有水肿。最显著的病变为肠道的急性卡他性炎症，其中十二指肠最严重，空肠、回肠次之，结肠较轻。肠道内充满多量黄色液体内容物和气体。肠系膜淋巴结充血、肿大、有弥散性大小点状出血。肝、肾常有小的坏死灶。

（4）诊断　根据发病日龄、粪便色泽和形状（黄色稀粪）、发病规律等能对本病作初步诊断；但应与仔猪红痢、传染性胃肠炎及轮状病毒、冠状病毒和猪伪狂犬病毒引起的腹泻进行鉴别诊断。仔猪红痢多发于1～2日龄仔猪，排红色粪便，发病急，死亡快；仔猪传染性胃肠炎、轮状病毒及伪狂犬排糊状灰黑色和红黄色粪便为主，仔猪伪狂犬病还表现神经症状及脑膜明显充血出血。准确诊断需实验室的细菌分离鉴定。

3. 仔猪白痢

仔猪白痢又称迟发性大肠杆菌病，是10～30日龄仔猪常发的一种肠道传染病，发病率高（约50%），病死率低。临床上以下痢、排出腥臭的灰白色粥状稀粪为特征。在中国各地猪场均有不同程度地发生，对养猪业的发展有相当大的危害。

（1）流行特点　一般发生于10～30日龄的仔猪，以10～20日龄最多，也较严重。30日龄以上的仔猪很少发生。同窝仔猪的发病有先有后，表现此愈彼发，拖延10余日才停止；有的仔猪发病，有的则不发病；有的表现严重，有的表现轻微。该病的发生与各种应激因素有密切关系，如没有即时给仔猪吃初乳、母猪奶量过多、过少与奶脂过高，母猪饲料突然更换、过于浓厚或配合不当，气候异常，阴雨潮湿，受寒，圈舍污秽，舍温冷热不定等，都可增加本病的严重性。

本病一年四季均可发生，但一般以严冬、早春发病较多，夏季炎热季节也易导致本病的发生。

（2）临床症状　一般体温和食欲无明显变化。病猪表现排腥臭的灰白色粥状稀粪，病初仔猪尚活跃，吃奶正常，所排粪较软，呈乳白至灰白色，有时可见吐奶。随后腹泻次数增多，泄出灰白色腥臭的稀粪，逐渐消瘦和脱水，被毛粗乱无光，尾及后肢被粪便污染，饮欲增加，症状较严重病仔猪若不即时治疗，往往因脱水而昏迷虚脱死亡。多数病仔猪在提高饲养管理基础上能自行康复。

（3）病理变化　因仔猪白痢而死亡的病死仔猪尸体，除肠腔内充满气体及灰白色糊状内容物外，无特异性的病理变化特征。病死仔猪肠黏膜充血或苍白，肠系膜淋巴结稍有水肿。心肌柔软，心冠脂肪胶样萎缩；肾苍白色；肝脏浑浊肿胀，胆囊膨满。

（4）诊断　根据仔猪发病日龄、病猪体温不高、普遍排泄灰白色稀粪、致死率低、剖检胃肠卡他性炎性变化及含较多灰白色粪便等特征性临床症状与病理特征，不难作出准确诊断，一般不需作实验室诊断。如需作鉴别诊断，详见仔猪黄痢部分。

4. 仔猪水肿病

仔猪水肿病是断奶前后的仔猪多发的一种急性肠毒血症。以突然发病、头部水肿、共济失调、惊厥和麻痹，剖检胃壁和肠系膜显著水肿为特征。本病发病率不高，病死率很高（90%以上）。

（1）流行病学

①易感动物：本病常见于生长快、肥胖、体格健壮的断奶仔猪，育肥猪或10日龄以下的仔猪很少见，发生过仔猪黄痢的仔猪一般不发生本病。

②传染源及传播途径：传染源为带菌母猪和感染的仔猪，传播途径主要通过消化道感染。

③流行特点：本病呈地方流行性。一般只限于个别猪群，不广泛传播。春、秋季节多发。

④发病诱因：

a. 仔猪断乳分栏，突然改变生活环境。气候突变或天气突变时，导致舍内温度降低，仔猪因皮下脂肪层薄、体温调节能力差而无法适应引起胃肠受凉，导致消化不良，胃肠痉挛，肠道内环境改变，致病性大肠杆菌大量增殖产生肠毒素吸收入血液发生中毒性休克，与此同时食物未能很好消化吸收，刺激肠蠕动增强而引起腹泻、脱水，致病猪发生酸中毒。水肿毒素一旦突破血脑屏障出现神经症状，病猪往往突然死亡。

b. 哺乳期间突然变更饲料。突然喂给浓度高的饲料，而仔猪的胃肠功能发育不健全，各种消化酶的分泌和激活需要底物诱导，在仔猪4周龄前突然喂给大量的营养浓度极高的饲料，很容易诱发水肿病。

c. 应激。断奶、阉割、预防接种、换料、母仔分离等多重刺激，引起仔猪产生应激反应，对病原菌的抵抗力降低，诱发水肿病。

d. 饲料品质不良，饲料的抗原性强。仔猪补饲饲料中，豆粕等大豆蛋白超过粗蛋白总量的50%，或豆粕（或大豆）加工处理方法不当及仔猪补饲不充分，大豆蛋白的抗原激活了肠道的局部免疫系统，如仔猪未能产生免疫耐受性，则免疫系统经常处于准备状态，当断奶后再次接触此类抗原时，便产生了抗原抗体免疫反应，导致消化不良、腹泻，发生水肿病。

e. 配合饲料的pH过高。这样的饲料进入胃肠后中和大量胃酸，使胃蛋白酶的活性降低。大量营养物质未经充分消化而直接进入肠道，使大肠杆菌迅速增殖，导致肠道菌群区系平衡被打破，诱发水肿病。

f. 饲料中蛋白质含量过高。在8周龄之前，仔猪对植物性蛋白质的消化能力差，喂给大量蛋白质含量高的日粮，超过了仔猪胃肠的承受能力，引起胃肠机能紊乱，造成病原菌繁殖并产生毒素，从而诱发仔猪腹泻和水肿病。

（2）临床症状　病猪突然发病，眼睑、头部、颈部水肿，严重的全身水肿，指压水肿部位下陷。发病初期，有神经症状表现兴奋、转圈、痉挛或惊厥，运动失调，走路左右摇摆，口吐白沫，卧地四肢划动呈游泳状，空嚼磨牙，触摸敏感，发出呻吟或嘶哑叫声，后期反应迟钝，呼吸困难，腹泻或便秘，甚至粪中带血。体温短期上升至40～40℃。后期及临死时下降到常温以下。多数在发病后数小时到1～2d死亡。

（3）病理变化　急性病例常未见任何症状即突然猝死，尸体营养良好。头顶部、下颌间隙、颈部、前肢下部内侧皮下炎性水肿，其病变为皮下积留水肿液或透明胶冻样浸出物，水肿部皮肤青紫。全身淋巴结水肿、充血、出血，急性浆液性出血性淋巴结炎，淋巴结肿胀，色如红枣，切面多汁，有时有出血，以肠系膜淋巴结、颌下淋巴结出血严重。特征性的病理变化是胃壁尤其胃大弯和贲门水肿最显著，厚度达4cm，水肿切面流出无色渗出液。结肠系膜、直肠壁明显水肿，呈白色透明胶冻状。心包、胸腹腔有较多的淡黄积液，心冠脂肪针尖状出血，心肌变性与出血。脑膜程度不等的变性、水肿和出血、充血，呈非化脓性脑炎变化。

（4）诊断

①初步诊断：根据发病猪的日龄及体格、特征性的临床表征及病理变化特点，一般可对本病作明确诊断。确诊需进行实验室诊断。

②鉴别诊断：神经症状不明显时，诊断本病需与猪瘟、猪丹毒、贫血性水肿、缺硒性水肿进行鉴别诊断。水肿病多发于断奶后体格健壮的仔猪，体温一般不升高，临床多表现头部水肿（胖头）；猪瘟可侵害不同年龄的猪只，猪丹毒多见于架子猪，两者的体温均显著升高。贫血性水肿与缺硒性水肿均无明显的神经症状，前者体况较差，后者有饲料营养不良或不平衡史，两者分别注射抗贫血药或硒很快见效，与水肿病相区别。

③实验室诊断：对各种大肠杆菌病的实验室诊断主要进行病原菌的常规分离鉴定和鉴别培养。

5. 大肠杆菌病的防治

（1）预防

①实施科学的免疫：根据猪场类型（祖代猪场、父母代猪场或商品代猪场）设计免疫程序，于母猪产前酌情免疫引起仔猪黄痢（如O8、O45、O60、O101）、白痢（如O8K88）和仔猪水肿病（如O2、O8等）的主要血清型大肠杆菌疫苗。

②强化饲养管理：

a. 母猪的饲养管理。防止怀孕母猪过肥或过瘦。产房管理，待产母猪调进产房前，必须对每个产圈彻底消毒，可用火焰喷灯杀灭铁架上的微生物。母猪进产房后最好应用温水淋浴，临产时用0.1%高锰酸钾液洗涤母猪的阴部、乳房、腹部，适当时需对擦洗后的乳房进行按摩且必须挤掉乳头的陈乳，辅助初生仔猪尽早吃上新鲜初乳，尤其对头胎母猪更为重要。

b. 抓好仔猪的三期三关，即初生期初乳关、开口期补料关、断乳期旺食关。

③实施科学的母仔猪保健方案：

a. 做好母猪产前产后的保健。做好临产母猪产前产后的保健工作，按摩、消毒、注射催产素及抗菌素，产后根据季节（一般在夏、秋气温较高季节）可用青霉素兑生理盐水冲洗产道，上午和下午各1次，连续2d，同时，注射胃肠活和双黄连。

b. 做好仔猪的保健工作。于出生后第2~3d补铁，注射右旋糖酐铁、铁钴注射液1~2mL，同时注射0.1%亚硒酸钠维E注射1mL。

（2）紧急治疗　针对仔猪黄痢和白痢，可选择氨基糖苷类药品如庆大霉素、卡那霉素、大观霉素等和喹诺酮类药品如恩诺沙星、环丙沙星注射或饮水，注射连用3d，饮水或拌料连用4~5d。

患仔猪水肿病时可注射水肿病抗毒素注射液。同时，病猪每头肌注长效治菌磺5mL，静注10%氯化钙5mL，50%葡萄糖100mL，25%甘露醇30mL，维生素C注射液4mL，一次1d，连用3d。

（五）猪副伤寒（猪沙门氏菌病）

仔猪副伤寒即猪沙门菌病，是由沙门菌属病菌引起的一种传染病。急性者为败血症变化，慢性者为大肠坏死性纤维性肠炎及肺炎。该病多发生于1~4月龄的小猪，成年猪较少发病，故许多学者乐于将其称为“仔猪副伤寒”。

1. 病原学

沙门氏菌为两端钝圆、中等大小的直杆菌，革兰染色阴性，无芽孢，一般无荚膜，都有周鞭毛（鸡白痢沙门菌等除外），菌体大小（0.7～1.5）μm×（2.0～5.0）μm。能运动，多数有菌毛。

本菌需氧或兼性厌氧，最适生长温度为35～37℃，最适pH为6.8～7.8。该菌对营养要求不高，能在普通平板培养基上生长，经37℃、24h培养，形成圆形、直径2～3mm、光滑、湿润、无色、半透明、边缘整齐的菌落。

沙门菌不分解乳糖、蔗糖，不凝固牛乳，不产生靛基质，不液化明胶，分解葡萄糖产酸产气（伤寒沙门菌产酸不产气）。

沙门菌抗原分为O抗原（菌体抗原）、H抗原（鞭毛抗原）、Vi抗原（荚膜抗原，又名K抗原，或表面抗原、包膜抗原），这些抗原构成了血清学分型的基础，目前世界上已发现有2500种以上的血清型。但经常危害人畜的泛寄生性沙门菌不过十几种，连同专嗜性的菌型在内也不过二十几种。引起猪副伤寒的主要有猪霍乱沙门菌、猪伤寒沙门菌、鼠伤寒沙门菌、肠炎沙门菌等。

2. 流行病学

（1）易感动物　人、各种畜禽及其他动物对沙门菌属中的许多血清型都有易感性，不分年龄大小均可感染，幼龄的畜禽更易感。猪多发生于2～4月龄的仔猪。

（2）传染源及传播途径　传染源主要是病猪和某些健康带菌猪，病原菌存在于肠道中，可由粪便、尿、乳汁以及流产的胎儿、胎衣和羊水排出病菌。传播途径包括消化道、交配或人工授精时的生殖道；鼠类也可传播本病。健康畜禽的带菌现象较普遍，机体健康状况及外界环境恶劣时易导致这些寄生菌增殖而发生内源性感染。

（3）流行特点　一年四季均可发生。猪在多雨潮湿季节发病较多。一般呈散发性或地方流行性。环境因素是诱发本病的重要因素。

3. 临床症状

该病的潜伏期视猪体抵抗力及病菌的数量和毒力的不同而异。一般由数日至数周不等。临床上分为急性和慢性两型，以慢性型较为常见。

（1）急性型（败血型）　多见于断奶不久的仔猪，病菌侵入猪体后，迅速发展为败血症而引起急性死亡。临床表现为体温突然升高至41～42℃，神经不振，食欲减退或废绝。间有下痢，排出淡黄色恶臭的液状粪便，有时出现结膜炎，呼吸困难等。耳根、胸前和腹下皮肤出现紫红色斑块。有时出现症状24h内死亡，但多数病程为2～4d。群内的发病率不高，但病死率较高。

（2）慢性型　为该病的常见类型与猪瘟的表现很相似，体温升高至40～41.5℃，精神不振，寒战，扎堆。逐渐消瘦，生长停滞，贫血，眼结膜炎，眼内有黏性或脓性分泌物，上下眼睑常被粘着。长期腹泻，泄出物呈灰白或黄绿色水样，有恶臭并混有大量坏死组织碎片或纤维状物。后躯粘有灰褐色粪便，被毛粗乱。中、后期在腹部皮肤出现弥漫性湿疹，有时可见绿豆大，干涸的浆液性覆盖物，揭开后见浅表溃疡。病程拖延 2 ~ 3 周或更长，拉稀时发时停，食欲逐渐废绝，有时出现咳嗽，最后极度消瘦，衰竭而死。有些病猪经数周后病情逐渐减轻，状似恢复，但生长不良或短时又行复发。

4. 病理变化

（1）急性型（败血型）病理变化　病死猪的头部、耳朵、腹部等处皮肤出现大面积蓝紫红色斑，各内脏器官具有一般败血症的共同变化。脾脏肿大，呈暗红色，质韧，切面呈蓝红色；全身淋巴结肿大，呈紫红色，切面外观似大理石状花纹，与猪瘟的变化相似；肝、肾、心外膜、胃肠黏膜有出血点；肺卡他性炎症；病程稍长的病例，大肠黏膜有糠麸样坏死物。脑膜和脑实质有出血斑点，脑实质病变为弥漫性肉芽肿性脑炎。部分病仔猪胃黏膜严重淤血和梗死而呈黑红色，病程超过一周时，黏膜内浅表性糜烂。

（2）慢性型病理变化　尸体极度消瘦，腹部和末梢部位皮肤出现紫斑，胸腹下和腿内侧皮肤上常有豌豆大或黄豆大的暗红色或黑褐色痘样皮疹，特征性病变主要在大肠、肠系膜淋巴结和肝脏。整个大肠尤其盲肠、结肠黏膜纤维素性坏死，形成豆腐渣样或糠麸样的假膜或圆形溃疡；肠系膜淋巴结比正常大几倍，切面呈灰白色脑髓样，并常散在灰黄色坏死灶，有时形成大块的干酪样坏死物。肝脏呈不同程度淤血和变性，突出病变是肝实质内有许多针尖大至粟粒大的灰红色和灰白色病灶。

5. 诊断

（1）初步诊断　慢性型猪副伤寒依据流行病学特点、临床症状、特征性的病理变化能作出较准确的初步诊断；确诊需进一步鉴别诊断和实验室检查。

（2）鉴别诊断　本病易与猪瘟和败血型猪链球菌病混淆。仔猪患猪瘟有腹泻，但很少出现皮肤湿疹和顽固性下痢；猪瘟淋巴结以断面大理石样斑纹为主，副伤寒淋巴结尤其肠系膜淋巴以断面灰白色的脑髓病变为主；敏感抗菌素对副伤寒有效果，对猪瘟均无效。患败血型猪链球菌病的仔猪血液凝固不良，而仔猪副伤寒血液不会凝固不良；败血型猪链球菌脾呈暗红色或紫蓝色，软而脆，败血型副伤寒病猪的脾蓝紫色肿大，坚硬似橡皮，切面呈蓝红色；败血型副伤寒肝有患死灶，败血型链球菌一般无肝坏死灶。

（3）实验室诊断　实验室诊断猪副伤寒常采取病原菌的分离鉴定和血清学鉴定。对流免疫电泳、协同凝集试验、酶联免疫吸附试验、基因探针检测等也可用于本病的实验室诊断。

6. 防治

（1）防控原则　加强饲养管理，消除发病诱因。常发生本病的猪群可考虑注射猪副伤寒菌苗，生后 1 个月以上的哺乳健康仔猪均可使用。

（2）免疫预防　对本病常发猪场或地区，对断奶前仔猪用仔猪副伤寒冻干弱毒菌苗预防，用 20% 氢氧化铝稀释，肌注 1mL，免疫期 9 个月；口服时，按瓶签说明，服前用冷开水或疫苗专用稀释液稀释成每头份 5 ~ 10mL，掺入料中喂服，半个月内禁用抗菌类药物。

（3）发病后的治疗措施

①隔离病猪，即时治疗：常用抗生素有土霉素类、氨基糖苷类、磺胺类及喹诺酮类药品，根据猪群用药频率在上述药品中选择使用频率低的药品按 3 ~ 5d 一个疗程拌料或饮水用药，每天上下午各 1 次。

②在使用药品的同时，发病猪群自由饮用电解多维和葡萄糖混合液，稀释用水为烧开冷却至 35 ~ 40℃的人畜饮用水。

③加强饲养管理和消毒，发病时注意圈舍温度、圈舍粪尿的即时清理和彻底消毒。

（六）猪链球菌病

猪链球菌病是由数种致病性链球菌引起的猪的多种疾病的总称。以感染和发病猪只出现急性出血性败血症、慢性型关节炎或慢性型心内膜炎及淋巴结化脓性炎为特点。猪链球菌病的大流行，不但会给当地经济造成重大损失，而且严重威胁着人民的生命健康。2005 年 7 月，四川省资阳市辖区的 26 个县、102 个乡镇因屠宰和误食猪链球菌病猪肉，致使 181 人感染猪链球菌病，死亡 34 人。该病目前在各规模猪场呈散发或地方流行。

1. 病原学

链球菌种类较多，在自然界分布广泛。不同类型链球菌的形态、排列方式和染色反应无明显区别，均为圆形、卵圆形的球状菌，菌体直径达 0.6 ~ 1.0μm。在液体培养基常常形成菌数不等、长短不一的链状排列，短的仅数菌相连，长的可呈串珠状存在。在病料涂片或触印片上常单个、成对或短链状存在，偶尔见数十个菌排列成的长链。本菌不形成芽孢，一般无鞭毛，不能运动，有的种类在动物组织内或在含血清的培养基内能形成荚膜，革兰染色阳性。

致病性链球菌对培养条件要求较为严格。用鲜血琼脂培养生长良好，且同时还可观察溶血现象，在 pH6.8 时溶血效果较 pH7.4 为好。本菌为兼性厌氧菌，在有氧和无氧条件下均能生长，但无氧时溶血较明显。培养最适温度为 37℃。菌落 24h 能长出，呈透明、发亮、光滑圆形，边缘整齐。

链球菌具有一种特异性的多糖类抗原，又称 C 抗原。应用 C 抗原，根据兰氏（Lancefield）血清学分类，可将链球菌分成 A ~ U 等 20 个血清型（无 I、J 群）。A 群主要对人类致病，对动物致病力较弱；B 群对牛引起乳房炎（无乳链球菌、乳房链球菌），对人无致病性；C 群共 30 多个类型，多为致病性链球菌，可使人及动物发生链球菌病，兽疫链球菌就属于此群，感染此群链球菌的动物，可至急性化脓性炎症和败血症；D 群寄生于人、畜和禽类肠道，又名肠道链球菌，一般不致病；E 群寄生于牛、羊、猪阴道，对组织的侵入能力不强，又称猪链球菌，可至猪淋巴结化脓、化脓性支气管炎、脑膜炎、关节炎和一些牛的乳房炎；其他如 G、L、M、P、R、S 及 T 群链球菌对猪均有不同程度的致病作用，引起猪只发生败血症、脑膜炎、心内膜炎、肺炎、关节炎及脓肿等病理过程，其中，某些群链球菌对其他动物也有致病作用。

链球菌的致病力主要与其荚膜、毒素和酶有关。荚膜可抵御吞噬细胞的吞噬，保护菌体增殖和扩散；链球菌的多种毒素和酶可以迅速破坏组织细胞，如增加毛细血管壁的通透性，促进该菌的扩散和蔓延，从而引起组织器官的严重病理变化。

本菌对外界环境的抵抗力不强，70℃ 1h 或 86℃ 15min 煮沸则立即死亡。1‰升汞、5% 石炭酸、2% 甲醛，10min 即可杀死该菌。

链球菌对青霉素类抗生素、磺胺类、喹诺酮类等药物均敏感，临床可选用。

2. 流行病学

（1）易感动物　链球菌可以感染不同年龄、不同品种、不同性别动物，常见动物如猪、牛、羊、马、鸡、水貂、家兔及小鼠等都具有不同程度的易感性。人类也易感，特别是儿童。试验动物以家兔最为敏感，仓鼠、小鼠次之，家鸽也可发病致死。

（2）传染源和传播途径　病畜（禽）和病愈带菌动物是本病自然流行的主要传染源。皮肤伤口和呼吸道是主要的传播途径。病猪的鼻液、唾液、血液、尿液、内脏、肿胀的关节内均可检出病原体。断脐、断尾、阉割和注射等消毒不严均可造成该病的传染。

（3）流行特点　该病的发生没有严格的季节性，一年四季均可发生。不分品种、年龄、性别均可染病。该病的暴发流行与畜禽饲养密度、圈舍清洁卫生、通风、气候、转群、长途运输及其他各种应激密切相关。不同临床表征的链球菌病，其流行特点略有不同。

3. 临床症状

猪链球菌病，依据引起疾病的链球菌和临床表现的不同可分为败血型链球菌、淋巴结脓肿型链球菌病及脑膜炎型链球菌病三种类型。其中，以淋巴结脓肿较为常见，而以败血型链球菌病危害最大。

（1）败血型链球菌病 败血型链球菌为一种急性、败血性传染病，常呈地方流行性，给养猪业带来巨大损失。病原为C群的马链球菌兽疫亚种，曾称兽疫链球菌以及L、R、S、T等群的链球菌。中国流行的是C群兽疫链球菌。

突然发病，体温升高至41～42℃，呈稽留热型，食欲废绝，精神沉郁，喜卧，粪便干硬；眼结膜潮红、充血、流泪；数小时至两天内部分病猪出现多发性关节炎、跛行、爬行或不能站立；耳、胸、腹下及四肢内侧皮肤呈暗红色，并有少量出血斑；有的病猪出现共济失调，无目的的走动、磨牙、空嚼或昏睡等神经症状。病的后期出现呼吸困难，四肢麻痹。病的经过很急，如不治疗，常在1～3d内死亡，病死率达80%～90%。若治疗不及时或药量不足、中途停药则转为亚急性或慢性。

（2）脑膜炎型链球临床症状 引起脑膜炎型的链球是C、D、E群中的非化脓性链球菌。

病程1～2d，长的可达5～6d。多见于哺乳仔猪和断奶仔猪。病初体温升高，不食，便秘，有浆液性或黏液性鼻液。病猪很快出现神经症状，四肢共济失调，转圈、空嚼、磨牙、仰卧，直至后躯麻痹，侧卧于地，四肢作游泳状划动，甚至昏迷不醒，部分猪出现多发性关节炎。

（3）关节炎型链球菌临床症状 本型主要由E群链球菌引起。

病猪关节肿胀，消瘦，食欲不振，呈明显的一肢或四肢关节炎，可发生于全身各处关节，病猪疼痛、悬蹄、高度跛行，严重时后躯瘫痪，部分猪只因体质极度衰竭而死亡，或耐过成为僵猪。

急性败血型猪链球菌病、脑膜炎型链球菌病及关节炎型链球菌往往混合存在，或先后相继发生，很少单独发生。

（4）淋巴结脓肿型猪链球菌病临床症状 该型病体为E群中的链球菌。

以下颌淋巴结化脓性炎症最为常见，咽、耳下、颈部等淋巴结有时也受侵害。试验感染的猪一般在感染后48h发生短期的体温升高，食欲减少；至第7天感染的淋巴结出现直径约1mm散在的小脓肿，并逐渐增大，至第20天左右可达1～5mm以上。受侵害的淋巴结发炎肿胀，触诊坚硬，有热痛，病猪表现全身不适，由于局部的压迫和疼痛，可发生采食、咀嚼、吞咽甚至呼吸困难。化脓成熟后，自破溃流出脓汁，全身症状显著好转，整个病程约为3～5周，一般不引起死亡。

4. 病理变化

（1）败血型猪链球菌病病理变化 鼻黏膜发绀，充血及出血。喉头、气管充血，常见大量泡沫，肺充血肿胀；全身淋巴结有不同程度的肿大、出血、呈黑红色，有的有坏死现象；脾肿大，有的可达正常体积的1～3倍，呈暗红色，柔软而易碎裂，边缘常有黑红色的出血性梗死区；肾轻度肿大，充血和出血，呈暗红色；肝色淡，呈褐色，切面黄染；胆囊肿大，充满稀薄胆汁；胃肠黏膜高度充血、出血；关节肿大，关节囊内有黄色胶样液体或纤维素性渗出物。

（2）脑膜炎型链球菌病理变化　脑膜充血、出血、严重者溢血，少数脑膜下充满积液；切开脑部，可见灰质和白质有明显的小出血点。脊髓也有类似变化。心包膜有不同程度的纤维素性炎，心包增厚；胸、腹腔有不同程度的纤维素性胸腹膜炎；全身淋巴结有不同程度肿大，充血或出血；其他内脏病变各异；部分病例有多发性关节炎、关节肿大、关节囊内有黄色胶样液体，但不见脓性渗出物。一些病猪在头、颈、背及肠系膜有胶样水肿。

（3）关节炎型链球菌病理变化　关节周围肿胀、充血，滑液浑浊，重症者可见关节软骨坏死，关节周围组织有多发性化脓灶。

（4）淋巴结脓肿型链不堪菌病理变化　多见于下颌淋巴结，其次是咽部、耳下和颈部淋巴结，淋巴结肿大、充血、出血和脓肿是其典型病理特征。

5. 诊断

（1）初步诊断　根据猪链球菌四种类型临床表征，结合病猪的临床主要症状、病理解剖特征能初步明确本病，准确诊断需进行鉴别诊断和实验室检测。

（2）鉴别诊断　急性败血型猪链球菌病易与猪瘟、急性败血型猪肺疫、急性败血型猪丹毒、蓝耳病及传染性接触性胸膜肺炎混淆；脑膜炎型链球菌病易与猪伪狂犬、猪李氏杆菌病、仔猪水肿病混淆。败血型猪瘟主要表征全身皮肤针尖出血点、全身脏器针尖状出血点及程度不等的盲肠纽扣状溃疡，脾边缘散在梗死灶是其特征性病变之一。急性猪肺疫均程度不等的咽喉黏膜及颈部皮下水肿。急性败血型猪丹毒脾呈樱桃红色，切面有特殊的“红晕”现象，脾髓易刮离；肝脏暗褐色遇空气易变鲜红色。蓝耳病具有高热、流产、大小猪均死亡及蓝耳4大特征，与本病相区别。胸膜肺炎特殊的红色肝变肺及肺断面流出带泡沫的酱油血样、胸壁与肺粘连是其典型特征；猪伪狂犬病以典型的神经症状、实质内脏如肝、脾、肾、心和扁桃体、肾上腺、淋巴结出现灰白色小坏灶与链球菌相区别，且伪狂犬尸体较少出现耳、颈、下腹部紫斑病变。李氏杆菌病磺胺类药物有特效，且脑软化为其特征。水肿病以体温多正常、尸体仅下腹部出现紫红尸斑及胃壁、肠壁和肠系膜水肿为特征，链球菌病体温升高、体表及耳、颈和腹下均出现紫斑；内脏器官广泛出血为其特征；

（3）实验室诊断　病原菌的常规分离鉴定、动物接种试验及PCR法是目前猪链球菌病较常用的实验室诊断方法。

6. 防治

（1）免疫接种　接种疫苗是预防本病的有效方法之一。针对该病，目前有猪、羊、鸡的链球菌疫苗。链球菌多价灭活疫苗（包括Ⅱ型猪链球菌和C群链球菌）妊娠母猪于产前20～30d每头肌注5mL；仔猪于30日龄和40日龄各肌注3mL；后备母猪于配种前每头肌注5mL。保护率能达75%～100%，免疫期均在6个月以上。接种疫苗后使用有效抗菌素共同控制本病，不会影响菌苗的免疫应答。

猪败血型链球菌活菌苗（弱毒冻干苗）于流行季节前每猪皮下注射2亿个或口服3亿个，能达到80%～100%保护率，使用该种疫苗不能同时使用抗菌素。

（2）发生疫情时的紧急措施 通过临床及实验室确诊该病时，应按划定疫点、疫区、隔离、封锁疫区程序进行操作，同时，关闭划定疫区内的畜禽交易市场；污染区域严格消毒；全群猪只检疫并隔离疑似病猪；假定健康群积极投服药品；病死猪规范处理。

（3）治疗 针对不同类型链球菌病其选择的治疗方案略有不同。发生该病后，使用敏感抗菌素是首选。各型链球菌病常用的抗菌素为青霉素类（如阿莫西林、氨苄西林钠等）、磺胺类药品、林可霉素类。若是淋巴结脓肿型，还需结合3%双氧水或1%高锰酸钾溶液进行局部清洗和消毒处置方案。高热败血型需结合补充能量和体液（静脉注射葡萄糖注射液或口服电解多维）及降温。

（七）猪葡萄球菌病

猪葡萄球菌病又名猪渗出性皮炎（EE），又名仔猪油皮病，是由金黄色葡萄球菌和猪葡萄球菌引起猪的一种接触性传染病。前者可造成猪的急性、亚急性或慢性乳腺炎，坏死性葡萄球菌可造成皮炎及乳房的脓疱病；后者是猪渗出性皮炎的主要病原。

1. 病原学

葡萄球菌呈球形，直径为0.5～1.5μm，以常呈葡萄状排列而得名。但在脓汁或液体培养物中有些呈短链或双球状排列。为兼性厌氧菌。革兰染色阳性，无鞭毛，不运动。一般不形成荚膜和芽孢。该菌生长营养条件需求不高，普通培养基上均能生长良好。血液琼脂上24h形成圆形、光滑、闪光的菌落，直径1～4mm，多数致病菌株能产生溶血；大多数菌株能在10%氯化钠或结晶紫培养基上生长，菌苔呈土黄色。在固体培养基上形成橙黄色、柠檬色或白色、圆形、隆起菌落。严重污染病料，可用甘露醇盐琼脂等选择培养基分离。

本菌对外界的抵抗力较强，但对消毒药如酚类、升汞、次氯酸溶液敏感，能很快被杀死，在70%酒精、3%石炭酸中几分钟即可死亡。

葡萄球菌的致病力取决于产生毒素和酶的能力。已知致病性菌株能产生血浆凝固酶、肠毒素、皮肤坏死毒素、透明质酸酶、溶血素、杀白细胞素等多种毒素和酶。

2. 流行病学

（1）易感动物　该病多见于5～6周龄小猪，哺乳期仔猪也多见。育成猪和种猪较少发病。

（2）传染源和传播途径　葡萄球菌在自然环境中分布极为广泛，空气、尘埃、污水以及土壤中都有存在，也是人和动物体表及呼吸道的常在菌，都是本病的传染源。本菌可以通过各种途径感染，破裂和损伤的皮肤及黏膜是最主要的入侵门户或传播途径。

（3）流行特点　本病一般呈散发，发病具有典型的窝次性，即同一窝仔猪中的一头发病后，陆续有其他体弱仔猪发病。圈舍清洁卫生和饲养管理水平是本病的重要诱因。

3. 临床症状和病理变化

潜伏期的长短取决于菌株产生肠毒素的能力、感染菌数和环境温度。通常在感染后的4～6d发病，病初首先在肛门和眼睛周围、耳廓和腹部等被毛稀疏处的皮肤出现红斑，触摸患猪皮肤有发热感，很快发生3～4mm大小的微黄色水疱。水疱破裂后，渗出清亮的浆液或黏液，与皮屑、皮脂和污垢混合，干燥后形成微棕色鳞片状痂，无痒感，一般体温不升高。痂皮脱落后，露出鲜红色创面。通常于24～48h蔓延至全身表皮。继之，患猪食欲不振，饮欲增加，并迅速消瘦。可出现口腔溃疡、角质蹄脱落。一般经30～40d可康复，但发育受阻。严重者可于发病后4～6d死亡。

4. 诊断

（1）初步诊断　结合病猪年龄、临床症状和用药效果可对本病作初步诊断，准确诊断需进行实验室检测及鉴别诊断。

（2）鉴别诊断　本病易与营养不良所致的皮疹、接触性湿疹及疥螨混淆。营养不良性皮疹往往有母猪乳汁不足、发病仔猪瘦弱状况，不具传染性；接触性湿疹剧痒，抗菌素无效；疥螨病剧痒，多发于秋冬、初春季节，皮肤有结痂、脱落和增厚等临床表征，常规体外驱虫药有效。

（3）实验室诊断　实验室确诊本病可以通过涂片镜检、分离培养、血清检查及动物接种试验等方法。

5. 防治

（1）对出现临床症状的仔猪肌注氧氟沙星注射液，5mg/kg体重，2次/d，连用4～5d；全群仔猪用恩诺沙星饮水，浓度为50mg/L，连用5d；同时，用复合维生素B及口服补液盐饮水7d。也可用青霉素类药品、林可霉素类药品代替氧氟沙星。

（2）皮肤有痂皮的仔猪用45℃的0.1%高锰酸钾液浸泡5min，待痂皮发软用毛刷擦拭干净，剥去痂皮，有伤口的涂上磺胺消炎软膏，加强保温，1 次/d，连用 3d。

（3）加强饲养管理，对有伤口仔猪及时用碘伏涂擦，并根据猪群是否发生过本病而注射青霉素或氧氟沙星等药品。

（4）经常发生该病的猪场，可对易发该病的怀孕母猪免疫接种葡萄球菌疫苗或类毒素制剂，有助于降低该病的发生。

（5）做好产房的清洁卫生与严格的定期消毒是预防本病的主要途径。

（八）猪丹毒

猪丹毒是由猪丹毒杆菌（*E. rhuriopathiae*）引起猪的一种急性、热性传染病。其临床症状与剖检特征为高热、急性败血症；亚急性皮肤疹块，慢性疣状心内膜炎及皮肤坏死与多发性非化脓性关节炎。猪丹毒广泛流行于世界各地，对养猪业危害很大，中国政府曾经将此病作为强制防控对象而由各地畜牧兽医主管部门防疫人员对其进行春秋两季的普免。

1. 病原学

猪丹毒杆菌为平直或微弯杆菌，其大小为（0.2～0.4）μm×（0.8～2.5）μm。趋向于形成长比，有时长至 60μm。病料内的细菌，单个存在，成对或成丛排列；在白血球内一般成丛存在；在陈旧的肉汤培养物内和慢性病猪的心内膜疣状物中，多呈长丝状，并排列成丝。本菌不运动，不产生芽孢，无荚膜。革兰染色阳性。

本菌为微需氧和兼性厌氧菌。最适生长温度为 30～37℃，生长最适 pH 为 7.4～7.8。在普通培养基上生长不良，在血液琼脂或血清琼脂上生长良好。

猪丹毒杆菌迄今报道的血清型已达 25 个型（1a、1b、2～23 及 N 型），中国主要为 1a 型和 2 型，其中 1、2 两型等于迭氏（dedie，1949）A、B 型。A 型菌株多分离自急性败血型猪丹毒病例，毒力较强，可作为攻毒菌种；B 型菌株常见于关节炎病猪，毒力相对较弱，但免疫原性较好，可作为制苗的菌种。

猪丹毒杆菌表面有一层蜡样物质，因此对各种外界因素抵抗力很强，包括盐腌、火熏、干燥、腐败和日光等均不能在短时间内使其死亡。露天放置 77d 的病死猪肝脏，深埋 1.5m，231d 的病猪尸体，12% 食盐水处理并冷藏于 4℃ 148d 的猪肉中，都可以分离到猪丹毒杆菌。在弱碱性土壤中可生存 90d，最长可达 14 个月，因此，土壤污染在该病的流行病学上有极其重要的意义。猪丹毒杆菌对热敏感，肉汤培养物于 55℃经 15min，70℃经 5min 即可杀死。本菌耐药性较强，猪胃内的酸度不能杀死它，因此可通过胃而进入肠道。常规消毒剂对该菌有较好的杀灭作用，如 0.1% 升汞、3% 来苏儿、2% 福尔马林、1% 漂白粉、1% NaOH 或 5% 石灰乳，在 5～15min 内均可杀死本菌。

在自然条件下，丹毒杆菌主要使3~12个月龄猪发病。3~4周哺乳期仔猪也可发病。

2. 流行病学

(1) 易感动物　本病主要发生于猪，3~12个月龄最为敏感。其他家畜如牛、羊、狗、马和禽类如鸡、鸭、鹅、火鸡、鸽子、麻雀、孔雀等也有发病的报道。人也可以感染该菌，称类丹毒，取良性经过。

(2) 传染源及传播途径　病猪是该病的主要传染源，其次是带菌猪及其他带菌动物。通过携带有该菌的动物粪尿、口、鼻及眼的分泌物中排除猪丹毒杆菌污染饲料、饮水、猪舍和用具等，通过饮食经消化道传染给易感猪。该病也可通过损伤的皮肤及蚊、蝇、蜱等吸血昆虫传播。屠宰场、加工场的废料、废水、食堂的残羹和腌制、熏制的肉品等也常常引起该病的发生。

(3) 流行特点　该病一年四季均可发生，但以炎热多雨季节流行最盛，秋凉以后逐渐减少。该病常为散发性或地方性流生，有时也可发生暴发性流行。

3. 临床症状

猪丹毒杆菌人工感染的潜伏期为3~5d，个别短的仅为1d，长的可达7d，自然感染与人工感染近似。临床上将其分为最急性型、急性败血型、亚急性疹块型和慢性型三种类型。

(1) 最急性型　多为自然感染流行初期第一批发病死亡的猪，病前无任何症状，前日晚吃食良好，一切正常，第二天早晨发现猪只死在圈舍，全身皮肤发绀，若群养猪，其他猪相继发病，并有数头死亡。

(2) 急性败血型　此型最为常见，在流行初期，有个别猪不表现任何症状而突然死亡。多数病猪表现体温升高达42~43℃，稽留不退，常发寒颤，离群独卧。结膜充血，但眼内很少有分泌物。食欲降低或废绝，有时呕吐，粪便干硬呈栗状，表面附有黏液，后期可能发生腹泻。严重者呼吸急迫，心跳加速，黏膜发绀。部分病猪皮肤红斑，继而变为紫红色，以耳、颈、背等部较多见。大部分病猪经3~4d，体温急剧降至正常体温以下而死亡，病死率80%左右，不死者转为疹块型或慢性型。

(3) 亚急性疹块型　此型症状比急性型较轻，其特征是皮肤表面出现疹块，俗称“打火印”。病初食欲减退或废绝，口渴、便秘，偶有呕吐，精神不振，体温升高至41℃以上。通常在发病后2~3d，在胸、腹、背、肩和四肢等部位皮肤发生疹块。疹块呈主形、菱形、偶有呈圆形，稍凸起于皮肤表面，大小为一至数厘米，从几个到几十个不等。初期疹块充血，指压褪色；后期淤血，呈蓝紫色，压之不退。疹块发生后，体温开始下降，病势减轻，经数日以至旬余，病猪多自行康复。若病势较重或长期不愈，则有部分或大部分皮肤坏死，久而变成革样痂皮。也有少数病猪在发病过程中，症状恶化转为败血症而死亡。妊娠母猪发病后，有时发生流产。病程约为1～2周。黑猪患疹块型猪丹毒，不易观察，但用力平贴皮肤触摸，可以感觉稍凸起的疹块。

（4）慢性型　一般由急性型、疹块型或隐性感染转变而来。常见的有慢性关节炎、慢性心内膜炎和皮肤坏死等几种。皮肤坏死一般常单独发生，而慢性关节炎和心内膜炎有时在一头病猪身上可同时存在。慢性关节炎主要表现四肢关节（前肢腕关节和后肢跗关节最为明显）的炎性肿胀，病腿僵硬、疼痛。以后急性症状消失，而以关节变形为主，呈现一肢或两肢的跛行，时有卧地不起者。病猪食欲变化不明显，但生长缓慢，体质较弱，病程数周或数日。慢性心内膜炎病猪一般无明显的消化道症状，但消瘦、贫血、全身衰弱，不愿走动，强迫驱赶则举步缓慢，身体摇晃。听诊心脏有杂音，心律不齐，有时在强迫驱赶中，突然倒地死亡。此种病猪不能治愈，一般经数周至数月死亡。皮肤型一般常发于背、耳、肩、尾等部。局部皮肤色黑、干硬似皮革。坏死部边缘与其下面的新生组织分离，而形似甲壳；有时可在耳壳、尾巴末梢和蹄缘发生坏死。经2～3个月坏死皮肤脱落，遗留下一片无光色淡的疤痕而愈。如有继发感染，则病情变得复杂，病势加重，而引起死亡。

4. 病理变化

（1）最急性败血型　病死猪全身皮肤或鼻部、耳部、腹部或腿部呈紫红色。心外膜及心房肌有点状出血。特征性病变为脾肿大呈暗红色或樱桃红色，包膜紧张，边缘钝圆，质地柔软。脾切面出现特征的"红晕"，即在暗红色的脾切面上，有颜色更深的小红点位于白髓周围。"红晕"部位较固定，脾头、脾尾、纵切、横切均可发现，形态为特殊的圆形或椭圆形，易辨认。全身淋巴结不同程度充血、出血和肿胀。肺呈弥漫性淤血水肿。

（2）急性败血型　主要以急性败血型的全身变化和体表皮肤出现红斑为特征。鼻、唇、耳、胸及背部处皮肤和可视黏膜呈不同程度的紫红色。全身淋巴结充血肿大，切面多汁，呈浆液性出血性炎症。脾脏呈樱桃红色，被膜紧张，边缘钝圆，切面外翻，凹凸不平，质地松软，显著充血、肿大，脾髓暗红而易于刮下，脾小梁和滤泡的结构模糊，这是猪丹毒区别于猪瘟、猪肺疫的特征性变化之一。

整个消化道都有十分明显的卡他性或出血性炎症变化，胃底部和十二指肠尤其明显而严重，黏膜潮红、肿胀，有散在的小出血点或弥漫性出血，表面有多量黏液。肾脏呈暗红色，充血肿大，皮质部有为数不等的出血点。肝脏呈暗红褐色，明显充血和实质变性，暴露于空气中则转变为鲜红色；心内、外膜和心肌常有出血斑点；肺也常充血和水肿，有时出血。

（3）疹块型　皮肤疹块与生前没有明显差异，内脏具有败血型的病理变化，这是因为疹块型病猪的死亡主要是由于发展成为败血症所致。

（4）慢性型

慢性关节炎：见于四肢的一个或多个关节，尤其前肢的腕关节和后肢的跗关节。受害关节肿胀，关节囊有不同程度的增生肥厚；切开关节囊，见有多量浆液性纤维素性渗出液，黏稠或略带红色，有的有赘生肉芽组织悬浮于滑液内或附着于滑膜上。关节囊周围组织也有慢性炎症变化，附近淋巴结也肿大。

慢性心内膜炎：常见有溃疡性或菜花样疣状赘生性心内膜炎。一个或数个瓣膜，特别是二尖瓣膜表面着生疣状物，它是由肉芽组织和纤维素性凝块组成。此外，还常见到肺、肝、脾等内脏的淤血变化和肾的贫血性梗死。前者是由于心瓣膜的上述病理变化引起心脏孔口狭窄或闭锁不全，血液循环受阻所致；后者是由于心瓣膜上的纤维素凝块崩解、脱落、随血液转移到肾或其他内脏，在血管内形成栓塞而引起的。

5. 诊断

（1）初步诊断　结合流行病学、临床症状及尸体解剖一般能较明确诊断疹块型猪丹毒和慢性型猪丹毒；最急性及急性败血型猪丹毒需要实验室进一步检测。

（2）鉴别诊断　最急性和急性型猪丹毒易和败血型猪瘟及急性败血型猪肺疫混淆。三者均表现急性败血型症状，但猪丹毒脾呈樱桃红色，猪瘟脾边缘有梗死灶，猪肺疫以颈部皮下和黏膜特征性的水肿及咽喉黏膜充血、出血为其特征。

（3）实验室诊断　实验室准确诊断猪丹毒的实验室方法包括常规病原菌的分离鉴定、动物实验、血清学检查法等。其中，血清学检查法包括凝集反应诊断法、免疫荧光诊断法、补体结合反应诊断法和沉淀反应诊断法等。

6. 防治

（1）预防　没有发病的猪场或地区，平时应坚持做好防疫工作，定期消毒，杀灭病原体。免疫可以参照如下程序进行：仔猪在 45 ~ 60 日龄时第一次免疫，常发本病地区 3 月龄时进行第二次加强免疫，种猪每间隔 6 个月免疫一次，通常于春秋两季定期免疫接种，在接种前 7d 和接种后 10d 内，应避免使用抗菌素。加强饲养管理，改善饲养环境，定期消毒既是本病的常规预防途径，也是目前规模猪场对本病的主要预防方式。

（2）治疗

青霉素疗法：青霉素治疗本病有特效，其次是土霉素和四环素。急性型每千克体重 10000IU 青霉素静脉注射，以后每天肌注两次，上下午各一次，待食欲、体温恢复正常后，再持续 2 ~ 3 用药。近年有报道磺胺嘧啶钠治疗效果更好。

血清疗法：剂量为仔猪5～10mL，3～10个月龄猪30～50mL，成年猪50～70mL，皮下或静脉注射，经24h再注射1次。青霉素与抗血清同时应用效果更好。对病情较重的病例可用5%葡萄糖加维生素C或右旋糖酐以及增加氢化可的松和地塞米松等静脉注射，具有明显疗效。

（九）猪痢疾

猪痢疾（SD）曾称血痢、黑痢、黏液性下痢等，是由猪痢疾蛇形螺旋体引起猪的一种严重肠道传染病。主要特征为大肠黏膜的卡他性、出血性、纤维素性坏死性肠炎，临床症状以消瘦、腹泻、黏液性或黏液性出血性下痢为特征。

该病最早发生在美国（1918），1921年Whiting等作了首次报道，但到1971年才证实，猪痢疾蛇形螺旋体为猪痢疾的原发性病原体。目前，该病已遍及世界各主要养猪国家和地区。中国于1978年由美国进口种猪发现该病。20世纪80年代后，疫情迅速扩大，涉及20多个省市，由于及时采取综合防治措施，至20世纪90年代以后，该病得到控制。

1. 病原学

猪痢疾病原体为蛇形螺旋体属中的猪痢疾蛇形螺旋体，猪痢疾蛇形螺旋体长约6～9μm，宽0.3～0.4μm，多为2～4个螺弯曲，两端较细，呈波浪状或飞雁状，能自由运动。革兰染色阴性，着色力差。也可用结晶紫或稀释石碳酸复红、镀银法染色。其中以镀银法效果最好。

本菌为严格厌氧菌，一般常用的厌氧培养法不能成功，必须使用预先还原的培养基；对营养条件的要求也较严格，必须采用含有血液的培养，在鲜血培养基上呈β溶血。

猪痢疾蛇形螺旋体对外界环境抵抗力较强。在密闭的猪舍粪尿中可存活30d，在粪中5℃时可存活61d，25℃时7d，37℃时很快死亡，在土壤中4℃时存活102d，在潮湿污秽环境和堆肥中可生存7个月或更长。在沼泽或污水池中，可以生长繁殖而长期存在。－80℃可存活10年以上。本菌对一般消毒剂如3%来苏儿、1%苛性钠及高温、干燥、氧等敏感。

本菌在国外目前报道有4个血清型，不同血清型间能否交叉免疫，还不清楚。但对葡萄糖、果糖、麦芽糖及乳糖能分解，不分解蔗糖、半乳糖，不产生硫化氢，不液化明胶。缺乏细胞色素氧化酶和过氧化氢酶。

2. 流行病学

（1）易感动物　本菌在自然流行中只感染猪，不同年龄、品种的猪均有易感性，但以1.5～4个月龄最为易感，哺乳仔猪发病较少。生长小猪的发病率和病死率比大猪高，但一般认为发病率约为75%，病死率5%～25%。其他动物未见感染和发生本病。

（2）传染源及传播途径　病猪及带菌猪是主要传染源。病猪和康复猪经常随粪便排出大量病菌，污染饲料、饮水、圈舍及其用具、周围环境及母猪躯体（包括母猪奶头）。传播途径主要是经消化道。健康猪只吃下污染的饲料、饮水而感染，或经饲养员、用具、运输工具的携带而传播。其他传染途径尚未证实。

（3）流行特点　本病一年四季均可发生，但每年4、5、9、10月份发病较多；另外，本病发生具有同窝或同圈性和渐进性，即同窝仔猪或同圈仔猪感染发病，其他圈舍或其他窝仔猪可能正常；同一猪舍、同一圈舍、同一窝猪群中可能开始几头发病，以后逐渐蔓延开来，进而同群陆续发病。

3. 临床症状

本病潜伏期自然感染多为1～2周，一般为3～8d，长的可达2～3个月。猪群起初暴发本病时，常呈急性，后逐渐缓和变为亚急性和慢性，人工感染潜伏期一般为5～10d。

（1）最急性型　见于流行初期，死亡率很高，个别表现无症状，突然死亡。多数病例表现食欲废绝，剧烈下痢，粪便开始时呈黄灰色软便，随即变成水泻，内有黏液和带有血液或血块，随病程发展，粪便混有脱落的黏膜或纤维素惨出物的碎片，其味腥臭。此时病猪精神沉郁，肛门松弛，排便失禁，腹围紧缩，弓腰和腹痛，眼球下陷，呈高度脱水状态，全身寒颤，往往在抽搐状态下死亡，病程12～24h。

（2）急性型　多见于流行初期、中期，病猪消瘦、血痢。病初排软便或稀便，继而粪便中含有大量半透明的黏液而使粪便呈胶冻状，多数病例粪便中含有血液和血凝块（红色）、咖啡色或黑褐色的脱落黏膜组织碎片。同时，病猪渴欲增加，食欲减退，腹痛并迅速消瘦。有的死亡，有的转为慢性，病程7～10d。

（3）亚急性和慢性型　病势较轻，持续下痢，粪便中黏液及坏死组织碎片较多，血液较少；病程较长，进行性消瘦，生长发育迟缓，贫血；致死率较低，但生长发育不良，饲料报酬很低，对生产经营的影响较大。亚急性型病猪病程一般为2～3周，慢性型病程一般在4周以上。

4. 病理变化

剖检主要病变在大肠。急性病例营养状况良好，可见卡他性或出血性肠炎，淋巴小结增大，呈明显的白色颗粒状；肠系膜淋巴结肿胀；结肠及盲肠黏膜肿胀，皱褶明显，上附黏液，黏膜有出血，肠内容物稀薄，其中混有黏液及血液而呈酱油色或巧克力色。直肠黏膜增厚，重者可见出血。病程稍长的猪明显消瘦，大肠黏膜表层点状坏死，或有黄色和灰色伪膜，呈麸皮样，剥去伪膜可露出浅的糜烂面。肠内容物混有大量黏膜和坏死组织碎片，肠系膜淋巴结肿胀，切面多汁。胃底幽门处红肿或出血。肝、脾、心、肺无明显变化。大肠病变可能出现在某一段肠管，也可能分布于整个大肠。

5. 诊断

（1）初步诊断　结合发病猪发病规律、临床症状及病理特征能对本病作初步准确诊断，确诊需作鉴别诊断和实验室检测。本病无季节性，流行比较缓慢，初以急性病例为主，3 周后以慢性为主；各种年龄的猪都可发病，但以2～3 月龄仔猪发病多，死亡率高。临诊上体温基本正常，以血性下痢为主；剖检时急性病例为大肠黏膜性和出血性炎症，慢性病例为坏死性大肠炎。

（2）鉴别诊断　临床准确诊断本病时，需与仔猪副伤寒、仔猪黄痢、仔猪白痢、仔猪红痢及猪传染性胃肠炎相区别，还应和增生肠炎、霉菌性中毒、鞭虫病等区别。仔猪副伤寒皮肤尤其腹部被毛稀薄皮肤易出现发绀，猪痢疾无此表征；仔猪副伤寒肝脏一般有灰红色或灰白坏死灶，且肠系膜淋巴结一般为米灰色，断面灰白色，两者最易混诊是大肠均有相似的病理变化，即形成伪膜。仔猪黄痢、白痢、红痢首先从发日龄上具有较明显的特点，与不同年龄的猪群均易感猪痢疾相区别，三者的病变主要集中在小肠，且分别在肠腔内积蓄有呈黄色、乳白色或接近红色的粪便，而猪痢疾病变主要在大肠；猪传染性胃肠炎与猪痢疾主要区别在于前者发生时一般均有呕吐症状，且病变主要在小肠；增生性肠炎主要临床表征在于排沥青色一样的黑色稀粪，特征性的病变在回肠与盲肠之间；霉菌性中毒一般有霉菌饲料饲喂史，且一般在仔猪臀部有特征的暗红色斑块，霉菌毒素重症病死猪肝脏表面有凸起的黄白色霉菌斑存在，且肝脏质地较硬，同猪场的母猪有流产表征等与本病能区别。鞭虫病以盲肠壁能检测出多量虫而确诊，用左旋咪唑、阿维菌素等驱虫药能有效缓解和治疗病猪腹泻症状与猪痢疾相区别。

（3）实验室诊断　实验室准确诊断猪痢疾常采取细菌学分离鉴定法、动物试验法和血清学检查法。其中，血清学检查法包括荧光抗体染色法、凝集试验法、琼脂免疫扩散试验法与酶联免疫吸附试验法等。

6. 防治

（1）预防　加强饲养管理和定期清洁和消毒。凡是发生过此病的猪舍，原则上彻底清扫后消毒，且空圈 2～3 个月，粪便用 1% 火碱消毒，堆积处理，猪舍用 1% 来苏尔消毒。1∶800 稀释臭药水可有效地消除环境中的病原。猪群有疑似猪痢疾感染时，可用 0.5% 痢菌净肌注，每千克体重 2～5mg。一般每头仔猪 5mL，断奶及保育仔猪 10mL，育肥猪 20mL，每天两次，连续注射 2～3d。也可用灌服与拌料相结合的方式使用痢菌净，对哺乳期患痢疾的仔猪有效果。

（2）治疗　发病猪群可用庆大霉素每日按 2000IU/kg 体重肌注，2 次/d，连用 5d 后应用预防药物。预防药物：硫酸新霉素每日按 0.1g/kg 口服，配合使用三甲氧苄氨嘧啶（TMP）每日按 0.02g/kg 口服，两者混合于饲料中，5d 为一疗程，共用两个疗程。使用时根据猪场用药频率可以用乙酰甲喹注射液替换庆大霉素净注射液。

应用白石汤防治猪痢疾，处方：白矾 1g，白头翁 15g，石榴皮 10g，此为 1 头 25～35kg 体重病猪的日用量。用法：先把白头翁、石榴皮加水煎到完全出味，将药液滤于盆中，加入白矾使之溶解。后分两次拌入少量饲料中喂给或直接灌服。每天 1 剂，连服 3～5d，预防量减半，每天 1 次，连服 3d。此中药方剂可在治疗时作为辅助方案使用。

三、猪常见寄生虫病的防治

（一）猪蛔虫病

猪蛔虫病是由猪蛔虫寄生在猪小肠内而引起的一种猪常见的寄生虫病。仔猪最易感染，患猪生长发育不良，增重降低 30% 以上，严重者引起死亡。本病的流行和分布很广泛，呈世界性分布。对养猪业危害极为严重。

1. 病原体及其生活史

（1）病原体　猪蛔虫的成虫寄生于猪小肠中，是一种淡黄色或粉红色的大型线虫，体表光滑，虫体呈中间稍粗、两端较细的圆柱形，此后转为苍白色。雄虫长 15～25cm，尾端向腹面卷曲，有一对交合刺；雌虫比雄虫粗大，长20～40cm，尾端直而不卷曲。虫卵呈椭圆形，黄褐色、卵壳较厚，外包一层凸凹不平的蛋白质膜；大小为（50～80）μm×（40～60）μm。经粪排出的卵尚未分裂。

（2）生活史　蛔虫的发育不需要中间宿主。寄生在猪小肠中的雌雄虫交配后，雌虫产出大量的虫卵（1 条雌虫 1d 可产 10 万～20 万个虫卵），并随病猪的粪便排到外界。虫卵在 10～37℃的潮湿环境里经 15～30d 可发育为感染性虫卵。猪采食或饮水，吞食感染性虫卵吃而发生感染。虫卵进入猪小肠后，卵中幼虫逸出，钻入肠壁血管并经门静脉移行至肝脏，再随血液循环到肺，经细支气管、支气管移行到咽喉部，再吞咽到消化道，然后在小肠内经 2～2.5 个月发育为成虫，其寿命 7～10 个月。

2. 流行病学

猪蛔虫病流行十分广泛，仔猪蛔虫病尤其多见。规模化饲养和散养猪都有发生，这与猪蛔虫产卵量大、虫卵对外界抵抗力强及生活史简单有关。猪蛔虫病的流行与饲养管理和环境卫生关系密切。在饲养管理不良、卫生条件恶劣、猪过于拥挤及营养缺乏，特别是饲料中缺少维生素和矿物质等情况下，3～5 月龄的仔猪常大批感染蛔虫。猪感染蛔虫主要是由于采食了被虫卵污染的饮水和饲料，另外母猪的乳房容易被虫卵污染，使仔猪在吃奶时受到感染。

3. 症状

幼虫移行至肝脏时，引起肝组织出血、变性和坏死，形成云雾状的蛔虫斑（或称乳斑）。幼虫移行至猪肺脏时，引起蛔虫性肺炎，临床表现为咳嗽，呼吸加快，体温升高，食欲减退，精神沉郁甚至卧地不起。

成虫寄生在小肠时可引起小肠卡他性炎症，患猪表现食欲减退，消化不良，消瘦贫血，生长缓慢，有异食癖。肠内有多量成虫时也可引起肠阻塞、肠破裂。有时蛔虫钻入胆管，引起阻塞性黄疸。

4. 诊断

根据流行特点和典型症状，可提示为猪蛔虫病。主要诊断方法是生前粪便虫卵检查和死后尸体剖检。采取粪便，用直接涂片法或饱和盐水浮集法进行实验室检查，检出粪便中的蛔虫虫卵即可确诊；用贝尔曼法或凝胶法分离肝、肺内的幼虫，小肠发现大量虫体，也可确诊。

5. 防治

（1）预防　加强饲养管理和猪舍、运动场的卫生消毒，减少蛔虫卵的污染，对运动场和猪舍周围，应于每年春末或秋初深翻一次，或铲除一层表土，换上新土，并进行消毒。猪的粪便和垫草清除出圈后应堆积发酵或挖坑沤肥，以杀死虫卵。引进种猪时要隔离观察，发现有寄生虫寄生，先进行驱虫后方可并群调养。每年春、秋两季对全群猪各驱虫一次；仔猪断奶后进行一次驱虫，3 月龄进行第二次驱虫，5 月龄时进行第三次驱虫；种猪每年春、秋各驱虫一次；怀孕母猪应在怀孕中期进行一次驱虫。

（2）治疗　可选用一下驱虫药对患猪进行治疗。

①伊维菌素：每千克体重 0.3mg，一次皮下注射；每千克体重 20mg，口服，连喂 5 ~ 7d。

②阿维菌素：用法同伊维菌素。

③左咪唑：每千克体重 10mg，喂服或肌注。

④丙硫苯咪唑：每千克体重 10mg，口服。

（二）囊尾蚴病

猪囊尾蚴病又称猪囊虫病，是由猪带绦虫的幼虫（猪囊尾蚴）寄生于猪体内而引起的一种严重的人畜共患寄生虫病。本病呈全球性分布，不仅给养猪业带来损失，也威胁着人体健康。因此，本病是肉品卫生检验的重点项目之一。有囊虫寄生的猪肉俗称“米猪肉”“豆猪肉”。

1. 病原体及其生活史

（1）病原体　猪囊尾蚴的成虫（猪带绦虫或称有钩绦虫）属于圆叶目、

带科、带属。寄生于人的小肠内。为大型绦虫，虫体长 2 ~ 5m，虫体扁长如带，半透明乳白色，由 700 ~ 1000 个节片组成。头节小呈球形，有 4 个圆形吸盘，最前端的顶突上有 25 ~ 50 个小钩，呈两圈排列；颈节细而短；体节根据生殖器官发育程度，分为幼节、成节、孕节 3 个部分。每一成节内含一组雌雄同体的生殖系统。猪带绦虫的幼虫称作猪囊尾蚴，一般称为猪囊虫。外形椭圆，约黄豆大小［（6 ~ 10） mm × 5mm］，半透明，囊内充满液体，囊壁为一层薄膜，壁上有一个圆形黍粒大的乳白色小结节，其内有一个内翻的头节，所以整个外形像石榴子。

（2）生活史　猪带绦虫的成虫寄生在人的小肠内，成熟的节片随人的粪便排出体外，猪（或犬、猫、羊）吞食了含有猪带绦虫的孕节或虫卵的粪便，或者是被污染了的饲料、饮水后，虫卵经胃肠消化液和六钩蚴本身的作用。六钩蚴从卵内逸出，在 1 ~ 2d 内钻入肠壁，进入淋巴管及血管，随血流带到全身各部组织中去，到达横纹肌组织（有时也能在各器官组织）后，开始发育，约经 l0 周发育为成熟的囊尾蚴。人吃了带活囊尾蚴的肉（主要是猪肉）后，囊尾蚴进入消化道，在肠中受胆汁的刺激作用，头节翻出，用吸盘和小钩附着在肠壁上，吸取营养，生长发育，约经 2 ~ 3 个月发育为成虫，随粪便排出孕节和虫卵，再按上述生活史循环（图 5 – 1）。绦虫在人体内可存活数年，甚至可达 25 年。

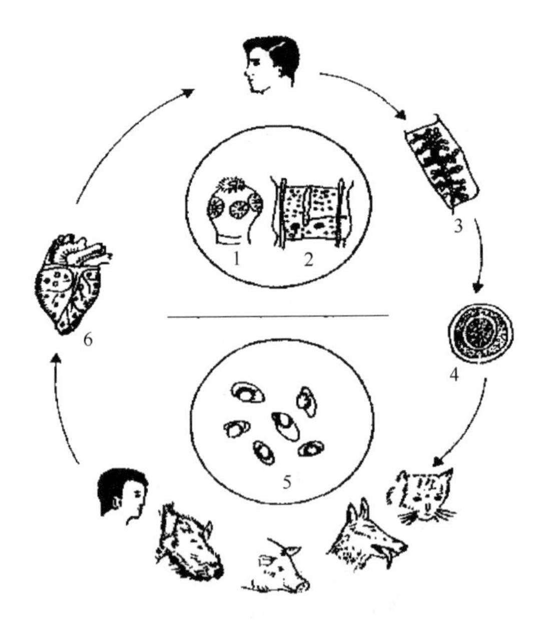

图 5 – 1　有钩绦虫生活史

1—头节　2—节片　3—成熟节片　4—囊虫　5—囊尾蚴　6—囊虫病心脏

2. 流行病学

猪囊尾蚴病呈全球性分布，主要流行于亚洲、非洲、拉丁美洲的一些国家和地区。我国在东北、华北和西北地区及云南与广西地区多发，其余省（自治区、盲辖市）为散发，长江以南地区较少，东北地区感染率较高。本病的发生主要与人的生活习惯有关，如猪圈兼厕所（即所谓“连茅圈”）。人患本病主要因有生食或半生食猪肉的不良习惯。

3. 症状

患猪多不出现症状，重度感染时，可导致营养不良、贫血、水肿、衰竭，常现两肩显著外张，臀部不正常的肥胖宽阔而呈哑铃形体型或狮体状，发音嘶哑和呼吸困难。大量寄生于猪脑时，可引起严重的神经症状，突然死亡。寄生于眼内时，引起视力减退、眼神痴呆。

人感染猪带绦虫后，虫体头节固着在肠壁上，可引起肠炎，导致腹痛、肠痉挛，同时夺取大量营养，虫体分泌物和代谢产物等毒性物质被吸收后，引起胃肠功能失调和神经症状，如消化不良、恶心、腹泻、便秘、消瘦、贫血等。当寄生于脑时，患者以癫痫发作为最多见，严重者可致死。

4. 病变

严重感染的猪咬肌、舌肌、膈肌、心肌、肋间肌等部位的肌肉，表现为苍白色，切面湿润，可见到椭圆形、黄豆粒大小、半透明的囊尾蚴。囊尾蚴周围有结缔组织增生。

5. 诊断

本病在猪生前诊断比较困难，一般在屠宰后检验才能确诊。只有当舌部浅表寄生时，触摸舌根或舌腹面常有囊虫引发的疙瘩，眼结膜寄生囊虫时，眼球突出。

群众对此病的诊断经验是：“看外形，翻眼皮，看眼底，看舌根，再摸大腿里”。舌检囊尾蚴是民间流传的一种检查方法，东北许多收购员沿用这种方法，检出率约30%。

6. 防治

（1）预防　控制和消灭本病，要采取综合性预防措施。做到人有厕所，猪有圈舍，革除“连茅圈”，避免人粪被猪吞食；人类便须经过堆肥发酵处理后才可施用；充分发动食品部门肉检卫生人员和乡村兽医加强肉品卫生检验，有囊尾蚴的猪肉及肉制品，应按规定进行无害化处理。大力推广定点屠宰，集中检疫。注意个人卫生，不吃生或半生猪肉，对患绦虫病的病人进行驱虫治疗。

另外，众多学者已研究了天然蛋白疫苗、重组蛋白疫苗、合成肽疫苗和核酸疫苗等不同种类的囊尾蚴病疫苗。其中重组蛋白疫苗和核酸疫苗已经显示出很好的预防和治疗效果，具有广阔的应用前景。同时，这些疫苗在动物上的成功应用也增加了将其直接应用于人体的可能性。随着这些疫苗应用，囊尾蚴病将得到有效的控制。

（2）治疗　丙硫咪唑和吡喹酮疗效显著，治愈率可达90%以上，但对重度感染的猪不宜治疗，否则可引起神经症状而死亡。两种药物均有一定毒副作用，治疗原则是小剂量长时间给药。丙硫苯咪唑每千克体重20～50mg，每日一次，共服药3次。吡喹酮30～60mg/kg体重，一次肌肉注射，每日一次，共服药3次。

（三）猪疥螨病

猪疥螨病又称“疥疮”，俗称“猪癞”，是由猪疥螨寄生于猪皮肤内所引起的一种接触传染的慢性外寄生虫病。病猪主要以皮肤剧痒和皮炎为特征。

1. 病原体及其生活史

（1）病原体　猪疥螨是一种像蜘蛛样的小寄生虫，颜色灰白或带黄色，肉眼不易看到。雌虫（0.34～0.51）mm×（0.28～0.36）mm，雄虫（0.23～0.34）mm×（0.17～0.24）mm。呈淡黄色，背面隆起，腹面扁平，腹面有4对粗短的圆锥形肢，虫体前端有一钝圆形口器。幼虫形态似成虫，但有三对足（图5－2）。虫卵呈卵圆形，黄色，0.15mm×0.1mm。

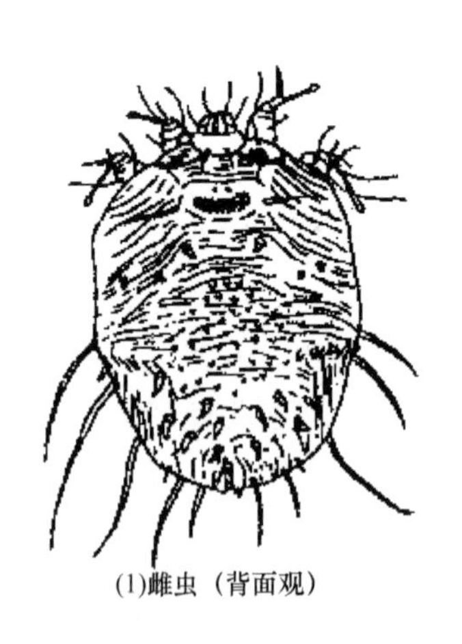

(1)雌虫（背面观）

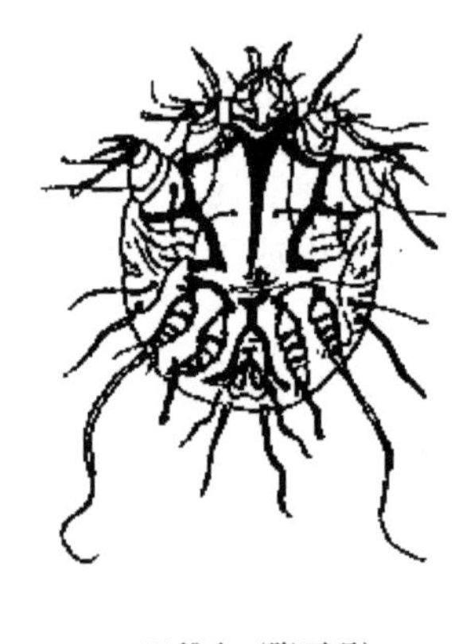

(2)雄虫（腹面观）

图5－2　猪疥螨

（2）生活史　猪疥螨的幼虫、若虫和成虫均寄生于宿主皮肤内，全部发育史都在宿主皮肤内完成，包括卵、幼虫、若虫和成虫4个阶段。成熟雌虫钻进病猪表皮内挖凿隧道，并在其中产卵，一个雌虫每天产卵1～2个。卵经3～4d孵化为幼虫爬到皮肤表面，在毛间的皮肤上开凿小穴，在里面蜕化变为若虫。若虫再钻入皮肤，形成狭而小的穴道，并在里面蜕化成成虫。从卵到成虫整个发育期约需 15d 左右，成虫的生命期为 4～6 周。

2. 流行病学

各年龄猪均可感染，5 月龄以下的猪最易发生。传染途径主要是健猪与病猪相互的接触，或是使用病猪舍使用过的用具而感染。猪舍阴暗潮湿、猪只拥挤时，易促发本病。天气炎热，阳光充足，圈舍干燥则不利于疥螨繁殖。

3. 症状

主要症状是剧痒。通常起始于头部、眼下窝、面颊及耳部，以后蔓延到背部、躯干两侧及后肢内侧，尤以仔猪的发病最为严重。病初期，由于疥虫吸附皮肤，患部发红而表现奇痒，猪经常在墙角、柱栏等粗糙处摩擦，有时患部因摩擦而出血。数日后，患部皮肤出现针头大小的小结节，随后形成水疱或脓疮，脓疱破溃后，由渗出液结成韧硬的痂皮，皮肤增厚，粗糙和干燥，并形成皱褶。极少数病情严重者，皮肤的角化程度增强、干枯，有皱纹或龟裂，龟裂处有血水流出。病猪逐渐消瘦，生长缓慢，成为僵猪。

4. 诊断

根据临床症状及流行情况可初诊。必要时可进行实验室检查，发现病原体即可确诊。用小刀蘸些油或煤油，刮取病变交界处的新鲜痂皮，刮到出血为止，将刮取物放在载玻片上，滴加液体石腊 1 滴，用玻璃棒涂成薄层，加盖片后，用低倍镜检查，发现疥螨即可确诊。虫体较少时，可将刮取的皮屑放入试管中，加入 10% 氢氧化钠（或氢氧化钾）溶液，浸泡 2h，或煮沸数分钟，然后离心沉淀，取沉渣镜检虫体。

5. 预防

猪舍应经常保持干燥、清洁、通风，冬季勤换垫草。发现病猪应立即隔离治疗，以防病情蔓延。规模化养猪场，要定期按计划驱虫。首先要对猪场全面用药，以后公猪每年至少用药二次，母猪产前 1～2 周应用伊维菌素、多拉菌素或阿维菌素进行驱虫。仔猪转群时用药一次，后备猪于配种前用药一次，新引进的猪用药后再和其他猪并群。分娩舍及其他猪舍在进猪前要进行彻底清扫和消毒。

6. 防治

（1）生石灰 4 份，硫磺 6 份，水 100 份。混合搅拌，煮沸 30～40min，待液体晾凉后，取澄清液用喷雾器喷洒患部。应用于小猪时，将上述液体稀释 1 倍。

（2）硫磺 1 份，花油 4 份，煎开，凉后涂擦。

（3）敌百虫 0.5%～1.0% 水溶液，直接涂擦或用喷雾器喷洒患部，可获得良好的效果。

（4）伊维菌素注射液对体内外寄生虫有特效，可用伊维菌素或虫灭（含伊维菌素），按说明书计算用量，肌肉注射，效果很好。

可任选以上一种进行药物治疗。治疗时若患部面积过大，应进行患部划区治疗，隔2～3d轮治1次，以免药物中毒。由于虫卵一时难以杀灭，故应间隔数日待其孵育为幼、若虫后进行第二次治疗。

（四）猪虱病

猪虱是寄生于猪体表并以吸取血液为生的一种外寄生虫，主要是血虱科的猪血虱。该病分布广，各地普遍存在，尤其是饲养管理不良的猪场，大小猪只诱发皮肤病，使猪特别是仔猪的生长受到一定影响。

1. 病原体及生活史

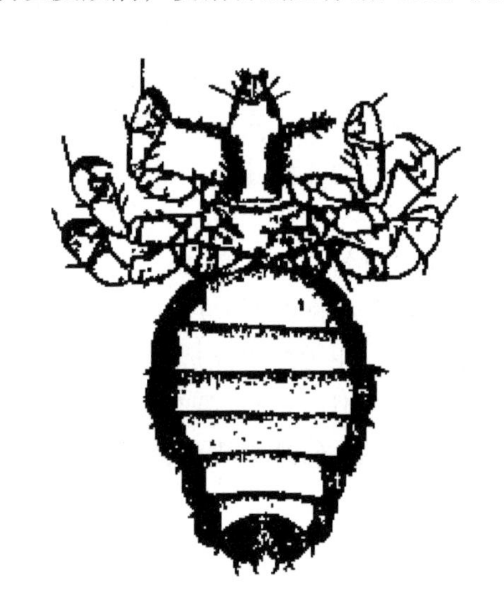

图5－3 猪虱雌虫

（1）病原体　猪血虱背腹扁平，椭圆形，表皮呈革状，虫体呈灰白色或灰黑色，个体很大。雄虫长4mm，雌虫长5mm，无眼无翅，虫体由头、胸、腹3部分组成。头部狭长，比胸部显著狭窄，前端有刺吸口器。胸部有3对发育良好的足（图5－3）。虫卵为卵圆形，呈黄色，牢固地粘在猪毛上，不易脱落。

（2）生活史　猪血虱终生不离开猪体，整个发育史为卵、若虫和成虫3个阶段。雌雄交配后经2～3d，雌虱把卵产在猪毛上。卵呈长椭圆形，黄白色，（0.8～1）mm×0.3mm。虫卵经12～15d孵出若虫，经过3次蜕皮后，若虫发育成成虫。从卵发育为成虫需30～40d。

2. 流行病学

病猪体表的各阶段虱均是传染源，通过直接接触而传染，也可通过被污染的用具、垫草等间接感染。在场地狭窄、饲养密度大、管理不善时，猪群最易感。本病一年四季都可发生，但以寒冷季节最为严重。

3. 临床症状

猪血虱常寄生于猪耳根、颈部及后肢内侧，用尖锐的刺吸口器刺入皮肤吸食猪血，刺激皮肤，使皮肤发痒，患猪不安静，常摩擦皮肤，患部被毛脱落，皮肤损伤，食欲不振，营养不良和消瘦。除此之外，猪血虱还可成为许多传染病的传播者。

4. 诊断

当发现猪蹭痒或摩擦时，检查猪体表，尤其耳壳后、腋下、大腿内侧等部位皮肤和近毛根处，找到虫体或虫卵即可确诊。

5. 防治

预防措施主要是加强饲养管理，保持猪舍清洁卫生。杀灭猪血虱可用马拉硫磷、敌百虫、二氯苯醚菊酚和氰戊菊酯溶液，进行喷洒或药浴，有良效。也可以使用阿维菌素、伊维菌素口服或注射，需用药 2 次，间隔 2 周。

（五）球虫病

球虫病是由寄生于猪肠道上皮细胞内的球虫引起的一种原虫病，主要发生于仔猪，引起下痢和增重降低，临床以小肠卡他性炎为特征。成年猪多呈隐性感染。

1. 病原

猪球虫病的病原包括艾美耳球虫和等孢球虫，其中等抱球虫毒力较强。

2. 流行病学

猪球虫病一般多为数种混合感染，被球虫感染的猪从粪便中排出卵囊，在适宜的条件下发育成为孢子化卵囊，经口感染猪。仔猪感染后是否发病取决于摄入的卵囊的数量和种类。仔猪过于拥挤和卫生条件恶劣时，会提高发病率。孢子化卵囊在胃肠消化液的作用下释放出子孢子，子孢子侵入肠壁进行裂殖生殖及配子生殖，大、小配子在肠腔内结合为合子，再形成卵囊随粪便排出体外。

猪球虫病在规模化和散养猪场都有发生。球虫病主要流行于初生仔猪。5 ~ 10 日龄猪最易感，并可伴有传染性胃肠炎、大肠杆菌和轮状病毒的感染。潮湿有利于球虫的发育和生存，故多发生于潮湿多雨的季节。饲料、垫草和母猪乳房被粪便污染时常引起仔猪感染。

3. 症状

猪球虫感染以水样或脂样的腹泻为特征，排泄物从淡黄到白色，恶臭。病猪表现衰弱、脱水，发育迟缓，时有死亡。小肠有出血性炎症，淋巴滤泡肿大突出，有白色和灰色的小病灶，常出现直径 4 ~ 15mm 的溃疡灶，其表面覆有凝乳样薄膜。肠内容物呈褐色，带恶臭，有纤维素性薄膜和黏膜碎片。肠系膜淋巴结肿大。

4. 诊断

从流行病学、临床症状和病理变化进行综合分析，并以饱和盐水漂浮法进行粪便检查或小肠刮取物涂片镜检发现卵囊即可作出诊断。

5. 防治

（1）预防　采取隔离、治疗、消毒的综合性防治措施，成年猪多为带虫者，应与仔猪分开饲养，放牧场也应分开。仔猪哺乳前母猪乳房要擦拭干净，哺乳后母猪、仔猪要及时分开。圈舍要天天清扫，粪便和垫草等污物集中无害化处理。每周用沸水，3% ~5% 热碱水对地面、猪栏、饲槽、饮水槽等进行消毒一次。最好用火焰喷灯进行消毒。

对于工厂化养猪场应采取全进全出的生产模式，定期对猪舍消毒。饲料和饮水要严禁猪粪污染。变换饲料种类时，注意逐步过渡。加强营养，饲料多样化，增强机体抵抗力，同时还应进行药物预防。

（2）治疗

①氨丙琳：每千克体重 15 ~40mg，混饲或混饮，每天 1 次，连用 3 ~5d。

②林可霉素：每天每头猪 1g 混饮，连用 21d。并结合应用止泻、强心和补液等对症疗法。

③磺胺二甲嘧啶（SM_2）：每千克体重 100mg，口服，每天 1 次，连用 3 ~7d；如配合使用酞酰磺胺噻唑（PST）每千克体重 100mg 内服，效果更好。

（六）猪弓形虫病

弓形虫病又称弓形体病、弓浆虫病，是由刚地弓形虫寄生于人和动物引起的一种人畜共患寄生虫病。猪弓形虫病常突然暴发，以高热为特征，发病急，流行快，死亡率可达 50% 以上，对养猪业威胁很大。本病几乎在世界范围内流行。

1. 病原及生活史

（1）病原　刚地弓形虫属于真球虫目、艾美亚目、弓形虫属。本属只有一个种，一个血清型，但有不同的虫株。弓形虫在整个发育过程中分 5 种类型，即滋养体、包囊、裂殖体、配子体和卵囊（图 5 -4）。前两型出现在中间宿主体内。后三型出现在终末宿主（猫）体内。其中滋养体、包囊和感染性卵囊这三种类型都具感染能力。

（2）生活史　弓形虫的生活史较复杂，终末宿主为山猫属动物，中间宿主为 200 多种哺乳动物和鸟类，终末宿主同时也是中间宿主。猫吞食了含有弓形体包囊的动物组织或感染性卵囊后，虫体除进入各种组织细胞进行无性繁殖（裂殖生殖）外，还在肠上皮细胞内进行球虫性发育，最后发育成卵囊随粪便排出。卵囊在外界进行孢子化发育，成为孢子化卵囊，即具有感染力。孢子化卵囊被中间宿如猪吞食后，在肠内子孢子逸出，侵入血液，分布到全身各级织器官细胞内进行无性繁殖，形成假囊，假囊崩解后释放出滋养体，最后可在骨骼肌、心、肝等处形成包囊（图 5 -4）。中间宿主受感染只进行无性繁殖。

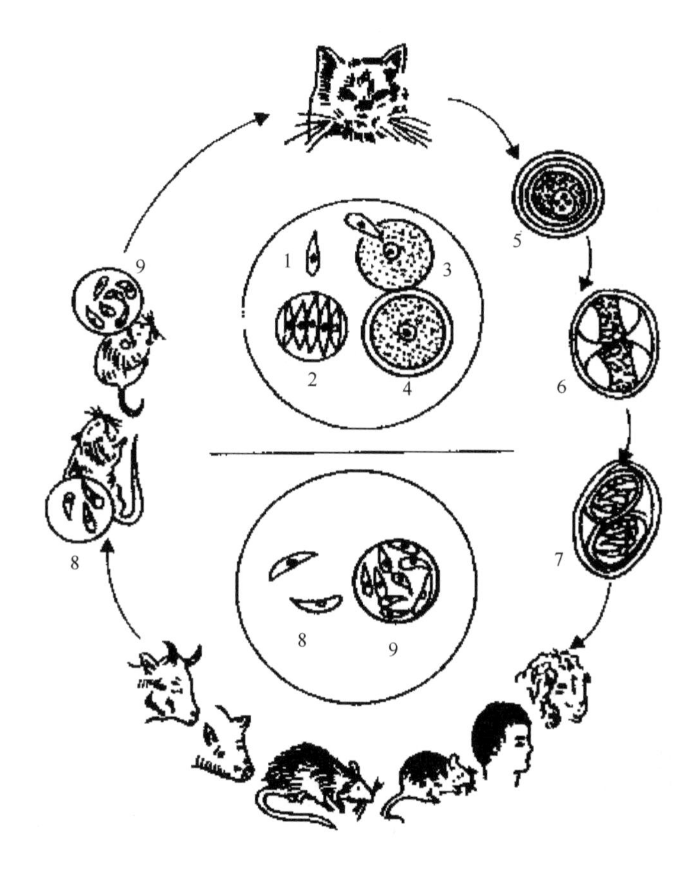

图5-4　弓形虫生活史

1—子孢子　2—裂殖体　3—小配子进入大配子　4—合子　5—卵囊
6—发育的卵囊　7—感染性卵囊　8—滋养体　9—包囊

2. 流行病学

当人和动物摄食含有包囊或滋养体的肉食和被感染性卵囊污染的食物、饲草、饮水而感染，滋养体还可经口腔、鼻腔、呼吸道黏膜、眼结膜和皮肤感染。弓形虫还可通过皮肤、黏膜途径而感染中间宿主，母体还可通过胎盘感染胎儿。猫是最主要的传染源。各种年龄的猪均易感。营养不良、受寒、怀孕和泌乳等都是本病的诱因，可引起发病。本病无明显的季节性，有些地区以6~9月份的夏秋炎热季节多发。从终末宿主排出的卵囊在外界可存活100d至一年半，一般消毒药对它无作用。速殖子的抵抗力弱，在生理盐水中几小时就丧失感染力，各种消毒药均能将其杀死。

3. 症状及病变

许多猪对弓形虫都有一定的耐受力，故感染后多不表现临床症状，在组织内形成包囊后转为隐性感染。3～5 月龄的仔猪多呈急性发作，潜伏期 3～7d。症状与猪瘟相似，体温升高至 40～42℃，呈稽留热 7～10d，食欲减退或废绝。流鼻汁，呼吸困难，呈腹式呼吸或犬坐姿势呼吸。身体下部及耳部有淤血斑或大面积发绀，有的四肢及全身僵直。病程为 10～15d。耐过猪往往留有咳嗽、呼吸困难、后躯麻痹、癫痫样痉挛等神经症状。耐过急性期后，病猪体重下降，食欲逐渐恢复，但生长缓慢，成为僵猪，并长期带虫。怀孕母猪发生急性弓形虫病时，表现为发热、不吃、精神不振和昏睡，数天后可发生流产或死胎。母猪常在分娩后迅速自愈。

全身淋巴结肿大、充血、出血，切面外翻，多汁，呈紫红色，或有坏死灶。肺出血，有不同程度的间质水肿，肝有点状出血或灰白色坏死灶，脾、肾、大肠均有出血点，胃底部出血，有溃疡；心包、胸腹腔有积液；皮肤出现紫斑。

4. 诊断

（1）直接镜检　取肺、肝、淋巴结作涂片，用姬姆萨氏液染色后检查；或取患畜的体液、脑脊液作涂片染色检查；也可取淋巴结研碎后加生理盐水过滤，经离心沉淀后，取沉渣作涂片染色镜检。此法简单，但有假阴性，必须对阴性猪作进一步诊断。

（2）动物接种　取肺、肝、淋巴结研碎后加 10 倍生理盐水，加入双抗后。室温放置 1h。接种前摇匀，待较大组织沉淀后，取上清液接种小鼠腹腔，每只接种 0.5～1.0mL。经 1～3 周，小鼠发病时，可在腹腔中查到虫体。或取小鼠肝、脾、脑作组织切片检查，如为阴性，可按上述方式盲传 2～3 代，能从病鼠腹腔液中发现虫体也可确诊。

（3）血清学诊断　国内外已研究出许多种血清学诊断法供流行病学调查和生前诊断用。目前国内常用的有间接血凝（IHA）法和 ELISA 法。间隔 2～3 周采血，IgG 抗体滴度升高 4 倍以上表明感染处于活动期；IgG 抗体滴度不升高表明有包囊型虫体存在或过去有感染。

（4）PCR 方法　提取待检动物组织 DNA，以此为模板，按照发表的引物序列及扩增条件进行 PCR 扩增，如能扩出已知特异性片段，则表示待检猪为阳性，否则为阴性。但必须设阴、阳性对照。

5. 防治

（1）预防　①定期对种猪场进行流行病学监测，用血清学检查，对感染猪隔离，或有计划淘汰，以清除传染源；②饲养场内灭鼠、禁止养猫，被猫食或猫粪污染的地方可用热水或 7% 氨水消毒；③保持猪舍（栏）卫生，及时清除粪便，发酵处理。猪场定期消毒；④已流行的猪群，可用磺胺类药物连服数天，有预防效果。

（2）治疗　磺胺类药对本病有较好的疗效。

①常用磺胺嘧啶 + 甲氧苄氨嘧啶或二甲氧苄嘧啶，磺胺嘧啶每千克体重 70mg，甲氧苄氨嘧啶或二甲氧苄嘧啶 14mg/kg 体重，每天 2 次口服，连用 3～5d。

②磺胺氨苯砜，10mg/（kg 体重·d），给药 4d，对急性病猪有效。

③磺胺六甲氧嘧啶，60～100mg/kg 体重，单独口服，或配合甲氧苄氨嘧啶，每千克体重 14mg，口服，每天 1 次，连用 4d。

四、猪其他疾病的防治

（一）猪支原体肺炎

本病又称猪地方流行性肺炎，俗称猪气喘病，是由猪肺炎支原体引起猪的一种慢性呼吸道传染病。主要症状为咳嗽和气喘，病变的特征是肺的尖叶、心叶、中间叶和膈叶前缘呈“肉样”或“胰样”实变。

1. 病原体

病原体为猪肺炎支原体，属支原体科、支原体属成员。因无细胞壁，故是多形态微生物，有环状、球状、点状、杆状和两极状。不易着色，可用姬姆萨或瑞特氏染色。能在无细胞的人工培养基上生长，生长条件要求非常严格，江苏Ⅱ号培养基可提高病原体的分离率。猪肺炎支原体对自然环境抵抗力不强，圈舍、用具上的支原体，一般在 2～3d 失活，病料悬液中支原体在 15～20℃中放置 35h 即丧失致病力。常用的化学消毒剂对该病均能达到消毒目的。猪肺炎支原体对青霉素和磺胺类药物不敏感，对卡那霉素、土霉素、北里霉素以及哇诺酮类敏感。

2. 流行病学

自然病例仅见于猪，不同年龄、性别和品种的猪均易感染，但哺乳仔猪和断奶仔猪易感性高，发病率和病死率较高，其次是怀孕后期和哺乳期的母猪。肥育猪发病较少，病情也轻。母猪和成年猪多为慢性和隐性感染。

病猪和带菌猪是主要的传染源。很多猪场由于从外地引进猪只时，未经严格检疫购入带菌猪，引起本病暴发。哺乳仔猪受到患病的母猪感染。病猪在临床症状消失后相当长的时间内不断排菌，感染健康猪。本病一旦传入后，如不采取严密措施，很难彻底扑灭。

病猪与健康猪直接接触，病猪通过咳嗽、气喘和打喷嚏时将含病原体的分泌物喷射出来，形成飞沫，健康猪经呼吸道而感染。

本病一年四季均可发生，但在寒冷、多雨、潮湿和天气骤变时较为多见。饲养管理和卫生条件也是影响本病发病率和死亡率的主要因素，尤以饲料的质量，猪舍潮湿和拥挤、通风不良等影响较大。如继发其他疾病常引起临床症状加剧和死亡率升高，最常见的继发性病原体有多杀性巴氏杆菌、肺炎球菌、猪鼻支原体等。

3. 症状

潜伏期最短的 3 ~ 5d，一般为 11 ~ 16d，甚至更长。主要表现咳嗽、气喘，体温一般不升高。临床上分为三种类型。

（1）急性型　常见于新疫区流行初期，突然发病。病猪精神沉郁，呼吸频率加快达 60 ~ 100 次/min，呈腹式呼吸。严重者张口喘气，呈犬坐式，发出似拉风箱的喘鸣声，口鼻流出泡沫，咳嗽次数少而低沉。体温基本正常，食欲减退，逐渐消瘦，常因窒息而死亡。病程 1 ~ 2 周。

（2）慢性型　多见于老疫区猪群或由急性转来。病初长期咳嗽、气喘，初期咳嗽次数少而轻，随病情发展，次数逐渐增加，严重时出现痉挛性咳嗽，甚至引起呕吐，进食或运动后更明显。气喘时重时轻，与气候变化，饲养管理不当有关。病猪常流黏性或脓性鼻汁，食欲、体温正常，但逐渐消瘦，生长发育受阻。病程可达 2 ~ 3 月，甚至半年以上，若出现继发感染，则死亡率升高。

（3）隐性型　症状不明显，偶见咳嗽和气喘，X 射线检查可见肺部有肺炎病灶。若饲养管理条件良好，仍能正常生长发育。

4. 病变

（1）病变部位与健康组织的界限明显，两侧肺叶病变分布对称，呈淡红色或灰红色，外观似鲜嫩肌肉样，俗称“肉变”；随着病程的延长，病变部位呈灰黄色、灰白色，硬度增加，俗称“胰变”或“虾肉样变”（图 5 - 5）。切面组织致密，可从小支气管挤出灰白色、混浊、黏稠的液体。

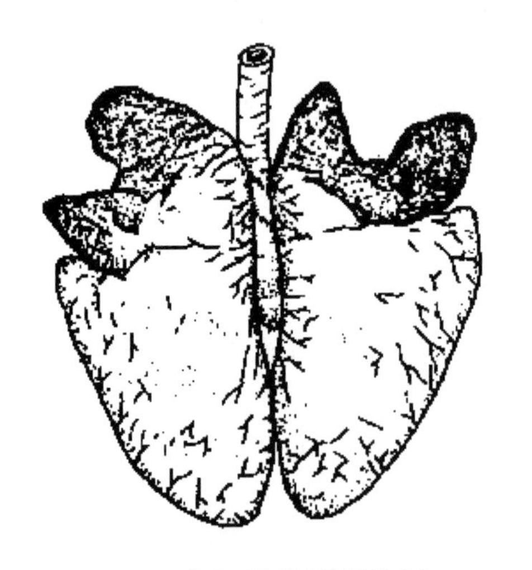

图 5 - 5　猪支原体肺炎的肺脏病变

（2）支气管淋巴结和纵隔淋巴结肿大，切面黄白色，淋巴组织呈弥漫性增生。病变周围有明显的肺气肿病变。继发感染时，引起肺和胸膜的纤维素性、化脓性和坏死性病变。

5. 诊断

（1）根据流行病学、临床症状和病变特征可作出诊断，本病仅发生于猪，以怀孕母猪和哺乳仔猪症状最为严重，在老疫区多为慢性和隐性经过。

（2）症状以咳嗽、气喘为特征，体温和食欲变化不大。特征性病变是肺的心叶、尖叶、中间叶及膈前下缘有实变区，肺门淋巴结肿大。

（3）X射线检查对本病的诊断有重要价值，对隐性或可疑患猪通过X射线透视阳性可作出诊断。在X射线检查时，猪只以直立背胸位为主，侧位或斜位为辅。病猪在肺野的内侧区以及心膈角区呈现不规则的云絮状渗出性阴影。

（4）要与猪肺疫鉴别诊断。猪肺疫体温升高，剖检时可见败血症和纤维素性胸膜肺炎变化，在肝变区可见到大小不一的化脓灶或坏死灶。

6. 防治

（1）预防　应采取综合性防疫措施控制本病的发生和流行：①加强饲养管理，坚持“自繁自养”，严格检疫。向外购猪时，应隔离观察，确认无病后方可并群；②目前已研制出猪气喘病弱毒苗，在一定范围内试用，但还未推广应用。其用法是将疫苗用生理盐水作1∶10稀释，每头猪右侧胸腔内注射5mL，免疫期8个月以上。

（2）治疗　治疗方法很多，但多数只有临床治愈效果，不易根除病原。可选用以下方法药物治疗：土霉素碱油剂（土霉素20mg加入100mL花生油或豆油混合均匀）每次小猪1～2mL，中猪3～5mL，大猪5～8mL，进行深部肌肉分点注射，3d一次，连用5～6次，一般效果良好；硫酸卡那霉素注射液3万～4万IU/kg体重，肌肉注射，每天一次，5d为一疗程；泰乐菌素5～13mg/kg体重，肌肉注射，每天两次，连用7d；特效米先注射液0.2mL/kg体重，肌肉注射，一次即可，严重者，3～5d后再注射一次；洁霉素每千克体重50mg，肌肉注射，每天2次，5d为一疗程。

（二）附红细胞体病

附红细胞体病是由附红细胞体寄生于人、猪等多种动物的红细胞或血浆中引起的一种人畜共患病，国内外曾有人称之为黄疸性贫血病、类边虫病等。附红细胞体病主要以急性黄疸性贫血和发热为特征，严重时导致死亡。猪附红细胞体具有种属特异性，不感染牛、羊、犬等其他动物。

1. 病原

病原为猪附红细胞体，属立克次氏体目，无浆体科，附红细胞体属，多数为环形、球形和卵圆形，少数呈顿号形和杆状，姬姆萨染色呈淡红色。在红细胞的表面单个或成团寄生，少数游离于血浆中。该病原对干燥和化学药剂抵抗力弱，但对低温的抵抗力强，一般常用消毒药均能杀死病原，如在0.5%石炭酸中37℃，3h就可以杀死病原，但在5℃时可保存15d。

2. 流行病学

各种年龄的猪均易感，其中断奶仔猪最严重，哺乳仔猪死亡率高。病猪及隐性感染猪是主要传染源。本病的传播途径尚不完全清楚。报道较多的有接触性传播、血源性传播、垂直传播及媒介昆虫传播等。本病多发生于夏季、冬季较少。当猪群抵抗力强时，感染后不发病，在饲养管理不良、气候恶劣等应激状态下，可引起发病。耐过猪可长期带毒，成为传染源。

3. 症状

猪感染附红细胞体后，多数呈隐性经过，在少数情况下受应激因素刺激可出现临床症状。病潜伏期 6 ~ 10d。病猪体温升高至 40 ~ 42℃，呈稽留热，挤堆；步态不稳、发抖、食欲降低或废绝，呼吸急促、心音亢进。随着病程发展，病猪耳廓边缘、尾根、胸腹下及四肢末端皮肤发绀。耳廓边缘的浅至暗红色是其特征性症状，病程长的病例耳廓边缘甚至大部分耳廓可能会发生坏死。急性感染后存活的猪生长缓慢，并可能发生再次感染。慢性病例表现消瘦、皮肤苍白，有时出现荨麻疹型或病斑型皮肤变态反应。个别母猪发生流产或死胎，慢性感染母猪呈现衰弱，黏膜苍白、黄疸，不发情或屡配不孕，如有其他疾病或营养不良，可使症状加重甚至死亡。

4. 病变

急性死亡的仔猪，可视黏膜苍白，全身皮肤黄染且有大小不等的紫色出血点或出血斑。四肢末梢、耳尖及腹下出现大面积紫红色斑块，有些患猪全身红紫。血液稀薄如水，凝固不良。肝肿大变性，里黄棕色，胆囊肿大，胆汁浓稠。全身性淋巴结肿大，切面有灰白色坏死或出血斑点。肾脏有时有出血点。脾肿大变松软。

5. 诊断

本病根据贫血、发热、有诱因等可作出初步诊断，确诊可做实验室诊断。采用直接镜检诊断猪附红细胞体病是当前主要的手段：耳静脉采血（不用酒精棉球擦拭皮肤，以防红细胞变形）制成血液涂片，姬姆萨染色油镜观察，可发现红细胞表面有长链状的菌体结合物，也可在红细胞浆内见到圆形或卵圆形的菌体。取血时应注意，非发热期病猪的血液常查不到菌体。

6. 防治

预防本病应采取综合措施。给予全价饲料保证营养，增加抵抗力。驱除体内外寄生虫，扑灭昆虫，切断传播媒介。饲料当中添加砷制剂或四环素、土霉素等预防本病。

治疗本病主要有以下方法：

①长效土霉素注射液，5 ~ 7mg/kg 体重，肌肉注射，每日 1 次，连用 2 ~ 3d。

②贝尼尔，5 ~ 7mg/kg 体重，深部肌肉注射，间隔 48h 重复注射 1 次。

③发病期间，全群小猪及中猪用土霉素拌料，即每吨饲料中加入土霉素原

粉 600～700g，连用 1～2 周。

（三）仔猪贫血

仔猪贫血又称仔猪营养性贫血或仔猪缺铁性贫血，是仔猪所需的铁缺乏或不足，而引起造血机能障碍导致的一种贫血。临床上以血红蛋白含量降低，红细胞数减少，以及皮肤、黏膜苍白为主要特征。本病多发生于冬、春两季及圈养的 2 月龄以内的仔猪。

1. 病因

主要是母猪乳汁或饲料中缺乏铁、铜、钴等微量元素所引起。缺铁就会影响到血红蛋白的生成，而缺铜会导致红细胞数量减少。新生仔猪体内铁、铜的贮存非常有限，仔猪出生后生长迅速，体内贮存的铁很快被消耗，从母乳中得到的铁又很少，满足不了仔猪生长发育的需要。此时若得不到外源性的铁补充，就造成仔猪缺铁，影响血红蛋白的生成，出现贫血。长期在水泥地面猪舍内饲养的仔猪，不能与含铁等微量元素的土壤接触，仔猪补料不足或所补精料质量不佳，缺乏铁、铜、钴等，均会导致贫血。

2. 症状

精神不振，易于疲劳，呼吸加快，心跳快而弱，眼结膜、鼻端及四肢内侧等处皮肤、可视黏膜苍白，被毛粗乱无光，干燥易断，皮肤弹性降低，有的病猪出现水肿、消化不良、消瘦、腹泻，血液稀薄，血红蛋白和红细胞降低，红细胞形态异常，大小不均。

3. 诊断

除根据仔猪环境条件及日龄大小等特点外，还根据临床表现及血液学变化等特征，如血红蛋白量显著减少，随后红细胞数量也下降，不难诊断。

4. 预防

加强母猪和初生仔猪的饲养管理。母猪妊娠后期和哺乳期保证全价饲料，仔猪要适时补料，加强运动，保证有与新鲜土壤接触的机会，仔猪出生后 2～3d 内投服铁的化合物，如补喂铁铜合剂。

5. 治疗

牲血素或富血来注射液肌肉注射；肌肉注射葡萄糖亚铁注射液 2～4mL，每天 1 次；0.1% 硫酸亚铁和 0.1% 硫酸铜混合水溶液供仔猪饮水；肌肉注射维生素 B_{12} 注射液 2～4mL，每天 1 次，连用 7～10d。

（四）新生仔猪溶血病

新生仔猪溶血病是指新生仔猪在吮食初乳后引起红细胞大量溶解的一种急性、溶血性疾病的实质是由于母猪血清抗体与新生仔猪红细胞抗原不合，引起的一种同种免疫溶血性反应的病理过程。临床上以贫血、血红蛋白尿和黄疸为特征。

1. 病因

（1）基本病因是仔猪与母体的血型不相合。具体发病机理为：父、母血型不合，胎儿继承的是公猪的红细胞抗原，这种抗原在妊娠期间突破胎盘屏障进入母体血液循环中，母猪便产生了抗仔猪红细胞的特异性同种血型抗体（IgM），抗体分子量大，不能通过胎盘影响胎儿，但可分泌于初乳中，仔猪吸吮了含有高浓度抗体的初乳，抗体经肠黏膜吸收后与红细胞表面特异性抗原结合，激活补体，引起急性血管内溶血。

（2）猪红细胞表面抗原分 16 个系列，其中活性最强的是 A 血型抗原。A 血型抗原公猪和非 A 血型母猪交配，仔猪如继承了公猪的 A 抗原，新生仔猪的胃液和血浆内均有可溶性 A 抗原存在，母猪初乳中的 A 血型抗体首先被仔猪胃液内的 A 抗原所结合及血浆内游离 A 抗原所结合，极少能抵达靶细胞与表面抗原接触而导致溶血。实际发生的仔猪溶血病，主要是母猪在妊娠前后曾多次接种含不同血型抗原的猪瘟结晶紫疫苗，血清中产生和初乳中浓集的同种血清型抗体凝集效价很高，能够克服新生仔猪胃液和血浆中游离抗原的减消作用，抵达靶细胞与红细胞表面抗原结合而导致血管内溶血。

母猪体内如此产生的同种血清型抗体，持续的时间相当长久，有时可使连续几窝仔猪发病。

2. 症状及诊断

本病有三种病型：①最急性型：仔猪吸吮初乳后 12h 内突然发病，停止吃奶，精神委顿，惯寒，震颤，急性贫血，很快陷入休克而死亡；②急性型：仔猪吸吮初乳后，24h 内显现黄疸，眼结膜、口腔黏膜和皮肤黄染，48h 有明显的全身症状，多数在生后 5d 内死亡；③亚临床型：仔猪吸吮初乳后，临床症状不明显，有贫血表现，血液稀薄，不易凝固。尿检呈隐血强阳性，表明有血红蛋白尿；血检才能发现溶血。

仔猪出生后一切正常，吮吸初乳后数小时到十几个小时整窝小猪发病，据此就可做出诊断。

3. 防治

（1）立即停吮母乳，由近期分娩的母猪代哺或喂给人工调制的初乳代用品，以终止特异性血型抗体的摄入。

（2）为抑制免疫反应和抗休克，可用皮质类固醇治疗如氢化可的松注射液 2mL，维生素 C 注射液 2mL，肌肉注射，每日 1 次，连用 2～3d。防止感染进行抗生素疗法；补充铁质、维生素 B_{12}等，增强造血功能。

（3）发生本病的母猪，不能用上次配种的公猪配种。

（五）仔猪低血糖症

仔猪低血糖症是仔猪血糖浓度过低引起的一种代谢性疾病，又称乳猪病或憔悴猪病。临床以明显的神经症状为主要特征。新生仔猪对血糖非常敏感，因此本病主要发生于7日龄内的新生仔猪。本病多发于冬春季节，秋季较少。

1. 病因

低血糖症发生的主要原因是哺乳不足。最常见的原因是对怀孕期间母猪饲养管理不当，引起母猪少乳或无乳；母猪不让仔猪吮乳或因母猪乳头少而有的仔猪吃不到母乳。使仔猪饥饿而发病；仔猪因患大肠杆菌病、链球菌病、传染性胃肠炎等疾病时，哺乳减少，兼有糖吸收障碍而发此病；出生后7d内的仔猪糖原异生能力差，是此病发生的内在因素。

据报道，仔猪肠道缺少乳汁消化所必需的乳酸杆菌，引起消化不良，也是本病发生的因素；圈舍温度过低、潮湿等也能诱发本病。

2. 发病机理

新生仔猪在生后第1周内，因其糖代谢调节机能发育不全，糖原异生能力差，肝糖原贮存少，所需血糖主要来源于母乳和胚胎期间贮存的肝糖原的分解，如果哺乳不足，有限的能量储备很快耗尽，极易导致低血糖的发生。仔猪血糖低时，首先脑组织受影响，病猪呈现抽搐、昏迷等神经症状。另外，低血糖导致肌糖原不足，ATP生成减少，肌肉收缩无力，病猪四肢软弱，卧地不起。又因肌肉、肝产热减少，病猪体温降低。

3. 症状与诊断

（1）仔猪多在出生后1～2d发病，有的可在第3～4天发生。同窝仔猪常30%～70%发病，也有的全窝发病。

（2）病初被毛粗乱，精神沉郁，四肢无力，肌肉震颤，运动失调，吮乳停止，离群伏卧或钻入垫草嗜睡，皮肤发冷苍白，体温低下，常为37℃或更低。颈下、胸腹下及后肢等处浮肿。后期病猪表现痉挛抽搐，磨牙虚嚼，口吐白沫，眼球震颤，头向后仰或扭向一侧，四肢僵直或作游泳样运动。最后昏迷不醒，意识丧失，很快死亡，病程不超过36h。

（3）实验室检查　患病仔猪血糖由正常的4.2～8.3mmol/L降至2.0mmol/L以下。

（4）治疗性诊断　给患病乳猪腹腔注射5%～20%葡萄糖注射液10～20mL，立刻见到明显的疗效。

4. 防治

预防本病要加强妊娠母猪的饲养管理，尤其母猪妊娠后期应增加日粮中蛋白质、维生素、矿物质及微量元素的含量，并适当增加能量饲料和青绿多汁饲料，及时治疗乳房炎。仔猪出生后应尽快按体质强弱固定乳头。当仔猪过多时应尽早寻找代乳猪或进行人工哺乳。在冬季和早春产出的仔猪，生后第一天和第三天各口服25% ~50%葡萄糖溶液10mL，有良好的预防效果。

治疗本病最主要的措施是早期尽快补糖。临床可用5%或10%葡萄糖液20 ~40mL、维生素C 10mL，腹腔或皮下分点注射，每隔4 ~6h一次，连续2 ~3d，有良好效果。也可同时口服25%葡萄糖液，每次15 ~20mL，或喂饮白糖水。

（六）感冒

感冒是出于受风寒刺激而引起的鼻黏膜或上呼吸道黏膜的急性卡他性炎症。临床特征为体温突然升高，咳嗽，羞明流泪和流鼻液。

1. 病因

气候突然变化，猪舍潮湿，保温条件差，贼风侵袭，长途运输，猪体受风寒刺激等易引起发病。动物营养不良，管理不善，抵抗力降低时，更易发生。本病常发小于早春、晚秋及冬季。

2. 症状

（1）病猪精神沉郁、头低耳耷；咳嗽、打喷嚏，流清亮鼻液；眼结膜潮红、流泪；全身战栗，呼吸、脉搏数加快。

（2）病猪皮温不整，末梢发凉，寒颤，猪喜钻垫草。重者由于肌肉疼痛、僵硬而表现行走迟缓，步态僵直或喜卧少站。

（3）有的病猪出现下痢或便秘，行走无力，拱背垂尾。若不及时治疗，可继发支气管炎或肺炎等。

可据病史、临床症状作出诊断。应与流行性感冒进行鉴别诊断。本病呈散发性，病程短，无传染性。

3. 防治

本病的治疗原则是解热镇痛，祛风散寒，防止继发感染。

（1）解热镇痛　用10%复方氨基比林5 ~10mL，或30%安乃近5 ~10mL，肌肉注射，每日1 ~2次。

（2）防止继发感染　用青霉素40万 ~80万IU肌内注射，每日2次；银翘解毒丸2 ~3丸（小猪酌减），开水冲化，候温灌服，每日2 ~3次。

（3）中药疗法　发热轻，怕冷重，耳鼻俱冷，肌肉震颤者多为偏寒，治疗宜祛风散寒，方用加减杏苏饮：杏仁10g，桔梗10g，紫苏10g，半夏5g，陈皮10g，前胡5g，积壳10g，茯苓5g，生姜10g，甘草5g，煎汤灌服。

发热重、怕冷轻、口干舌燥，眼红多眵者，治疗宜发表解热，用桑菊银翘散加减方：桑叶10g，菊花5g，二花8g，连翘5g，杏仁5g，桔梗5g，牛蒡子

10g，薄荷 5g，生姜 10g，甘草 5g，煎汤灌服。

（七）猪霉菌毒素中毒

霉菌毒素是真菌（主要指霉菌）生长繁殖时产生的次级代谢产物，其中不少毒素的毒性极强，可以降低畜禽生产性能和改变新陈代谢。猪因采食被霉菌毒素污染过的饲料而出现中毒症状，使猪的生长发育迟缓，配种繁殖障碍，抗病力下降，甚至引起死亡。目前，从饲料中检测到的毒素已超过 350 种，其中对猪危害最大的有黄曲霉毒素、赤霉毒素等。

1. 黄曲霉毒素中毒

（1）病因　黄曲霉菌常寄生于作物种子中，如花生、玉米、黄豆、棉籽等，在适宜的温度、湿度条件下，迅速生长繁殖并产生毒素，当猪采食了被感染的种子，加工的饲料及其副产品后，就会发生中毒。作物收获季节，如果天气不好，阴雨连绵，作物种子难以晒干，或堆放饲料的地点阴暗潮湿，堆放时间过长，常发生本病。

（2）症状　病猪在采食发霉饲料后 5～15d 出现症状。急性中毒猪可在运动中死亡，病猪精神委顿，不食，走路不稳，黏膜苍白，粪便干燥、带血，有时出现神经症状，间歇性抽搐，角弓反张，或站立一隅，头抵墙下。慢性病例表现食欲降低，精神不振，口渴，异嗜癖，生长迟缓，有的皮肤充血、出血，后期红细胞大幅降低，血凝时间延长，白细胞总数增加。

（3）病理变化　急性病例主要是贫血、出血，胸膜腔大出血、肌肉出血，胃肠道出血。慢性病例主要是肝硬化、坏死，胸腔积液，肾苍白，肿大。

（4）诊断　根据病史、饲料样品检查、临床症状、病理变化等，做出初步诊断，确诊可做真菌分离培养。

（5）防治　目前尚无特效解毒药，应以预防为主：①严格禁止使用霉变饲料喂猪，做好饲料的防霉工作，收获的作物籽实要充分晒干，贮存在低温、干燥处；②对已中毒的病例，用 0.1% 的高锰酸钾溶液、清水或弱碱溶液进行灌肠、洗胃，再用健胃缓泻剂，同时停喂精料，只喂给青绿饲料，待症状好转后再逐渐增加精料。

2. 赤霉菌毒素中毒

（1）病因　赤霉菌能感染小麦、大麦、燕麦、玉米以及其他禾本科植物，在适宜温度和湿度条件下，大量繁殖并产生毒素，猪采食了感染此菌的茎叶或种子后，可引起中毒。

（2）症状　猪急性中毒时，于采食 30min 后不断发生呕吐，拒食，消化不良，腹泻。慢性中毒可引起性机能紊乱，母猪阴户肿大，乳腺增大，子宫增生，阴门、阴道内部黏膜肿胀、充血、发炎；公猪包皮水肿、发炎和乳腺肥大。

（3）病理变化　胃肠道黏膜、肝、肾和肺等坏死性损害和出血，阴道、子宫颈黏膜水肿、增生、出血和变形。

（4）诊断　根据饲喂发霉饲料的病史、临床症状和病理变化可做出初步诊断，确诊可做真菌分离培养。

（5）防治　目前还没有特效治疗药物，应预防为主。禁止用受赤霉菌感染的植物作为饲料；做好植物赤霉病的预防工作；对轻微感染赤霉病的饲料，用10%石灰水溶液浸泡，反复换水3～4次后，取出晒干可作饲料，或在日粮中搭配其他饲料。

（八）疝（赫尔尼亚）

腹腔内的脏器，经腹壁的天然孔或病理性裂口，脱出到皮下或邻近腔隙中称为疝，是猪的一种常见外科病。根据疝发生的部位分为脐疝、腹股沟疝和腹壁疝，猪常见的有脐疝、腹股沟阴囊疝。腹壁疝较少发生，见于外伤。

1. 脐疝

腹腔脏器通过脐孔进入皮下，称为脐疝，该病是仔猪常见的外科病之一。脐疝一般是先天性的，疝内容物多为小肠及网膜。

（1）病因　此病多发生于幼龄猪。多因脐孔闭锁不全或完全没有闭锁，当腹压升高（奔跑、捕捉、挤压）时，腹腔脏器进入皮下。

（2）症状　仔猪在脐部出现鸡蛋至拳头大的膨隆突出，触诊局部无热无痛，用手触摸时内容物柔软，把猪仰卧，用手很容易将内容物推入腹腔，局部肿胀消失，当手松开或腹压增大，肿物恢复，同时可摸到一圆形的疝孔，听诊有肠蠕动音。病情重的，肠壁与囊壁粘连，不能缩回腹腔，肿胀硬固，并有轻度腹痛症状。若疝囊内的肠管阻塞或坏死，则病猪腹痛不安，厌食呕吐，排粪较少。并继发肠膨气，如不及时治疗则很快死亡。

（3）诊断　根据临床症状可确诊。

（4）防治　可分非手术疗法（保守疗法）及手术疗法两类。两种方法各有利弊，要分别病情选择应用。

①非手术疗法：将肠管压入腹腔，用75%～95%酒精或10%～15%氯化钠溶液等刺激性药物，在疝环周围肌层分4～6点注射，每点3～5mL。

②手术疗法：术前禁止饮食半天以上。仰卧保定，患部剪毛、消毒，术部用1%普鲁卡因10～15mL作浸润麻醉。纵向切开皮肤（防止切伤公猪阴茎），保护好疝囊（腹膜）。将肠管送回腹腔，在腹腔内撒消炎药，用缝线穿过疝囊环行间断内翻缝合，将缝线完全布好再打结。最后撒上磺胺结晶，结节缝合皮肤，外涂碘酊。

若肠与腹膜粘连，则在疝囊上用剪刀小心地做一小口，伸入手指进行钝性分离，再照上法处理。在不易分离的情况下，发生粘连的疝囊残壁可留在肠管上，与肠管一起送入腹腔后，再用间断内翻缝合法缝合疝孔。

2. 阴囊疝

腹腔脏器经腹股沟管腹环脱出进入腹股沟管中，若继续下滑脱入阴囊内时则称腹股沟阴囊疝。

（1）病因　该病发生的原因是腹股沟内环宽大，大多属于遗传，同近亲繁殖有关，有的在阉割后发生。挤压、抓捕、过饱等腹压增高也可引起发病。

（2）症状　开始为可复性阴囊疝。患侧阴囊明显肿大，触诊柔软、无热无痛，若将患猪从后肢倒提，用手慢慢揉阴囊内容物，内容物可还纳腹腔，放开仔猪后内容物很快又脱入阴囊内。若发生粘连，疝囊内的肠管阻塞或坏死，则病猪不安、厌食、呕吐、排粪较少、腹胀等，即转化为坏死性或嵌闭性阴囊疝。

（3）诊断　根据临床症状可确诊。

（4）防治

①预防：避免近亲繁殖，不良的公、母猪应有计划地加以淘汰。阉割时，切口不要过大。

②治疗：局部麻醉后，将猪后肢吊起，肠管自动缩回腹腔。术部剪毛、洗净，消毒后切开皮肤分离浅层与深层的筋膜，而后将总鞘膜剥离出来，从鞘膜囊的顶端沿纵轴捻转，使疝内容物逐渐回入腹腔。嵌闭性阴囊疝往往有肠粘连、肠鼓气，所以，在钝性剥离时要求动作轻巧，防止剥破。剥离时用浸以温灭菌生理盐水的纱布对肠管轻压迫，可减少对肠管的刺激，防止剥破肠管。在确认还纳全部内容物后，在总鞘膜和精索上方打一个去势结，然后切断，将断端缝合到腹股沟管腹环上，若腹股沟管腹环仍很宽大，则必须再作几针结节缝合，皮肤和筋膜分别作结节缝合。术后不宜喂得过早、过饱，适当控制运动。仔猪的阴囊疝采用皮外闭锁缝合。

未经阉割患猪的睾丸，可不切开鞘膜连同精索一起切掉，也可切开鞘膜先将睾丸切掉、再照上法处理。另一个方法是先摘除健侧睾丸，然后以去势的方法固定患侧睾丸，在阴囊底部与阴囊中隔平行切开皮肤，切口要大些，不要切破总鞘膜，将总鞘膜连同睾丸压出，剥离总鞘膜至腹股沟管腹环处，将肠管整复入腹腔，握作睾丸连同总鞘膜捻转数圈，用缝线在腹股沟管腹环处作贯穿结扎，距打结处 1～1.5cm 切断，创口不加缝合。

（九）脓肿

脓肿是指在组织或器官内形成外有脓肿膜包裹，内有脓汁蓄积的局限性感染病灶。该病是大型养猪场常见的外科病，多发于猪的四肢和颈部等部位。

1. 病因

常见的化脓因子是葡萄球菌，并常同链球菌、绿脓杆菌、大肠杆菌等混合感染。

（1）皮肤黏膜损伤，没有及时处理，使葡萄球菌、化脓性链球菌、大肠杆菌及腐败性细菌等侵入猪体内，并大量繁殖，引起局限性炎症所致。

（2）临床肌肉或皮下注射时消毒不严，或静脉注射某些刺激性药物（如氯化钙、砷制剂等）时漏到血管外，可继发该病。

（3）有时也可由原发病灶经血液或淋巴循环转移至新的组织器官形成脓肿。

2. 症状

（1）浅部脓肿　多发生于皮下、筋膜下、肌腱间或肌肉组织中。可见局部有红、肿、热、痛的表现。脓肿成熟后，界限明显而清楚，中央部逐渐变软，皮肤变薄，被毛脱落，用手触压似有波动感。进一步发展，皮肤破溃，向外排脓。

（2）深部脓肿　发生于深层肌肉、骨膜、腹膜下，局部症状多不明显，仅呈现轻度炎性水肿，触诊时有疼痛反应和压痕。较大的脓肿如不及时切开，容易发生坏死，最后因脓汁增多可自行破溃，出现明显的全身症状，如脓毒败血症。

3. 诊断

浅在性脓肿比较容易确诊，某些深在性脓肿可进行诊断性穿刺，当脓汁稀薄时，可见脓汁从针孔流出，当脓汁过于黏稠时则不能流出，拔出穿刺针，可见针孔内有黏稠的脓汁流出。

在诊断时应注意脓肿与血肿、淋巴外渗和疝病等相区别。

4. 治疗

治疗原则是排除感染的病原体和有毒物质（脓液、坏死组织等），增强猪的机体抵抗力，恢复组织的修复能力。在急性炎症初期，为限制炎性渗出，促进炎症消散，可采用冷敷和涂布消散剂。渗出停止后，可用温敷以促进吸收。必要时局部和全身应用抗生素和磺胺药。对已经成熟仅未破溃的脓肿，采取以下方法，充分排脓。

（1）切开排脓法　脓肿已经成熟时，选脓肿最突出的部位切开，排出脓汁。用3%双氧水和0.1%新洁尔灭溶液彻底冲洗脓腔，洗净后用3%的碘酊纱布条填塞引流，创伤内可散布消炎粉等药物，直至创伤愈合。

（2）脓汁抽出法　有些脓肿不宜切开，宜采用抽出法。局部剃毛消毒，用采血针头刺入脓肿脓腔，注入50%尿素液或生理盐水20～30mL，使脓汁变稀再抽出注入液，反复数次，直至洗净为止，再向腔内注入少量抗生素。隔天冲洗 1 次，直至没有脓汁为止。

（3）脓肿摘除法　对有明显包囊性脓肿，脓肿周围剪毛、剃毛、消毒，局部麻醉，将脓肿及包囊一并剥除，对健康组织进行一次性缝合，外徐碘酊。脓肿中有大的血管、神经干和腺体导管时，不适用此法治疗。

（十）不孕症

母猪不孕症也称为母猪繁殖障碍，是指已达到配种年龄的母猪暂时性或永久性的不能繁殖。造成母猪不孕症的原因很多，概括起来主要有四类，即先天性不孕，营养性不孕，生殖器官疾病，繁殖技术性不孕等。除此之外，母猪衰老、一些传染病（如布氏杆菌病、乙脑、高致病性蓝耳病）等因素也能引起母猪不孕。不同原因引起的不孕症临床症状及治疗有所差异。

1. 先天性不孕

先天先天性不孕症主要是母猪的生殖器官缺陷，或者卵子、精子及合子不正常而丧失繁殖能力。

（1）常见病因　①近亲繁殖：血缘很近的公、母猪进行交配，常不能受孕；②幼稚病：是指母猪达到配种年龄时，生殖器官发育不全或繁殖机能障碍，主要表现是母猪不发情，或虽有然发情但屡配不孕；③两性畸形：两性畸形即一个猪体具有雌雄两性的生殖腺，即一侧性腺为卵巢组织，另一侧为睾丸组织，其生殖器官往往也是混合的。在培育过程中，有的外形形似母猪，被留作了种用。但两性畸形的猪，没有性欲，不能形成卵泡。仔细观察可以发现母猪生殖器官发育不全或者缺少某些部分，如阴门狭窄、阴唇发育不全、乳房不发达等；④生殖道畸形：包括子宫角畸形、子宫颈畸形、阴门及阴道畸形等几种情况。如只有 1 个子宫角；缺少同侧的卵巢；子宫颈闭锁不通或子宫颈缺乏；有时有双子宫颈或两个子宫颈外口。

（2）治疗　先天性不孕不用治疗，可直接淘汰，两性畸形猪应及早去势，留作育肥猪。

2. 营养性不孕

营养性不孕主要是日粮营养搭配不当，管理不科学引起的不孕。

病因主要是由于配合饲料营养配给不足，尤其是蛋白质、矿物质、维生素不足或缺乏，造成母猪发育不良、过瘦、营养不良，其生殖机能就会受到抑制。另外，饲料中营养过于丰富，精料多、粗料少，同时又缺少运动，使母猪过肥，也会使母猪卵巢萎缩，导致不孕。

母猪症状表现为体况过瘦或过肥，通常可见外阴部较小，往往在发生生殖扰乱以前即表现出全身变化，因此不难做出诊断。为确诊营养性不孕，必须调查饲养管理制度，分析饲料的成分及其来源等。

针对发病原因，科学调整日粮的营养成分，每天按时按量饲喂。对营养不良的母猪，在配种前更应增大和提高精料比例和蛋白质水平，补充必需的矿物性饲料；对过肥的母猪应降低能量水平，增加青绿饲料供给量，加强运动，使之恢复到正常性功能。也可采取激素疗法。

3. 疾病性不孕

疾病性不孕是指母猪生殖器官和其他器官的疾病或机能异常引起的不孕，不孕是这些疾病的一种症状。

（1）卵巢机能不全和减退　卵巢机能不全多见于初产母猪，主要是垂体激素不足引起。卵巢机能减退是卵巢机能暂时受到扰乱，不出现周期性活动，或卵巢组织萎缩和硬化，常因老龄、子宫疾病、全身性疾病以及饲养管理不当等引起。另外，卵巢炎可以引起卵巢萎缩及硬化；气候变化或者水土不服，也可使卵巢机能暂时减退。症状是发情周期延长或长期不发情，发情的表现不明显，或出现发情现象，但不排卵。

治疗应首先从饲养管理方面着手，改善饲料品质，增加光照时间，积极治愈原发病。可利用公猪催情，即公母猪混群饲养，增加其接触机会。激素疗法，可用卵泡刺激素（FSH）、人绒毛膜促性腺激素（HCG）、孕马血清（PMSG）或全血，还可用天然雌二醇。

（2）持久黄体　妊娠黄体或周期性黄体超过正常时限而仍继续保持功能者，称为持久黄体。症状主要是发情周期停止循环。

治疗先从改善饲养管理，积极治疗原发病着手，才能收到良好效果。应用前列腺素 F2α 及其合成的类似物，卵泡刺激素（FSH）、孕马血清（PMSG）、雌激素及激光疗法、电针疗法等治疗。

（3）卵巢囊肿　卵巢囊肿分为卵泡囊肿和黄体囊肿两种。卵泡囊肿是由于卵泡上皮变性，而泡壁结缔组织增生变厚，卵细胞死亡，卵泡液未被吸收或者增多而形成的；黄体囊肿是由未排卵的卵泡壁上皮细胞黄体化而形成的。本病的病因目前尚未完全清楚，可能与应激和内分泌紊乱有关，即促黄体素分泌不足或促卵泡素分泌过多，进而引起排卵障碍和卵巢囊肿。从实践来看，下列因素可能影响排卵机制：饲料中缺乏维生素 A 或含有多量的雌激素；垂体或其他激素腺体机能失调以及使用激素制剂不当；子宫内膜炎、胎衣不下及其他卵巢疾病可以引起卵巢炎和排卵受障碍，继发囊肿。

卵泡囊肿的主要症状是无规律的频繁发情和持续发情，甚至出现慕雄狂；黄体囊肿则长期不表现发情，猪主要患黄体囊肿。应改善饲养管理人手，常用促黄体素（LH）制剂治疗，如人绒毛膜促性腺激素（HCG）和猪、羊垂体抽提物（GTH）；促性腺激素释放激素（GnRH）类似物。

（4）慢性子宫内膜炎　慢性子宫内膜炎是由急性子宫内膜炎转变而来的子宫黏膜的慢性炎症，是常见的一种母猪生殖器官疾病，也是导致母猪不孕的重要原因之一。

4. 繁殖技术性不孕

繁殖技术性不孕是由繁殖技术不当引起的不孕。如漏配，配种不适时和不确实、人工授精时精液处理不当，输精技术不正确等人为因素。

防止繁殖技术性不孕，一是正确适时配种，运用“老配早、小配晚、不老不小配中间”的配种原则，经产母猪发情后36～40h内配种，初产母猪适当推迟时间，但不能超过72h。二是积极提高人工授精技术，掌握好精液的稀释度和保护好精子活力，授精时输精管、母猪的阴门和术者的手及其他用品必须严格消毒方可操作，特别注意输精管插入阴道内要轻准，切勿强行操作造成母猪生殖道的损伤，导致炎症而不孕。

（十一）子宫内膜炎

子宫内膜炎是子宫黏膜黏液性或化脓性炎症，是一种常见的母猪生殖器官疾病，也是导致母猪繁殖障碍的重要原因之一。若不能及时治疗，往往引起母猪发情不正常、不易受孕或妊娠后易发生流产。该病临床上以不发情、阴道流出多量的分泌物为特征。急性子宫内膜炎多在母猪产后发生，伴有全身症状；慢性子宫内膜炎多为缺乏全身症状的局部感染。

1. 病因

本病主要是由于配种、人工受精及阴道检查等操作时消毒不严以及难产、胎衣不下、子宫脱出、产道损伤之后造成细菌入侵感染而引起。引起子宫内膜炎常见的细菌有大肠杆菌、棒状杆菌、链球菌、葡萄球菌、绿脓杆菌、变形杆菌等。阴道内存在的某些条件性病原菌，在机体抗病力降低时，也可发生本病。此外，布鲁氏菌病、沙门氏菌病也常并发子宫内膜炎。

2. 症状

根据病程可分为急性和慢性两种。

（1）急性子宫内膜炎　多见于产后母猪。患猪全身症状明显，精神沉郁，食欲减退或废绝，体温升高，常卧地，从阴门流出灰红色或黄白色脓性分泌物，附着在尾根及阴门外，常作排尿动作。严重者分泌物呈污红色或棕色，具有腥臭味，常杂有胎衣碎片。如不及时治疗，进一步可发展为败血症、脓毒血症而死亡，或转为慢性。

（2）慢性子宫内膜炎　多由急性转变而来，病猪全身症状不明显，有时由子宫流出透明、浑浊或混有脓性絮状渗出物。不发情或发情不正常、屡配不孕等。有的不表现临床症状，其他检查均未见异常，只表现发情不正常或屡配不孕，即使怀孕也可发生胚胎死亡或流产。发情时从阴道内流出多量不透明的黏液，子宫冲洗物静置后有沉淀。当脓液蓄积于子宫时（子宫蓄脓），子宫增大，宫壁增厚，当子宫积液时，子宫增大，宫壁变薄，有波动感，均可能出现腹围增大。

3. 诊断

根据本病多发生于产后母猪以及临床症状可做出初诊，结合阴道检查，分泌物的微生物学培养等作出确诊。

诊断时须注意，从阴门流出黏液或脓性分泌物，并不一定都是子宫内膜炎。例如，产后恶露、阴道炎、膀胱炎、肾盂肾炎以及配种后的精液、发情期间、妊娠期等，均可见从阴户中流出不同程度的分泌物，要与本病相区别。

4. 防治

（1）预防　猪舍应保持干燥，临产时地面上可铺清洁干草。发生难产时，助产应小心谨慎，取完胎儿、胎衣后，用0.02%新洁尔灭、0.1%高锰酸钾等弱消毒液洗涤产道，并注入青霉素、链霉素等抗菌药物。母猪产后服益母草等中草药，以促进恶露排出；产后肌肉注射青霉素、链霉素，每日2次，连用3d，可预防子宫内膜炎的发生。

（2）治疗　子宫内膜炎的治疗原则是局部治疗与全身治疗相结合。

①急性子宫内膜炎应用全身疗法，可用抗生素或磺胺类药。加大剂量青霉素、链霉素肌肉注射，每天2次，同时静脉注射10%磺胺嘧啶钠50mL，或氨苄青霉素5g，或四环素1.5g加入糖盐水中静脉注射，效果良好。新药严迪注射液（含罗红霉素），0.1～0.2mL/kg体重，肌肉注射，每天2次，连用3～4d，效果很好。

②对慢性子宫内膜炎的病猪，可用青霉素160万～320万IU、链霉素100万IU，混合高压消毒的植物油20mL，向子宫内注入。

③为了使子宫内容物排出，可用雌激素及缩宫素，选用苯甲酸雌二醇5～10mL，一次肌肉注射，次日再注射缩宫素10～30IU。

④内服中药也有良好效果：当归30g，川芎30g，桃仁20g，红花15g，丹皮30g，赤芍30g，二花20g，连翘20g，黄芩30g，生地30g，知母15g，益母草30g，煎汤，一次灌服。

（十二）难产

母猪在分娩过程中胎儿不能顺利产出的称为难产。习惯上把难产分为产力性、产道性和胎儿性难产三大类。母猪很少发生难产，这主要是因为母猪的骨盆入口比胎儿最宽的横断面长2倍，很容易把仔猪产出。所以，本病多见于初产母猪和老龄母猪。

1. 病因

分娩能否完成，主要取决于母猪的产力、产道和胎儿三个因素，其中一个或几个因素异常，都可导致难产。母猪难产的原因主要有产力不足（产力性）、产道狭窄（产道性）、胎儿异常（胎儿性）三种情况。

（1）产力不足　主要见于怀孕母猪营养不良、疾病、运动不足、肥胖、疲劳、激素分泌不足等，引起子宫收缩无力、腹压较低等使胎儿不能进入产道。此外不适时地给予子宫收缩药，也可引起产力异常。由于胎位不正或产道堵塞，使分娩时间延长而致使子宫和母体衰竭也会引起子宫收缩无力。

（2）产道狭窄　骨盆畸形，骨折，子宫颈、阴门及阴道的瘢痕、粘连，以及发育不良，都可造成产道狭窄，从而引起难产。另外在分娩过程中，如膀胱膨大、肠内有大量积液、不正确的反复助产，致使产道肿胀狭窄，也影响胎儿正常分娩。

（3）胎儿异常　胎儿过大、胎儿畸形、胎位或胎势不正及胎儿水肿等，均可造成难产。

2. 症状

（1）产力性难产　多发生于体弱、患病、高胎次和产仔多的母猪。母猪主要表现精神差、体力不支、阵缩和努责无力，甚至观察不到腹部收缩的现象。

（2）产道性难产　多发生于初产、肥胖、产道畸形和产道发育不良的母猪。母猪主要表现频频努责，反复起卧，在圈内徘徊，并表现痛苦状，阴道检查确有胎儿。

（3）胎儿性难产　多见于产仔少、妊娠后期加料过多（使胎儿过大）和胎儿胎位不正的母猪。母猪主要表现频频努责、紧张、惊恐和疼痛等。

无论哪种难产均有以下症状，临产时食欲减退，急躁不安，阴门流出分泌物，努责，时起时卧，痛苦呻吟。若时间过久，会导致仔猪死亡，严重者可致母猪衰竭死亡。

3. 防治

（1）预防　不要选臀部特大、脊背特宽的猪作后备母猪，这种猪肌肉过于丰满，难产比例高。初配母猪应在10月龄以上，不要过早配种。避免近亲交配，及时淘汰老弱高胎次母猪。饲喂时营养要充足。防止母猪过肥或过瘦。娠后期要注意让母猪适当运动，增强体力，才能保证分娩时有足够的精力。临产时要有专人全程监护分娩，以便发生难产时能及时救治。

（2）治疗

①对子宫收缩微弱引起的难产可皮下注射催产素30～50IU，一般注射20min后即可产生效果，最好在使用催产素前先肌肉注射雌二醇10～20mg，以增强子宫肌肉对催产素的敏感性。如果羊水早流，产道干燥，可用消过毒的胶

管或尼龙管向产道注入油类润滑剂，在注入前应加温至38～40℃。如母猪体型大，可将手臂消毒后伸入子宫，取出接近骨盆腔的胎儿，其余胎儿即可随之排出。如仍不能产出，及早施行剖腹产。

②如胎儿过大，头已进入产道但不能自动排出，可消毒后的产钩伸进产道，钩住胎儿眼窝，或伸入胎儿口中钩住上腭，一手扶住钩和胎儿头，以避免产钩滑脱伤及产道，一手握住钩柄，缓缓向外拉出胎儿，如拉不出胎儿，随即行剖腹产手术。

③当两个胎儿同时挤入产道时，先将后面一个向里推，然后先拉出前面的一个。

实施牵引术时应注意几点：①牵拉前要尽量矫正胎儿的方向、位置及姿势。拉出时不可用力太快、太猛，防止拉伤胎儿，或损伤母猪产道。②产道干涩时须灌注润滑剂。③拉出时应与母猪努责相配合。④要沿着骨盆轴的方向外拉。

经过助产后要确定是否还有胎儿，可将一只手伸入子宫，另一只手从腹壁协助进行触诊。单独从外面隔着腹壁检查，对肥猪常有困难。也可在检查时静脉注射催产素5IU，有胎儿时母猪会发生努责，没有胎儿时则母猪表现排乳动作。

难产母猪经助产尚不能将胎儿全部产出者，可考虑施行剖腹产术。

实操训练

实训一　猪场抗体水平的监测与分析

（一）实训目的

掌握规模化猪场主要疫病的抗体水平的检测方法。

（二）实训条件

猪瘟、猪伪狂犬病、猪蓝耳病、猪口蹄疫和猪传染性胸膜肺炎等抗体水平检测试剂盒。

（三）实训方法和手段

在猪场现场随机抽血对猪场主要疫病的抗体水平按检测试剂盒的说明书进行操作。

（四）实训内容

1. 猪瘟间接血凝试验 （必做）

（1）实验材料　96 孔 110～120°V 型医用血凝板、10～100μL 可调微量移液器、塑料嘴、猪瘟间接血凝抗原（猪瘟正向血凝诊断液），每瓶 5mL，可检测血清 25～30 头份、阳性对照血清，每瓶 2mL；阴性对照血清，每瓶 2mL、稀释液每瓶 10mL、待检血清每份 0.2～0.5mL（56℃水浴灭活 30min）。

（2）实训内容及操作步骤：

①检测前，应将冻干诊断液，每瓶加稀释液 5mL 浸泡 7～10d 后方可应用。

②稀释待检血清：在血凝板上的第 1～6 孔各加稀释液 50μL。吸取待检血清 50μL 加入第 1 孔，混匀后从中取出 50μL 加入第 2 孔，依此类推直至第 6 孔混匀后丢弃 50μL，从第 1～6 孔的血清稀释度依次为 1∶2、1∶4、1∶8、1∶16、1∶32、1∶64。

③稀释阴性和阳性对照血清：在血凝板上的第 11 排第 1 孔加稀释液 60μL，取阴性血清 20μL 混匀取出 30μL 丢弃。此孔即为阴性血清对照孔。

在血凝板上的第 12 排第 1 孔加稀释液 70μL，第 2～7 孔各加稀释液 50μL，取阳性血清 10μL 加入第 1 孔混匀，并从中取出 50μL 加入第 2 孔混匀后取出 50μL 加入第 3 孔……直到第 7 孔混匀后弃 50μL，该孔的阳性血清稀释度为 1∶512。

④在血凝板上的第 1 排第 8 孔加稀释液 50μL，作为稀释液对照孔。

⑤判定方法和标准：先观察阴性血清对照孔和稀释液对照孔，红血球应全部沉入孔底，无凝集现象（－）或呈（＋）的轻度凝集为合格；阳性血清对照应呈（＋＋＋）凝集为合格。

在以上 3 孔对照合格前提下，观察待检血清各孔的凝集程度，以呈“＋＋”凝集的待检血清最大稀释度为其血凝效价（血凝价）。血清的血凝价达到 1∶16 为免疫合格。

“～”表示红细胞 100% 沉于孔底，完全不凝集。

“＋”表示约有 25% 的红细胞发生凝集。

“＋＋”表示 50% 红细胞出现凝集。

“＋＋＋”表示 75% 红细胞凝集。

“＋＋＋＋”表示 90%～100% 红细胞凝集。

⑥注意事项：

a. 勿用 90°或 130°血凝板，以免误判。

b. 污染严重或溶血严重的血清样品不宜检测。

c. 冻干血凝抗原，必须加稀释液浸泡 7～10d，方可使用，否则易发生自凝现象。

d. 用过的血凝板，应及时冲洗干净，勿用毛刷或其他硬物刷洗板孔，以免影响孔内光洁度。

e. 使用血凝抗原时，必须充分摇匀，瓶底应无血球沉积。

f. 液体血凝抗原 4～8℃贮存有效期四个月，可直接使用。冻干血凝抗原 4～8℃贮存有效期 3 年。

g. 如来不及判定结果或静置 2h 结果不清晰，也可放置第 2d 判定。

h. 每次检测，只设阴性、阳性血清和稀释液对照各 1 孔。

i. 稀释不同的试剂要素时，必须更换塑料嘴。

j. 血凝板和塑料咀洗净后，自然干燥，可重复使用。

2. 口蹄疫病毒抗体检测（选做）

（1）实验材料　V 型 96 孔 110°医用血凝滴定板、玻璃板（与血凝板大小相同）、微量移液器（10～100μL）、塑料咀、微量振荡器、1mL/5mL 刻度玻璃吸管、玻璃中试管（内径 1.5mm，长度 100mm）、铝质试管架（40 孔）、口蹄疫各型和猪水泡正向间接血凝诊断液、口蹄疫 O、A、C、Asia－1 型阳性血清、脑小血管病（SVD）阳性血清、阴性血清、稀释液。

（2）疫苗接种动物抗体水平监测方法　接种何种疫苗就使用何种正向血凝诊断液。

①稀释待检血清：在血凝板上 1～8 孔各加稀释液 50μL，取待检血清 50μL 加入第 1 孔，混匀后从中取出 50μL 加入第 2 孔，混匀后从中取出 50μL 加入第 3 孔……直至第 8 孔混匀后从该孔取出 50μL 丢弃，保持每孔 50μL 的剂量。此时 1～8 孔的血清稀释度依次为 1∶2、1∶4、1∶8、1∶16；1∶32、1∶64、1∶128、1∶256。

②稀释阴性对照血清：取中试管 1 支加稀释液 1.5mL，再加阴性血清 0.1mL，充分摇匀阴性血清的稀释度即为 1∶16。

③稀释阳性对照血清：取中试管 5 支，第 1 管加稀释液 3.1mL，第 2～5 管分别加稀释液 0.5mL，取阳性血清 0.1mL，加入第 1 管混匀后从中取出 0.5mL，加入第 2 管混匀后从中取出 0.5mL，加入第 3 管……直至第 5 管，此时各管阳性血清的稀释度低次为 1∶32、1∶64、1∶128、1∶256、1∶512。

④滴加对照孔：取 1∶16 稀释的阴性血清 50μL 加入血凝板的第 10 孔；取 1∶500稀释的阳性血清 50μL 加入第 11 孔；取稀释液 50μL 加入第 12 孔。

⑤滴加正向血凝诊断液：取正向血凝诊断液充分摇匀（瓶底应无血球沉淀），每孔各加 25μL 后立即置微量振荡器上振荡 1min，取下血凝板放在白纸上观察每孔中的血球是否均匀（孔底应无血球沉淀）。如仍有部分孔底出现血球沉积，应继续振荡直至完全混匀为止。

⑥静置：将血凝板放在室温下（15～30℃）静置2h后判定检测结果，若结果不清晰或来不及判定，也可放置第2天判定。

⑦判定标准：先观察10～12孔（对照孔），第10孔为阴性血清对照，应无红细胞凝集现象，红细胞全部沉入孔底，形成小圆点或仅有25%红细胞有凝集（“+”的凝集）；第11孔为阳性血清对照，应出现“++”以上的凝集（50%以上的红细胞发生凝集），证明该批正向诊断液的效价达到1∶512为合格；第12孔为稀释液对照，红细胞也应全部沉入孔底或只有“+”的凝集。

在上述对照合格的前提下，观察待检血清各孔，以出现“++”凝集的待检血清最大稀释度为其抗体效价。例如检测接种口蹄疫O型灭活疫苗的猪群免疫水平时，某份血清1～7孔出现“++”或“++”以上（+++～#）凝集而第8孔仅有“+”凝集，判定该份血清中的O型抗体效价为1∶128。

经实验室测定，口蹄疫O型灭活疫苗的免疫猪群血清中O型抗体效价达到1∶128及其以上时，猪群可耐受20个O型强毒发病量的人工感染。

（3）用于鉴别诊断的正向间接血凝试验

①稀释待检血清：取中试管8支列于试管架上，第1管加稀释液1.5mL，第2～8管各加稀释液0.5mL，取待检血清0.5mL加入第1管混匀后从中取出0.5mL加入第2管……直至第8管，待检血清的稀释度依次为1∶4、1∶8、1∶16、1∶32、1∶64、1∶128、1∶256、1∶512。

②稀释阴性对照血清：取中试管1支加稀释液1.5mL，再加阴性血清0.1mL，即成1∶16。

③稀释阳性对照血清：取中试管5支，列于管架上，每管加稀释液4.9mL阳血，依次用记号笔标明O、A、C、Asia型和SVD阳血，分别取这5种阳性血清10μL加入相应的试管中（注意每加一种阳性血清，必须单独使用一根吸管），盖上橡胶塞充分摇匀，阳性血清的稀释度即成1∶500。

④滴加待检血清和对照血清：取第8管待检血清加入血凝板上的1～5排第8孔，取7管血清加入1～5排的第7孔，取第6管血清加入1～5排的第6孔……直至第1孔，每孔50μL。取阴性血清（1∶16稀释度）加入1～5排的第10孔，每孔50μL。取1∶500稀释的阳性血清加入1～5排的第11孔，每孔50μL。取稀释液加入1～5排的第12孔，每孔50μL。

⑤滴加正向间接血凝抗原（正向诊断液）：第1排1～8孔和10～12孔加O型血凝抗原，每孔25μL。第2排1～8孔和10～12孔加A型血凝抗原，每孔25μL。第3排1～8孔和10～12孔加C型血凝抗原，每孔25μL。第4排1～8孔和10～12孔加Asia－1型血凝抗原，每孔25μL。第5排1～8孔和10～12孔加SVD血凝抗原，每孔25μL。加毕抗原后立即将血凝板置于微量振荡器上中速振荡1min，使抗体和抗原充分混匀，各孔不应有红细胞沉淀。

⑥静置：从振荡器上取下血凝板，放在试验台上，盖上玻板，室温（15～30℃）静置2h，判定结果，若结果不清晰或来不及判定，也可放置第2天判定。

⑦判定标准：先仔细观察每排的10～12孔，10孔为阴性血清对照，12孔为稀释液对照，这2孔均应无凝集现象，或仅出现"+"的凝集。11孔为口蹄疫4个型和猪水泡病1∶500稀释的阳性血清对照，应出现"++"～"+++"的凝集，证明所使用的5种血凝抗原试剂合格。

在对照孔符合上述标准的前提下，观察1～5排的第1～8孔，某排1～8孔，出现"#"～"++"的凝集，其余4排仅在1～3孔出现"++"～"+"的凝集，便可判定该份待检血清为阳性，其型别与所加的血凝抗原的型别相同。例出第1排的1～3孔出现"#"凝集，第4～5孔出现"+++"凝集，第6孔出现"++"凝集，第7孔出现"+"凝集，第8孔无凝集（"-"），判定该份待检血清为口蹄疫O型，表明血清中存在O型抗体其效价为1∶128。如果该份血清采自口蹄疫O型疫苗免疫过的动物，就不能判定究竟是自然感染产生的抗体，还是接种过疫苗产生的抗体。因为本法尚不能区分感染性抗体和免疫性抗体。为此，欲使本法用于鉴别诊断，采血时必须要弄清该批动物是否接种过口蹄疫或猪水泡病疫苗。

⑧注意事项：

a. 严重溶血和污染的血清样品不宜检测，以免产生非特异反应。

b. 勿用90°和130°血凝板，以免误判。

c. 有时会出现"前带"现象，即第1～2孔红细胞沉淀而在第3～4孔又出现凝集，这是由于抗原抗体比例失调所致，不影响结果的判定。

d. 血清必须是来自康复动物，至少是发病后10d的血清，否则不易检出。

注：稀释液配方如下：

$Na_2HPO_4 \cdot 12H_2O$	（磷酸氢二钠）	35.8g
$Na_2H_2PO_4 \cdot 2H_2O$	（磷酸二氢钠）	1.56g
NaCl	（氯化钠）	8.5g
NaN_3	（迭氮钠）	1.0g

加双蒸水或去离子水至1000mL，15磅高压灭菌20min，冷却后取出980mL加正常兔血清20mL即成，置4℃冰箱贮存备用。该配方适用于正向间接血凝试验和反向被动血凝试验，也适用于猪瘟间接血凝试验。

3. 伪狂犬病乳胶凝集试验（LAT）（必做）

（1）实验材料　伪狂犬病乳胶凝集抗原、伪狂犬病阳性血清、阴性血清、稀释液，玻片，溶液配制见附录E（标准的附录）

（2）实训内容及操作步骤

①待检血清不需经热灭活或其他方式的灭活处理。

②将待检血清用稀释液作倍比稀释后，各取 15μL 与等量乳胶凝集抗原在洁净干燥的玻片上用竹签搅拌充分混合，在 3 ~5min 内观察结果；可能出现以下几种凝集结果，即：

100% 凝集：混合液透亮，出现大的凝集块；

75% 凝集：混合液几乎透明，出现大的凝集块；

50% 凝集：约 50% 乳胶凝集，凝集颗粒较细；

25% 凝集；混合液浑浊，有少量凝集颗粒；

0% 凝集：混合液浑浊，无凝集颗粒出现。

如出现 50% 凝集程度以上的（含 50% 凝集程度），判为伪狂犬病抗体阳性，否则判为抗体阴性。如为阴性，可用微量中和试验进一步检测。

4. 猪细小病毒乳胶凝集试验 （LAT） （选做）

（1）实验材料 猪细小病毒病乳胶凝集试验抗体检测试剂盒：包括猪细小病毒致敏乳胶抗原、阳性血清、阴性血清和稀释液、玻片、吸头及使用说明书。

（2）实训内容及操作步骤

①操作方法：

a. 定性试验。取检测样品（血清）、阳性血清、阴性血清、稀释液各一滴，分置于玻片上，各加乳胶抗原一滴，用牙签混匀，搅拌并摇动 1 ~2min，于 3 ~5min 内观察结果。

b. 定量试验。先将血清作连续稀释，各取 1 滴依次滴加于乳胶凝集反应板上，另设对照同上，随后再各加乳胶抗原一滴，如上搅拌并摇动，判定。

②结果判定：

a. 判定标准：

“＋＋＋＋”全部乳胶凝集，颗粒聚于液滴边缘，液体完全透明；

“＋＋＋”大部分乳胶凝集，颗粒明显，液体稍混浊；

“＋＋”约 50% 乳胶凝集，但颗粒较细，液体较混浊；

“＋”有少许凝集，液体呈混浊：

“－”液滴呈原有的均匀乳状。

b. 对照试验出现如下结果试验方可成立，否则应重试：阳性血清加抗原呈“＋＋＋＋”；阴性血清加抗原呈“－”；抗原加稀释液呈“－”。

出现“＋＋”以上凝集者判为阳性凝集。

③注意事项：试剂在 2 ~8℃冷暗处保存，暂定 1 年；乳胶抗原在使用前应轻轻摇匀。

5. 猪传染性萎缩性鼻炎乳胶凝集试验（LAT）（选做）

（1）实验材料　猪传染性萎缩性鼻炎乳胶凝集试验抗体检测试剂盒：包括猪传染性萎缩性鼻炎致敏乳胶抗原、阳性血清、阴性血清、稀释液、玻片、吸头及使用说明书。由华中农业大学畜牧兽医学院研制。

（2）实训内容及操作步骤

①操作方法：

a. 定性试验。取检测样品（血清）、阳性血清、阴性血清、稀释液各一滴，分置于玻片上，各加乳胶抗原一滴，用牙签混匀，搅拌并摇动 1～2min，于 3～5min 内观察结果。

b. 定量试验。先将血清作连续稀释，各取 1 滴依次滴加于乳胶凝集反应板上，另设对照同上，随后再各加乳胶抗原一滴，如上搅拌并摇动，判定。

②结果判定：

a. 判定标准。

“＋＋＋＋”全部乳胶凝集，颗粒聚于液滴边缘，液体完全透明；

“＋＋＋”大部分乳胶凝集，颗粒明显，液体稍混浊；

“＋＋”约 50% 乳胶凝集，但颗粒较细，液体较混浊；

“＋”有少许凝集，液体呈混浊：

“－”液滴呈原有的均匀乳状。

b. 对照试验出现如下结果试验方可成立，否则应重试：阳性血清加抗原呈“＋＋＋＋”；阴性血清加抗原呈“－”；抗原加稀释液呈“－”。

出现“＋＋”以上凝集者判为阳性凝集。

③注意事项：试剂应在 2～8℃冷暗处保存，暂定 1 年；乳胶抗原在使用前应轻轻摇匀。

6. 猪圆环病毒病酶联免疫吸附试验（ELISA）诊断（选做）

（1）实验材料　包被抗原的微孔板（12 孔 ×8 条 ×2 块）、抗圆环病毒阴、阳性对照血清各 1 管（0.5mL/管）、抗猪 IgG～HRP 结合物 1 瓶（22mL/瓶）、洗涤液浓缩液 50mL 1 瓶（使用时用蒸馏水稀释 10 倍）、底物 A 液、B 液各 1 瓶（12mL/瓶）、终止液 1 瓶（12mL/瓶）、样品稀释液 1 瓶（50mL/瓶）。

（2）实训内容及操作步骤

①操作步骤：

a. 取预包被的微孔条板（根据标本多少，可拆开分次使用），用洗涤液洗板 3 次，200μL/孔，每次静置 3min 倒掉，最后一次拍干。除空白对照孔外，每孔加入以样品稀释液 1∶40 稀释的待检样品，每孔加 100μL，同样 1∶40 稀释对照血清，设阳性对照 2 孔，阴性对照 2 孔，空白孔不加，轻轻振匀孔中样品（勿溢出），置 37℃温育 30min。

b. 甩掉板孔中的溶液，用洗涤液洗板3次，200μL/孔，每次静置3min倒掉，最后一次拍干。

c. 每孔加酶标二抗100μL，置37℃温育30min。

d. 洗涤4次，方法同2.2。

e. 每孔加底物A液、B液各1滴（50μL），室温避光显色15min。

f. 每孔加终止液1滴（50μL），15min内测定结果。

②结果判定：用空白孔调零，在酶标仪上测各孔OD_{630}值，若待测孔OD_{630}≥0.4则判为阳性，反之，则为阴性（阳性孔OD_{630}应大于等于0.4）。

③保存及有效期 于2~8℃避光保存，有效期6个月。

④注意事项：不同批试剂组分不得混用；微孔板拆封后避免受潮或沾水。

7. 猪繁殖与呼吸综合征酶联免疫吸附试验诊断 （选做）

（1）实验材料 包被抗原的微孔板（12孔×8条×2块）、抗N蛋白阴、阳性对照血清各1管（0.5mL/管）、抗猪IgG~HRP结合物1瓶（22mL/瓶）、洗涤液浓缩液50mL 1瓶（使用时用蒸馏水稀释10倍）、底物A液、B液各1瓶（12mL/瓶）、终止液1瓶（12mL/瓶）和样品稀释液1瓶（50mL/瓶）。

（2）实训内容及操作步骤

①操作步骤：

a. 取预包被的微孔条板（根据标本多少，可拆开分次使用），用洗涤液洗板3次，200μL/孔，每次静置3min倒掉，最后一次拍干。除空白对照孔外，每孔加入以样品稀释液1∶40稀释的待检样品，每孔加100μL，同样1∶40稀释对照血清，设阳性对照3孔，阴性对照2孔，空白孔不加，轻轻振匀孔中样品（勿溢出），置37℃温育30min。

b. 甩掉板孔中的溶液，用洗涤液洗板3次，200μL/孔，每次静置3min倒掉，最后一次拍干。

c. 每孔加酶标二抗100μL，置37℃温育30min。

d. 洗涤4次，方法同“口蹄疫病毒抗体检测”。

e. 每孔加底物A液、B液各1滴（50μL），室温避光显色15min。

f. 每孔加终止液1滴（50μL），15min内测定结果。

②结果判定：用空白孔调零，在酶标仪上测各孔OD_{630}值，其阳性对照孔OD_{630}值应≥0.15，通过计算样品与阳性对照的比例（S/P）来确定PRRSV抗体的有无。S/P小于0.4，样品确定为PRRS阴性；S/P大于或等于0.4，样品确定为PRRS阳性。

③保存及有效期：于2~8℃避光保存，有效期6个月。

④注意事项：不同批试剂组分不得混用；微孔板拆封后避免受潮或沾水。

（五）实训报告

根据实际操作详细记录过程及结果和分析。

实训二　猪常见寄生虫的实验室检查方法

（一）实训目的

掌握粪便采集的方法；掌握粪便检查操作技术，对检出的虫卵能正确识别。

（二）实训条件与用具

1. 材料

纱布、棉签或牙签、猪粪便饱和盐水。

2. 用具

显微镜、粗天平、粪盒（或塑料袋）、粪筛、4.03×10^5 孔/m^2 尼龙筛、玻璃棒、各种容器、镊子、塑料杯、离心管、漏斗、离心机、平口试管、试管架、青霉素瓶、带胶头移液管、载玻片、盖玻片、污物桶等。

（三）实训方法与手段

利用猪场病例进行实验室的检查。

（四）实训内容

1. 粪便采集的方法

（1）粪便的采集　大家畜按直肠检查的方法采集，猪、羊可将食指或中指伸入直肠，钩取粪便。采取自然排出的粪便，需采取粪堆和粪球上部或中间未被污染的粪便。采取的粪便按头编号，并将其装入清洁的容器内，采集用具应每采一份，清洗一次，以免互相污染。

（2）保存　应放在冷暗处或冰箱中保存，需长期保存时，可将粪便浸入加温 50～60℃的 5%～10%的福尔马林液中。

2. 尼龙筛淘洗法

取粪便 5～10g 置于烧杯并编号，加 10 倍水用 40 孔/m^2 网滤入另一杯中，然后将尼龙筛网依次浸入两只盛水器皿内，并反复用光滑的圆头玻璃棒进行搅拌网内粪便渣，直至粪便中杂质全部洗净为止，最后用少量清水淋洗筛壁四周下玻璃棒，使粪便集中于网底，用吸管吸取粪便滴于载玻片上，经姬姆萨染色后加盖玻片镜检。

3. 粪便沉淀检查法

（1）彻底洗净法　取粪便 5 ~ 10g 置于烧杯（或塑料杯中），加 10 ~ 20 倍量水充分搅和，再用金属筛或纱布过滤另一杯中，滤液静置 20min 后倾去上层液，再加水与沉淀物重新搅和，静置，如此反复水洗沉淀物多次，直至上层液透明为止，最后倾去上清液，用吸管吸取沉淀物滴于载玻片上，加盖玻片镜检。

（2）离心机沉淀法　取粪便 3g 置于小杯中，加 10 ~ 15 倍水搅拌混合，然后将粪便用金属筛或纱布滤入离心管中，在电动离心机中以 2500 ~ 3000r/min 的速度离心沉淀 1 ~ 2min。取出后倾去上层液，再加水搅和，离心沉淀。如此离心沉淀 2 ~ 3 次，最后倾去上层液，用吸管吸取沉淀物于载玻片上加盖玻片镜检。

4. 粪便漂浮检查法

取 5 ~ 10g 粪便置于 100 ~ 200mL 烧杯（或塑料杯）中，加入少量漂浮液（饱和盐水）搅拌混合后，继续加入约 20 倍的漂浮液。然后将粪便用 60 目或 80 目金属筛或纱布滤入另一杯中，舍去粪渣。静置滤液，经 40min 左右，用直径 0.5 ~ 1cm 的金属圈平着接触滤液面，提起后将粘着金属圈上的液膜抖于载玻片上，如此多次蘸取不同部位的液面后，加盖玻片镜检。

（五）实训报告

根据实际操作，写出检查过程和结果，并绘出观察到的图形。

实训三　猪呼吸道病诊断方法

（一）实训目的

学会猪呼吸道疾病的诊断和治疗方法。

（二）实训条件与用具

猪场病例、体温计、听诊器、病猪解剖器械、培养箱、巧克力琼脂、鲜血琼脂等。

（三）实训方法和手段

以猪场呼吸道疾病为病例，进行全面的诊断包括病史、临床检查、实验室诊断结果、提出合理治疗方法和观察治疗效果，详细记录并进行分析。

（四）实训内容

1. 病史调查及流行病学调查

了解病猪的日龄、发病范围、发病时间、发病原因、发病过程中所采取的措施及治疗效果和流行病学特点。呼吸道病的主要病因如下。

（1）传染性病原

①病毒：猪流行性感冒病毒、猪瘟病毒、伪狂犬病病毒、猪繁殖－呼吸综合征病毒、包涵体鼻炎病毒、猪巨大细胞病毒、猪断奶肺炎综合征病毒等。

②细菌：主要有巴氏杆菌、支气管败血波氏杆菌、猪胸膜肺炎放线杆菌、猪霍乱沙门杆菌、化脓杆状杆菌、克雷伯杆菌、链球菌等。

③霉形体：猪肺炎霉形体等。

④寄生虫：弓形虫、附红细胞体、蛔虫、后圆线虫、猪球虫等。

（2）非传染性病因

①灰尘：工厂化猪场多数采用封闭或半封闭式猪舍、饲料为干粉料或颗粒料，自由采食，易产生灰尘。灰尘是肺炎的诱因，可以加重呼吸道病的病情，也可引起非传染性肺炎。灰尘中常常带有细菌、霉菌或病毒，易引起传染性肺炎的发生。减少猪舍内灰尘的产生和危害是工厂化猪场不容忽视的工作。

②有害气体：舍饲环境中氨气、硫化氢、一氧化碳等有害气体易超过规定的允许含量，导致慢性肺炎、咳嗽和上呼吸道疾病的发病率增加和加重病情，严重者可引起猪只死亡、流产和死产。

③温度、湿度和通风条件：能引起灰尘和微生物含量的增加，降低呼吸道防御功能。

④异物：吸入固体、液体等异物，可导致异物性肺炎。

猪呼吸道综合征的发病特点：该病多发生于13～20周龄的生长育肥猪，5～12周龄的保育猪也可发生，发病率为25%～60%，病死率为5%～10%，日龄越小的猪病死率越高。该病多散发，有时呈地方流行，并且寒冷季节多发。猪群饲养密度过大，不同日龄仔猪混群饲养，猪舍卫生条件差，通风不良，温度和湿度过高或过低，有害气体浓度过大，仔猪转群、运输以及其他可能引起应激反应的因素等，均可促使该病的发生与流行。

2. 临床检查

检查呼吸次数、呼吸运动及呼吸类型、临床表现、咳嗽、喷嚏、皮肤及黏膜颜色和病理变化等。

多发生于保育猪到20周龄猪群、怀孕母猪群。发病率高低不一，发病猪死亡率为20%～90%，猪龄越小死亡率越高。呼吸道症状以生长育肥猪表现最为明显，保育猪症状较轻。生长猪舍内每栏肉猪15～20头，表现比较密集。

而且整个猪场的育肥舍20~100kg的猪都带有咳嗽症状，病情严重的猪表现腹式呼吸，伏卧，不愿走动，呼吸困难，咳嗽、眼分泌物增多。个别猪耳朵发紫，体温40℃，少食或不食，拉稀粪。大部分猪由急性变为慢性或在保育舍形成地方性流行，病猪生长缓慢或停滞，消瘦，死亡率、僵猪比例升高；如饲养管理条件较差，猪群密度过大或出现混合感染，发病率和临床表现更为严重。

3. 药敏试验

可使用鼻拭子进行细菌分离培养并进行药敏试验。

4. 病理检查

对病死猪解剖，并采取相应病料做进一步检查。

病猪均出现不同程度的肺炎。6~10周龄的保育猪剖检可见弥漫性间质性肺炎以及淋巴结的广泛肿大，肺出血、硬变（不能萎缩的橡皮肺）和花斑样病变（斑驳状到褐色），个别肺有化脓灶，病猪肺部有不同程度的混合感染。有些重病、猝死病猪通常伴有浆液性纤维素性胸膜炎、心包炎。有些猪常常出现全身性淤血或败血症病变。解剖耳朵发紫的猪，见整个肺部出血，水肿，间质增宽，并有纤维素性渗出物，使肺部与胸腔粘连，同时各脏器表面浆膜层有纤维素性渗出物，使肠壁粘连。淋巴结肿大，充血，出血，尤其是下颌、肺门和腹股沟淋巴结。

5. 治疗措施

针对病情对症治疗。

（1）在母猪产前7d使用复方替米先锋+抗病毒Ⅰ号粉+水溶性阿莫西林300μL/L，拌料可有效减少母猪病原体通过接触传染给仔猪。

（2）在仔猪断奶前7d和断奶后7d可使用抗病毒Ⅰ号粉+复方替米先锋+水溶性阿莫西林300μL/L，可有效减少仔猪转群带来的应激，提高仔猪疫苗免疫效果和减少仔猪呼吸道和腹泻的发生率。

（3）保育猪转栏前后7d可使用抗病毒Ⅰ号+复方替米先锋+水溶性阿莫西林300μL/L，可有效减少保育猪转群应激和呼吸道病的发生率。

（4）对发病严重的猪只可使用金刚针+清开灵+鱼腥草，联合注射；大群可以使用复方替米先锋+抗病毒Ⅰ号粉拌料连用7d，迅速控制整个猪场特别是生长猪的呼吸道症状。

6. 追访治疗效果，总结经验

呼吸道综合征是近几年最常见的疾病，该类病需要选用比较敏感的药物才能起到预防或治疗作用。对呼吸系统特别是肺炎有效的药物有强效阿莫西林、硫酸丁胺卡那、替米考星、头孢噻呋等药物，以脉冲式给药可减少细菌耐药性的产生。呼吸道病对一个生产性的猪场是难以实现净化的，但病情与损失是可以控制在小范围内的。呼吸道病是一个综合性的疾病，应确立以预防为主的指导方针，防止出现临床症状、防止出现继发感染。

（五）实训报告

实训报告内容包括病史、临床检查、实验室诊断结果、治疗方法及结果，详细记录并进行分析（参照表5－1）。

表5－1 引起猪呼吸道症状的疾病

疾病	发病年龄	症状	病变
猪繁殖－呼吸障碍综合征	所有年龄	厌食、发热、耳朵发蓝变紫、呼吸困难、眼睑肿胀、妊娠后期母猪流产	弥漫性间质性肺炎、淋巴结肿大、仔猪可见实质器官出血
猪伪狂犬病	所有年龄	呼吸困难、发热、流涎、呕吐、腹泻、神经症状、仔猪高死亡率、母猪流产、死产	扁桃体坏死、肺充血水肿、肝脾有坏死灶
猪气喘病	所有年龄，成年猪多为隐性或慢性	慢性表现在采食时或运动后咳嗽，急性表现为明显腹式呼吸、体温正常	心叶、尖叶、中间叶、隔叶前缘发生对称的肉变或胰样变
猪流感	所有年龄	发病急、传播快、发热、咳嗽、呼吸困难	气管内有黏液、肺有下陷的紫红区
猪圆环病毒2型感染	断奶仔猪、育肥猪	发热、咳嗽、呼吸困难	弥漫性间质性肺炎
猪接触性传染性胸膜肺炎	常见于6周龄至6月龄	发热、厌食、呼吸困难、发绀	病变常见于隔叶，多为两侧性，肺紫红色，肺炎区有纤维素附着
猪肺疫	中小猪多发	发热、颈部肿胀、高度呼吸困难	咽喉部及周围组织出血性浆液性浸润，纤维素性肺炎
猪链球菌病	中小猪多发	呼吸急促、发热	心包炎、肺充血、肿胀
猪副嗜血杆菌病	断奶仔猪	发热、呼吸困难、咳嗽、发绀	多发性浆膜炎
猪传染性萎缩性鼻炎	所有年龄，幼猪感染后病变明显	剧烈喷嚏、鼻部变形	鼻甲骨萎缩
猪弓形虫病	所有年龄	发热、呼吸困难、发绀、体表淋巴结肿大、母猪发生流产、死产	三腔积液、肺间质水肿、脾肿大、淋巴结肿大、切面有坏死灶

实训四　猪常见普通病的诊断与治疗

（一）实训目的

掌握常见普通病的诊断方法和处理措施。

（二）实训条件与用具

猪场病例、体温计、听诊器病猪解剖器械、培养箱、普通营养琼脂培养基等。

（三）实训方法与手段

利用兽医院的病例进行常见普通病的诊断与治疗。

（四）实训内容

在疾病诊疗过程中，建立正确的诊断，通常按照以下三个步骤进行：一是调查病史，搜集症状；二是分析症状，建立初步诊断；三是实施治疗，验证诊断。

（1）病史调查　了解病猪的日龄、发病范围、发病时间与地点、疾病的表现、畜主估计的致病原因、病中所采取的措施。

（2）临床检查　病猪体温、心跳、精神状态、呕吐物以及粪便的颜色、气味及性状。

（3）病理解剖　对病死猪解剖，并采取相应病料做进一步检查。

（4）治疗　根据诊断结果提出治疗措施。

（5）观察治疗效果，总结经验。

（五）实训报告

1. 根据病猪诊断过程，写出病例报告。

2. 对以下病例，依据所给临床症状，提出初步诊断，制定出治疗措施，开出处方。

病例一：某商品猪场，近日相继出现发病猪只，病猪体温升高，成稽留热。食欲废绝，体表发红，可视黏膜黄染，尿液成酱油色。粪便少而干硬。呼吸急促，心跳加快。

病例二：某种猪场，20 日龄网上饲养的仔猪，相继出现精神沉郁，机体衰弱，被毛粗乱，生长迟缓，可视黏膜苍白，心跳增快。追赶时出现呼吸急促。

消化机能降低，采食量减少，交替性腹泻与便秘。

病例三：某种猪场的 30 日龄仔猪，精神沉郁，食欲降低甚至废绝。体温升高，高度兴奋、惊恐，发病严重时站立不稳，躺卧四肢呈游泳状。后期，卧地不起，意识丧失，死亡。

项目思考

1. 如何做好猪瘟的防制工作？
2. 简述口蹄疫的临床症状。
3. 阐述蓝耳病的防制措施。
4. 简述猪传染性胸膜肺炎的临床症状。
5. 简述猪副嗜血杆菌的病理变化。
6. 阐述猪肺疫的防治措施。
7. 简述猪链球菌的临床症状。
8. 蛔虫病对猪群健康有何危害？如何防治？
9. 防治猪囊尾蚴病应在公共卫生方面注意什么？
10. 猪弓形虫的生活史有什么特点？为什么猪场禁止养猫？
11. 新生仔猪溶血病的发病机理如何，如何预防该病？
12. 为什么霉变饲料可引起猪中毒？
13. 如何正确进行母猪助产？母猪剖腹产术的操作方法是什么？

项目六　猪场建设规划与经营管理

知识目标

1. 了解猪场选址的技术要点。
2. 掌握猪场设计的主要内容及基本原则。
3. 了解养猪生产对环境造成的污染。
4. 了解猪场粪污的处理方法。

技能目标

1. 能根据不同的猪种和生产参数制定生产工艺。
2. 能识别猪场建筑图。
3. 能根据当地条件对新建猪场合理地进行规划设计。

必备知识

一、养猪生产规模和方向的确定

（一）猪场产品的确定

随着生猪养殖的专业化发展，猪场的分类方式越来越多。猪场根据养殖种群和提供的产品形式可以分为专业育肥场、断奶仔猪销售场、自繁自养场、种猪场、种公猪供精场等。根据猪场产品的性质可以将猪场产品分为育肥猪、商品仔猪、种猪等。

1. 育肥猪

养猪专业户或猪场购买断奶仔猪进行育肥，直到 100kg 左右出栏销售。育肥猪场经营方式简单，饲养技术相对简单，易于起步，可根据市场行情的波动随时调整规模，资金周转快。育肥猪舍结构及设备要求较简单，固定资金投入少。由于仔猪供应不稳定，购置外场仔猪时易将疫病引入。流动资金投入较多，且易受市场波动的冲击，收益随仔猪和商品猪的市场价格变化而变化。

2. 商品仔猪

养猪专业户饲养种猪生产仔猪，断奶保育后的仔猪销售给育肥猪饲养户或场。该养殖模式所需流动资金较少，建场初期资金周转慢，正常生产之后资金周转加快。仔猪的采食和排泄量都较少，因此劳动力的消耗相对较少。种猪群固定后，猪场自繁自育，引入疫病的几率减少，能保证猪场良好防疫。固定资金投入较高，需要建造怀孕母猪舍，哺乳母猪舍和保育仔猪舍。猪舍结构要求高，特别是产房和保育舍，要有防暑降温、防寒保暖及通风等设备。种猪饲养和仔猪培育都有较高的技术要求，收益随仔猪市场价格波动而变化较大，每头猪的利润较小。

3. 种猪

这是一种全程的、专业化的饲养类型，饲养的种猪既可以是纯种，也可以是杂交的。该模式要求在育种技术、种猪系谱和品系发展等方面具有较高的专业知识。饲养种猪的利润较高，具有全程饲养的所有优点，疫病风险较小。该模式需要专业技术人员投入更多的时间和精力来清理系谱和测定种猪的性能，选种、育种所需的时间和费用较多。

综上所述，养殖类型取决于投资者的市场意识、抗风险能力、专业技能和管理水平等因素的制约。如果猪舍使用期较短，或养猪是临时行为，或能较好把握市场行情的，如能获得优良仔猪，那么育肥猪饲养很可能是养猪业中最有利可图的一种类型；如果饲养者的专业知识和技术优势倾向于饲养母猪和仔猪，但流动资金不足时，可选择饲养仔猪。饲养仔猪的经济收益较小，易受市场行情变化的冲击，因此，生产和销售仔猪不是一种很好的养殖类型，除非母猪是母性好、窝产仔数多、耐粗饲，且当地青粗饲料资源丰富；如果具有育种技术，有较强的市场意识、较大的销售网络，饲养种猪则是获利最丰厚的一种。

（二）饲养规模的确定

1. 饲养规模的界定

生猪饲养规模是以肉猪饲养头数确定的。根据不同的饲养头数范围，我国的生猪养殖方式分为分散养殖、小规模养殖、中等规模养殖和大规模养殖四种类型。生猪散养与小、中、大规模养殖的划分数量标准以 2010 年度《全国农产品成本收益资料汇编》中的养殖业规模划分标准为基准。生猪散养是指在一年内平均存栏生猪头数在30头以下（包括30头）的养殖组织形式；小规模养殖是指在一年内生猪平均存栏头数在30~100头的养殖组织形式；中等规模养殖是指在一年内生猪平均存栏头数在100~1000头的养殖组织形式；大规模养殖是指在一年内生猪平均存栏头数在1000头以上的养殖组织形式。

大规模猪场根据年出栏商品肉猪的数量，可分为：年出栏10000头以上商品肉猪的为大型规模化猪场，年出栏3000~5000头商品肉猪的为中型规模化猪场，年出栏3000头以下的为小型规模化猪场，现阶段农村适度规模养猪多属此类猪场。

随着生猪产业的发展，适度规模的定义被行业提出。规模经济对于不同企业有不同的要求，能够实现利润最大化的经营规模是最合理的，这样的规模水平被称为适度规模。从养殖成本来看，农户适度养猪规模的选择依据应该是选择成本最低的规模。从生猪生产成本来看，规模化的养猪模式成本低于散养养猪模式。在规模化养猪中，小规模的养殖模式成本低于中等规模养殖模式，中等规模养殖模式成本低于大规模养殖模式。现阶段和今后一段时期，我国大部分地区，特别是中西部地区主要选择中小规模养殖比较适宜，在逐步壮大发展后再向中大规模养殖转变。

2. 影响饲养规模的因素

（1）国家政策　包括一定时期国家及地方的产业政策、投资政策、技术政策以及对不同行业项目最小生产规模的规定等。国家政策对项目的生产规模具有鼓励或限制作用。

（2）生产力水平　决定养猪规模的重要因素。当在养猪生产水平较低、社会分工不发达、服务体系不健全、流通渠道不畅通等情况下，生产经营规模不宜过大。

（3）管理人员水平和技术人员素质　养猪的成败关键看管理水平，管理人员的素质、技术人员和饲养人员对养猪技术掌握的熟练程度，直接关系到猪群生产性能的充分发挥。

（4）资金、原材料、能源及自然资源条件　养猪在征地、设施、饲料、粪污处理等方面需要大量资金投入，经营规模的确定应量力而行，要留有余地。自然资源的丰富与否，也是制约饲养规模的重要因素；生态环境的保护和改善，对饲养规模也有很大影响。

3. 饲养规模确定的原则和依据

（1）原则

①平衡原则：运用循环经济学的原理，以资源的高效利用为核心，坚持“均衡总量控制、高效农牧结合、科学种养平衡”的原则。

②充分利用原则：因地制宜、就地取材，充分利用当地人力、饲料原料、

水电等资源。

③以销定产原则：生猪市场一是销售市场，二是加工市场。销售既要着眼本地市场，又要考虑到周边市场；加工市场是养猪生产既可靠又稳定的市场，要与加工企业建立产销合同，以销定产。综合分析两个市场的销量情况，从而确定生产规模和出栏量。

④资金保证原则：猪场占用资金的数目是庞大的，尤其是规模猪场，资金如得不到保证，就无法满足饲料、兽药等原料的供应需求。

饲养规模的大小，决定利润的多少。理论上规模越大利润越多，但在实际生产中，往往适得其反，由于盲目采购生猪，贪图规模而忽视市场的运作和消费者的承载力，出现规模大亏损大的现象。在决定饲养规模时，一是要了解销售地的肉类消费水平和个人收入情况，从而对预售价格做出可靠的预测；二是要关注与养猪有关的玉米、大豆等农产品价格，原料价格的高低直接影响饲料价格的波动。

（2）依据

①市场：市场对猪肉品质的要求，是确定饲养品种的主要依据。市场需求量和销售渠道是影响猪场效益和规模的主要因素。

②预期生产目标：预期生产目标关系到猪场盈亏，可判断管理者的能力和水平。预期生产目标与猪群和后备种猪群的健康状况、种猪的遗传特性、设施和建筑物、营养方案、母猪的适应性、生产量、饲喂技术和生物安全有直接关系。

4. 饲养规模的确定方法

（1）线性规划法　将投资目的和约束条件模拟成线性函数模型，求得在一定约束条件下目标函数值最大或最小化（即最优解）的一种方法。本方法适用范围很广，所有可以模拟成线性模型的投资项目都可以采用，模型不仅可以用于投资项目的选择，也可以用于投资项目完成情况的评价。模型比较复杂，具备条件的企业可以开发专门的规划求解软件，也可以直接采用 Microsoft Excel 表中的规划求解功能。运用线性规划法确定最佳规模和经营方向时，必须掌握以下资料：一是几种有限资源的供应量；二是利用有限资源能够从事的生产项目；三是某一生产方向的单位产品所要消耗的各种资源数量；四是单位产品的价格、成本及收益。

（2）盈亏平衡分析法　根据项目运营过程中的产销量、成本和利润三者之间的关系，测算出项目生产规模的盈亏平衡点，并据此进行项目生产规模决策的一种定量分析方法。项目生产的保本规模、盈利规模、最佳规模均可以采用这种方法确定。

5. 饲养规模的确定

养猪的规模受经济、技术、管理、市场等因素制约，因而规模既不宜过小，也不宜过大，而是要适度规模，以求用合理的投入，获得最佳经济效益。养猪场（户）要根据自身实力（如财力、技术水平、管理水平）、饲料来源、市场行情、产品销路以及卫生防疫等条件，结合猪的头均效益和总体效益来综合考虑养猪规模的大小。

市场调查是指运用科学的方法，有目的地、系统地收集、记录、整理有关市场营销信息和资料，分析市场的现状及发展趋势，为市场预测和营销决策提供客观的、正确的资料。调查的内容包括市场环境调查、市场状况调查、销售的可能性调查，还需对消费者需求、企业产品、产品价格、影响销售的社会和自然因素、销售渠道等开展调查。通过市场调查分析做好市场预测，为投资决策奠定基础。根据市场调查的结果，进行投资效益评价。投资效益评价是对投资项目的经济效益、社会效益和生态效益进行分析评估，并在此基础上，对投资项目的可行性、经济盈利性以及进行此项投资的必要性做出相应的结论，作为投资决策的依据。

一般农村养猪专业户发展规模养猪，条件较好的以年出栏育肥猪 500 ~ 1000 头的规模为宜，条件一般的以年出栏育肥猪 200 ~ 500 头的规模为宜，这样的养猪规模，在劳动力方面，饲养户可利用自家劳动力，不会因为增加劳动力而提高养猪成本；在饲料方面，可以自己批量购买饲料原料、自己配制饲料，从而节约饲料成本；在饲养管理方面，饲养户可以通过参加短期培训班或自学各种养猪知识，很方便、很灵活地采用科学化的饲养管理模式，从而提高养猪水平，缩短饲养周期，提高养猪的总体效益。

养猪规模过大会导致资金投入相对增加，饲料供应、猪粪尿处理的难度随之增大，市场风险也随之剧增。现阶段，如果想一次性上马大型规模化养猪场，以年出栏育肥猪 1 万头的规模较宜。在目前社会化服务体系不十分完善的情况下，这样的规模可使养猪生产中可能出现的资金缺乏、饲料供应、饲养管理、疫病防治、产品销售、粪尿处理等问题的解决相对比较容易一些。

总之，无论是农户还是企业要发展养猪，一定要从实际出发，确定适合自己的规模。发展初期最好因地制宜、因陋就简，采取“滚雪球”的方法，由小到大逐步发展。

二、工厂化养猪的工艺流程设计

（一）工艺设计基本原则

（1）现代化、科学化、企业化的生产管理模式。

（2）通过自动化的环境调控措施，消除不同季节气候差异，实现全年均衡生产；采用工程技术手段，保证做到环境自净，确保生产安全；最大限度发挥猪的生产潜力，达到高产低耗的要求。

（3）实行专业化生产，以便更好地发挥技术专长和便于管理。

（4）猪舍设置符合养猪生产工艺流程和饲养规模的需求，各阶段猪只数量、栏位数、设备按比例配套，使猪舍得到充分的利用。

（5）尽量采用整舍（或小单元）全进全出的运转方式，以切断病原微生物的繁衍和传播途径，便于冬天防寒保暖。

（6）分工明确，责任到人，落实定额，尽量做到与猪舍分栋配套，以群划分，以人定责，以舍定岗。

（7）设计上技术可行，经济合理，国内先进。

（二）生产工艺设计的内容

1. 猪场的性质和规模

猪场根据生产任务可以划分为原种场、祖代场、父母代场和育肥猪场。猪场的规模一般会依据基础母猪或者年出栏育肥猪数量来划分。确定猪场性质和规模时，需要根据业主一次性的投资能力、市场需求和技术水平等因素来综合考虑。

2. 猪场任务

（1）种猪繁育　种猪场的主要任务是繁育种猪。种猪场需要对饲养管理方法和良好的繁育技术进行研究，从而保持自身种猪的需求和生产的需要，满足商品场对于优良种猪的需求。

（2）为社会提供优质商品猪　商品猪场的主要任务是进行肥猪生产，为社会提供优质商品猪，满足国民对猪肉的需求。商品猪场的重点是如何提高育肥猪的生长速度和育肥技术上。商品猪场需要结合自身生产特点，研究育肥技术，降低生产成本，提高生产效率。

3. 饲养阶段划分和生产指标

猪场实际生产过程中需要根据猪的日龄、类别等划分为不同的种群，猪舍则根据猪群类别和生产工艺需求确定内部构造、设备选型等。猪的种群可划分为种公猪、种母猪（空怀母、妊娠母、哺乳母猪）、哺乳仔猪、育成猪、育肥猪和后备种猪等。工艺设计需要根据猪场的性质、饲养品种、工作人员的综合技术水平、管理水平、机械化程度、市场需求和气候条件等因素综合考虑，因地制宜地选择工艺参数。表 6－1 所示为一些养猪生产中可供参考的控制参数。

表 6-1　猪场主要工艺参数

序号	指标	参数	序号	指标	参数
1	妊娠期/d	114	12	育肥时间/d	100~110
2	哺乳期/d	21~35	13	育肥猪成活率/%	98
3	断奶至发情期/d	7~10	14	公母比例（本交）	1:25
4	情期受胎率/%	85	15	公母比例（人工授精）	1:100~200
5	妊娠母猪分娩率/%	85~95	16	种公猪利用年限	2~4
6	经产母猪年产仔窝数/头	2.1~2.4	17	种母猪更新率/%	25
7	经产母猪窝产活仔数/头	8~12	18	后备母猪选留率/%	33~25
8	仔猪哺乳时间/d	21~35	19	后备公猪选留率/%	50~25
9	哺乳猪成活率/%	90	20	转群节律/d	7
10	保育时间/d	35	21	妊娠猪提前进产房时间/d	7
11	保育猪成活率/%	95	22	转群后空圈消毒时间/d	7

4. 工艺流程和主要工艺技术参数的确定

（1）技术方案　先进的养猪技术与生产工艺是实现优质、高产、高效养猪业的重要保障。应用圈舍标准化建造技术，设施设备自动化及智能化控制技术，无公害、无残留的配合饲料配制技术，饲料原料、配合饲料及肉品安全、卫生检测技术，安全、高效的饲养技术，粪污减量排放、无害化处理和资源化利用技术，规范用药和猪病的快速诊断、检测及综合防治技术，圈舍进行标准化建造、配制项目所需无公害饲料、对饲料原料和配合饲料及肉品执行严格的安全卫生检测、实施规范用药和猪病的快速诊断及综合防治，最终生产出优质商品猪。

（2）猪场结构设计与存栏头数计算方法　以年出栏 1000 头商品猪猪场为例：

①成年母猪头数：成年母猪头数 = 年出栏商品猪头数 ÷ 每头母猪每年所提供的商品猪头数，按照每头母猪每年提供上市商品猪 18 头计，则：成年母猪头数 = 1000 ÷ 18 = 56（头）。

②后备母猪头数：母猪年更新率为 33%，后备母猪头数 = 成年母猪头数 × 年更新率，则：后备母猪头数 = 56 × 33% = 19（头）。

③公猪头数：公母比例为 1:25，公猪头数 = 成年母猪头数 × 公母比例，则：公猪头数 = 56 × 1 ÷ 25 = 3（头）。

④后备公猪头数：公猪年更新率为 33%，后备公猪头数 = 公猪头数 × 年更

新率，则：公猪头数=3×33%=1（头）。

⑤待配母猪、妊娠母猪、哺乳母猪栏位计算：各类猪群在栏时间：配种舍=待配（7d）+妊娠鉴定（21d）+消毒（3d）=31（d）；妊娠舍=妊娠期（114d）-妊娠鉴定（21d）-提前入产房（7d）+消毒（3d）=89（d）；产仔舍=提前入产房（7d）+哺乳期（35d）+消毒（3d）=45（d）。

上述三项总在栏时间：配种房（31d）+妊娠舍（89d）+产房（45d）=165（d）。

母猪在各栏舍的饲养时间比例为：配种房=31÷165×100%=18.8%，妊娠舍=89÷165×100%=53.9%，产房=45÷165×100%=27.3%。

60头母猪按上述比例分配：

配种舍有母猪：60×0.188=12（头）

妊娠舍有母猪：60×0.539=33（头）

产仔舍有母猪：60×0.273=17（头）

则配种舍应有栏位13个，妊娠舍应有栏位34个，产仔舍有产床18个。

⑥保育舍栏位计算：仔猪保育期35d，则可与产房栏位数量相同。

⑦育肥舍圈舍计算：育肥期90d加消毒3d共计93d，其饲养期为保育期的2~3倍，故其栏位应为保育期的2~3倍，如新建猪场的基础母猪为300头、公猪5头的猪群结构（以周为节律组织生产）见表6-2。

表6-2　300头基础母猪的猪群结构

猪群类别	存栏数/头
诱情公猪	1
种公猪	4
后备母猪	75
空怀母猪	46
妊娠母猪	206
分娩母猪	48
哺乳仔猪	528
断奶仔猪（保育阶段）	684
育成猪	2080
合计存栏	3668
计划全年上市商品猪	5673

注：商品猪场21~35d断奶；15%母猪返情率；消毒时间为7d。

（3）技术措施 先进的育种新技术和科学的管理是实现优质、高产、高效生产的重要保障，规模化养猪通常采取的下列技术措施：

①自动化供料：采用自动供料系统，对所有猪只实行科学自动投料，减少人力投入，规避人为因素影响。

②空怀母猪采用智能化饲喂系统，自动鉴别母猪发情，精准饲喂。

③生产数据化管理：采用猪场网络信息管理系统，对生产全过程进行监控、追踪、预测等。

④应用妊娠诊断仪等先进设备检测种猪发情受胎情况。

⑤坚持卫生防疫制度，严格控制疫病发生，加强猪群疾病的免疫监测和抗病力检测。

⑥猪舍及附属设施建筑设计尽量从简，以科学、经济、实用为原则，有利于提高种猪场的经济效益。

⑦猪场粪污采取减量排放、无害化处理和资源化循环利用措施，病死猪只尸体实施无害化处理。

⑧猪舍温度、湿度、氨气浓度等实现自动化控制，同时实现除粪机械化。

（三）工艺流程概述

根据猪生理阶段的不同，采用工业流水生产线的方式，实现全进全出，采取不同的饲料和不同的饲养管理方法，利用现代的科学技术和设备，使猪群的生产效率、猪舍及饲料利用率和猪场的劳动生产效率得以提高（图6－1）。

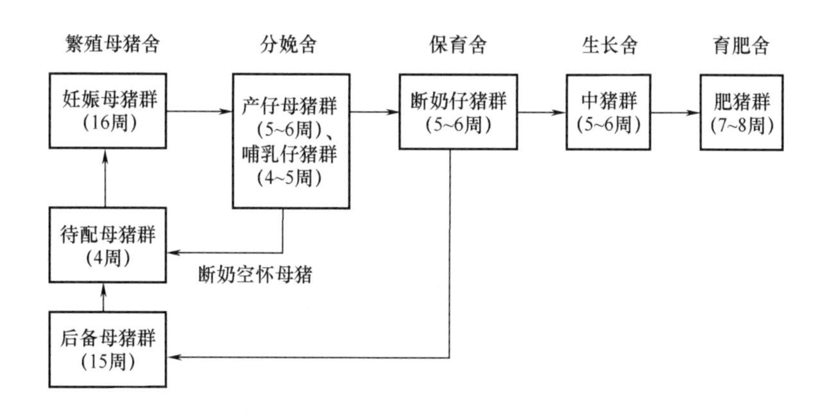

图6－1 工厂化养猪生产工艺流程

仔猪断奶后到育肥出栏期间，可以划分为多个阶段，区别饲养管理，从而提高饲料利用率。依据育肥期间的转群次数，可将其分为三种工艺流程：

1. 两阶段饲养、一次转群

哺乳母猪在仔猪断奶后转移到空怀猪舍，仔猪留在原圈饲养一段时间，转至育肥猪舍，饲养至出栏。这种饲养流程，只有一次转群，能否减少转群应激，有利于仔猪的生长和增重，但母猪舍利用率较低（图6－2）。

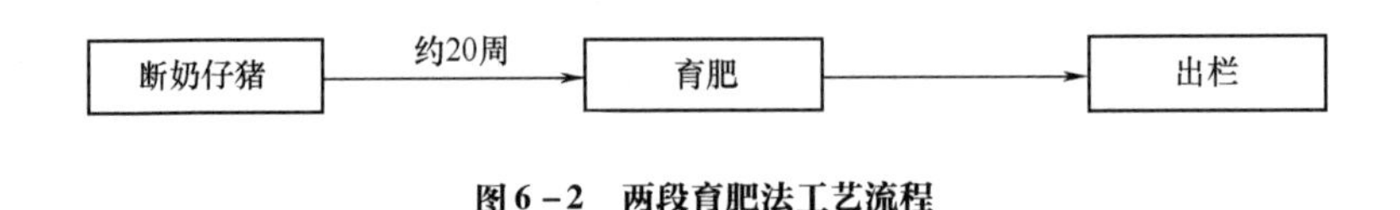

图6－2　两段育肥法工艺流程

2. 三阶段饲养、二次转群

仔猪断奶后，转至培育猪舍，饲养1周，再转至育肥猪舍，饲养至出栏。这种流程，可减少母、仔猪在分娩猪舍的时间，提高了分娩母猪舍的利用效率（图6－3）。

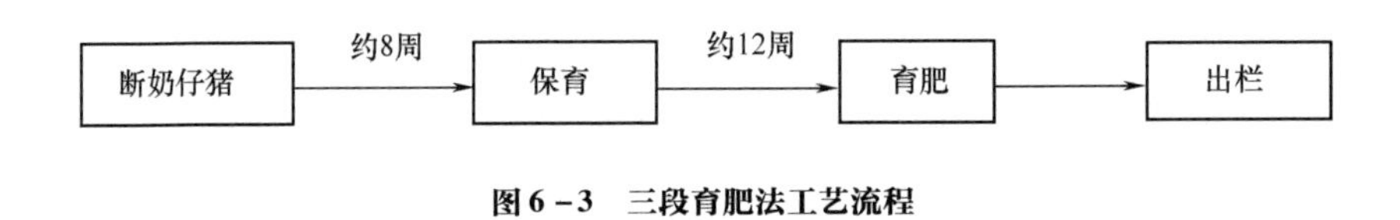

图6－3　三段育肥法工艺流程

3. 四阶段饲养、三次转群

仔猪断奶后，转至保育猪舍，再转入育成猪舍，最后转至育肥猪舍饲养至出栏。该流程可减少母猪、仔猪在分娩猪舍的时间，提高各类猪舍的利用率（图6－4）。

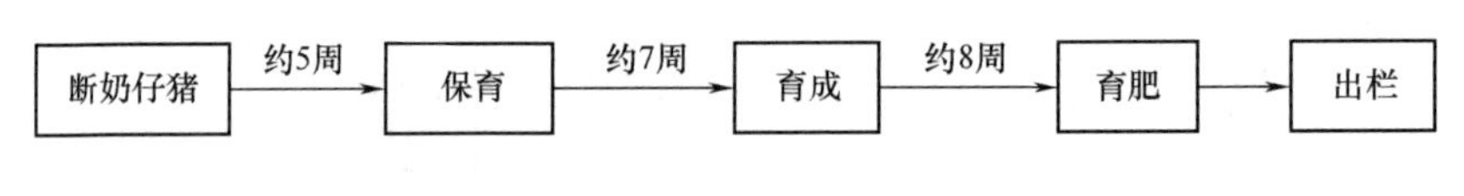

图6－4　四段育肥法工艺流程

上述饲养工艺流程在实际选用中应该以场地和圈舍情况为依据，并充分考虑劳动力成本和饲养员工作经验等因素，综合权衡并作出选择。

（四）工艺流程确定

猪场工艺流程的设计，必须保证各生产阶段有计划、有节奏地有序进行，还要考虑到自己的销售渠道和销售量。在出售商品猪时，要保持群体整齐度，个体间体重相差10kg以内，工艺上一般以“周”为生产周期。

小规模猪场一般采用两阶段肥育法的工艺流程，需建猪舍包括种公猪舍、母猪舍、分娩舍和肥育舍，优点是不需要过多转群，生产管理简单，节约建筑面积，减少集中配种给公猪带来的负担，商品猪转群次数少，特别是减少了分群和合群应激，利于猪的快速生长；缺点是母猪分娩日期比较分散，不易批量生产和外调，同时给接产和档案整理带来麻烦，往往会使管理人员忽视换料而造成饲料浪费，转群次数少，增加了猪的寄生虫感染几率。

中大型猪场多采用三阶段肥育法的工艺流程，所需要建的猪舍有种公猪舍、母猪舍、分娩舍、保育舍和肥育舍。它的优点是各阶段猪栏都得到有效的利用，也节约了不少建筑面积，配合猪的转群，容易做到在固定的时间进行防疫、驱虫和更换饲料，不会使疫苗漏打或者早打，也避免了在同一猪舍使用两种或者更多种类饲料的麻烦或者投错饲料而影响猪的生长或浪费优质小猪饲料。

大型猪场也可采用四阶段肥育法的工艺流程，所需要建的猪舍有种公猪舍、母猪舍、分娩舍、保育舍、育成舍和肥育舍。它的优点除了具有三阶段肥育法的优点以外，更能节约建筑面积，随着第二次和第三次转群，做好驱虫工作，并清理消毒猪圈，使寄生虫造成的损失大为降低，在每阶段当中只用一种饲料，避免了分发饲料上的人为失误；缺点是商品猪转群次数更多，增加了分群和合群次数，不仅使劳动量增加，而且使应激和争斗的机会大大增加，会对猪的生长发育造成一定的影响，但是可以通过转群技术来进行干扰，以期减少应激造成的不必要的损失。

三、猪场的建筑与设备

猪舍建筑设计是一门深奥的学科，需要不断地总结完善。对于猪舍建筑模式，需要结合传统猪舍设计的优秀成果，但同时兼备现代建筑设计的理念，用创造性思维去指导和进一步创新。猪舍设计的基本理念是尽最大可能利用自然资源，如阳光、气流等自然元素，尽可能少使用如水、电、煤等现代能源或物质；尽可能多利用生物性、物理性转化，避免使用化学性转化。猪舍建筑设计的指导思想：一是利于节约劳动力、提高效率；二是利于节省占栏面积，控制养殖密度；三是利于不同类群的生长发育，尽量采用工程手段改善舍内的小气候；四是控制适宜的建筑成本，避免铺张浪费。

（一）猪场建设的基本参数

猪场建设主要参数包括猪场占地及建筑面积、占栏时间及面积、耗水量、耗电量、饲料消耗量、粪尿及污水排放量、建筑设计参数等。

1. 猪场占地及建筑面积

猪场根据性质和规模的不同，占地面积不尽相同（表6－3、表6－4）。

表6－3　不同规模自繁自养猪场占地面积参数表

生产规模/（万头/年）	建筑面积/m^2	占地面积/m^2
0.3	4000	10000～15000
0.5	5000	18000～23000
1.0	10000	41000～48000
1.5	15000	62000
2.0	20000	85000
2.5	25000	101900
3.0	30000	121000

表6－4　不同规模猪场各猪舍的建筑面积参数表　　单位：m^2

猪舍类型	基础母猪规模/头		
	100	300	600
种公猪舍	64	192	384
后备公猪舍	12	24	48
后备母猪舍	24	72	144
空怀妊娠母猪舍	420	1260	2520
哺乳母猪舍	226	679	1358
保育猪舍	160	480	960
生长育肥猪舍	768	2304	4608
合计	1674	5011	10022

注：该数据以猪舍建筑跨度8.0m为例。

2. 每头猪占栏时间及面积

各类猪只在不同饲养期内，其占栏时间及面积各不相同。设计过程中要根据类别来确定其占栏时间及占栏面积，可参考表6－5。

表6－5　各类猪只占栏时间及面积参数表

指标	饲养天数	占栏时间/d	占栏面积/m^2	备注
种公猪	常年饲养	365	7～12	
空怀母猪	34	41	2～3.5	
妊娠前期	59	63	2～3.5	大栏

续表

指标	饲养天数	占栏时间/d	占栏面积/m^2	备注
妊娠后期	27	34	1.31	限位栏
哺乳仔猪	35	42	0.3～0.4	
育成猪	35	42	0.6～0.7	
育肥猪	110	117	0.9～1.4	

3. 耗水量

水是动植物生存的第一要素。最低需水量是指猪为平衡水损失、产奶、形成新组织所需的饮水量，水摄入量不足会严重影响猪生产性能的发挥（表6－6）。一般来说，饮水量与采食量、体重呈正相关，需要排除由于饥饿造成的过量饮水行为。规模猪场供水量参数见表6－7。

表6－6　不同猪群每头猪平均日耗水量参数表

单位：L/（头·d）

猪群类别	总耗水量/kg	饮用水量/kg	饮水器水流量/（kg/min）
空怀及妊娠母猪	25.0	13.0～17.0	1.5
哺乳母猪	40.0	18.0～23.0	2.0
培育仔猪	6.0	1.7～3.5	0.3
育成猪	8.0	2.5～3.8	0.5
肥育猪	10.0	3.8～7.5	1.0
后备猪	15.0	8.0	1.0
种公猪	40.0	22.0	1.5

注：总耗水量包括猪饮用水量、猪舍清洗用水和饲养调制用水量，炎热地区和干燥地区耗水量参数可增加25%～30%。环境温度为20℃。

表6－7　规模猪场供水量参数表　　单位：t/d

供水量	100头基础母猪规模	300头基础母猪规模	600头基础母猪规模
猪场供水总量	20	60	120
猪群饮水总量	5	15	30

注：炎热和干燥地区的供水量可增加25%。采用干清粪生产工艺的规模猪场，供水总量不低于表中数值。

4. 耗电量

猪场的日常运营过程中，电量主要耗费方向是生活区日常用电、猪舍内部照明、降温、乳仔猪保温、饲料加工等方面。一般情况下，600 头基础母猪自繁自养场需要配备 150kW 变压器（非自动投料用电）。

5. 饲料消耗量

饲料消耗量可参考表 6-8，肉猪耗料可参考表 6-9。

表 6-8　500 头母猪规模猪场年饲料用量参数表

猪群类别	每头耗料量/kg	头数	饲料量/kg	所占比例/%
哺乳母猪	250	500	125000	4.3
空怀母猪	80	500	40000	1.4
妊娠母猪	620	500	310000	10.6
哺乳仔猪	2	10700	21400	0.7
保育仔猪	12	10300	123600	4.2
小猪	33	10100	333300	11.4
中猪	80	10100	808000	27.5
大猪	115	10000	1150000	39.2
公猪	900	20	18000	0.6
后备	240	160	4800	0.2
合计			2934000	100

表 6-9　肉猪耗料参数表

阶段	日龄	饲养时间/d	体重/kg	料型	每天耗料/kg	阶段耗料/kg	所占比例/%
哺乳期	1~28	28	7	乳猪料	0.1	2	1
保育期	29~49	21	14	仔猪料	0.6	12	5
小猪期	50~79	30	30	小猪料	1.1	33	14
中猪期	80~119	40	60	中猪料	2.0	80	33
大猪期	120~160	41	90	大猪料	2.8	115	47
合计		160				242	100

6. 粪、尿、污水排放量

不同猪群粪尿排泄参数见表6－10，不同清粪工艺的猪场污水水质和水量参数见表6－11。

表6－10　不同猪群粪尿排泄参数表

畜别	饲养时间/d	每头日排泄量/kg			污染物指标		
		粪量	尿量	合计	指标	粪	尿
种公猪	365	2.0～3.0	4.0～7.0	6.0～10.0	CODcr/（mg/L）	209152	17824
哺乳母猪	365	2.5～4.2	4.0～7.0	6.9～11.0	BOD_5/（mg/L）	94118	8021
后备母猪	180	2.1～2.8	3.0～6.0	5.1～8.8	SS/（mg/L）	134640	2100
出栏猪（大）	88	2.2	3.5	5.76	TN/（g/L）	30.7	6.4
出栏猪（中）	90	1.3	2.0	3.3	P_2O_5/（g/L）	115.8	
断奶仔猪	35	0.8～1.2	1.0～1.3	1.8～2.5			

表6－11　不同清粪工艺的猪场污水水质和水量参数表

清粪工艺		水冲清粪	水泡清粪	干清粪		
水量	平均每头/（L/d）	35～40	20～25	10～15		
	万头猪场/（m^3/d）	210～240	120～150	60～90		
水质指标/（mg/L）	BOD_5	5000～60000	8000～10000	302	1000	—
	CODcr	11000～13000	8000～24000	989	1476	1255
	悬浮固体	17000～20000	28000～35000	340	—	132

注：（1）水冲和水泡清粪的污水水质按每日每头排放 COD_{cr} 量为448g，BOD_5 量为200g，悬浮固体为700g计算得出。

（2）干清粪的3组数据为3个猪场的实测结果。

7. 猪舍建筑设计参数

（1）猪舍建筑的基本要求

①跨度：猪舍跨度是由猪栏长度、饲喂通道宽度和清粪通道宽度决定的。猪舍跨度：单列式5.0～5.5m，双列式7.5～8.5m，四列式13.5～14m，一般不超过15m，通常是跨度8～12m，自然通风猪舍的跨度不应大于15m。

②长度：猪舍长度主要考虑机械通风和排污。为了充分利用土地，各种猪舍长短不要相差太大，应根据养猪数量而定，考虑到机械通风的需求不宜超过90m。

③朝向：为了充分地利用自然资源、节能减排和保护环境，我国的猪场建筑一般以有窗温控式为主。因此确定猪舍朝向时，必须调查分析当地自然环境和气候特点，以采光、通风、防暑或保温等作为猪舍朝向的决定依据。我国地

处北半球，且南北跨度较大，大陆性季风气候显著，从采光、通风、防寒或保温等需求出发，猪舍选择南向为最佳朝向，如选择南偏西或南偏东朝向，角度应控制在15°~30°。总体原则是，避开冬季冷空气主风向，充分利用夏季主风向，满足采光、防暑降温和保暖的需求。

④间距：主要考虑采光间距、通风间距、防疫间距和防火间距。自然通风的自然养猪猪舍间距一般取5倍屋檐高度以上，机械通风猪舍间距应取3倍以上檐高，即可满足日照、通风、防疫和防火的要求。但在确定间距过程中，防疫间距极为重要，实际所取的间距要比理论值大。我国一般猪舍间距为10~14m，上限用于多列式猪舍或炎热地区双列式猪舍，其他情况一般10~12m，但是设计过程中需要因地制宜，不能盲目照搬。

（2）通道设计　饲喂通道和清粪通道的宽度和条数是由生产工艺决定的。猪舍的饲喂道一般宽1.0~1.2m，除单列式外，应两列共用一条，并尽量不与清粪、转群通道混用。管理通道为清粪、接产等设置，宽度一般在0.9~1.0m（包括粪尿沟0.3m），长度较大的猪舍在两端或中央设横向通道（与其他通道垂直），宽度1.2~1.5m。

目前国内通常采用双列布置，即双列三走道。一条饲喂通道（净道）两条清粪通道（污道）。南方一些地区采用水泡粪（或水冲粪）工艺，则无需污道，只设一条饲喂通道。

（3）猪舍环境参数　猪对环境适应能力一定，因而不良环境会造成应激，将会给生产带来不利影响。因而，生产过程中尽量给猪创造一个适宜的环境。猪场猪舍环境参数等相关指标见表6-12~表6-16。

表6-12　环境参数

猪舍种类	空怀母猪	种公猪	妊娠母猪	哺乳母猪	哺乳仔猪	断奶仔猪	后备猪	育成猪	育肥猪
温度/℃	14~16	14~16	16~20	16~18	30~32	20~24	15~18	14~20	12~18
相对湿度/%	60~85	60~85	60~80	60~80	60~80	60~80	60~80	60~85	60~85
换气量/［m³/（h·kg）］									
冬季	0.35	0.45	0.35	0.35	0.35	0.35	0.45	0.35	0.35
春秋	0.45	0.6	0.45	0.45	0.45	0.45	0.55	0.45	0.45
夏季	0.6	0.7	0.6	0.6	0.6	0.6	0.65	0.6	0.6
风速/（m/s）									
冬季	0.3	0.2	0.2	0.15	0.15	0.2	0.3	0.2	0.2
春秋	0.3	0.2	0.2	0.15	0.15	0.2	0.3	0.2	0.2
夏季	≤1	≤1	≤1	≤1	≤1	≤1	≦1	≤1	≤1

续表

猪舍种类	空怀母猪	种公猪	妊娠母猪	哺乳母猪	哺乳仔猪	断奶仔猪	后备猪	育成猪	育肥猪
气体浓度/（mg/L）									
CO_2	≤1500								
NH_3	≤26								
H_2S	≤10								

表 6－13　猪舍内空气温度和相对湿度

猪舍类别	空气温度/℃			相对湿度/%		
	舒适范围	高临界	低临界	舒适范围	高临界	低临界
种公猪舍	15～20	25	13	60～70	85	50
空怀妊娠母猪舍	15～20	27	13	60～70	85	50
哺乳母猪舍	18～22	27	16	60～70	80	50
哺乳仔猪保温箱	28～32	35	27	60～70	80	50
保育猪舍	20～25	28	16	60～70	80	50
生长育肥猪舍	15～23	27	13	65～75	85	50

注：（1）表中的温度和湿度范围为生产临界范围，高于该范围的上限值或低于其下限值时，猪的生产力可能会受到明显的影响；成年猪（包括育肥猪）舍的温度，在最热月份平均气温≤28℃的地区，允许将上限提高 1～3℃，最冷月份平均气温低于－5℃的地区，允许将下限降低 1～5℃。

（2）表中哺乳仔猪的温度标准系指 1 周龄以内的生产临界范围，2、3、4 周龄时下限温度可分别降至 26、24、22℃。

（3）表中数值均指猪床面以上 1m 高处的温度或湿度。

表 6－14　猪舍通风

猪群类别	通风量/［m^3/（h·kg）］			风速/（m/s）	
	冬季	春、秋季	夏季	冬季	夏季
种公猪	0.45	0.60	0.70	0.20	1.00
成年母猪	0.35	0.45	0.60	0.30	1.00
哺乳母猪	0.35	0.45	0.60	0.15	0.40
哺乳仔猪	0.35	0.45	0.60	0.15	0.40
培育仔猪	0.35	0.45	0.60	0.20	0.60
育肥猪	0.35	0.45	0.65	0.30	1.00

注：表中风速指猪所在位置猪体高度的夏季适宜值和冬季最大值。在最热月份平均温度≤28℃的地区，猪舍夏季风速可酌情加大，但不宜超过 2m/s，哺乳仔猪不得超过 1m/s。

表6-15 猪舍采光

猪群类别	自然光照		人工照明	
	窗地比	辅助照明强度/lx	光照强度/lx	光照时间/h
种公猪	1∶10~12	50~75	50~100	14~18
成年母猪	1∶12~15	50~75	50~100	14~18
哺乳母猪	1∶10~12	50~75	0~100	14~18
哺乳仔猪	1∶10~12	50~75	50~100	14~18
培育仔猪	1∶10	50~75	50~100	14~18
育肥猪	1∶12~15	50~75	30~50	8~12

注：窗地比是以猪舍门窗等透光构件的有效透光面积为1，与舍内地面积之比；辅助照明是指自然光照猪舍设置人工照明以备夜晚工作照明用。人工照明一般用于无窗猪舍。

表6-16 猪舍空气卫生要求

猪群类别	NH_3/(mg/m^3)	H_2S/(mg/m^3)	CO_2/%	细菌/(万个/m^3)	粉尘/(mg/m^3)
种公猪	26	10	0.2	≤6	≤1.5
成年母猪	26	10	0.2	≤10	≤1.5
哺乳母猪	15	10	0.2	≤5	≤1.5
哺乳仔猪	15	10	0.2	≤5	≤1.5
培育仔猪	26	10	0.2	≤5	≤1.5
育肥猪	26	10	0.2	≤5	≤1.5

8. 猪场设备

(1) 采食宽度及料槽高度　在生猪生产过程中，为保证猪优良的生产性能得以良好发挥，需保证其采食宽度，同时需保证其饮食高度，采食宽度及料槽高度可参考表6-17和表6-18。

表6-17 猪食槽基本参数　单位：mm

型式	适用猪群	高度	采食间隙	前缘高度
水泥定量饲喂食槽	公猪、妊娠母猪	350	300	250
铸铁半圆弧食槽	分娩母猪	500	310	250
长方体金属食槽	哺乳仔猪	100	100	70
长方形金属	保育猪	700	140~150	100~120
自动落料食槽	生长育肥猪	900	220~250	160~190

表 6－18　自动食槽的主要尺寸参数　单位：cm

项目	H（高）	R（宽）	b（采食间隙）	Y（前缘高度）
仔猪	40	40	14	10
幼猪	60	60	18	12
生长猪	70	60	23	15
肥育前期至 60kg	85	80	27	18
肥育后期至 100kg	85	80	33	18

（2）猪栏高度和间距　参考表 6－19。

表 6－19　猪栏基本参数　单位：mm

猪栏种类	栏高	栏长	栏宽	栅格间隙
公猪栏	1200	3000～4000	2700～3200	100
配种栏	1200	3000～4000	2700～3200	100
空怀妊娠母猪栏	1000	3000～3300	2900～3100	90
分娩栏	1000	2200～2250	600～650	310～340
保育猪栏	700	1900～2200	1700～1900	55
生长育肥猪栏	900	3000～3300	2900～3100	85

注：分娩母猪栏的栅格间隙指上下间距，其他猪栏为左右间距。

（3）漏缝地板的漏缝宽度　现代化猪场为了保持栏内的清洁卫生，改善环境条件，减少人工清扫，普遍采用粪尿沟上设漏缝地板的方式。漏缝地板有钢筋混凝土板条、钢筋编织网、钢筋焊接网、塑料板块、陶瓷板块等。对漏缝地板的要求是耐腐蚀、不变形、表面平而不滑、导热性小、坚固耐用、漏粪效果好、易冲洗消毒，适应各种日龄猪的行走站立，不卡猪蹄。

钢筋混凝土板块、板条，其规格可根据猪栏及粪沟设计要求而定，漏缝断面呈梯形，上宽下窄，便于漏粪。其主要结构参数如表 6－20 所示。

表 6－20　不同材料漏缝地板的结构与尺寸　单位：mm

猪群	铸铁		钢筋混凝土	
	板条宽	缝隙宽	板条宽	缝隙宽
幼猪	35～40	14～18	120	18～20
育肥猪、妊娠猪	35～40	20～25	120	22～25

金属编织地板网由直径为5mm的冷拔圆钢编织成10mm×40mm、10mm×50mm的缝隙片与角钢、扁钢焊合，再经防腐处理而成。这种漏缝地板网具有漏粪效果好、易冲洗、栏内清洁、干燥、猪只行走不打滑、使用效果好等特点，适宜分娩母猪和保育猪使用。

塑料漏缝地板由工程塑料模压而成，可将小块连接组合成大面积，具有易冲洗消毒、保温好、防腐蚀、防滑、坚固耐用、漏粪效果好等特点，适用于分娩母猪栏和保育猪栏。

（4）自动饮水器的安装　自动饮水器的安装如表6－21所示。

表6－21　自动饮水器的安装高度　单位：mm

项目	鸭嘴式	杯式	乳头式
公 猪	750～800	250～300	800～850
母 猪	650～750	150～250	700～800
后备母猪	600～650	150～250	700～800
仔 猪	150～250	100～150	250～300
培育猪	300～400	150～200	300～450
生长猪	450～550	150～250	500～600
肥育猪	550～600	150～250	700～800
备　注	安装时阀体斜面向上，最好与地面成45°夹角	杯口平面与地面平行	与地面成45°～75°夹角

（5）猪栏数量　猪群栏位需要量如表6－22所示。

表6－22　不同规模猪场猪群栏位需要量

猪群类别	不同规模猪场所需栏位数/个					
	100头基础母猪	200头基础母猪	300头基础母猪	400头基础母猪	500头基础母猪	600头基础母猪
种公猪	4	8	11	15	19	22
待配后备母猪	10	19	28	37	46	55
空怀母猪	16	31	46	62	77	92
妊娠母猪	66	131	196	261	326	391
哺乳母猪	31	62	92	123	154	184
哺乳仔猪	31	62	92	123	154	184
断奶仔猪	27	54	80	107	134	160
生长肥育猪	51	102	152	203	254	304

（二）猪场选址与规划设计

随着时代发展，“家庭散养型”的养殖模式正在慢慢退出舞台，截止到2013年，我国畜牧业规模化已达到36%，作为畜牧业主要的组成部分——生猪产业，其规模化程度更是可观。作为猪场建设的基础，场地的选择起到重要的作用，特别是对规模化猪场而言尤为重要。场址的选择关系到场区区域性小气候、牧场后期经营管理等，选址大致从地形地势、水源、土壤、区域性气候等自然条件，交通、电力、信息传输等社会条件方面考虑。

1. 选址原则

猪场选址过程中需遵守一定原则，在同一地区选址，大的气候条件无法改变，但是可以从地形地势、土壤、水源等自然因素着手，尽可能地扬长避短。

（1）地形地势　地形是指场地形状、大小和地物（地表房屋、植被、河流、保坎等）情况。在条件允许的情况下，作为猪场的建设用地，地形需尽可能平整、开阔，有满足生产工艺需求的面积，并且预留有充裕的后期发展用地。地形平整开阔，利于猪舍等构（建）筑物及各类设施的布置，同时，场地上地物较少，可大大减少土方费用。选址过程中，要避免选择狭长或极不规则的场地，因为这种地块不但会造成布局零乱，生产线及各类管线拉长，增加投入，而且会降低土地利用率，增加猪场安保设备投入成本等。场地面积应根据猪场的性质（参考NY/T 682—2003《畜禽场场区设计技术规范》）、规模、饲养管理方式、集约化程度及原料供应情况等因素来确定，尽量不占或少占农田。我国猪场构（建）筑物一般采取密集型布置方式，建筑系数一般为20%～35%。

地势指场地的高低起伏状况。地势一般要求高燥、有缓坡（坡度≤25%）。地势高低起伏过大，容易造成通风条件不佳；地势高燥，有利于保持舍内地面干燥，降低湿度而不致阴冷，减少建造过程中的防水处理的费用，同时可以有效地防止雨季洪水的冲击。地势有缓坡，利于依靠重力自然排水，可以有效地解决排水、排污的问题，减少建造成本。如果地势有缓坡，则要求场地选在向阳坡，我国冬季盛行北风或西北风，夏季则多为南风或东南风。场地选在向阳坡冬季可以避免冷风的侵袭，夏季则可以有效地通风、降温防暑，有利于改善场内小气候。如果坡度过大（>25%），猪场整体布局时需考虑设计成“梯田”的模式，最大程度上减少土方量及基础处理。但是，即便是处理成“梯田”，相比缓坡地势还是会较大程度地增加投资，而且增加场内交通组织设计的难度。

（2）土壤　土壤直接影响场区空气质量、水质、植被的化学、物理及生物学特性。猪场土壤的特性对猪只健康和生产力起着重要影响，选址时要选取土质较好、无污染的地块。

猪场适宜建在透气性强、毛细管作用弱、吸湿性和导热性小、质地均匀、抗压性强的土壤上。一般情况下，砂壤土和壤土更适宜于建设猪舍，但是也不可过分强调土质方面的要求，应注重其化学性和生物学特性。在现有耕地越来越少的境况下，应避免抢占基本农田。

（3）水源　水是生物生存、生活的重要外界环境因素之一，是动物机体重要的组成部分，更是进行各种生理活动和维持生命不可或缺的物质。猪场生产用水不仅要求水源水量充足，而且要求水质良好无污染。对于规模化猪场来说，水量必须能够满足生活、生产用水，水质必须满足卫生防疫条件，如果水质有问题，必定会增加水处理的费用。选址时必须对当地水质、水量进行充分地调研。

猪场设计过程中，工作人员用水可按 24～40L/（人·d），生猪饮用水可按表 6－6 估算，消防用水需满足我国消防法规的规定。场区设地下式消火栓，每处保护半径≤50m，消防水量≥10L/s，消防延迟时间为≥2h。灌溉用水则根据场区绿化设计及饲料饲草种植情况确定。

猪场人饮用水质必须满足 GB 5749—2006《生活饮用水卫生标准》，猪饮用水也需满足标准方可使用。水质不达标时，需进行净化消毒处理方可饮用，若是当地水源含有某些有毒矿物质，尽可避开，如果逼不得已，则需要进行特殊的处理，水质达标后才可作为生活、生产用水。

（4）社会条件　为了减少投资和运行成本，猪场必须要保证有良好的交通、电、气等能源供应及良好的社会关系，避开地方病和疫情区。

猪场选址尽量远离居民区，并且要遵守 NY/T 682—2003《畜禽场场区设计技术规范》中新建场址要满足卫生防疫方面的要求。选择场址时尽量争取饲料可以就近供应，因为饲料费用一般可占产品成本的 70%～80%。如果猪场要考虑自行生产饲料，应在选址时考虑充足的发展用地。

规模化猪场选址时要求场地所处位置社会联系较好，且可以满足防疫要求，不会污染周边社会环境。场地应处于居民区的下风向，避开敏感水源区等环境保护地段，同时不可以位于屠宰场等敏感、易造成污染企业的下风向。

（5）光照　良好的光照环境可以存进猪的新陈代谢，促进性机能发育，提高免疫力和抗病力，是猪体正常生长发育的首要条件，其取决于科学合理的猪舍硬件设施和猪舍环境的人工控制。

光照可分为自然光照和人工光照。自然光照的光周期为 24h，分明期和暗期。人工光照在生产中往往作为辅助措施，主要用于调节光周期或者作为辅助照明之用。

①光照强度：指单位面积上所接受可见光的光通量，简称照度，与光度有

别，单位是 lx（1 勒克斯是 1 流明的光通量均匀照射在 1 平方米面积上所产生的照度），照度计可用来测量光照强度。夏季阳光直接照射的光照强度可达 $1 \times 10^4 \sim 1 \times 10^5$lx，没有太阳的室外 $1 \times 10^3 \sim 1 \times 10^4$lx，夏天明朗的室内 100 ~ 550lx。白炽灯大约可发出 12.56lx/W，如果没有灯罩，墙壁、顶棚等能够吸收 30% 的流明，而且如果灯泡上沾附大量粉尘也能够影响灯泡的光照强度。

②光通量：光源单位时间内所辐射的光能称为光源的光通量，其单位是流明（各点都与 1 烛光光源相距 1 英尺的 1 平方英尺面积上的光量为 1 流明）。

（6）地下水位　地下水是影响地质工程稳定性的重要条件。选址时地下水的水位要不低于 2m，否则会增加建筑施工过程的难度，导致施工成本增加。70% ~80% 的自然地质灾害的形成与地下水有关，地下水也是一个重要的诱发因素，因此在地质工程设计或地质灾害防治设计中都必需慎重地考虑地下水这个因素。

2. 猪场规划设计

猪场场址选定之后，接下来的工作就是在选定场地上将进行规划设计，首先要做的是总平面图设计。

（1）区域划分　我国规模化猪场的功能区域划分一般包括管理区、生产区、废弃物处理区 3 个。有条件大型规模化场可多点式设计，划分为种猪繁育场、仔猪保育场、生长育肥场。

园区规划时，需要考虑未来发展、卫生防疫交通等因素，并且要根据场地的地形地势和当地全年主风向，按照管理区在上风向地势高处、粪污区在下风向地势低洼处的原则进行布局。如果地势与风向恰好不一致，则需要考虑“安全角”的设计方法。

（2）场内道路与给排水

①场内道路：猪场道路是为了将猪场所需要的饲料等原料运进场，将处理后的粪便等废弃物运出场，便于场内各生产环节的联系而修建的道路。道路是猪场的重要设施之一，与猪场的生产、防疫有着重要的联系。对猪场道路的要求是：道路直而线路短，利于场内各生产环节最方便的联系；有足够的强度保证车辆的正常行驶；路面不积水，不透水；路面向一侧或两侧有 1% ~3% 的坡度，以利排水；道路一侧或两侧要有排水沟；道路的设置不妨碍场内排水。

生活、生产管理和隔离区，常与外界有联系，并有载重汽车通过，因此要求道路强度较高，路面宽 5 ~7m 以便于会车。在生产管理区和隔离区应分别修建与外界联系的道路。

在生产区不修建与外界联系的道路。生产区的道路可窄些，一般为 2.0 ~ 3.5m。生产区一般不通载重汽车，但应考虑在发生火灾时消防车进入对路宽等的要求。生产区的道路应分设运输饲料等的净道和专门运输粪污、病猪和死猪等的污道，两者互不交叉，以保证场内的卫生防疫。猪场道路可因地制宜地修建成柏油路、混凝土路、石板路等。

②给水：场内给水管路要求按照环形设计的原则规划，集中供水，规划时需考虑管路与道路的关系。管道埋深应该考虑到管道材质及当地气候，非冰冻区金属管一般≥0.7m，非金属管≥1.0m；冰冻区则需要考虑冻土深度，要求管线埋置深度在冻土层以下。

③排水：主要目的是为了保证场区内部场地干燥、卫生，保证区域环境良好。一般情况下，猪场雨水排放设施在道路两侧设明沟。场地坡度大的场，可根据实际情况将地面自由排水和沟排相结合，但不能与舍内排水系统共用，防止造成污染。

（3）绿化设计　绿化是改善猪场环境最有效的手段之一，对生态型畜牧场的建设起着十分重要的作用，起到美化和保护猪场环境的重要作用。

①绿化的作用：美化场区环境、吸收大气中有害、有毒物质，减少场区灰尘及细菌含量，过滤、净化空气，调节和改善场区小气候；可净化水源、减弱噪音、利于防疫；绿化能起到隔离作用，猪场外围的防护林带和各区域之间种植的隔离林带，可以防止人畜往来，减少疫病的传播机会。

②绿化规划时应遵循的原则：在规划设计前要对猪场的自然条件、性质、规模、污染状况等进行充分的调查、要在猪场建设总规划的同时进行绿化规划。要本着统一安排、统一布局的原则进行，规划时既要有长远考虑，又要有近期安排，要与全场的分期建设协调一致。

③绿化规划设计布局要合理，以保证安全生产。绿化时不能影响地下、地上管线和建筑采光。

④在进行绿化苗木选择时要考虑各功能区特点、地形、土质等情况。为了达到良好的绿化美化效果，树种的选择除考虑其绿化功能、生长速度、抗病害能力等，还要考虑其抗污染和净化空气等功能。在满足上述各项功能的前提下，还可适当结合猪场生产，种植一些经济树种，提高猪场的经济效益。

⑤场区绿化植物的选择：

a. 场区林带规划。在场界周边种植乔木、灌木混合林带或规划种植水果类植物带，乔木类可选大叶杨、旱柳、钻天杨、白杨、柳树、洋槐、国槐、泡桐、榆树及常绿针叶树等；灌木类的河柳、紫穗槐、侧柏；水果类的苹果、葡萄、梨树、桃树、荔枝、龙眼、柑橘等。

b. 场区隔离带设计。场内各区，如生产区、生活区及行政管理区的四周，应尽可能地设置隔离林带，一般可采用绿篱植物小叶杨树、松树、榆树、丁香、榆叶等，或以栽种刺笆为主。刺笆可选陈刺、黄刺梅、红玫瑰、野蔷薇、花椒、山楂等。

c. 场区道路绿化。宜采用乔木为主，乔灌搭配种植。如选种塔柏、冬青、侧柏、杜松等四季常青树种，并配置小叶女贞或黄洋成绿化带，也可种植银杏、杜仲以及牡丹、金银花等，既可起到绿化观赏作用，还能收药材。

d. 遮阳林。在运动场的南、东、西三侧，应设 1 ~ 2 行遮阳林。树种一般可选择枝叶开阔，生长势强，冬季落叶后枝条稀少的树种，如杨树、槐树、法国梧桐等。

e. 车间及仓库周围的绿化。场区绿化的重点部位，设计时应充分考虑利用园林植物的净化空气、杀菌、减噪等作用，针对性地选择对有害气体抗性较强、吸附粉尘、隔音效果较好的树种。对于生产区而言，不宜在猪舍四周密植成片的树林，而应多种植低矮的花卉或草坪，以利于通风和有害气体扩散。

f. 行政管理区和生活区。该区是与外界社会接触和员工生活休息的主要区域。该区的环境绿化可以适当采取园林式规划，提升企业的形象和美化员工的生活环境。为了丰富色彩，宜种植易繁殖、易栽培和易管理的花卉灌木，如榕树、大叶黄杨、唐曹蒲、臭椿，波斯菊、紫茉莉、牵牛、银边翠、美人蕉、玉簪、葱兰、石蒜等。

猪场绿化是一项效益非常显著的环境保护手段，它对于环境的美化、生猪健康、工人健康有着举足轻重的作用，同时对于提升企业的文明形象都具有十分重大的意义。

（4）环保设计　环境保护是“利在千秋”的事情。为了保证养殖环境不受外界污染，同时不污染外界环境，作为猪场的投资方有必须按照环保部颁发的《大气污染防治行动计划》《水污染防治行动计划》和《土壤污染防治行动计划》及其他相关法律法规的要求建设好自己猪场的环保工程。环保设计需由专业的环保设计部门出具有资质的设计，保证处理后的粪污可以达标排放，避免对周围的土壤、水体和大气产生污染。

（三）猪舍建筑设计

建筑设计的依据是工艺设计，在选好的场地上进行合理的布局，将各类建（构）筑物、道路等合理地分配，绘制猪场总平面布置图，同时紧密结合当地的气候、建筑材料供应等因素。猪舍建筑应根据生产工艺来完成各类生产设施的式样、尺寸及栏位设计等工作，按照建筑行业的要求绘制各种生产设施的平面图、立面图、剖面图，涉及国家资金投入的项目应该出具具有相应设计资质单位绘制的初步设计图纸及施工蓝图。

建筑设计是否合理，直接关系到建筑的安全性和建筑物的使用年限，同时也能影响建筑物内部的小气候环境。

1. 猪舍类型

猪舍按照猪的饲养类别可以分为以下公猪舍、空怀舍、妊娠舍、分娩舍、保育舍、育肥舍等。

（1）公猪舍　种公猪的主要作用是提供优质精液。由于公猪脂肪层较厚，具有怕热不怕冷的特点，在建筑设计过程中应该充分考虑夏季降温的措施，满足公猪睾丸对环境气温的要求，以保证其配种能力正常和精液品质优良。特别是高温高湿地区，更应该做好防暑降温的工作，舍内温度尽量控制在15～20℃，否则会在高温天气结束的随后7～8周内影响到生产性能发挥。

高温高湿地区，公猪舍可以采用开放式，单列式猪舍建议跨度为8.64m，双列式猪舍建议跨度为12.24m，栏高以1.3m以上为宜，屋顶应考虑采用好的隔热材料；如果采用全封闭式，应考虑通风换气和采用湿帘风机降温等工程控制手段来实现温度调节。公猪栏多采用全金属栏、半金属栏与砖混结合的混合栏。地面需做防滑处理，地面坡度一般不大于3%，猪栏后端1.5m最好下降10～15cm作为排粪－饮水区。

种公猪有很强的好斗性，在生产实践中应该采用限位栏或大栏，从而避免由于争斗带来的经济损失，限位栏面积约1.8m^2，大栏面积一般9m^2以上。公猪栏可配合待配母猪栏设计，母猪每天能看到公猪或闻到其气味，或头能互相碰触均有助于刺激母猪发情，可以把公猪栏设在母猪栏对面、设在待发情母猪栏旁边或在母猪栏中间设置几栏公猪栏。为了保障公猪精液品质，一般猪场会在舍外设置公猪运动场或公猪跑道，沙土地面或水泥地面。工厂化的养殖场，一般会配合当地畜牧管理部门单独建设种公猪站，来完成本地猪种的改良工作。

（2）空怀舍　空怀舍常用小群饲养或者大栏群饲的模式（主要是智能化饲喂站），一般每栏4～6头或者80～200头，以利于产后发情，每头占栏2～3m^2。目前，国内部分猪场空怀母猪采取大群舍饲散养，自动饲喂，其喂料、除粪、发情鉴定均由电脑自动控制，该类型圈舍设计一般由设备供应商根据自己经销的设备提供猪舍设计参数或图纸。

（3）妊娠舍　妊娠舍一般采用双列式或多列式布局的方式，由于猪舍长度较长，中间加设过道一条，从而便于饲喂和清粪。如图6－5是一种妊娠舍三列式平面图模式。

妊娠舍可以采用开放式或半开放式，屋顶材质最好为隔热材料，妊娠猪栏的高度要适当，避免母猪翻出栏外或隔壁而导致打斗流产，一般地圈高度0.8～1.0m，妊娠猪栏的大小和饲养猪只的多少，需根据饲养工艺确定，围栏可部分或全部采用金属围栏；一般金属限位栏长度为2.5m（含约0.5m的饲槽空间），宽0.60～0.65m，栏高1m。在高温环境下需采取降温措施，例如，通

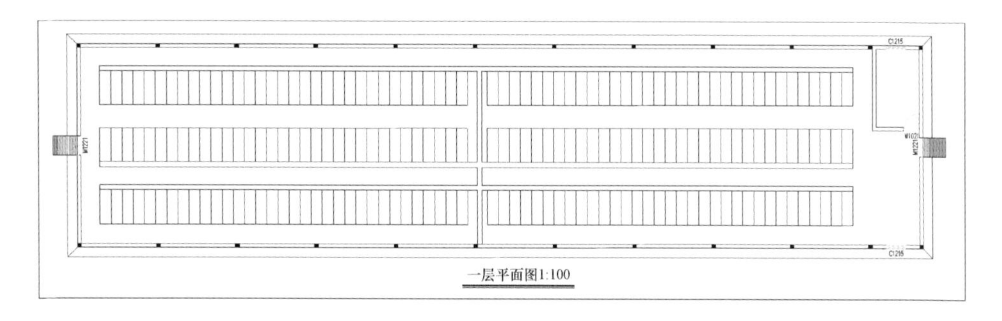

图 6-5　三列式布局的妊娠舍（单位：mm）

风设备或间歇性淋浴外加通风等。间歇性淋浴外加通风，每 40~50min 淋浴 3~5min，并于每次淋浴后自动开启通风设施，淋浴设施不可太高，否则水滴易被风吹走且会淋湿饲槽内的饲料。三列式妊娠舍剖面详见图 6-6，猪舍屋檐高度因地区差异或工艺设计不同而不同，檐高通常为 3m 左右。图 6-5 中猪舍门洞宽度为 1221mm，用“M1221”表示，窗洞的宽度为 1215mm，用“C1215”表示，值班室门洞宽度为 1021mm，用“C1021”表示。

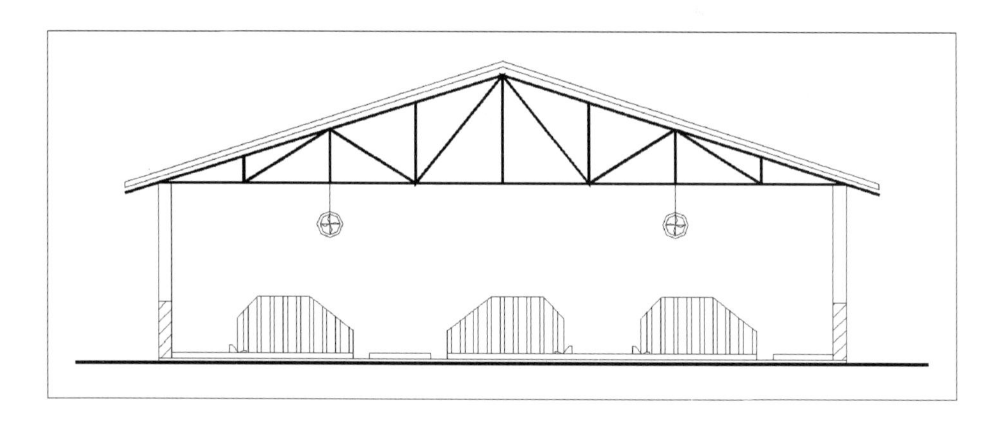

图 6-6　妊娠舍剖面图

（4）分娩舍　为了满足全进全出的需求，新建的分娩舍多采用小单元式设计，以周为节律。小单元模式利于小气候的温度控制，可以按周完成猪舍的密闭消毒，达到防疫的要求。尾部清粪区域地面抬高，能够保证清粪过程中人的操作空间，利于提高工作效率。图 6-7 是小单元布局的一种分娩舍模式。

根据产仔舍的特点，设计依据的主要技术参数是：舍温 20~30℃，相对湿度为 40%~80%，调温风速为 0.2~1.5m/s，换气率为每分钟1~1.25 个猪舍容积空气量，入射角 $\alpha \geq 25°$，透光角 $\beta \geq 5°$。产仔舍多采用有窗（窗地比

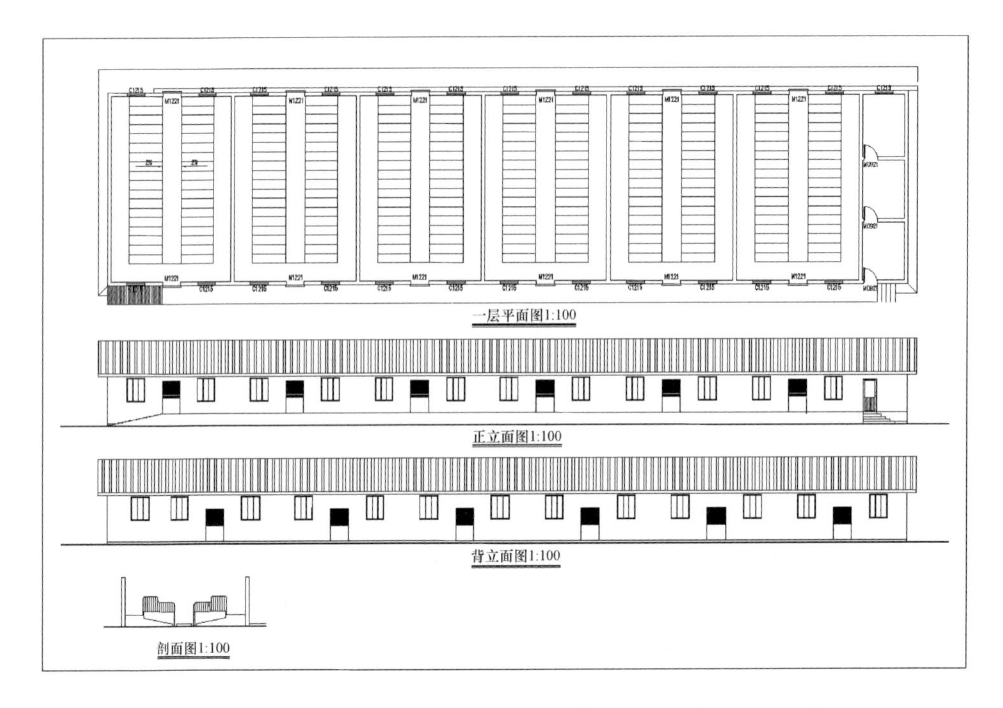

图 6－7　小单元布局的分娩舍（单位：mm）

1∶10～1∶12）封闭式设计，冬季可以将窗户关闭，保证舍内保温的需求，夏季产仔母猪可以采用颈部滴水降温的方式，保证母猪可感温度相对较低，而又不影响仔猪保温需求。产仔舍一般采用负压通风和蒸发冷却相结合环境工艺。

产仔舍长度一般不能大于90m，宽度一般在8～12m，舍内多采用高床饲养的方式，为了工人接产方便，可将产床提高0.6m；高床分娩栏一般长2.1m，宽1.6～1.8m，圈栏用铁皮等板式物相隔，产仔分娩栏内设有钢管拼装成的分娩护仔栏，栏宽0.6m，呈长方形，栏的两侧为仔猪活动场地，一侧放有仔猪保温箱，箱上设有红外线灯泡，箱的下缘一侧有0.2m高的出口，便于仔猪进出活动。分娩床两旁小猪活动区为全漏缝地板，产床下面为漏粪斜坡，一旁为清粪沟，有条件的可以安装刮粪机。规模化猪场一般采用全进全出的生产模式，采用周作为生产周期，产仔舍的工艺设计最好也以周作为单位，采用小单元设计，为了提高圈舍利用率，一般可一个单元内安排8个或12个产床，也可以再将小单元放大，多安排布局产床，一方面能够达到全进全出的工艺要求，另一方面可以更好地调节时间差，充分利用圈舍。布局（单元图）及剖面做法参见图6－8、图6－9。

（5）保育舍　保育猪的饲养，一直是猪生产中的一个重要难题。由于仔猪刚刚断奶，在饲料和生长环境上发生了重要的改变，会给仔猪带来了巨大的应激。同时由于母源抗体的消退，仔猪自身的抗体又没有形成，仔猪的抗疾病能力很差。以上种种因素导致仔猪在断奶后出现消瘦、拉稀等各种不良现象，给仔猪的培育带来困难。解决这些问题，除了在营养上采取措施外，猪舍的设计能起到积极的辅助作用，如地暖的应用和地面的分区处理利于提高仔猪成活率，能够满足仔猪的生产生活需求。

保育舍的建筑面积要根据生产规模和工艺流程来确定。根据参数确定保育猪的数量后，根据每头保育猪占 0.3～0.4m^2 的猪栏面积便可计算出猪栏面积。同时考虑保育猪保育时间和保育栏消毒时间，根据保育舍的栏面积利用系数为70%则可算出保育舍的建筑面积。

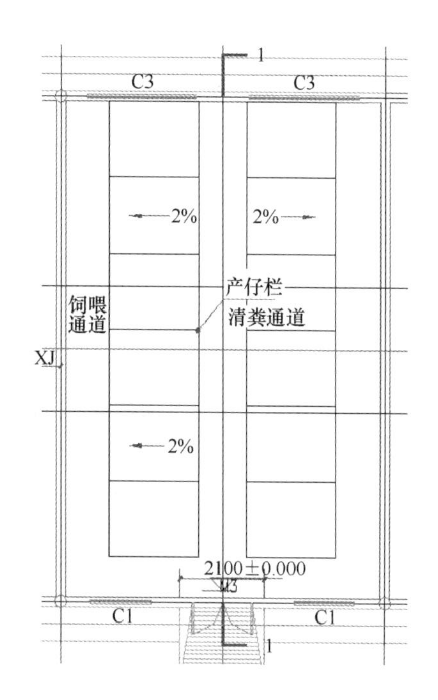

图6－8　产仔舍单元图（单位：mm）

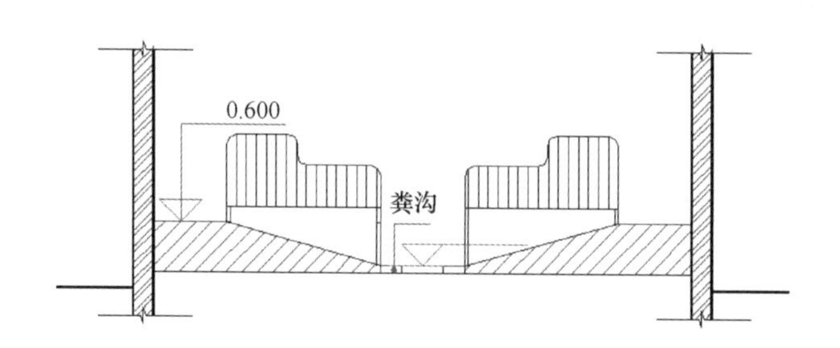

图6－9　产仔舍剖面图（单位：m）

在南方地区，应根据当地夏季主风向安排猪舍朝向，以加强通风效果，避免太阳辐射。猪舍一般多采用有窗（窗地比1∶10～1∶12）封闭式设计，以南向或南偏东、南偏西45°以内为宜。按猪栏的排列保育猪舍可分为单列式和双列式。猪舍的墙壁要求坚固耐用，墙内表面要便于清洗和消毒，地面以上1.0～1.5m高的墙面要设水泥墙裙，在纵墙上设有窗户，其高度一般与猪舍内围栏的高度同高或稍高。在高床漏缝设计的猪舍中，窗户高度在1.1～1.3m为合适。在南方地区宜采用密闭猪舍时，在冬季把窗户关上后可以将猪舍封闭起来，起到很好的保温效果，在夏季高温时可以，将窗户打开来通风换气。屋顶要求坚固，不漏水、不透风，保温隔热。屋顶的材料可以选择双层隔热彩钢瓦。屋顶的梁架材料考虑成本和材料的易得性，可选择木头或钢材。屋檐的高度要求在3m左右。

传统保育栏的地面全是水泥地板，猪栏的围栏多是用砖砌成然后再在外表刷上水泥，也有金属栏栅围栏的。这样的栏一般每头保育猪所占的面积要在0.4～0.5m²。栏的长为2.5～3.0m、宽为3.8～4.2m，猪栏的高度为0.6～0.7m，门的宽度为0.7～0.8m，每栏最多在20～30头。门可以用铁板或铁栏栅门，如果选择铁栏栅，那么栏栅间隔的宽度为0.06m。

半漏缝保育栏是在靠纵墙的一部分地板使用漏缝地板，漏缝地板下面设有陡坡。漏缝地板面积可占猪栏面积的30%～40%。这种猪舍可以在一定程度上把猪粪尿与猪分开，减少了仔猪与粪便接触的机会。

全漏缝保育栏的全部地板都是漏缝地板，四周的围栏都是金属栅栏，整个猪栏都是用支腿架起来的。栏下地板为斜面。漏缝地板支腿高度为0.5～0.7m。栏的长为3.8～4.2m、宽为2.0～2.4m。围栏高度为0.6m，金属栅栏的栏栅间隔为0.06m。仔猪的密度在0.3～0.4m²，每栏最多建议饲养30头左右。漏缝地板有多种材料，常见的有水泥漏缝地板、钢筋编制漏缝地板、铸铁漏缝地板和塑料漏缝地板等。

半漏缝保育舍剖面及小单元布局做法详见图6－10、图6－11。

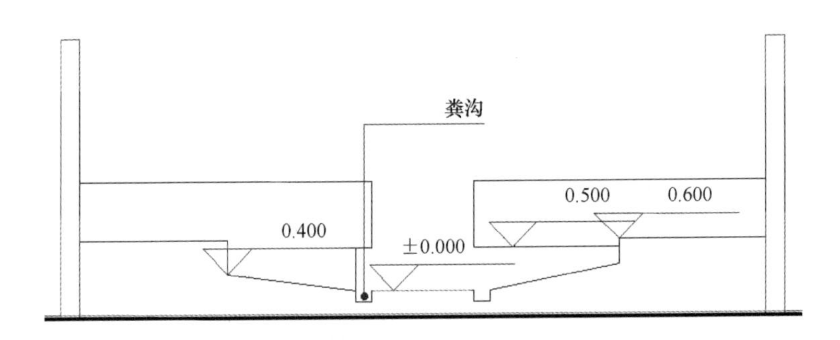

图6－10 半漏缝保育舍剖面图（单位：m）

（6）育肥舍　育肥猪舍的设计原则：造价低，使用方便；舍内地面不积水、不打滑，墙壁光滑易于清洗消毒；猪舍屋顶应有保温层，冬暖夏凉，易于环境控制。过去育肥猪舍多采用双列建筑模式，每圈8～12m² 左右，大体形状呈正方形，每圈养育肥猪8～12头，这种圈存在的缺点一是单位建筑成本高，二是不易做到自由采食，容易浪费饲料，三是不利于采食、休息、排粪分区，圈舍卫生差。由于现在饲养育肥猪多采用自动料箱投料，每个自动料箱可供大约30头猪自由采食，因此，小跨度育肥舍可采用单列建筑模式，大跨度育肥

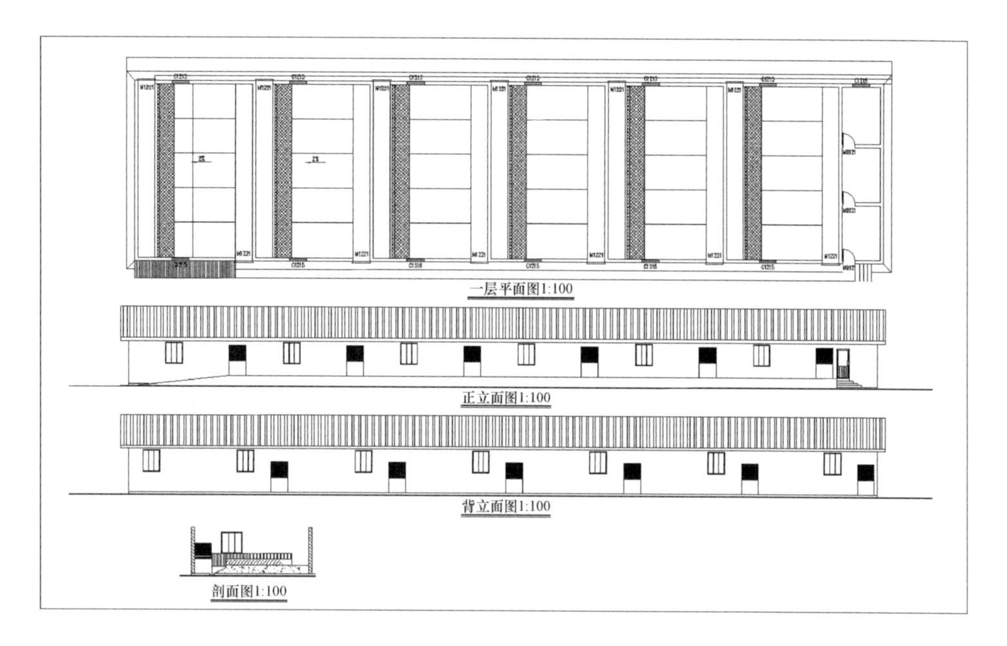

图6－11　小单元布局的保育舍

舍可采用双列建筑模式，每个猪栏宽度4m左右，长度8m左右，排粪区约1.5m宽低于休息区0.1m左右，整个猪栏大体形状呈长方形，大群饲养，自由采食，一般每个猪栏大约30头育肥猪。此饲养方式利于猪采食、休息、排粪分区，减少饲料浪费，可有效的降低工人劳动强度，缩短出栏时间。现在新建的生产育肥舍多采用单列式布局（图6－12），可采用自动食槽或者自制水泥通槽来保证饲喂的需求。

2. 猪舍主要结构

根据猪舍结构形式和材料，猪舍可以分为砖结构、木结构、混合结构、钢结构等。

（1）基础　基础是指房屋的墙和柱埋在地下的部分，是建筑物的重要组成部分。基础建在地基上面（天然持力土层或者人工土层），包括基础墙和大放脚，是猪舍的承载构建之一。猪舍屋顶、墙等全部荷载通过基础传到地基。设计过程中，基础需根据地基持力层的荷载承受能力及屋顶等传导下来的各类荷载、地下水位及当地气候条件等计算。

基础分类方法较多，按使用材料分为混凝土基础、钢筋混凝土基础、毛石基础、砖基础、灰土基础；按埋深分为浅基础和深基础；按受力性能分为刚性和柔性基础；按构造形式分为条形基础、桩基础、满堂基础（筏型基础和箱型基础）和独立基础。基础的设计、施工等必须保证其坚固、防潮、防冻等，同

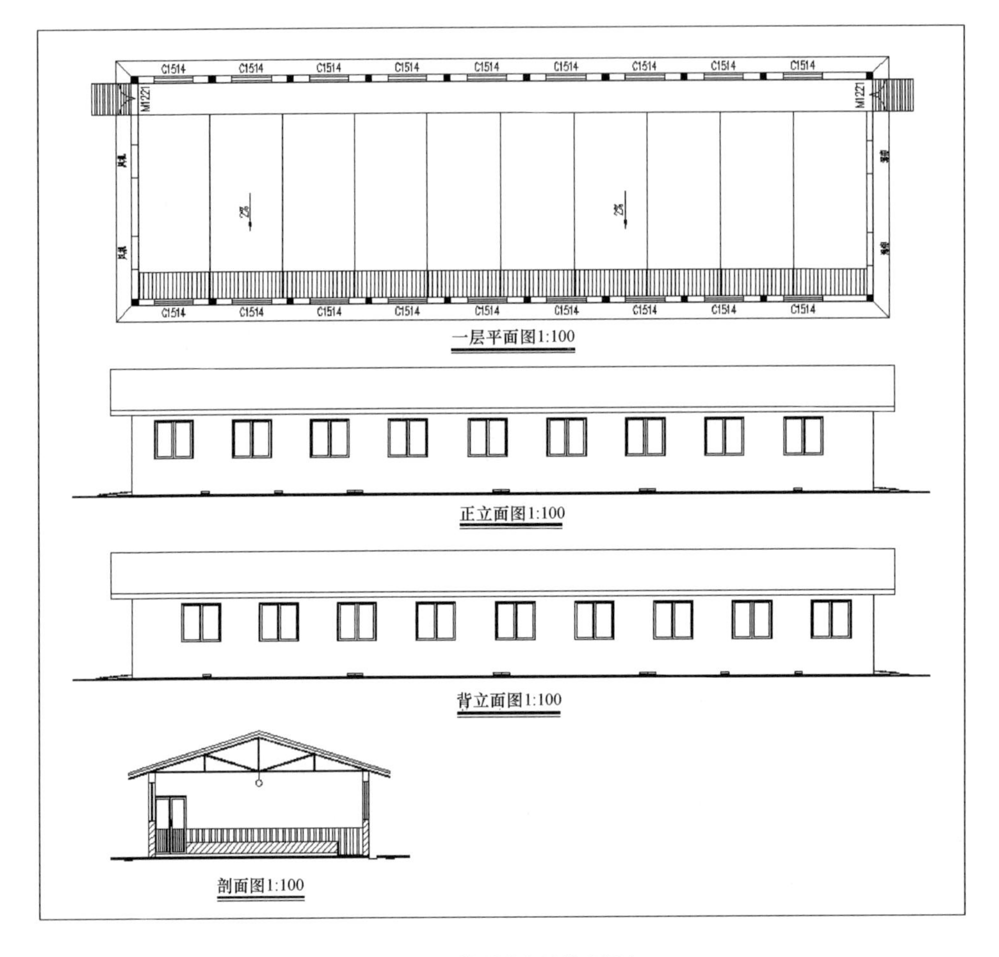

图 6 –12　单列式布局的育肥舍

时也要满足现行的防震要求。目前，大多数猪场的生产设施采用钢筋混凝土作基础，防震要求满足 7 级。

（2）墙体和柱子

①墙体：墙体是猪舍外围护结构的重要组成部分，具有承载、空间分割等作用。屋顶荷载、风荷载、雨荷载等需由墙体传导到基础上。建筑设计上通常定义基础之上露出地面部分为墙体，分为承重墙和非承重墙两种。墙体对于建筑内部温度、湿度及其他环境因子影响较大。墙体材料需要有足够大的蓄热系数、较小的导热系数，从而保证内部不至于过冷或过热。根据材料的不同，可将墙体分为砖墙、砌块墙、混凝土墙等。根据猪舍外墙情况，猪舍分为多种形式，如凉亭式（适用于南方炎热地区）、敞篷式、开放式、有窗式、半开放式等。各地区需根据当地气候条件等充分考虑，因地制宜地选取实用模式，切勿

为了节省资金而偷工减料，要坚持“设计上合理、经济上可行”的原则。设计工作者一方面需要考虑猪场建设者的资金投入力度，另一方面要考虑与生产配套设施的要求，不可以片面地追求某一方面。

②柱子：柱子是承重构件，根据材料的不同可分为木柱、砖柱、钢筋混凝土柱等。如果用于加强墙体承载能力和稳固性，可考虑与墙体做成一体的壁柱。柱子的尺寸等需由结构工程师设计完成。

（3）屋顶和吊顶　屋顶是猪舍顶部的覆盖构件，与外墙共同构成外围护结构。屋顶起到遮风避雨、保温隔热的作用，能够有效地将来自外界的荷载（风荷载、雨荷载、雪荷载等）向地基传递。屋顶接受的太阳辐射远远多于墙体，同时也是最容易向外散失热量的构件，因此要求采用导热系数小、保温隔热性好的材料，同时满足结构轻便、简单、造价低、坚固性好、承重性能优良、防水防风性能高的需求。

3. 猪舍的保温防寒及隔热防暑

猪对温度非常敏感，因而建筑的保温隔热及隔热防暑性能就显得尤为重要。由于涉及建筑行业方面的知识较多，猪舍的保温防寒及隔热防暑设计最好由畜牧干部和建筑工程师共同完成。

（1）保温防寒设计　除仔猪外，其他类别的猪一般较耐寒，但是不同猪群耐寒程度不同，因而设计过程中需要根据猪种自身的特性来设计不同的生产设施，以满足其保温防寒的需求。导热系数和蓄热系数是外围护结构保温防寒的两个重要的参数。建筑学上把导热系数 $\lambda \leq 0.23$ W/（m·K）称作保温隔热材料；蓄热系数用 S 表示，单位是 W/（m^2·K）。外围护结构的保温防寒设计需由建筑设计部门完成，作为规范化的养殖场不要自行按照当地的习俗和农村的建造经验来确定。

（2）隔热防暑设计　高温对猪的生产影响极大。导致猪舍内部过热的原因有两个方面：一方面，夏季太阳辐射强度高，导致大气温度高，猪舍外部大量热量通过围护结构进入；另一方面，猪在生产过程中自身会产生大量的湿热和显热。建筑设计过程中合理加大屋顶、墙壁等维护结构的隔热设计，可以有效地减弱太阳辐射热和高温综合效应，避免猪舍内部温度过高。

4. 猪舍采光

光照能够影响猪的生理机能、生产性能，根据光源的不同分为自然光照和人工光照。

（1）自然光照　自然光照主要通过窗户的位置、大小、数量等来完成，保证光照强度和光照时间达到生产需求。自然光照需根据太阳高度角、当地纬度、赤纬等精确计算，保证入射角和透光角。通俗的要求即是冬季太阳光尽可能多的照进舍内，达到升高舍内温度减少能耗的目的；夏季太阳光尽可能照射不到舍内，达到内部凉爽的环境需求，从而保证生猪能够拥有良好的生活、生产环境，生产性能得到良好地发挥。为保证自然采光的需要，建议南方猪舍檐高度不低于3.0m且不高于3.6m。

（2）人工光照　人工光照是利用人工光源发出光调节动物生产性能的方法。人工光照在无窗密闭舍内是必须采用的，对于其他类型生产设施可作为补光手段。人工光照需考虑光源、光照强度、光色等因素，安装高度、数量、距离等需根据设计来完成。人工光照能够影响生产节律，需要制定良好的管理制度，否则又会影响到生产。

5. 猪舍通风换气

通风换气是控制舍内环境的一个重要手段。通风换气能够起到排除猪舍内部多余的热量、水气、尘埃等作用，有效地保证舍内空气清新，提供良好的小气候条件。

根据气流形成动力不同可将通风分为自然通风和机械通风两种：自然通风以风压和热压为动力，机械通风则以机械为动力。无论何种通风方式，其主要目的都是为了提供足够的通风量，合理地组织气流，保证生产需要。

（1）自然通风　自然通风分为风压通风和热压通风。自然通风设计中要充分考虑到没有风的情况，建筑设计过程中一般按照热压通风来设计，从而保证生产所需通风量。

自然通风设计的步骤为：确定所需通风量→检验采光窗夏季通风量是否满足要求→地窗、天窗、通风屋脊及屋顶风管的设计→机械辅助通风→冬季通风设计。在炎热地区小跨度猪舍可通过组织自然通风达到目的。

（2）机械通风　机械通风也被称作强制通风，其优点是不受气温和气压的影响，但受猪场电力供应的制约，电力不充足的地区须配套发电机，或者在设计通风方式时，需保证突发情况下自然通风能够维持生产的最低需求。

机械通风根据猪舍气压变化分为正压通风、负压通风和联合通风3种方式。根据气流在舍内部流动的方向可将机械通风分为横向通风和纵向通风。通风的方式应根据实际需要来确定。

根据我国现有规模化猪场现代化程度，建议新建普通场尽可能采用自然通风，机械通风辅助。规模化猪场的机械通风设计需由专业设计人员根据通风量计算、选择风机型号。

6. 猪舍给排水

（1）给水　猪场给水有集中式和分散式。虽然集中式一次性投资较大，但是使用方便、卫生，节省劳动力，可以较高的提高劳动生产率，所以建议采用集中式。

猪舍给水设计在保证水量的前提下，要求便于管理和使用简便。饮水系统包括管网、饮水器和附属设备构成。不同猪群饮水器不同，同时需要根据猪的类别来调解水压，保证不同猪群有不同的饮用水压，不可以整个猪场采用一个水压。

（2）排水　规模化猪场粪尿和污水量都比较大（生物发酵床养殖法除外）。假如舍内没有很好的排水系统，舍内湿度会较高，进而影响猪只健康状况。

猪舍排水一般与清粪系统配套。猪舍排水沟深度保持在0.1～0.15m较宜，过深不宜于清污，过浅污水则会浸到猪床。只有保持排水系统各环节正常，才可以给生猪生产一个良好的环境。

7. 猪舍内部设计

猪舍内部设计关系到劳动效率和生猪生产性能的发挥。猪舍内部设计包括猪栏布置、通道、排污沟、饲槽、饮水器等设施设备的布置，各个项目都需要认真斟酌。猪舍内部设计需由畜牧兽医工作者共同参与，设计上必须符合工艺和建筑要求。

（1）平面设计　平面设计需依据工艺设计，确定每栋猪舍能够容纳的头数、管理方式，从而合理地安排猪栏、通道、排污沟等，进而确定猪舍的跨度、长度。

①猪栏及设备布置：猪栏一般按照建筑长轴方向布局，可分为单列式、双列式、多列式，同时要考虑通风、采光的需要。建筑物尺寸需根据栏位尺寸、养殖方式确定，不可一味的照搬模式。

②内部通道设置：通道需根据栏位布置方向确定，饲喂、清粪通道确定好方向后，根据用途、使用的设备确定通道宽度。各类通道尺寸详见表6－23。

表6－23　猪舍通道宽度

通道用途	使用工具及操作	宽度/mm
饲喂	手推车	1000～1200
清粪	清粪、接产	1000～1500

③排污沟：排污沟宽度为0.2～0.3m，深度为0.1～0.15m即可满足生产需求。

（2）剖面设计　猪舍剖面设计主要确定设备安装高度、设施尺寸。

檐高由自然光照及通风设计要求控制，一般寒冷地区2.2～2.7m，高温高湿地区一般不小于3.0m。

舍内地平高度一般高于舍外0.15～0.3m，防止雨水倒灌，入门斜坡$i \leq 15\%$。舍内猪床坡度保证在1%～3%，坡度过大则不利于防滑，坡度过小则会导致猪床积水潮湿。分娩猪栏及保育猪群建议采用高床饲养法，可有效地保证猪只健康，减少疫病发生的概率。

（四）猪场设备

猪场设备指为各类猪群生长创造适宜温度、湿度、通风换气等使用的设备，主要有猪栏、漏缝地板、饲料供给及饲喂设备、供水及饮水设备、供热保温设备、通风降温设备、清洁消毒设备及运输设备、环境监测设备和全气候环境控制设备等，先进设备是提高生产水平和经济效益的重要保证。

1. 养殖设备

（1）猪栏　猪栏的使用便于饲养管理和改善环境。不同类别的猪舍应配备不同的猪栏。猪栏按结构分有实体猪栏、栅栏式猪栏、综合式猪栏等；按用途有公猪栏、配种栏、妊娠栏、分娩栏、保育栏、生长育肥栏等。

①实体猪栏：即猪舍内圈与圈之间以0.6~1.4m高的实体墙相隔，其优点在于可就地取材、造价低，利于防疫，缺点是通风不畅和饲养管理不便，浪费土地。该种猪栏适用于小规模猪场。

②栅栏式猪栏：即猪舍内圈与圈之间以0.6~1.4m高的栅栏相隔，占地小，通风性好，便于管理。缺点是耗费钢材，成本较高，且不利于防疫。该种猪栏适用于规模化、现代化猪场。

③综合式猪栏：即猪舍内圈与圈之间以0.3~0.6m高的实体墙相隔，上面0.3~0.8m高用金属栏，沿通道正面用实体墙或栅栏。集中了二者的优点，适于大小猪场。

④母猪单体限位栏：单体限位栏为钢管焊接而成，前面处安装食槽和饮水器，尺寸为2.2m×0.6m×1m（也可长度采用2.0m，宽度采用0.625m或0.65m），用于空怀母猪和妊娠母猪。其优点是：与群养母猪相比，便于观察发情，便于饲养管理；其缺点是限制了母猪活动，易发生肢蹄病。该种猪栏适于工厂化、集约化养猪。

⑤母猪产仔栏：用于母猪产仔和哺育仔猪，由底网、围栏、母猪限位架、仔猪保温箱、食槽构成。底网采用由冷拔圆钢编成的网或塑料漏缝地板、铸铁漏缝地板、圆钢焊接漏缝地板、倒三角漏缝地板。围栏为钢筋和钢管焊接而成，2.4m×1.8m×0.6m（长×宽×高），钢筋间缝隙4.5cm；母猪限位架为2.4m×0.65m×（0.9~1.0）m（长×宽×高），架前安装母猪食槽和饮水器，仔猪饮水器安装在前部或后部；仔猪保温箱1m×0.6m×0.6m（长×宽×高）。其优点是占地小，便于管理，防止仔猪被压死和减少疾病，但投资较高。

⑥保育栏：用于5~10周龄的断奶仔猪，结构同高床产仔栏的底网和围栏，高度0.6m，离地35~60cm，占地小，便于管理，但投资高，规模化养殖

多用。

（2）漏缝地板　采用漏缝地板易于清除猪粪尿，减轻人工清扫的劳动强度，利于保持栏内清洁及猪的生长。材料上要求耐腐蚀、不变形、表面平整、坚固耐用，功能上要求不卡猪蹄、漏尿效果好，便于冲洗和保持干燥。目前漏缝地板的样式主要有：

①水泥漏缝地板：表面应紧密光滑，否则会积污而影响栏内清洁卫生。水泥漏缝地板内应有钢筋网，以防受破坏。

②金属漏缝地板：由金属条排列焊接（用金属编织或倒三角焊接）而成，适用于分娩栏和小猪保育栏。其缺点是成本较高，优点是不打滑、栏内清洁、干净。

③金属编网漏缝地板：适用于保育栏。

④生铁漏缝地板：经处理后表面光滑、均匀无边，平稳、不会伤猪。

⑤塑料漏缝地板：由工程塑料模压制而成，利于保暖。

⑥复合材料漏缝地板：由复合材料压制而成，轻便防滑，成本较低。

（3）供热保温设备　现代化猪舍的供暖，分集中供暖和局部供暖两种方法。集中供暖主要利用热水、蒸汽、热空气及电能等形式。在我国养猪生产实践中，多采用热水供暖系统，该系统包括热水锅炉、供水管路、散热器、回水管及水泵等设备；局部供暖最常用的有电热地板、电热灯等设备。

目前多数猪场采用高床网上分娩育仔，要求满足母仔不同的温度需要，如初生仔猪要求32～34℃，母猪则要求15～22℃。常用的局部供暖设备是采用红外线灯或红外线辐射板加热器，前者发光发热，其温度通过调整红外线灯的悬挂高度和开灯时间来调节，一般悬挂高度为4～5m；后者应将其悬挂或固定在仔猪保温箱的顶盖上，辐射板接通电流后开始向外辐射红外线，在其反射板的反射作用下，使红外线集中辐射于仔猪卧息区。由于红外线辐射板加热器只能发射不可见的红外线，所以还需另外安装一个白炽灯泡供夜间仔猪出入保温箱照明。

（4）通风降温设备　为了排除舍内的有害气体，维持舍内的温度和控制舍内的湿度等使用的设备。风机配置包括侧进（机械）上排（自然）、上进（自然）下排（机械）、机械进风（舍内进）与地下排风和自然排风、一端进风（自然）与另一端排风（机械）等四种形式。湿帘－风机降温系统是指利用水蒸发降温原理为猪舍进行降温的系统，由湿帘、风机、循环水路和控制装置组成。湿帘是用白杨木刨花、棕丝布或波纹状的纤维制成的能使空气通过的蜂窝状板。在使用时湿帘安装在猪舍的进气口，与负压机械通风系统联合为猪舍降温。喷雾降温系统是指一种利用高压水雾化后漂浮在猪舍中吸收空气的热量使舍温降低的喷雾系统，主要由水箱、压力泵、过滤器、喷头、管路及自动控制装置组成。喷淋降温或滴水降温系统是指一种将水喷淋在猪身上为其降温的系统，主要由时间继电器、恒温器、电磁水阀、降温喷头和水管等组成。降温喷头是一种将压力水雾化成小水滴的装置。而滴水降温系统是一种通过在猪身上滴水而为其降温的系统，其组成与喷淋降温系统基本相同，只是用滴水器代替了喷淋降温系统的降温喷头。

①常用降温设施：

a. 水帘。水帘降温是在猪舍一方安装水帘，一方安装风机，风机向外排风时，从水帘一方进风，空气在通过有水的水帘时，将空气温度降低，这些冷空气进入舍内使舍内空气温度降低。

b. 喷雾。把水变成很细小的颗粒，也就是雾，在下落的过程中不断蒸发，吸收空气中的热量，使空气温度降低；最简易的办法是使用扇叶向上的风扇，水滴滴在扇叶上被风扇打成雾状；这种设施辐散面积大，在种猪舍和育肥猪舍使用效果不错。

c. 遮阳。利用树或其他物体将直射太阳光遮住，使地面或屋顶温度降低，相应降低了舍内的温度。

d. 风扇。风速可加速猪体周围的热空气散发，较冷的空气不断与猪体接触，起到降温作用。

e. 电空调。特殊猪群使用，温度适宜，只是成本过高，不宜大面积推广，现多用于公猪舍。

f. 水池。有些猪场结合猪栏两端高度差较大的情况，将低的一头的出水口堵死，可以一头积存大量的水，猪热时可以躺到水池中乘凉，有一定的降温效果；水源充足的地区，不停地更换凉水，效果更好。一些猪场使用的水厕所，也能起到同样的作用。

g. 滴水。水滴到猪体，然后蒸发，吸收猪体热量，从而起到降温作用。

②常用降温设施使用效果，见表 6－24。

表 6－24 各种降温措施效果和使用便利程度分析表

降温设施	办理难易	效果	成本	方便与否
水帘	难	好	高	方便
喷雾	易	好	低	不便
遮阳	难	一般	低	不便
风扇	易	一般	低	方便
电空调	易	好	高	方便
水池	易	好	高	不便
滴水	易	好	低	不便

③常用降温设施的影响因素：降温效果经常会受到各种因素的影响，使降温效果不理想，下面是几种容易出现的影响因素：

a. 进风口封闭程度。水帘降温是进风通过水帘时吸收热量，但如果风不从水帘处进，那就没有降温效果了；因为水帘降温的猪舍一般较长，中间有许多窗户，如果窗户未关严，那么进风会走短路；而从窗户吸进的风不是已降温的空气，而是外面更热的空气，不但不能使空气温度降低，还会使局部温度升高；所以要求水帘降温时必须将其他所有的进风口关严，以防短路。

b. 水降温时的供水与排水。使用水降温时，用水量是非常大的，如果猪场水源不充足，或者高温季节电力供应不足，都会使水供应不足，影响降温效果；这个现象在许多猪场出现过，尽管有先进的设施，但却起不到作用。

c. 风扇的覆盖面（吊扇）风吹到的地方才降温。风扇降温是风吹到猪身上才有降温效果，而风吹不到的或风很弱的区域则没有效果或效果不理想，风扇降温时容易出现这种情况，特别是使用高吊扇时，如果一个风扇负责几个猪栏，那会出现部分猪起不到降温效果；使用风扇时必须注意风是否能吹到猪身上。

d. 遮阳时的空气流通。猪场种树或使用其他遮阳物，可以阻挡阳光直射，但因遮阳物占用空间较大，往往影响空气流通，如果再遇上猪舍窗户面积小，猪舍的空气就变成无法流动，大密度猪群自身产生的热量却无法排出，仍处于高温状态；所以使用遮阳降温时，必须配合加大窗户面积，或是使用风扇降温，否则出现闷热天气时，猪群会受到更大的伤害。

e. 窗户的有效面积（高低大小舍外影响如舍间距挡风物）。窗户的作用一是采光，二是通风；现在许多猪场只考虑采光而不考虑通风，这在使用铝合金推拉窗户时最明显；相对于通风来说，通风量只相当于窗户面积的一半，无法进行有效的通风；另外，窗户的位置对通风效果也有影响，一般情况下，位于低层的进风口通风效果更好，在夏天，地窗的作用就远大于普通窗户了；所以建议猪场在使用推拉式铝合金窗户时，高温季节应将窗扇取下，以加大通风面积；如果给每栋猪舍预留部分地窗，夏天时拆开使用，冬季时堵住，既不增加成本，也起到了夏季降温的作用，还不会影响冬季保暖。

f. 哺乳猪舍的降温。哺乳猪舍降温是夏季降温的最大难题，因为猪舍里既有怕热的母猪，还有怕冷的仔猪，而且仔猪还最怕降温常用的水；这使得许多降温设施无法使用，这样就很难做到温度适宜不影响母猪采食的效果。过去提倡的滴水降温，因水滴不易控制也效果不好；针对哺乳母猪的降温，下面的措施可以考虑：一是抬高产床，加大舍内空气流通。产床过低时，容易使母猪身体周围形成空气不流通，母猪散发的热量不易散发，使母猪体周围形成一个相对高温的区域；抬高产床，则使空气流能顺畅，通过空气流动起到降温作用。

二是保持干燥。水可以降温，但在哺乳舍尽可能少用，因为仔猪怕水；同时如果猪舍湿度大，则水降温效果会变差；而如果舍内空气干燥，一旦出现严重高温时，使用水降温则会起到明显的效果；而且短时间的高湿对仔猪的危害也不会大；所以建议，不论任何季节，哺乳猪舍在有猪的情况下，尽可能减少用水；而且一旦用水，也要尽快使其干燥。三是加大窗户通风面积。四是局部使用风扇。使风直吹母猪头部，可起到降温作用；一般情况下使用可移动的风扇，特别是在母猪产仔前后，可明显起到降温作用；有条件的猪场在每头母猪头部吊一个小吊扇，也有一定的效果。

（5）清洁消毒设备　集约化养猪场，由于采用高密度限位饲养，必须有完善严格的卫生防疫制度，对进场的人、车辆和猪舍环境都要进行严格的清洁消毒，才能保证养猪高效率安全生产。要求凡是进场人员都必须经过温水彻底冲洗、更换场内工作服，工作服应在场内清洗、消毒，更衣间设有热水器、淋浴间、洗衣机、紫外线灯等。集约化猪场原则上保证场内车辆不出场，场外车辆不进场，为此，装猪台、饲料或原料仓、集粪池等设施应在围墙边。考虑到猪场的综合情况，应设置进场车辆清洗消毒池、车身冲洗喷淋机、喷雾器等设备。

2. 饲喂设备

（1）加料车　主要用于定量饲养的配种栏、怀孕栏和分娩栏，即将饲料从贮料塔的出口送至食槽。其有两种形式，机动式和手推人力式。

（2）饮水设备　指为猪舍猪群提供饮水的成套设备。猪舍饮水系统由管路、活接头、阀门和自动饮水器等组成。

3. 环保设备

猪场的建设和使用过程都离不开环保问题，为了得到更好的经济效益和适应国家的要求，业主需要在建猪场设施的同时，进行环保设施的设计及建设。一个1000头基础母猪场的沼气工程所需设备详见表6-25。

表6-25　1000头基础母猪场沼气设备表

名称	型号	数量
污水提升泵	50WQ25-8-2.5	2台
切割泵	WQ30-21-5.5	2台
沼液泵	65WQ30-15-2	2台
计量表	G65	1套
阻火器	LZH-5-Dn80	2套
增压风机		2台

续表

名称	型号	数量
电控柜		1套
减速机及支架		1套
沼气锅炉	CWNS0.21－85	1套
发电机	50GF	1套
余热锅炉	knpt04	1套
固液分离机及配套	LJF	1套
反应罐体		1套
搅拌装置（CSTR）	7.5kw	1套
二次发酵贮气一体化		1套
搅拌装置（一体化）	7.5kw	1套
柔性气柜		1套
人工格栅		1套
汽水分离器		1套
脱硫器（含脱硫剂）		2套
桨式搅拌机		1套

4. 其他常用设备

猪场筹划时除上述合理配置外，还应考虑下列设备。

（1）饲料加工设备　养猪生产中，饲料设备关系到饲料利用率、劳动强度等方面。国外猪场为了节省人力开支，一般采用自动化饲喂设备。一般中大型猪场，乳仔猪饲喂市场成品料，后备猪、妊娠猪、生长育肥猪、哺乳母猪和公猪都自购能量饲料、蛋白饲料、添加剂和浓缩料自行加工。场内自行加工首先需知道加工饲料的基本要求，即配料是心脏，粉碎是关键，混合是质量。根据猪场的规模，配套相应的设备。

加工设备包括饲料粉碎机、混合机。粉碎机一般选用齿爪式或锤片式，混合机一般猪场用250～500kg/批次，需各猪场根据实际进行设备选型。

①贮料塔：贮料塔多用2.5～3.0mm镀锌波纹钢板压型而成，饲料在自身重力作用下落入贮料塔下锥体底部的出料口，再通过饲料输送机送到猪舍。

②计量设备：电子秤、台秤等。

③混合设备：混合机的关键是混合均匀度。当前市场主要有立式和卧式两种机型。卧式混合机又分为单轴和双轴机，此机型国内种类繁多，猪场需根据

猪场规模进行设备选型，一般可选200～500kg/批次的混合机。

④输送设备：如果采用的是单机组合，在饲料生产过程中，要利用输送工具，根据实际生产情况，可选择斗式提升机和螺旋输送。饲料日生产量超过20t，可考虑输送带输送原料和成品车间内转送。

⑤打包机：猪场部分饲料自行生产，打包机多选用手提式，大型生产可选用自动缝合机。

（2）运输工具　如仔猪运输车、运猪车和粪便运输车等。

（3）兽医设备及日常用具　如检疫、检验和治疗设备，母猪妊娠诊断器，活体超声波测膘仪和耳号牌、抓猪器等。

四、养猪对环境的污染及其处理

20世纪90年代以来，畜牧业生产总值在农业生产总值中所占份额总体呈现上升趋势，如图6－13所示（数据来源：农业部1997—2013中国农业统计资料）。现阶段，我国畜牧产业仍是小户饲养、专业户饲养和企业规模化饲养共存，但规模化趋势已凸显出来。截至2013年，我国畜牧业规模化已达到36%，规模化的同时畜禽粪污对环境的污染严重制约了企业的发展。农业部副部长张桃林于“2015年国际堆肥会议暨第十届全国堆肥技术与工程研讨会”上表示，目前我国畜禽粪便养分还田率低于50%，现代畜牧业与种植业的分离致使粪污管理难度增大；农业生产逐渐变为化肥施用占据主导地位，也对养殖粪污的资源化利用起到一定限制作用。

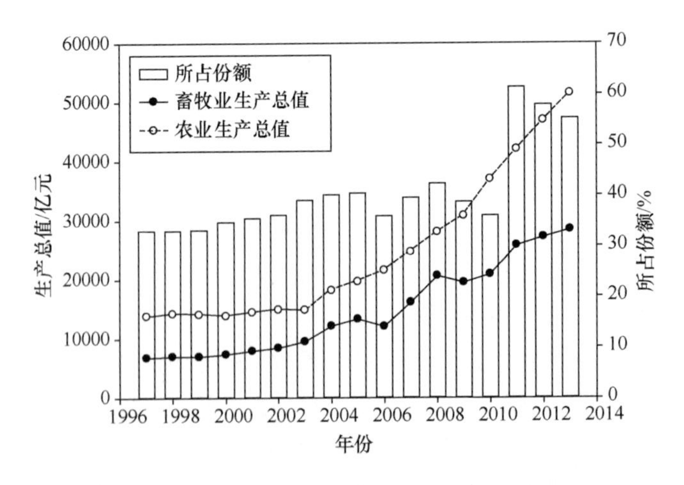

图6－13　我国畜牧业生产总值、农业生产总值及畜牧生产总值所占份额

2013年中央一号文件明确提出“着力构建集约化、专业化、组织化、社会化相结合的新型农业经营体系”，为了更好地推动国家生态文明建设和保障食品安全，2016 年中央一号文件提出“继续推进标准化规模养殖场（小区）的建设”。我国畜牧业规模化的进程中，畜禽养殖粪污的集中和聚量加大了大气、水体和土壤污染风险，曾经的“田园净土”正遭受畜禽污染的侵害。

（一）猪场环境污染分析

随着生猪产业的规模化、工厂化程度地不断提高，养殖产生了大量的粪便，粪便的集中和种养的分离导致了粪便不能被周围土地完全消纳，有机的肥源反而成了面源污染源。动物粪便能够释放大量的 NH_3、CH_4、CO_2、N_2O 和 SO_2 等起到温室作用的气体（GHG），并对舍内气溶胶的形成起到推动作用，这些气体导致了环境污染、生态破坏和人畜健康问题。

1. 恶臭物质多，对大气污染大

猪场的恶臭主要来自于粪便、尿液、污水、垫料、饲料、尸体的腐败分解、消化道排出气体、皮脂腺、汗腺和外激素分泌物等。已发现粪尿中的恶臭化合物主要包括 NH_3、甲胺、H_2S、甲基硫醇、吲哚、丙烯醛和粪臭素等 160 余种。NH_3 是最强烈的挥发性恶臭物质，会导致生猪的生产性能下降，而且影响人的身体健康，引起呼吸道疾病。猪舍中，NH_3 和酸性气体能够形成大量的气溶胶。舍内 NH_3 能够对阳光产生散射作用，对温度产生一定的影响，并且能够改变舍内气体的物理成分。

2. 猪排泄物多，对水体和土壤污染大

为防止仔猪下痢和促进仔猪的生长发育，很多规模猪场在饲料添加剂中使用铜、锌和砷等微量元素。过量添加的重金属会随粪便排出，这些粪便进入土壤，会使土壤中的微生物减少，造成土壤板结、肥力下降。在仔猪日粮中添加高剂量的 ZnO，也会造成环境污染，考虑到元素间的相关性，其他元素如 Fe、Mn 等相应提高，高剂量的微量元素未被完全吸收，从粪中排出，污染环境。

据文献报道万头养猪场一年有 4.07×10^3kg 化学需氧量和 3.03×10^3kg 生物需氧量流失到水体中，相当于具有一定规模的工业企业的污染物排放量。粪便中化学需氧量、生物需氧量及残留的重金属流入水体，会造成水体浑浊、变黑，猪场污水未经处理会含有大量的 N、P，导致水体富营养化，未经处理的粪污水直接灌溉农田，容易造成土壤板结，引起土壤质量下降。

3. 传播人畜共患疾病

据世卫组织和联合国粮农组织相关报道，目前由生猪传染的人畜共患传染病约 25 种，主要传播载体就是粪便。规模化猪场所产生的粪便及病死猪中含有大量的病原微生物、寄生虫卵，使环境中的病原种类增多，这些病原体会传播疾病，造成人、畜传染病的蔓延，严重的危害人畜健康。

（二）猪场污染产生的原因

1. 猪场经营模式和规模的变化

20 世纪 80 年代以前，我国养猪以散养为主，产生的粪污直接被用作农田肥料。随着时代的发展和国家政策的变化，近 30 年来养猪已经形成产业化模式，而且规模越来越大，出现猪场形成的大量污染物严重超过周围环境消纳量的情况。

2. 农业用肥方式的转变

随着化工行业的飞速发展，农民转用价格低廉、使用方便的化肥。农家肥（主要是猪粪肥）使用量大，有效物质不易保存，致使农民更多地倾向于逐渐抛弃农家肥。

随着土地施用化肥产生板结状况的出现，我国农业部门已经开始注重、倡导使用农家肥，但是对猪粪处理不当，就会污染环境，造成畜产公害。

3. 兽药及添加剂的滥用

猪场中无节制的使用微量元素添加剂，使粪便中含有大量的 Zn、Cu 等金属元素，这些对环境造成严重污染。兽药的滥用，致使药物在粪便和尿液中残留量严重超标。这些有毒有害物质在量少的情况下不会对周围大气、水体、土壤产生危害，一旦过量则会对环境造成严重的污染，而且有可能不可恢复。

4. 粪污处理工艺及其他原因

（1）清粪工艺　我国规模化猪场目前采用的清粪工艺主要有水冲粪、水泡粪和干清粪等。有些规模化场依旧采用水冲清粪方式和水泡粪的方法，这样就埋下了污染环境的祸根。干清粪方式是目前提倡采用的方式，其用水量较水冲粪及水泡粪减少 60% ~70% 和 40% ~50%，并且可以有效地减少 COD_{cr}、BOD_5 等含量。

（2）饲喂模式　饮水系统设计和饲槽设计对污水产生量有着重要的影响。目前大多数猪场采用的是乳头式饮水器。但是到了夏季，猪只为了防暑降温，咬着乳头不放，造成浪费，致使污水量增多。

（3）生产管理水平　实际生产过程中影响生猪生产管理主要因素有：饲料营养水平和饲养管理水平。合理的分级饲喂阶段，搭配不同的营养水平，可以有效地提高养分利用率；饲养管理上现在比较好的是“阶段饲喂法”，可以减少氮排泄量为 8.5%。

（三）猪场粪污的产生量

据估计，存栏小猪（20 ~40kg 的育成猪、后备母猪）年产粪尿约 1500kg；中猪（初产母猪或 50 ~75kg 的育肥猪）年产粪尿约 3000kg；大猪（75 ~100kg

的育肥猪、成年母猪和成年公猪）年产粪尿约4500kg。

由于养猪模式、粪尿收集、冲洗方式、猪群构成季节的不同，各猪场粪尿产生量会有较大差异。一个年出栏万头规模的猪场，每日排污量：水冲清粪方式为210～240m^3/d；水泡清粪方式为120～150m^3/d；人工干清粪方式为60～90m^3/d。采用人工清粪方式的排污量仅为其他两种方式的1/2～1/3。以北京市的猪场污水调查为例，各养殖场因生产方式和管理水平不同，用水量和废水排放量均存在较大差异，北京市规模化猪场的单位用水系数是水冲粪25kg/(头·d)，干清粪15kg/(头·d)；废水产生系数为水冲粪18kg/(头·d)，干清粪7.5kg/(头·d)。

（四）粪污处理原则

1. 减量化

生猪养殖过程中产生的污水主要包括猪排出的尿液（占20%）、冲洗水（占30%）、饮水系统渗漏及雨水（占25%）、不当的饲喂模式产生的污水（占25%）。猪的实际排泄物占到总污水量的20%左右。要治理好畜禽粪污污染，必须从源头抓起，有效削减污染总量。进行干湿分离和雨污分离，在建筑设计上进行适当的改进，形成独立的雨水收集管网系统和污水收集管网系统，在保持猪舍清洁干净的前提下，尽量减少冲洗用水。同时，利用理想蛋白质模式、理想氨基酸模式以及在饲料中添加酶制剂、微生态制剂等促进动物对饲料原料的消化吸收，减少粪便产生量。这样不仅有利于畜禽的生长，而且从污染源头控制了粪污产生量和排放量。

2. 无害化

畜禽粪便中含有细菌、病毒、寄生虫，会造成人、畜传染病的蔓延；粪便中化学需氧量、生物需氧量及残留的重金属会造成水体浑浊、变黑，畜禽污水未经处理会含有大量的N、P，导致水体富营养化；粪污散发出的NH_3、H_2S等恶臭气体是大气污染的污染源之一；CH_4、CO_2等进入大气则造成温室效应。另外，未经处理的粪污水直接灌溉农田，容易造成土壤板结，引起土壤质量下降。

猪场必须按2014年1月1日起颁布实施的《畜禽规模养殖污染防治条例》和《粪便无害化卫生标准》要求，选用先进工艺技术，结合猪场周围的环境、粪污消纳能力和能流物流生态平衡的特征，因地制宜，消除污染，消除蚊蝇孳生，杀灭病菌，使其在利用时不会对其他牲畜产生不良影响，不会对作物产生不利因素，排放的粪污不会对地下水和地表水产生污染等。

3. 资源化

资源化利用是粪污处理的核心内容。畜禽粪便如果得不到有效的处理，不仅污染环境，而且造成资源的巨大浪费。粪污经过治理，既可减少对环境的污染，又可增加猪场经济收入，达到变废为宝的目的。猪粪便堆肥能够生产优质有机肥料，堆肥中含有大量有机质和N、P、K及其他植物必需的营养元素；厌氧发酵残余物、沼渣、沼液除含有N、P、K外，还含有Ca、Cu、Zn、Fe等多种微量元素以及氨基酸、维生素、生长素、有益微生物，是一种速缓兼备的有机肥料。施用有机肥可提高土壤的有机质及肥力，改良土壤结构，并能维持农作物长期优质高产，是很好的土壤肥料来源。随着绿色食品、有机食品生产日趋增多，猪粪便越来越成为一种宝贵的肥料资源，为绿色食品及有机食品的生产提供基础保障。猪场可以通过出售有机肥增加收益，同时也可为农民创造就业机会。此外，污水处理后还田灌溉可使水资源得到进一步的利用，是实现养猪业可持续发展的基础。

（五）粪污处理方法

猪场粪污要实现减量化、资源化、无害化可持续发展的模式，首先应该根据国家《畜禽规模养殖污染防治条例》《中、小型集约化养猪场环境参数及环境管理》和《畜禽养殖业污染物排放标准》等标准的要求，调整生产结构，开展清洁生产，减少污染物产生量，降低处理成本；其次要结合资源化和综合利用的模式，坚持以利用为主、利用与治污相结合，使得排放的污水和粪便不会对地下水和地表水产生污染，同时可以使农牧、林牧渔等相互协调发展，实现生态养殖。

1. 猪场清粪工艺

清粪方式是猪场粪污处理工艺设计中首先需要考虑和确定的关键问题之一。猪场清粪方式的选择要视当地和各场实际情况因地制宜地确定，常见清粪方式有干清粪、水泡式清粪和水冲式清粪。

（1）水冲式清粪　水冲式清粪是每天多次用水将粪污冲出舍外。水冲式清粪的优点是设备简单，投资较少，劳动强度小，劳动效率高，工作可靠故障少，易于保持舍内卫生。其主要缺陷是水量消耗大，产生污水多，流出的粪便为液态，粪便处理难度大，也给粪便资源化利用造成困难。在水源不足或在没有足够农田消纳污水的地方不宜采用。

（2）水泡式清粪　水泡式清粪是在漏缝地板下设粪沟，粪沟底部做成一定的坡度。粪沟内粪便在猪舍冲洗水的浸泡和稀释后成为粪液，在自身重力作用下流向端部的横向粪沟，待沟内积存的粪液达到一定程度时（夏天1~2个月，冬天2~3个月），提起沟端的闸板排放沟中的粪液。这种清粪方式虽可提高劳动效率，降低劳动强度，但耗水耗能较多，舍内潮湿，有害气体浓度高，造成猪舍内卫生状况变差。更主要的是，粪中可溶性有机物溶于水，使水中污染物浓度增高，增加了污水处理难度。

（3）干清粪　干清粪要求粪便和污水在猪舍内自行分离，干粪由机械或人工收集、清出，尿及污水从下水道流出，分别进行处理。人工清粪就是靠人利用清扫工具将猪舍内的粪便清扫收集，再由机动车或人力车运到集粪场。人工清粪只需一些清扫工具、清粪车等，设备简单无能耗，一次性投资少。其缺陷是劳动量大，生产率低。机械清粪是采用专业机械设备，如链式刮板清粪机、螺旋搅龙清粪机和往复式刮板清粪机等。机械清粪的缺点是一次性投资较大，运行维护费用较高。

干清粪工艺是技术经济性较高的一种清粪方式，规模越大的猪场，采用干清粪工艺的比例越高。干粪经过人工或者机械收集，污水中的有机物浓度大大降低，能够减少后续处理的运行成本，同时还可以节省大量的冲洗用水。干清粪所收集的干粪用于制造有机肥需要规模效益，规模越大的猪场，能够收集的猪粪基数就越大。

与水冲粪和水泡粪工艺相比，干清粪可以分别减少猪场的污水排放量60%～70%和40%～50%，并显著减少污水中的BOD_5、COD_{cr}和悬浮物（SS）含量，提高污水水质（如表6－26所示）。

表6－26　不同清粪工艺的猪场污水水质和水量

项目	清粪工艺	水冲清粪	水泡清粪	干清粪		
水量	每头平均值/（L/d）	35～40	20～25	—	10～15	—
	万头猪场值/（m^3/d）	201～240	120～150	—	60～90	—
水质指标	BOD_5	5000～60000	8000～10000	302	1000	—
	COD_{cr}	1100～13000	8000～24000	989	1476	1255
	悬浮物	1700～20000	2800～35000	340	—	132

注：（1）水冲粪和水泡粪的污水水质按每日每头排放COD_{cr}量为448g，BOD_5量为200g，悬浮物为700g计算得出。

（2）干清粪的3组数据为研究者在3个猪场实测得到的结果，其余为参考数据。

（4）生物发酵床工艺　生物发酵床养猪法在猪饲料及垫料中添加枯草芽孢杆菌和酵母菌，形成有利于猪生长发育的微生态系统，微生物的代谢产生乙酸、丙酸、乳酸、抗生素与细菌素等共同组成对外籍有害微生物的化学屏障；原籍菌群有秩序地定植于猪的黏膜、皮肤等表面或在细胞之间形成生物屏障。正常运行的生物发酵床，其中心部无氨味，垫料湿度在45%，手握不成团，温度在45℃左右，pH7～8。生物发酵床清粪工艺根据猪生活的层面可以划分为直接接触式和非接触式。直接接触式是猪直接在垫料上生活，该方式垫料可以提供大量热量利于冬季保温。猪粪被及时分解和掩埋，舍内氨气的浓度一般较低。猪生活在松软的垫料上，其生物学天性得以较好地表达，可以拱食垫料中的菌丝，减少了争斗等异常行为，因此猪肉的品质得以提高，血清中 IgA 和 IgC 的含量得以提高。但是接触式发酵床也存在一定的问题，垫料属于好氧发酵，温度不宜控制，特别是夏季温度过高，给降温带来较大难题，特别是高温高湿地区。发酵床中的微生物不能抵抗抗生素的作用，生猪出现疾病时，注射抗生素后需要将其转圈饲喂。

2. 粪污的处理

(1) 干粪的处理　畜禽粪便含有丰富的氮、磷、钾等养分。鸡、猪、牛等粪便中还含有丰富的蛋白质及微量元素，是优质的有机肥源。畜禽粪便无害化处理技术主要包括肥料化技术和能源化技术等。

①自然堆沤腐熟法：自然堆沤腐熟法是将粪便堆放入池，覆盖黑膜或秸秆，经厌氧发酵完全腐熟后形成有机肥。常用于在偏远地区、场地宽阔的小农场，腐熟的肥料可就近使用，具有成本低、省工省时的优点。集约化畜禽养殖场大多分布在城镇周边，其周围土地不足以消纳大量的畜禽粪便，导致自然堆沤腐熟法不能应用。

自然堆肥是传统的堆肥方法，不添加任何菌种，依靠自然界广泛分布的微生物，通过高温发酵，对有机物进行有控降解，使之矿质化、腐殖化、无害化，转变为腐熟肥料，能够改善和提高土壤腐殖质组成，为作物生长提供营养物质。具体做法是：将物料围成长、宽、高分别为 10～15m、2～4m、1.5～2.0m 的条垛，在气温 20℃左右需腐熟 5～20d，其间需翻堆 1～2 次，以供氧、散热和使发酵均匀，此后静置堆放 2～3 月即可完全腐熟。为加快发酵速度，可在垛内埋秸秆束或垛底铺设通风管，在堆垛后的前 20d 因经常通风，则不必翻垛，温度可升至 60℃。

②干燥法：

a. 自然干燥。新鲜畜禽粪便摊在露天或棚膜下，利用太阳辐射进行干燥处理，具有操作简便、资金投入少等优点，但占用场地较多，受气候条件制约，适合农村散养户，不能作为集约化猪场干粪的主要处理技术。

b. 人工干燥。先进行脱水处理，再利用煤、电产生的热能对粪便进行干燥，在较短时间内使水分降低到 18% 以下。该法具有不受气候影响、耗时少、能连续批量生产、产品质量高等优点，但存在能耗较大、干燥过程散发 NH_3、H_2S、吲哚等恶臭物质的缺点，应用前景并不乐观。

③生物好氧高温发酵法：利用好氧微生物分解有机物，减少挥发性恶臭气体，杀灭粪便中有害病原微生物。发酵产物含有生物活性的微生物，作物增产效果显著，使发酵物料的物理性状得以明显改善。需对堆肥物料 pH、湿温度、

C/N 等参数进行适当调节，保持发酵过程不同阶段不同微生物旺盛生长态势及优势菌种的合理更替，以提高发酵效率。生物好氧高温发酵以其无害化程度高、发酵时间短、产品腐熟程度高、处理规模大、运行成本低、适于工厂化生产、技术成熟等优点而成为国内外首选的粪便处理方式，尤其是在德国、日本等国家。

根据生物发酵原理，生物好氧高温发酵往往需要添加一定量的微生物菌种来缩短堆肥时间。首先需建设一个全封闭的发酵池或配备发酵罐、发酵塔、卧式发酵滚筒等设备，低温时需适当供温，可提高效率 3 ~4 倍以上，一般 4 ~6d 即可完成有机物降解，含水率降至 25% ~30%，放置 20 ~30d 完全腐熟。为便于贮存和运输，需将水分降至 13% 左右，并粉碎、过筛、装袋。发酵设备包括发酵前调整物料水分和碳氮比的预处理设备和腐熟后物料的干燥、粉碎等设备，可形成不同组合的成套设备。

（2）粪便污水的处理　畜禽污水主要是由粪便尿液、饲料残渣、夹杂粪便以及圈舍冲洗水组成，而畜禽圈舍冲洗水及粪便尿液占绝大部分。未经处理的畜禽污水中含有大量的有机污染物质以及氮磷等营养物质，污染负荷较高，主要的处理处置技术有还田利用、自然处理以及工业化处理技术。

①自然处理技术：自然处理是利用天然水体和土壤的物理、化学性质与生物的综合作用来净化污水。净化机理主要有过滤、截流、沉淀、物理及化学吸附、化学分解、生物氧化及生物吸收等。氧化塘、土地以及人工湿地等是主要的自然处理系统。该法具有投资少、耗能低、运行管理费用低、便于管理、工艺简单、产泥量少的优点，但是占地面积大，处理效果受季节温度影响较大，有污染地下水的可能。

自然处理法在澳大利亚、德国及东南亚一些国家应用较多。国外对畜禽污水自然处理法的研究主要集中于数据库和设计指南的开发、机理的研究及改良人工湿地技术。畜禽污水自然处理技术适合国情，具有广阔的应用前景。氧化塘及人工湿地处理畜禽污水的设计中，针对畜禽污水的设计标准和规范尚需深入研究，需建立适合于不同地区、不同自然条件下畜禽污水自然处理技术的实用数据库，编制相关设计规范。

②污水工业化处理技术：传统工业化处理技术包括好氧生物处理、厌氧生物处理及其组合工艺，适合于经济较发达、土地资源紧张、规模较大的养殖场，具有占地少、适用性广、处理效果受环境变化影响较小的优点，但是工程投资大、能耗高、运转费用高、维护管理困难。脱氮除碳的新技术主要有厌氧氨氧化自养脱氮技术、同时产甲烷反硝化技术、短程硝化反硝化技术，新技术的应用具有更广阔的市场。

a. 好氧技术。分为天然好氧处理和人工好氧处理。天然好氧处理技术投资费用低，但其占地面积大及处理效果易受季节的影响，故适合于养殖规模小且附有废弃沟塘可供利用的养殖场；人工好氧生物处理主要有活性污泥法、生物滤池、生物接触氧化、A/O 等，脱氮效果较差。由于畜禽污水系高浓度有机污水，N、P 含量高，单独采用好氧处理或厌氧处理在经济上和处理效果上均不理想。

b. 厌氧技术。厌氧处理能量需求低，可回收绿色能源——甲烷，有较高的有机物负荷潜力，能降解一些好氧微生物不能降解的有机物。厌氧生物处理工艺有厌氧接触法、厌氧滤池、厌氧折流板反应器（ABR）、污泥床滤器（UBF）、升流式污泥床反应器（USR）、上流式厌氧污泥床（UASB）、内循环厌氧反应器（IC）、两相厌氧消化等。厌氧生物处理具有造价低、占地少的优点，但对氮没有去除效果。

c. 物化工艺。物化处理法是指通过物理、化学手段对养殖污水进行处理，目前主要的物化处理手段有固液分离、混凝沉淀、吸附等手段，通常用于养殖污水的预处理。固液分离是养殖场污水常用的预处理方法，可使污水悬浮物和化学需氧量下降 30% 左右，有效降低后续工艺的处理压力。崔丽娜等采用磁絮凝沉淀方法处理养殖污水，可以有效去除化学需氧量和悬浮物。物化法可用于规模化养殖污水的处理，具有工艺简单、高效等优点，但后期费用投入较高，易引起二次污染，因此该方法一般用于预处理或后期深度处理。

3. 粪污的利用

（1）固体粪污的利用　养猪场固体粪污经堆肥腐熟后，不仅能增加堆肥中有机质含量，还可以保留粪便中的氮、磷和钾等无机成分，利用好氧发酵杀死粪便中 90% 以上的病原微生物、寄生虫及其卵，减少粪便固有的臭味和污物感，便于施用，是优质和绿色食品的生长营养肥料。利用这些腐熟的堆肥制成的商品有机复合肥解决了普通有机肥的缺点，在具有有机肥改良土壤，增强地力、肥料养分密度大，施肥量少等功效的同时，还可根据施用对象的需要调整肥料成分的构成和肥料成分的释放速度，提高肥料的利用效率。有机复合肥的使用可以促进有机肥的施用，节约化肥，改善土壤理化性状，保证农业生产的可持续发展，使农业生产步入良性循环，并有着巨大的潜在市场，前景良好。

对未经腐熟的固体粪污，则需及时施用于农田，以防堆放过程中污染环境，且只能作为底肥施用，使其在土壤中有一定时间自然腐熟，然后再行播种。

另外，猪场固体粪污作蚯蚓、蝇蛆、食用菌培养料，然后作肥料还田，也是一种合理的利用方式，但利用数量有限。

也有猪场未经固液分离，直接将全粪排入沼气池发酵。这种处理会使沼液沼渣的肥效提高，但其净化程度较差，存在二次污染问题，同时其运行受地域气候制约，北方地区运行设备投资大。

（2）沼气利用 猪粪污水经厌氧发酵产生的沼气，经脱硫和除水等方式净化后，甲烷含量一般为55%～70%，含热量19702～25075kJ，是很好的清洁能源。这些沼气可用于猪场职工和猪场附近居民的生活用气。沼气净化、储存与利用需配备气水分离器、脱硫塔、储气柜、阻火器、流量表、凝水器、供气管道、沼气锅炉或入户工艺设施等。

（3）沼渣和沼液利用 猪粪污水经厌氧发酵后的沼液和沼渣，除碳素损失较大外，仍保留90%原料营养成分，且氮素结构得到优化，磷和钾的回收率高达80%～90%，是优质的有机肥料。沼肥中除了含有常量营养元素、有机质外，还含有多种微量营养元素，是很好的液体肥料。猪场沼渣沼液的后处理方式可归纳为厌氧－还田模式、厌氧－自然处理模式、厌氧－好氧－达标排放（工厂化处理模式）3种模式。

厌氧－还田模式将系统产生的沼渣沼液全部还田利用，适用于远离城市、经济落后、土地宽广，有足够的农田消纳猪场粪污的地区，特别是种植常年施肥的作物，如蔬菜、果木和花卉等的地区，该模式最符合循环经济理念。

厌氧－自然处理模式采用氧化塘等自然处理系统对沼液进行处理，需要大面积的自然消纳场地。适用于离城市较远，气温较高，土地宽广，地价较低、有滩涂、荒地、林地或低洼地可供利用的地区。

厌氧－好氧－达标排放（工厂化处理）模式采用好氧技术对沼液进行达标处理，最后达标排放的还是污水，只是氨氮等含量达到了排放标准，该模式的投资大，运行费用远高于实际收益。适用于经济发达，土地紧张，没有足够农田消纳沼液的地区。

沼液含有丰富的氮磷钾等营养元素、各类氨基酸、植物激素，可用于农业生产，用作基肥或者追肥、用作叶面肥、用于浸种、用作生物农药。沼液农业利用模式的差异跟各个国家自身的国情有关，如在澳大利亚沼液用可作为农肥、草地肥施用，而德国则规定沼液必须经过无害化处理才可作为有机肥施用。农业部沼气科学研究所张国治等在四川、安徽等6个省市区进行了大中型沼气工程沼渣及沼液利用意愿的调研，结果表明730户有33%正在使用沼液做肥料，86.44%的农户不选择使用沼渣，据估算现阶段我国每年约有6亿吨沼液（含沼渣）产生，沼液农业资源化利用前景不容乐观。

（六）废弃物的处理

规模化猪场生产过程中除产生粪便和污水以外，还会产生其他废弃物，这些废弃物必须加以处理。猪场其他废弃物主要有猪的尸体、废弃垫料、药品及饲料包装、疫苗瓶、毛发、生活垃圾等。

1. 病死猪无害化处理

规模猪场对于病死猪只的尸体应按《病害动物和病害动物产品无害化处理规程》的要求做无害化处理，严禁对病死猪只的销售和食用。现阶段，病死畜禽无害化处理应用较多、较成熟的技术有掩埋法、焚烧法、堆肥法、化制法、生物降解法等。

（1）毁尸池处理　毁尸池为一个密闭的空腔体，池顶上设投料口，投料口上配备密封盖。将病死或不明原因死亡的猪尸体通过投料口投入毁尸池内，盖好密封盖，使尸体在密闭的毁尸池内进行微生物发酵。池内温度可高达65℃，4～5个月后可全部分解。在池内添加适量的高锰酸钾、烧碱和生石灰等达到消灭病菌和病毒的目的，实现无害化处理。毁尸池需设置在养猪场的下风区，离水源1km外较干燥的地方。

（2）化尸宝处理　将病死猪投入装有锯木等物料的化尸容器内，经过一段时间密闭发酵后，可用作肥料的一种病死猪处理方法。

（3）深坑掩埋　掩埋法所消耗的人力、物力、财力是众多处理方式中最少的一个，因此成为很多小型养殖户和规模较小的养殖场处理处置病死畜禽的选择。该法简单、费用低且不易产生气味，但可能污染土壤或地下水。深埋法不适用于患有炭疽等芽孢杆菌类疫病，以及牛海绵状脑病、痒病的染疫动物及产品、组织的处理。深坑应尽量远离猪舍区，设在猪场下风向，避开水源。最好是用水泥板或砖块砌成的专用深坑。掩埋时病死猪尸体上层应距离地表1.5m以上，掩埋后需将掩埋土夯实，掩埋后的地表环境应使用高效消毒剂喷洒消毒。

（4）焚烧法　焚烧法是除掩埋法之外处理病死猪肉最常用的一种方法。与掩埋法相比，焚烧法具有处理时间短、消耗人力少、操作更方便等优点。目前国内外焚烧法主要有机械炉排、回转窑、流化床和控制风式焚烧四种，从处理容量上看，容量大小依次为机械炉排、回转窑、流化床和控制风式焚烧。机械炉排焚烧具有产生烟气量小、灰尘浓度低、热导效果好、燃烧效果好等特点，是处理病死牲畜最理想的方法。

（5）堆肥　堆肥法是操作简单、低价高效的粪便处理方法。将动物尸体置于堆肥内部，通过微生物的代谢作用降解动物尸体，降解产生的高温可杀灭病原微生物，最终达到减量化、无害化、稳定化处理目的，目前多选择静态堆肥方式或发酵仓堆肥。

①条垛式静态堆肥：最先用于处理畜禽尸体，设备简单、投资成本低、产品腐熟度高、稳定性好。在染疫动物体内病原微生物未被完全杀死之前，频繁翻堆可能会导致病原微生物扩散，污染翻堆设备，甚至感染工人。

②发酵仓式堆肥系统：设备占地面积小、空间限制小、生物安全性好，不

易受气候影响。温度、通风、水分含量等因素可得到良好的控制，可以有效提高堆肥效率和产品质量，但设备难以容纳牛、马等大型动物。

（6）化制法　化制法是将死畜禽用密封的尸体袋包装消毒后运至化制处，投入专用湿化机或干化机进行化制，化制后形成肥料、饲料、皮革等。与掩埋法和焚烧法相比，化制法是处理病死畜禽尸体更为环保、更有经济价值的一种方法。化制法将禽畜回收减量、再利用，创造高经济价值，能够有效地减少死禽畜流入市场。与掩埋法和焚烧法相比，化制法工序更为繁杂。化制法不会浪费土地等资源，对环境污染最小。

（7）环保型无害化处理　依据生态学、生物学、经济学、系统工程学原理，以土地资源为基础，以太阳能为动力，以鱼塘为纽带，产、养业结合，通过生物转换技术，在田园、全封闭状态下，将过程中产生的不可利用死牲畜的血、内脏等通过鱼塘予以消化，形成良好的生态循环利用体系。它是在一块较大面积的土地上，实现产粉、产油同步，生产、养殖并举，建立一个生物种群较多，食物链结构健全，能流、物流较快循环的能源生态系统工程，成为发展生态农业，实施农业生产结构调整，建设生态家园，促进农村经济繁荣，改善生态环境，提高人民生活质量的一项重要技术措施。

与掩埋法、焚烧法和化制法相比，环保型无害化处理是新型的处理病畜尸体的一种方法，其以循环经济理念为指导，巧妙利用生物链，开拓鱼粉生产线，有利于改善生态环境，二次加工废弃料，增加产品附加值。

2. 其他废弃物处理

（1）生活垃圾　养猪场生活垃圾应遵照国家有关规定分类回收、集中处理、综合利用，不得自行随处掩埋或焚烧，以防造成环境污染。

（2）废弃垫料　能直接做肥料的用于还田，不能直接用作肥料的垫料，可以先处理，再利用（比如焚烧后再还田做农家肥）。

（3）药品及饲料包装　一般集中收集送到废品回收站直接出售，部分饲料包装袋可二次回收利用。

（4）疫苗瓶　按当地防疫部门的要求，消毒灭菌后集中处置。

五、养猪场经营管理

（一）猪场物资与报表管理

1. 物资管理

建立进销存账，专人负责，物资凭单进出仓库。生产必需品如药物、饲料、生产工具等要每月制定计划上报，各生产区（组）根据实际需要领取，不得浪费。

2. 猪场报表

报表是猪场生产管理的有效手段，是上级领导检查工作的途径之一，也是统计分析、指导生产的重要依据。猪场常用的报表有种猪配种情况周报表、产仔情况周报表、妊娠情况周报表、保育猪舍周报表、种猪死亡淘汰情况周报表、肉猪变动及上市情况周报表、猪群盘点月报表、猪舍饲料进销存周报表、配种情况周报表、饲料需求计划月报表、药物需求计划月报表、生产工具等物资需求计划月报表、饲料进出存储情况月报表、药物进出存储情况月报表、生产工具等物资进出存储情况月报表。报表填写是一项严肃的工作，应予以高度重视。各生产组长应做好各种生产记录，并准确、如实地填写周报表，交到上一级主管，查对核实后，及时送到场部。其中配种、分娩、断奶、转栏及上市等报表应一式两份。

（二）猪场组织架构、岗位定编及责任分工

1. 猪场组织架构

猪场组织架构参见表 6－27。

表 6－27　猪场组织架构

<table>
<tr><td colspan="12">场长</td></tr>
<tr><td colspan="4">生产副场长</td><td colspan="2">供销副场长</td><td colspan="2">财会</td><td colspan="4">办公后勤</td></tr>
<tr><td colspan="3">畜牧科</td><td>兽医科</td><td>供应科</td><td>销售科</td><td rowspan="2">会计</td><td rowspan="2">出纳</td><td rowspan="2">水电</td><td rowspan="2">运输</td><td rowspan="2">保安</td><td rowspan="2">食堂
其他</td></tr>
<tr><td>配种组</td><td>分娩
保育组</td><td>生长
育肥组</td><td>兽医</td><td>供应</td><td>销售</td></tr>
</table>

2. 岗位定编及责任分工

（1）岗位定编　规模猪场的人员编制一般包括场长、副场长、财会、生产线主管、后勤主管、畜牧师、兽医师、供销员、配种员、饲养员等。后勤人员按实际岗位需要设置人数，如后勤主管、会计出纳、司机、维修工、保安、炊事员、勤杂工等。在确定人员编制时应留有一定余地，应充分考虑各类人员节假日的轮休及带班安排。

（2）责任分工　以“层层管理、分工明确、场长负责制”为原则。具体工作专人负责；既有分工，有合作；下级服从上级；重点工作协作进行，重要事情场领导班子研究决策。

①场长：负责猪场的全面工作。制定和完善本场的各项管理制度、技术操作规程，管理后勤保障工作；负责制定具体的实施措施，落实和完成猪场各项任务；及时协调各部门之间的工作关系；负责监控本场的生产情况，员工工作

情况和卫生防疫，及时解决出现的问题；负责编排全场的经营生产计划，物资需求计划；负责全场的生产报表，并督促做好月结工作、周上报工作；做好全场员工的思想工作，及时了解员工的思想动态，出现问题及时解决，及时向上级反映员工的意见和建议；负责全场直接成本费用的监控与管理；负责落实和完成猪场下达的全场经济指标；负责全场生产线员工的技术培训工作，每周或每月主持召开生产例会。直接管辖生产线主管，通过生产线主管管理生产线员工。

②生产线主管：负责生产线日常工作，并协助场长做好其他工作。负责执行饲养管理技术操作规程、卫生防疫制度和有关生产线的管理制度，并组织实施；负责生产线报表工作，随时做好统计分析，以便及时发现并解决问题；负责猪病防治及免疫注射工作；负责生产线饲料、药物等直接成本费用的监控与管理；负责落实和完成场长下达的各项任务。直接管辖组长，通过组长管理员工。

③组长：

a. 配种妊娠舍组长。负责组织本组人员严格按《饲养管理技术操作规程》和每周工作日程进行生产，及时反映本组中出现的生产和工作问题。负责整理和统计本组的生产日报表和周报表；负责协调安排本组人员休息替班；负责本组定期全面消毒和清洁绿化工作；负责本组饲料、药品、工具的使用与领取及盘点工作；负责本生产线配种工作，保证生产线按生产流程运行；负责本组种猪转群及调整工作；负责本组公猪、后备猪、空怀猪、妊娠猪的预防注射工作。服从生产线主管的领导，完成生产线主管下达的各项生产任务。

b. 分娩保育舍组长。负责组织本组人员严格按《饲养管理技术操作规程》和每周工作日程进行生产，及时反映本组中出现的生产和工作问题。负责整理和统计本组的生产日报表和周报表；负责协调安排本组人员休息替班；负责本组定期全面消毒和清洁绿化工作；负责本组饲料、药品、工具的使用与领取及盘点工作；负责本组空栏猪舍的冲洗消毒工作，负责本组母猪、仔猪转群、调整工作；负责哺乳母猪、仔猪预防注射工作。服从生产线主管的领导，完成生产线主管下达的各项生产任务。

c. 生长育成舍组长。负责组织本组人员严格按《饲养管理技术操作规程》和每周工作日程进行生产，及时反映本组中出现的生产和工作问题。负责整理和统计本组的生产日报表和周报表；负责协调安排本组人员休息替班；负责本组定期全面消毒，清洁绿化工作；负责本组饲料、药品、工具的使用与领取及盘点工作；负责肉猪的出栏工作，保证出栏猪的质量；负责生长、育肥猪的周转、调整工作；负责本组空栏猪舍的冲洗、消毒工作；负责生长、育肥猪的预防注射工作。服从生产线主管的领导，完成生产线主管下达的各项生产任务。

④饲养员：

a. 辅配饲养员。协助组长做好配种、种猪转栏及调整工作；协助组长做好公猪、空怀猪、后备猪预防注射工作；负责大栏内公猪、空怀猪、后备猪的饲养管理工作。

b. 妊娠母猪饲养员。协助组长做好妊娠猪转群及调整工作；协助组长做好妊娠母猪预防注射工作；负责定位栏内妊娠猪的饲养管理工作。

c. 哺乳母猪和仔猪饲养员。协助组长做好临产母猪转入、断奶母猪及仔猪转出工作；协助组长做好哺乳母猪、仔猪的预防注射工作；负责哺乳母猪、仔猪的饲养管理工作。

d. 保育猪饲养员。协助组长做好保育猪转群及调整工作；协助组长做好保育猪预防注射工作；负责保育猪的饲养管理工作。

e. 生长育肥猪饲养员。协助组长做好生长育肥猪转群及调整工作；协助组长做好生长育肥猪预防注射工作；负责生长育肥猪的饲养管理工作。

f. 夜班人员。负责值班期间猪舍猪群防寒、保温、防暑、通风工作，值班期间防火、防盗等安全工作和哺乳仔猪夜间补料工作。重点负责分娩舍接产、仔猪护理工作并做好值班记录。夜班人员每天工作时间为夜间及白班的午休时间。一般为：午间 11：30—14：00，晚间 17：30—次日早 7：30，两名夜班人员轮流值班。

（三）猪场生产例会与技术培训制度

为了达到定期检查、总结生产上存在的问题、提高饲养管理人员的技术素质、及时研究出解决方案、有计划地布置下一阶段的工作、使生产有条不紊地进行、进而提高全场生产的管理水平的目的，猪场必须因地制宜地制定生产例会和技术培训制度。

1. 主持

猪场生产例会和技术培训会的主持人由猪场场长或分管生产业务的负责人主持。

2. 时间安排

一般情况下可安排在星期一晚上 7：00—9：00 为生产例会和技术培训时间，生产例会 1h 左右，技术培训 1h 左右。特殊情况下灵活安排。

3. 内容安排

总结检查上周工作，安排布置下周工作，按生产进度或实际生产情况进行有目的、有计划的技术培训。

4. 程序安排

组长汇报工作，提出问题；生产线主管汇报、总结工作，提出问题；主持人全面总结上周工作，解答问题，统一布置下周的重要工作。生产例会结束后进行技术培训。

5. 会前准备

开会前，生产组长、生产线主管和主持人要做好充分准备，重要问题要准备好书面材料。

6. 会议要求

对于生产例会上提出的一般技术性问题，要当场研究解决，涉及其他问题或较为复杂的技术问题，要在会后及时上报、讨论研究，并在下周的生产例会上予以解决。

（四）猪场各项规章制度

1. 员工休请假考勤制度

（1）休假制度

①员工每月休假 4 ~ 8d，正常情况下不得超休。

②正常休假由组长、生产线主管逐级批准，安排轮休。

③法定节假日上班的，可领取加班补贴。

④休假天数积存多的由生产线主管、场长安排补休。

（2）请假制度

①除正常休假，一般情况不得请假，病假等例外。

②请假需写员工请假单，层层报批，否则做旷工处理。

③生产线员工请假 4d 以上者由主管批准，7d 以上者需由场长批准。

（3）考勤制度

①生产线员工由生产线主管负责考勤，生产线主管、后勤人员由场长负责考勤，月底上报。

②员工需按时上下班，有事需请假。

③严禁消极怠工，一旦发现经批评教育仍不悔改者可按扣薪处理，态度恶劣者上报场长做开除处理。

（4）顶班制度

①员工休假（请假）由组长安排人员顶班，组长负责。

②组长休假（请假）由生产线主管顶班，生产线主管负责。

③生产线主管休假（请假）由场长顶班，场长负责。

④各级人员休假必须安排好交接工作，保证各项工作顺利开展。

⑤出现特殊情况如外界有疫情需要封场，则不可正常休假，只能安排积休。

2. 会计、出纳、电脑员岗位责任制度

①严格执行猪场制定的各项财务制度，遵守财务人员守则，把好现金收支手续关，凡未经领导签名批准的一切开支，不予支付。

②严格执行公司制定的现金管理制度，认真掌握库存现金的限额，确保现金的绝对安全。

③每月按时发放工资。

④做到日清月结，及时记账、输入电脑。

⑤电脑员负责电脑工作，有关数据、报表及时输入电脑，协助生产管理人员的电脑查询工作，优先安排生产技术人员的查询工作。

⑥电脑员负责电脑维护与安全，监督和控制电脑的使用，有权限制和禁止与电脑数据管理无关人员进入电脑系统，有责任保障各种生产与财务数据的安全性与保密性。

⑦会计、出纳、电脑员应直属场办公室。

3. 水电维修工岗位责任制度

①负责全场水电等维修工作。

②电工带证上岗，严格遵照水电安全规定进行安全操作，严禁违规操作。

③经常检查水电设施、设备，发现问题及时维修和处理。

④优先解决生产线管理人员提出的安装、维修事宜，保证猪场生产正常运作。

⑤水电维修工的日常工作由后勤主管安排，进入生产线工作时听从生产线管理人员指挥。

⑥不按专业要求操作，出现问题自负责任。

⑦不能及时发现和处理生产中的问题，造成后果自己负责。

4. 机动车司机岗位责任制度

①遵守交通法规，带证上岗。

②场内用车不准出场，特殊情况出场时须请示场长批准。

③爱护车辆，经常检查，有问题及时维修。

④安全驾驶，注意人、车安全。

⑤坚决杜绝酒后开车。

⑥车辆专人驾驶，不经场长批准，不得让他人使用。

⑦严禁公车私用，特殊情况下须请示场长批准。

⑧车辆必须在指定地点存放。

⑨场内用车由后勤主管统一安排。

5. 保安、门卫岗位责任制度

①负责猪场治安保卫工作，依法护场，确保猪场有一个良好的治安环境。

②服从猪场场长、后勤主管的领导，负责与当地派出所的工作联系。

③工作时间内不准离场，坚守岗位，除场内巡逻时间外，平时在门卫室值班，请假需报后勤主管或场长批准。

④主要责任范围：禁止社会闲散人员进入猪场，禁止非生产人员进入生产区，禁止场外人员到猪场寻衅滋事，禁止打架斗殴，禁止“黄、赌、毒”，保卫猪场的财产安全，做到“三防”。

6. 仓库管理员岗位责任制度

①严格遵守财务人员守则。

②物资进库时要计量、办理验收手续。

③物资出库时要办理出库手续。

④所有物资要分门别类地堆放，做到整齐有序、安全、稳固。

⑤每月盘点一次，如账物不符的，要马上查明原因，分清职责，若失职造成损失要追究其责任。

⑥协助出纳员及其他管理人员工作。

⑦协助生产线管理人员做好药物保管、发放工作。

⑧协助猪场销售工作。

⑨保管员由后勤主管领导，负责饲料、药物及疫苗的保存发放，听从生产线管理人员技术指导。

7. 食堂管理制度

为了加强和促进食堂管理工作，进一步提高后勤服务质量，确保食堂卫生和食品安全，方便职工就餐，搞好职工生活，必须制定猪场食堂管理制度，主要内容如下：

（1）食品卫生要求

①对主要原料实行集中采购或定点采购，供货单位必须各种证件齐全，做好进货，发放使用记录，严禁私自采购原料。

②不得采购、加工、销售腐烂变质、假冒伪劣、不经检疫、有毒的食品，如有发现从严处罚并追究经销单位及当事人的责任，并由其承担一切后果。

③食品分类、分架、离地存放，生熟分开，不使用未经洗涤、消毒的餐炊具，不使用白色泡沫餐炊具，若有违反给予经济处罚。

（2）食堂环境卫生及工作人员管理要求

①食堂要保持清洁卫生，周围环境及食堂内每周消毒一次，餐具（碗、筷、碟）每餐用完后清洗干净，放在消毒柜消毒，炊事员应穿工作服进行操作。

②工作人员衣帽整洁，勤洗勤换，有健康合格证并挂卡上岗，出售食品时要戴口罩。

③饭堂工作人员态度要和蔼，经常征求职工意见，不断提高食品质量。

④餐厅卫生要保持清洁，随时清扫，及时开门关门，桌椅摆放整齐，不得随意搬动，保证使用完好。

(3) 食堂财务管理　食堂财务管理要公开，互相监督，不准营私舞弊。每月底结算一次伙食费，并交后勤主管、财会或场长审阅，每月底将本月领取伙食费总金额（包括收入)、实际消费金额、结余金额等数据在黑板上公布。买菜和验收由两个人执行：一人买菜，另一人验收，购买菜单由两人签字。出纳员负责领取、保存、支出伙食费、发放饭票等事宜。

8. 消毒更衣房管理制度

①员工上班必须洗澡，隔离 1d 后更衣换鞋方可进入生产线。

②上班时，员工换下的衣服、鞋帽等留在消毒房外间衣柜内，经沐浴后，在消毒房里间穿上工作服、工作靴等上班。

③下班时，工作服留在里间衣柜内，然后在外间穿上自己的衣服鞋帽等回到生活区。

④换衣间内须保持整洁，衣服编号和衣柜编号要一一对应，工作服、毛巾折叠整齐，禁止随意乱放，水鞋放在自己的编号柜下。

⑤地面、冲凉房要保持清洁干净、整齐有序，无异味。

⑥工作服、工作靴等不得乱拿乱放，保持整洁。

⑦上班员工应该互相检查督促，切实落实消毒房管理措施。

⑧消毒房管理人员负责消毒更衣房的管理工作。

（五）每周工作流程

以周为生产节律的猪场，为便于管理制度化、程序化，通常固定每天的工作内容，其常规工作安排见表 6－28。

表 6－28　每周工作日程表

星期	工作安排	备注
一	日常工作、大清洁、大消毒；淘汰猪鉴定	根据实际情况，可做适当调整，内容可变
二	日常工作、更换消毒池药液；空栏冲洗消毒	
三	日常工作、驱虫、免疫	
四	日常工作、大清洁、大消毒	
五	日常工作、母猪断奶，更换消毒池药液；空栏冲洗消毒	
六	日常工作、空栏冲洗消毒，出栏猪鉴定	
日	日常工作、设备检查，维修；交周报表	

（六）种猪淘汰原则与更新计划

1. 种猪淘汰原则

（1）淘汰年龄和体重已达到配种标准，但继续饲养 2～3 个情期后不发情的后备母猪。

（2）淘汰断奶后 60d 确定不发情的母猪。

（3）淘汰连续返情 3～4 次的母猪。

（4）淘汰连续 2 胎产仔数少于 6 头或死胎和弱仔多或产仔不均匀的母猪。

（5）淘汰乳头少于 6 对、发育不正常、有翻奶头或瞎奶头或副乳头、泌乳力差的母猪。

（6）淘汰母性不好、有恶癖、哺育率低的母猪。

（7）淘汰采食缓慢、体躯过肥和过重、行动迟缓、皮肤无光泽、眼睛无神的母猪。

（8）淘汰产生畸形后代的母猪。

（9）淘汰患有疾病或伤残、年龄偏大、生产性能下降的母猪。

2. 种猪淘汰计划

种猪是猪群增殖的基础，是整个养猪生产的核心。由于种猪的使用是有年限的，但种猪个体间生产性能差异很大。一般自然交配时公猪不超过 2 年，母猪不超过 8 胎，人工采精时公猪使用 3～4 年，母猪不超过 8 胎。

现以 100 头基础母猪为例，公猪：在自然交配条件下，一般公母猪比例不应超过 1∶25，则 100 头基本母猪需公猪为 100 ÷ 25 ＝4 头。年更新头数为 4 ÷2 ＝2 头（即年更新 2 头）。母猪：按一个有效生命周期繁殖 8 胎，每头母猪年产 2.3 胎计算，则母猪平均使用年限为 8 ÷2.3 ＝3.48≈3.5 年。年淘汰率为 1 ÷3.5 ×100% ＝28.6% ≈30%。因此，100 头基本母猪的猪场年应淘汰、更新数为 100 ×30% ＝30 头，每月应淘汰与更新头数为 30 ÷12 ＝2.5 头（如是大型猪场，还应算出每周淘汰、更新的头数）。

3. 后备猪引入计划

后备猪的选留比例，可分别按占基础母猪及种公猪的 50% 安排，基础母猪及种公猪淘汰率为 25% ～30%，所以，后备猪的选留比例也可按每年或应淘汰和补充的基础母猪数的 1～2 倍掌握，品质优良的青壮年（1.5～4 岁）公猪、母猪在基础母猪群中应保持 80% ～85% 的比例。

（七）猪场销售策略

1. 猪场产品

（1）活猪　这是最直接的产品类型，活猪经屠宰后可直接进入市场进行销售，也可经过加工处理再进入市场。

（2）分割肉　即将胴体按各部位进行切割、修整后的肉。分割肉可进行冷藏加工和包装，便于长途运输，用于供应国内外市场，也是肉制品深加工的原料。

（3）小包装肉　这是一个新兴的品种，它改变了传统的现切现卖的习惯，产品种类相当多，有大排、小排、精肉、肉丝、肉糜、蹄筋、猪腰、猪肝、猪肚、大肠等，具有很大的开发潜力。

我国猪产品的营销渠道主要有直接销售渠道（自产自销）和间接销售渠道。

2. 种猪销售策略

（1）产品策略　产品策略是营销活动的核心内容。产品策略是种猪场市场营销策略的出发点。种猪企业为了更好地组织种猪的市场营销，就必须研究和制定产品策略。猪场产品的整体包括3个层次：①核心产品：指种猪有正常的繁殖力，能满足种猪客户的需要；②有形产品：包括种猪的质量、品种、特点，还有发展中的种猪品牌等；③附加产品：主要指种猪场为种猪使用者提供的各种服务。种猪产品的整体概念，不仅指种猪本身，而且包括服务，以满足种猪使用者的需求。

（2）质量策略　种猪使用者在选择购买种猪时，首先考虑的是质量。品质优良的种猪对企业赢得信誉，树立形象，占领市场和增加收益，都具有决定性的意义。因此，种猪场必须高度重视本场的种猪质量问题，并将质量意识贯穿于企业管理的每一个环节。定期评估种猪的质量水平和优缺点，定期进行市场调查，倾听专家和种猪使用者的意见，以市场为导向，制定育种方案，使培育出来的种猪能最大限度地满足客户的需求；了解国内外育种的方向，及时掌握先进的育种技术，保证销售的种猪质量长期稳定；让技术人员了解种猪使用者如何使用本场的种猪，了解使用效果，使本场的种猪质量保持同行业的领先水平，用质量确保企业销售市场；条件好的育种企业可在国内逐步建立质量体系，例如ISO 9001：2000质量体系认证。

（3）服务策略　美国著名学者李维特断言：新的市场竞争将主要是服务的竞争。假设种猪供求平衡，质量、价格竞争已处于难分高低的状况中，种猪企业靠什么去获取竞争优势？答案是：靠服务！企业向客户提供优质种猪的同时，应伴以规范的全面服务，使客户得到最大的满足，进而成为种猪场最忠实的和最长久的主顾。通过服务可消除种猪使用者的各种顾虑，维护产品在他们心目中的形象，提高本企业的信誉。因此种猪企业应树立种猪企业服务理念，并将理念灌输到全体员工的思想和行动中去，竭诚向养猪企业和专业户奉献精心培育的优质种猪，并提供全面优质的服务。同时完善服务机构，提供全面的服务项目，包括售前、售中和售后服务。

售前服务——为新建种猪场提供规划、设计服务和生产人员的生产技术培训。售中服务——为用户提供优质种猪和系谱、引种过渡期的饲养管理方案等资料，解决运输问题，提供少量本场饲料，避免种猪到达目的地后因饲料改变而应激。售后服务——实行质量保证承诺，对售出的种猪使用情况进行跟踪。如果所售出的种公猪在正常管理条件下不能配种，经鉴定后，种猪场应以商品猪价格提供优良公猪给予补偿，生产场为用户提供管理和技术咨询，解决生产上出现的一些问题，帮助种猪使用者养好种猪，并向用户推荐使用效果较好的养猪用品，如饲料、消毒药、设备等。

种猪企业还应培养一批具有良好服务素质的工作人员，根据客户新需求调整服务内容与服务方式，建立客户管理系统，包括用户档案卡和用户投诉管理档案，设计种猪质量跟踪卡，及时将用户意见反馈回来作管理决策之用。重视客户投诉，这是一种机会，是改善各项管理、消除失误、加深与客户联系的机会。重视跳槽顾客的意见，通过深入了解跳槽客户的原因，可以发现经营管理中存在的问题，采取必要的措施进行改进。还可组织用户现场交流和联谊活动等。

（4）品牌　品牌对于种猪企业来说仍处于起步阶段。但作为种猪企业来说，品牌的作用绝不能低估，抓住人才的优势、科技含量、品牌优势、在市场销售中有意识地充分发挥这一优点，牢记新的市场竞争将主要是服务的竞争，那么就要掌握“技术＋品质＋服务”这一规律。事实证明，品牌可以帮助种猪企业占领市场，扩大产品销售，在市场竞争中，品牌作为产品甚至企业的代号而成为销售竞争的工具，哪个品牌在种猪使用者中影响大，为使用者所熟悉、所接受，这种品牌的种猪就销售得快。种猪品牌就是种猪的牌子，它包含种猪品牌的名称、标志、商标等概念在内。

（5）新产品的开发策略　种猪场应致力于使各个品种的种猪各项性能和指标一年上一个新台阶。投入大量的资金和精力，通过科学的选育种技术，坚持不懈地进行品种的改良，提高各品种种猪各个世代的性能，不断探索最佳的配套组合，提高种猪的各项经济指标。

（6）销售渠道策略　销售渠道策略包括两个方面的内容，一是种猪的销售途径，另一个是种猪的运输。由于种猪属于鲜活商品，一般采用种猪场直销型的销售渠道，不利用任何中间商，直接将种猪销售给养猪企业和养猪户。采用直销型的销售渠道销售种猪，需要掌握种猪现场销售技巧，并具备一定的配套设施方便客户选购。购买种猪时，购买者需要看到猪后才能决定，但种猪场的防疫体系要求禁止外来人员进入，为了方便顾客了解猪场和种猪详情，常通过介绍企业和各种猪场的基本情况或以看视频资料的形式来了解和观察种猪情况，并设立规范的种猪展示厅，通过密封观察窗观察种猪状况进行了解。在进行现场观察之前，销售人员应了解客户及其单位的各种情况。通过现场观察，销售人员有针对性地向客户介绍、推荐各品种种猪，并耐心全面地回答客户提出的各种问题，使客户放心购买。

（7）定价策略　定价首先必须按企业的战略目标来制定。如果种猪场已选定目标市场，并进行市场定位，定价策略主要由早先的市场策略来决定。但一般来说，种猪生产企业可根据种猪品种、质量、市场受欢迎程度、生产成本、地区性差异、级别、竞争对手的价格来决定种猪的价格。

（8）促销策略　通过促销活动来提高种猪生产企业的知名度，扩大市场的影响力，但促销第一步是推销自己，将自己的诚意无私地奉献给对方，第二步是推销企业，将企业的形象展示给对方，取得客户的信任后，才推销企业的种猪。促销策略可分为人员推销、产品广告、营业推广、企业形象等多方面。

①人员推销：

a. 推销队伍的建设。每一个成功的种猪企业背后都有一批成功的推销员，企业除了组建一支以最新先进科技知识和强烈市场竞争观念武装起来的育种技术队伍，更重要的是必须组建一支以最新先进市场营销策略观念和熟悉种猪生产技术等专业知识武装起来的市场营销队伍。优秀的推销员应具备端庄的仪表和良好的风度，明确本企业种猪的质量、性能以及哪方面优于竞争者生产的种猪，熟悉本企业各类顾客的情况，深入了解竞争对手的策略和近来动向，善于从种猪使用者的角度考虑问题，使顾客理解你的诚意。

b. 推销人员的管理。企业对推销人员提供必要的支持，定期的相关技术培训，及时配套的广告宣传，灵活的价格政策，畅通的渠道和必需的后勤服务，推销人员的报酬应因人而异，多劳多得，可规定推销定额，实行超额奖励制度，调动销售人员的积极性。

c. 寻找客户技巧。通过各地农牧主管部门和养猪行业协会提供信息，从电话号码本和各种广告、工商目录等寻找目标猪场，也可利用现有的客户介绍新客户的办法，在特定范围内发展一批“中心人物”（在畜牧行业中有影响的专家和有关人员），并在他们协助下，把在范围内的准目标顾客找出来，采用纵横联合的战术，与有共同目标的非同行业单位（如饲料、动物保健的行业）携手合作，共享目标顾客。

②产品广告：在竞争激烈的种猪市场上开拓发展，广告是沟通企业及其产品与客户的桥梁。由于种猪产品较为专业化，农产品的产值和利润不高，广告价格昂贵的电视等媒体暂时不适合种猪企业选择。一般来说，种猪企业的广告活动应在本企业支付能力范围内选择专业性强、在本行业内影响面大、范围广

的杂志和报纸刊登广告，通过印刷广告材料、邮寄、专业会议派发等形式进行宣传，也能取得较好的效果。广告内容要有创意，力求吸引顾客的注意，并留下深刻的印象。通过广告宣传，把种猪各品种的性能特点、价格、购买地点和各项服务等信息及时传递给种猪用户，争取更多的购买者，提高市场的占有率。

③营业推广：种猪营业推广是种猪促销活动的一支“利箭”，是对人员推销、产品广告的一种补充手段。通常通过畜牧业展销会、交易会、种猪拍卖会、技术研讨会、有奖销售以及赠送新育成的优良种猪、赠送有宣传效能的纪念品、对顾客和中间商购货折扣、“欲擒故纵”和“放长线钓大鱼”等销售推广技巧，宣传本企业的产品，展示新引进或新育成的品种，通过营业推广结识更多的朋友，获取所需的信息，吸引客户前来购买，有利于扩大销售。

④企业形象：企业形象是企业的一种无形资产，种猪企业要想在市场竞争中处于有利地位，就需要从更长远的意义上来考虑自己的营销活动。塑造良好的企业形象，树立种猪使用者的信心，为种猪场将来创造良好的营销环境，对种猪场的长期销售有明显的促进作用。信誉好、效益高的养猪企业容易从金融部门获得贷款，对吸引人才流入也能起到积极的促进作用。因此，企业应不断提高产品质量和新技术含量，建立良好的产品形象。可通过狠抓经营管理、重合同、守信用提高企业的美誉度，通过开展有意义的特别活动、提炼自己产品的特点、找到吸引消费者的“亮点”、撰写专业文章和通过学术交流等提高企业及产品的知名度。此外，企业要协调好与政府的关系，创造良好的外部环境。

种猪企业要在风云变幻的种猪市场上立足，必须制定周密的营销策略，根据市场的变化及时调整策略，不断科技创新，做到比同行企业先行一步，率先形成强有力的竞争优势。

（八）猪场成本核算

1. 种猪场成本核算的意义和要求

种猪场的产品成本核算，是把在生产过程中所发生的各项费用，按不同的产品对象和规定的方法进行归集和分配，借以确定各生产阶段的总成本和单位成本。产品成本核算是种猪场落实经济责任制，提高经济效益不可缺少的基础工作，是会计核算的重要内容，是反映种猪场生产经营活动的一个综合性经济指标，是补偿生产耗费的尺度，是制定产品价格的一项重要因素。为了正确核算产品成本，使成本指标如实地反映产品实际水平，充分发挥成本的作用，猪场在进行成本核算时，必须注意以下基本要求。

（1）正确划分各种费用界限

①正确划分资本性支出和收益性支出的界限：凡支出的效益涉及多会计年度的，应作为资本性支出，如固定资产的购置和无形资产的购入均属于资本性支出；凡支出的效益只涉及于本年度的，应作为收益性支出，如生产过程中饲料及物品的消耗、直接工资、制造费用及期间费用均属于收益性支出。构成种猪场资产的资本性支出，要在以后的使用过程中才能逐渐转入成本费用。收益性支出应计入产品成本，或者作为期间费用单独核算。收益性支出全部由当期营业收入来抵偿。区分资本性支出和收益性支出的目的，是为了正确计算资产的价值和正确计算各期的产品成本、期间费用及损益。

②正确划分应计入成本费用和不应计入成本费用的界限：种猪场生产过程中的耗费是多种多样的，其用途也是多方面的，要正确核算成本费用，计算产品成本。必须按费用的用途确定哪些应由产品成本负担，哪些不应由产品成本负担。要严格遵守成本费用开支范围的规定，以保证种猪场产品成本计算的真实性。

③正确划分各个会计期间的费用界限：根据我国会计准则的规定，种猪场应按月进行成本计算，以便分析考核生产经营费用计划产品成本计划的执行情况和结果。因而必须划分各个月份的费用界限。本月份实际发生的费用应当全部入账，本月份发生（支付）而应由本月及以后各月共同负担的费用，应当计作待摊费用，在各月间合理分配计入成本费用。本月虽未支付但应当由本月负担的费用，应当通过预提的方法，计作预提费用，预先分配计入本月成本费用，待到期支付时，再冲减预提费用。

④正确划分各种产品应负担的费用界限：为了保证按每个成本计算对象正确地归集应负担的费用，必须将发生的应由本期负担的生产费用，在各猪群之间进行分配。凡能直接认定某猪群应负担的费用，应直接归入该猪群成本；不能直接确认而需要分配计入的费用，要选择合理的分配方法进行分配并计入各种猪群成本。

（2）合理确定成本核算的组织方式和具体的核算方法　由于各种猪场生产规模、所有制形式的不同，也就形成了不同的生产组织方式、生产工艺流程和管理要求，这样种猪场在进行成本核算时，必须从本场实际情况出发，正确确定成本核算体制、成本核算对象、成本计算期，成本中应包括的成本项目、归集和分配费用的方式以及费用和成本的账簿设置等，从而使养猪场的成本核算工作能充分体现各自的生产特点和经营管理的要求。

（3）保证成本核算资料的真实性

①做好各项消耗定额的制定和修订：生产过程中的饲料、兽药、燃料、动力等项消耗定额，与产品成本计算的关系十分密切。制定先进而又可行的各项消耗定额，既是编制成本计划的依据，又是审核控制生产费用的重要依据。因

此，为了加强生产管理和成本管理，种猪场必须建立、健全定额管理制度，并随着生产的发展、技术的进步、劳动生产率的提高不断地修订定额，以充分发挥定额管理的作用。

②建立财产物资的收发、领退、转移、报废、清查盘点制度：成本费用以价值形式核算产品生产经营中的各项支出，但是价值形式的核算都是以实物计量为基础的。因而为了正确计算成本费用，必须建立和健全各种实物收进和发出的计量制度及实物盘点制度，这样才能使成本核算的结果如实反映生产经营过程中的各种消耗和支出，做到账实相符。

③建立和健全工作原始记录：原始记录是反映生产经营活动的原始资料，是进行成本预测、编制成本计划、进行成本核算、分析消耗定额和成本计划执行情况的依据。种猪场对生产过程中饲料、兽药的消耗、低值易耗品等材料的领用、费用的开支、猪只的转群等，都要有真实的原始记录。原始记录的组织方式和具体方法，要从各单位实际情况出发，既要符合成本核算和管理的要求，又要切实可行。

④严格计量制度：成本核算必须以实物计量为基础，只有严格执行对各种财产物质的计量制度，才能准确计算产品成本。而要准确地进行实物计量，就必须具备一定的计量手段和检测设施，以保证各项实物计量准确性。因而应当按照生产管理和成本管理的需要，不断完善计量和检测设施。

2. 种猪场成本核算对象的确定

种猪场生产成本的核算，可以实行分群核算，也可实行混群核算。实行分群核算是将整个猪群按不同猪龄，划分为若干群，分群别归集生产费用和计算产品成本。混群核算是以整个猪群作为成本计算对象来归集生产费用。在实际工作中，为了加强对种猪场各阶段饲养成本控制和管理，在组织猪场成本核算时，大都采用分群核算。具体划分标准如下：①基本猪群：指各种成龄公猪、母猪和未断奶仔猪（0～1 月），包括配种舍、妊娠舍、产房猪群；②幼猪群：指断奶离群的仔猪（1～2 月），即断奶后转入育成猪群前，包括育仔舍猪群；③肥猪群：指育成猪、育肥猪（2 月至出栏），包括育成舍、育肥舍猪群。

3. 种猪场成本核算凭证

为了正确组织种猪生产成本核算，必须建立健全种猪生产凭证和手续，做好原始记录工作，种猪生产的核算凭证有反映猪群变化的凭证、反映产品出售凭证、反映饲养费用的凭证等。

反映猪群变化的凭证，一般可设“猪群动态登记簿”和“猪群动态月报表”，对于猪群的增减变动应及时填到有关凭证上，并逐日地记入“猪群动态登记簿”。月末应根据“猪群动态登记簿”，编制“猪群动态月报表”报告给财务部门，作为猪群动态核算和成本核算的依据。反映猪只出售的凭证，有出库单、出售发票等，应随时报告财务部门，作为销售入账的原始凭证。反映猪只饲养费用的凭证，有工资费用分配表、折旧费用计算表、饲料消耗汇总表、低值易耗品、兽药等其他材料消耗汇总表。月终均作为财务核算的依据。

4. 种猪场费用的分类

种猪场生产经营过程中的耗费是各种各样的，为了便于归集各项费用，正确计算产品成本和期间费用，进行成本管理，需要对种类繁多的费用进行合理的分类，其中最基本的是按费用的经济内容（或性质）和经济用途分类。

（1）按费用的经济内容分类　种猪场生产经营过程，也是物化劳动（劳动对象和劳动手段）和活劳动的耗费过程，因而生产经营过程中发生的费用，按其经济内容分类，可划分为劳动对象方面的费用、劳动手段和活劳动方面的费用三大类。生产费用按经济内容分类，就是在这一划分的基础上，将费用划分为不同的费用要素，而不考虑它的耗费对象和计入产品成本的方法，种猪场的费用要素有：工资及福利费、饲料费、防疫和医药费、材料费、燃料费、低值易耗品费、折旧费、利息支出、税金、水费、电费、修理费、养老保险费、失业保险费、其他支出等。

将费用划分为若干要素进行核算，能够反映企业在一个时期内发生了哪些费用，数额各是多少，可用以分析种猪场各个时期各种费用的支出水平，比同期升降的程度和因素。从而为种猪场制定增收节支提供依据。

（2）按费用的经济用途分类　种猪场的费用按其经济用途不同可分为生产成本（制造成本）和期间费用两大类。生产成本主要是指与生产产品直接有关的费用。这类费用在生产过程中的用途也不一样，例如有的直接用于产品生产，有的则用于管理与组织生产，因而需要按经济用途进一步划分为若干成本项目。种猪场的生产费用按其经济用途可划分为下列成本项目：

①工资福利费：指直接从事饲养工作人员的工资、奖金及津贴，以及按工资总额 14% 提取的福利费。

②饲料费：指饲养过程中，各猪群耗用的自产和外购的各种植物、矿物质、添加剂及全价料。

③兽医兽药费：各猪群在饲养过程中耗用的各类兽药、兽械和防疫药品费及检测费。

④种猪价值摊销：指由仔猪负担的种猪价值的摊销费。

⑤固定资产折旧费：指能直接计入各猪群的猪舍和专用机械设备、设备的折旧费。

⑥低值易耗品摊销费：低值易耗品摊销费指能直接计入各猪群的低值工具、器具和饲养人员的劳保费用。

⑦制造费用：指猪场在生产过程中为组织和管理猪舍发生的各项间接费用

及提供的劳务费。包括猪场管理及饲养员以外的其他部门人员的工资及福利费，司机出车补助、加班、安全奖费用，猪场耗用的全部燃料费、水电费、零配件及修理费，低值工具、器具、舍外人员劳保用品摊销费，“生产成本”以外的办公楼、设施、设备、车辆等固定资产的折旧费，办公费、运输费等。

⑧期间费用：是指种猪场在生产经营过程中发生的，与产品生产活动没有直接联系，属于某一时期耗用的费用。这些费用容易确定其发生期间和归属期间，但不容易确定它们应归属的成本计算对象。所以期间费用不计入产品生产成本，不参与成本计算，而是按照一定期间（月份）季度或年度进行汇总，直接计入当期损益。种猪场期间费用包括管理费用、财务费用、营业费用。

管理费用是种猪场为组织和管理生产经营活动而发生的期间费用。费用项目有工会、职教、宣传费，业务招待费，差旅费，养老保险费，电话费，税金，劳动保险费，还包括除上述以外的其他的期间费用如存货盘亏盈、坏账损失、取暖费等。

财务费用是指种猪场在筹集资金过程中发生的费用，费用项目有利息支出、利息收入、金融机构手续费等。

销售费用是指种猪场在销售过程中发生的各项费用，费用项目有展览费、广告费、检疫费、售后服务费、促销费、差旅费、包装费、运输及装卸费等。

5. 种猪场生产成本核算账户的设置

（1）“生产成本”账户　为了归集种猪生产费用，并计算产品成本，应设置“生产成本”账户，在这账户下，按照成本计算对象分别设置基本猪群、幼猪群、肥猪群 3 个明细账。在明细账中还应按规定的成本项目设置专栏。在分群核算下，该账户的借方登记生产费用发生数，贷方登记结转的成本数，期末应无余额。

（2）“制造费用”账户　为了核算在生产过程中，为组织和管理猪舍发生的各项间接费用及提供的劳务费，应设置“制造费用”账户，并按费用项目设置栏目进行归集费用。该账户借方登记发生的各项间接费用及提供的劳务费；贷方登记分配转入“生产成本”账户的制造费用；期末无余额。

分群核算下，猪群价值的增减变化情况，应在“幼畜及育肥畜”账户下核算。该账户借方反映猪群价值的增加；贷方反映猪群价值的减少；期末余额为存栏猪群的价值。在此账户下设置“种猪、仔猪、幼猪、肥猪”4 个明细账户，用以核算不同阶段猪群的价值增减变动情况和结存。需要说明的是由于种猪（基础猪）不同于其他大牲畜，它的生产周期短，更新比较频繁；加之种猪具有产畜和育畜并存的特点，为了统计猪群变化情况的完整性，因此在实际工作中把它作为流动资产来管理，故将种猪作为“幼畜及育肥畜”二级账户核算。

6. 种猪场生产成本核算的一般程序

（1）对所发生的费用进行审核和控制，确定这些费用是否符合规定的开支范围，并在此基础上确定应计入产品成本的开支和应记计入期间费用的开支。

（2）进行主副产品的分离，计算并结转各猪群本期增重成本。

（3）根据“猪群动态月报表”和“幼畜及育肥畜”明细账资料，从低龄到高龄，逐群计算结转群、销售、期末存栏的活重成本。

（4）根据“猪群动态月报表”及有关资料，编制“猪群变动成本计算表”。

（5）根据“猪群动态成本计算表”和“生产成本”明细账，编制猪群“产品成本计算表”。

7. 费用分配原则和方法

（1）分配原则　制造费用是共同性的生产费用，每月要采用分配的方法计入各成本计算对象。

（2）制造费用的分配　每月末将本月发生的制造费用，按“生产成本”科目归集的直接饲养费用合计比例，分配计入各猪群生产成本。计算公式如下：

$$\text{分配率}=\frac{\text{制造费用总额}}{\text{直接饲养费用合计}}\times 100\%$$

各猪群分摊的制造费用：

基本猪群分摊的制造费用 = 基本猪群当月直接饲养费用 × 分配率

幼猪群分摊的制造费用 = 幼猪群当月直接饲养费用 × 分配率

肥猪群分摊的制造费用 = 肥猪群当月直接饲养费用 × 分配率

（3）原材料费用的分配　原材料是按饲料、兽药、低值易耗品、其他材料四大类和品种进行明细核算的。原材料入库时是按实际成本计价的，原材料出库也按实际成本计价。根据四类原材料的特点，可采用不同的发出计价方法来确定领用原材料的金额。

①饲料：主要是各猪群耗用，平时出库只进行各品种数量的登记，月末可采用加权平均法，确定每个品种出库的金额。计算公式如下：

$$\text{某种饲料加权平均单价}=\frac{\text{月初结存金额}+\text{本月入库金额}}{\text{月初结存数量}+\text{本月入库数量}}$$

某种饲料耗用的金额 = 该种饲料领用数量 × 该种饲料平均单价

分配原则：按饲料配方，将消耗的各种饲料分配到各猪群。

各群别耗用饲料分配去向：配种料、公猪料、妊娠料、哺乳料：计入生产成本——基本猪群明细科目；育仔料：计入生产成本—幼猪群明细科目；中猪料、大猪料：计入生产成本——肥猪群明细科目。

②兽药、器械：主要是各猪群耗用和各猪舍领用，可分别采用加权平均法

和个别计价法，确定领用兽药器械的金额。分配原则是凡能直接计入各群别的费用直接计入；共同使用或不能直接计入各群别的费用，按4∶3∶3比例分配计入各群别。即基本猪群40%、幼猪群30%、肥猪群30%。

③低值易耗品：除各舍外，其他各部门也耗用。根据低值易耗品的特点，可采用个别计价法确定领用物品的金额。

分配原则：根据猪场低值易耗品的特点，采用一次摊销法核算。即领用时，将其价值一次计入当期费用。生产领用的低值易耗品能分清舍别的直接计入各成本计算对象，共同使用的或不能直接计入各群别的可计入“制造费用”科目，场内其他部门领用的低值易耗品计入“制造费用”科目。

④其他材料：场内耗用其他材料，采用加权平均法计价，计入“制造费用”科目。

（4）工资及福利费的分配

①分配原则：按人员工作部门分摊。

②分配对象：配种舍、妊娠舍、产房饲养人员的工资及福利费计入生产成本~基本猪群科目；育仔舍饲养人员的工资及福利费计入“生产成本：幼猪群”科目；育成舍、育肥舍饲养人员的工资及福利费计入“生产成本：肥猪群”科目；场内其他部门及管理人员的工资及福利费计入“制造费用”科目；内退人员的工资及福利费计入“管理费用”科目；直接发放给临时人员的工资、津贴和误餐费等，在发放时按领取人工作部门直接分别计入“生产成本”“制造费用”“管理费用”等科目。

（5）种猪价值摊销的计算　本期基本猪群应摊销的种猪价值，计入生产成本：基本猪群账户。

8. 种猪场成本指标的计算方法

（1）实行分群核算下成本指标的计算

①增重成本指标的计算：增重成本是反映猪场经济效益的一个重要指标，由于基本猪群的主要产品是母猪繁殖的仔猪、幼猪、肥猪的主要产品是增重量。因此，应分别计算。

仔猪增重成本计算公式：

$$\text{仔猪增重单位成本}=\frac{\text{基本猪群饲养费用合计}-\text{副产品价值}}{\text{仔猪增重（kg）}}$$

$$\text{仔猪增重}=\text{期末活重}+\text{本期离群活重}+\text{本期死亡重}-\text{期初活重}-\text{本期出生重}$$

考核仔猪经济效益的另一个指标：

$$\text{仔猪繁殖与增重单位成本}=\frac{\text{基本猪群饲养费用合计}-\text{副产品价值}}{\text{仔猪出生活重（kg）}+\text{仔猪增重（kg）}}$$

幼猪、肥猪增重成本计算公式：

$$某猪群增重单位成本 = \frac{该猪群饲养费用合计 - 副产品价值}{该猪群增重（kg）}$$

该猪群增重/kg = 期末活重 + 本期离群活重 + 本期死亡重 - 期初活重 - 本期购入、转入重

②活重成本指标的计算：

$$某猪群活重单位成本 = \frac{该猪群活重总成本}{该猪群总活重（kg）}$$

某猪群活重总成本 = 该猪群饲养费用合计 + 期初活重总成本 + 购入、转入总成本 - 副产品价值

某猪群总活重（kg） = 该猪群期末存栏活重 + 本期离群活重（不包括死猪重）

③饲养日成本指标的计算：饲养日成本是指一头猪饲养一日所花销的费用，是考核、评价猪场饲养费用水平的一个重要指标。计算公式如下：

$$某猪群饲养日成本 = \frac{该猪群饲养费用合计}{该猪群饲养头日数}$$

饲养头日数是指累计的日饲养头数，一头猪饲养一天为一个头日数。计算某猪群饲养头日数可以将该猪群每天存栏相加即可得出。

④料肉比指标的计算：料肉比是指某猪群增重 1kg 所消耗的饲料量，它是评价饲料报酬的一个重要指标，也是编制生产计划和财务计划的重要依据。

$$某猪群料肉比 = \frac{该猪群消耗饲料总量（kg）}{该猪群增重总量（kg）}$$

（2）全群核算指标与分群核算指标的关系

全群核算期初存栏头数（质量） = 各群期初存栏头数（质量）之和。

全群核算期内增加头数（质量） = 期内繁殖头数（质量） + 幼猪群、肥猪群购入头数（质量）

全群核算期内死亡头数（质量） = 各群死亡头数（质量）之和。

全群核算期内销售头数（质量） = 各群（幼猪群、肥猪群）外销头数（质量）之和。

全群核算期内转出头数（质量） = 肥猪群转入基本猪群的种猪头数（质量）。

全群核算期末存栏头数（质量） = 各群期末存栏头数（质量）之和。

全群核算本期猪群增重等于各群增重之和，也可按公式逻辑关系计算。

全群核算本期猪群活重总量，不等于各群活重总量之和。应按公式逻辑关系计算。

全群核算饲料消耗总量 = 各群饲料消耗量之和。

全群核算料肉比，按公式逻辑关系计算。

全群核算饲养费用合计 = 各群饲养费用合计之和。

全群核算生产总成本不等于各群生产总成本之和，应按公式逻辑关系计算。

全群核算单位增重成本、单位活重成本，按公式逻辑关系计算。

全群核算期末活重总成本＝各群期末活重成本之和（采用固定价情况下），否则按公式逻辑关系计算。

（3）成本计算方法

①变动成本：

a. 混合饲料：占成本60%～75%，比重很大，因此需注意饲料原料价格的涨跌，灵活调整饲料配方以降低养猪成本。

b. 青饲料：一般情况下，怀孕猪、产仔猪可能含有此项成本。

c. 直接人工：包括经常人工和临时人工薪金、加班费等，近年来因社会环境变化工资上涨，此项成本已有逐渐增加的趋势。

d. 医疗费用：包括医疗用品及其他医疗费用。

e. 其他饲养费用：包括猪舍用具损耗、水电费及公害防治费用等。

②固定成本：

a. 管理费用：包括用人员费用、折旧费、修理维护费、事务费、税捐、保险、福利等。

b. 厂务费用：维持整个猪场正常运转需要的费用。

9. 盈亏分析

成本核算与盈亏分析在规模化猪场的经营管理中占有十分重要的地位。定期的财务分析可使经营者明确目标，有针对性地加强管理。从而获得最佳经济效益。规模化猪场一般进行全年一贯制均衡生产，几乎每天都有仔猪出生，每周都有育肥猪或仔猪出售，也常有猪只死亡，所以猪群的数量每天都在变化。猪的饲养周期又较长，这就给成本核算及财务分析带来一定难度。在年终分析猪场的盈亏时还要考虑到猪群数量的变化，如果猪群数量增加，则表示存在着潜在的盈利因素，如果猪群数量减少，则表示存在着潜在的亏损因素。所以盈亏的影响在分析时可忽略不计，但如果猪的存栏变化较大，在分析盈亏时就必须考虑到这一因素。

（九）猪场管理

随着经济的发展、社会的进步和养猪水平的不断提高，规模化养殖的规模会不断地增加，以农村散养方式的比重会逐步地降低，这是中国养猪生产发展的必然趋势，近年生猪规模化养殖增加速度较快，但所占的比重只达到三分之一左右，且管理水平较低，经济效益不理想，要改变现状，推进生猪产业的发展，需要尽快建立和完善现代化规模猪场的生产管理模式，并在实践中认真地贯彻执行，同时要在生产实践中不断地加以改进和完善，方能有效地促进我国养猪生产高速发展。

1. 正规化管理

（1）企业文化管理　一个成功企业的发展离不开企业文化，猪场也如此，确立企业目标，树立企业理念，形成具有特色的文化对猪场发展来说非常重要。人是企业发展重要资源，要通过事业感召人，文化凝聚人，工作培养人，机制激励人，纪律规范人，绩效考核人。建立健全高效的管理机制，改变陈旧观念，改变落后的低效的管理机制，造就一批适应现代化养猪的人才。因此，一个规范化的现代猪场，也应根据企业自身的实际，确定目标、树立理念、创立品牌、形成特色，方能做大做强。

（2）生产指标绩效管理　生产指标绩效管理是建立完善生产绩效考核、激励机制，对生产线员工进行生产指标绩效管理。规模化猪场最适合的绩效考核奖罚方案是以车间为单位的生产指标绩效工资方案。规模化猪场每条生产线是以车间为单位组织生产的，譬如一般规模化猪场分为配种、产仔、保育、生长育肥四个生产阶段或配种、产仔保育、生长育肥三个生产阶段，但是，不管是哪种生产阶段，每个阶段之间和每个阶段内的员工之间的工作都是紧密相关的，所以承包到人的方法不可取。生产线员工的任务是搞好养猪生产、把生产成绩搞上去，所以对他们也不适合于搞利润指标承包，只适合于搞生产指标奖罚。生产指标绩效工资方案就是在基本工资的基础上增加一个浮动工资即生产指标绩效工资。生产指标也不要过多过细，以免造成结算困难，也突出不了重点，比如配种妊娠车间生产指标绩效工资方案中指标只有配种分娩率与胎均活产仔数。

2. 制度化管理

一个规范化猪场应建立健全猪场各项规章制度，如员工守则及奖罚条例、员工休请假考勤制度、会计出纳、电脑员岗位责任制度、水电维修工岗位责任制度、机动车司机岗位责任制度、保安员门卫岗位责任制度、仓库管理员岗位责任制度、消毒更衣房管理制度、销售部管理制度、办公室管理制度、人力资源管理制度等。运用制度管理人，而不用人管人的办法来指挥生产。

3. 流程化管理

由于现代规模化猪场，其周期性和规律性相当强，生产过程环环相连，因此，要求全场员工对自己所做的工作内容和特点要非常清晰明了，做到每周每日工作事事清，每周每日工作流程项项明。

现代规模化猪场在建场之前，其生产工艺流程就已经确定。生产线的生产工艺流程至关重要，如哺乳期多少天、保育期多少天、各阶段的转群日龄、全进全出的空栏时间等都要有节律性，是固定不变的。只有这样，才能保证猪场满负荷均衡生产。1 万 ~3 万头现代规模化猪场以周为生产节律（或周期）安排生产是最为适宜的。由于规模化猪场尤其是万头以上的猪场，其周期性和规律性相当强，生产过程环环相连。因此，使生产过程流程化即要求全场员工对自己所做的工作内容和特点要非常清晰明了，做到日清日毕。

4. 规程化管理

在猪场的生产管理中，各个生产环节细化的科学饲养管理技术操作规程是重中之重，是搞好猪场生产的基础。规范化猪场应根据有关材料和自身的实际情况专门整理出《规模化猪场标准化生产技术》规程，作为猪场规程化管理的范本。

饲养管理技术操作规程有：隔离舍操作规程、配种妊娠舍操作规程、人工授精操作规程、分娩舍操作规程、保育舍操作规程、生长育肥舍操作规程等。猪病防治操作规程有兽医临床技术操作规程、卫生防疫制度、免疫程序、驱虫程序、消毒制度、预防用药及保健程序等。

5. 数字化管理

（1）数字化管理过程　每一个猪场都有各种猪场记录，如采精记录、配种记录、产仔记录、防疫记录、治疗记录、死亡记录、各类饲料消耗记录、种猪或育肥猪出售头数以及各个生产阶段的成本核算记录，因此，要建立一套完整的科学的生产线数字体系，并用电脑管理软件系统进行统计、汇总及分析，及时发现生产上存在的问题并及时解决，这就是数字化管理的过程。

一个管理成熟的猪场，在平时的工作中会每天、每周、每月、每季度、每年来综合计算配种受胎率、产仔数、初生重、断乳重、35d 或 70d 体重、日增重、饲料利用率、屠宰率、瘦肉率、背膘厚、出栏率等这样一些生产指标，以便作同期对比，或作不同品种，不同饲料配方、不同饲养管理方法的对比，或不同猪场之间进行对比，从而找出管理的差距，以便改进工作，提高效益。

（2）猪场数字化管理好处　采用数字化管理的猪场，可以提高基础母猪的生产力，即可增加年提供出栏合格种猪或育肥猪的头数，从而降低生产成本，同时可以找出盈亏的原因，并及时采取措施，开源节流，减少饲料和物资的浪费，奖罚制度严明，承包责任制落实，力争在行情好的时候多盈利，行情低迷的时候少亏本，大大提高猪场经济效益。

6. 信息化管理

为了使企业在管理上跟上时代的发展，适应信息社会及网络经济下的市场竞争环境，运用先进的管理手段提高工厂的工作及管理效率，必须借助于网络及计算机等现代化的环境及工具，这就要求企业本身要注重信息化的发展，而信息化的健康发展就必须有一个好的管理制度来保障，籍以创造及巩固企业好的信息化发展的软环境及硬环境，因此，规模化猪场要建立和完善《猪场信息化工作管理制度》。

作为养猪企业的管理者，要有掌握并利用市场信息、行业信息、新技术信息的能力，并运用掌握的信息对猪场进行管理；应对本企业自身因素以及企业外各种政策因素、市场信息和竞争环境进行透彻的了解和分析，及时采取相应的对策；力求做到知己知彼，以求百战不殆，为企业调整战略、为顾客提供满意的高质量产品和做好服务提供依据。

在信息时代，是反应快的企业吃掉反应慢的企业，而不是规模大的吃掉规模小的，提高企业的反应能力和运作效率，才能够成为竞争的真正赢家！在信息时代以前，一个企业的成功模式可能是：规模 + 技术 + 管理 = 成功。但是在信息时代，企业管理不是简单的技术开发、产品生产，而是要能够及时掌握市场形势的变化和消费者的新需求，及时做出相应的反应，适应市场需求。经常参加一些养猪行业会议，积极加入并参与养猪行业的各种组织活动，要走出去，请进来。充分利用现代信息工具如网络等来管理猪场，将极大地提升企业的效益。

（十）减少浪费，提高养殖效益

养猪要获得效益，必须开源节流，增收节支。养猪场都不同程度的存在浪费现象，直接影响到养猪的经济效益，猪场的浪费现象有些看得见，有些看不见，一般猪场老板只重视看得见的浪费，而忽略了看不见的浪费，往往看不见的浪费损失更大。

1. 圈舍修建上的浪费

一般小型猪场都没有经过专家规划设计，往往出现设计不合理，不实用，在方位、高矮、大小、坡度、厚度、光滑度等很多方面出现问题，经过一段时间后反过来进行改造，浪费严重。

2. 引种上的浪费

一是价格，不管是种猪、商品仔猪还是育肥猪，其价格都有一定的季节性和地域性，不同的季节和不同的地方猪价有一定的差异，不把握好购猪和卖猪的时机或选择好购猪和卖猪的地方，都会造成经济损失；二是数量，公母比例不恰当，一般都根据理论值来配搭公母猪，特别是在购买种猪时不注意体重差异，母猪集中发情时，公猪不够用，母猪只能错过发情配种时机，喂空闲母猪，或者出现公猪多，配种任务少，导致公猪闲置浪费的情况。

3. 饲料浪费

一是饲料配方不随季节变化，一年四季，气温不同，猪对营养的需要也不同，如冬季用高蛋白配方会造成蛋白的浪费，夏天用高能配方会造成能量的浪费等；二是不按配方加工饲料，加工饲料时不过秤，或者是缺乏一种原料时，轻易用其他原料代替，或者每批原料质量不同，配方却不变，都会破坏饲料配方的合理性；三是搅拌不均匀，许多猪场常出现搅拌不均匀的情况，特别是在饲料中加入药物或微量添加剂时，不通过预混就直接倒进搅拌机，很难做到搅拌均匀；四是不同饲养阶段饲料区分不明确，大猪吃中猪料，中猪吃小猪料，小猪吃乳猪料，这些都会造成饲料的浪费，而更严重的是让后备猪吃育肥猪料，会大大推迟母猪发情时间，影响正常配种；五是鼠害严重，不少猪场老鼠成群，老鼠在传播疫病的同时也消耗大量饲料。

4. 疫苗浪费

一是抗体水平很高时注射疫苗，二是疫苗效价不够时不加大疫苗剂量，三是该使用灭活苗却使用弱毒苗，或者是该使用弱毒苗却使用灭活苗，达不到免疫效果。

5. 药品浪费

一是使用质量和效果差的药品，延误治疗时间和影响治疗效果；二是加药搅拌不均匀，在料车上拌料、地面拌料、加水搅拌后再拌料，都不能将饲料拌匀，造成药品浪费；三是使用方法不当，给已经拒绝采食的猪料中加药，不溶于水的药物用饮水给药，对已发病猪群用预防剂量，使治疗没效果或效果很差，导致药品浪费；四是无病乱用药，长期用大剂量药物控制猪病，一旦停药就可能引起疾病暴发；五是用弱毒菌苗的同时用抗生素，造成疫苗和药品的浪费，抗生素能使活菌疫苗失效，在使用弱毒菌苗前、后 3d 都不应使用抗生素，但很多猪场根本没有做到这一点，造成所使用的疫苗失去作用，达不到免疫效果，不仅浪费了疫苗，而且还可能因为没有免疫保护力而发病，不得不再使用药品进行治疗，甚至出现猪只死亡或淘汰，造成严重损失；六是用药过量或不足造成浪费，目前兽药的有效含量往往不足，按照说明使用，会出现用药不足，随意加大剂量使用，会出现用量过大，都会导致浪费现象。

6. 水电浪费

猪舍内经常有“细水长流”“滴水不断”“长明灯”等现象。大量用水冲洗猪只和圈舍，保温灯在保温箱里亮着，仔猪却睡在保温箱外，仔猪从生出来到进入保育栏期间，始终用同一个灯泡加温等，都会导致水电的大量浪费。

7. 猪的浪费

一是饲养无效公母猪，长期不发情的母猪，屡配屡返情的母猪，习惯性流产的母猪，饲养在妊娠舍中、但却不出现返情又到期不产仔的母猪，产仔数少或哺乳性能差的母猪，有肢蹄病不能使用的公猪，使用频率很低的公猪，精液质量差、配种受胎率低的公猪等，这些公母猪的饲养浪费人力、浪费饲料、浪费栏舍等，每个空怀日的经济损失在 10 元以上；二是肥猪出栏时间过长，对育肥猪限制采食，增加了饲养日，因为猪有维持的需要，限制饲养会延长出栏时间，浪费饲料；三是养猪技术不过关，如不看食欲随意给仔猪加料而造成的剩料或不足，不看膘情机械地饲喂妊娠母猪而引起过肥或过瘦，不看时机配种造成的受胎率低和产仔数少等，都是因为缺乏技术造成的浪费；四是饲养无价值猪，如无法治愈的猪，治愈后经济价值不大的猪，传染性强、危害性大的猪，治疗费用过高的猪等。

8. 人力资源的浪费

大材小用，浪费个人的能力与技术，而小材大用，浪费宝贵的时间和猪场的效益，外行管理内行，不懂专业的人从事专业工作，不懂管理的人搞管理，搞专业的人不精通管理，搞管理的人不懂专业，都是浪费。

9. 计划不周的浪费

缺乏预见性、计划不周的现象在猪场屡见不鲜：资金计划不周导致缺料少药；配种计划不周，影响整个猪场的生产经营，降低猪场的盈利；饲料计划不周而出现积压或不足，饲料或药品更换频繁，都会造成浪费。

10. 信息不灵的浪费

现代社会是信息社会，对猪场来说信息就是效益，许多猪场老板不注重与外界接触，不能及时准确地获得信息，特别是猪的价格、饲料价格、疫情发生情况、近期行情走势等，往往出现本不应该出现的高价买进低价卖出的现象，带来不必要的经济损失。

（十一）猪场经营管理风险及对策

1. 猪场遇到的主要风险

（1）猪群疾病风险　这种因疾病因素对猪场产生的影响有两类：一是生猪在养殖过程中或运输途中发生疾病造成的影响，主要包括：大规模的疫情将导致大量猪只的死亡，带来直接的经济损失；疫情会给猪场的生产带来持续性的影响，净化过程将使猪场的生产效率降低，生产成本增加，进而降低效益。二是生猪养殖行业暴发大规模疫病或出现安全事件造成的影响，主要包括：生猪养殖行业暴发大规模疫病将使本场暴发疫病的可能性随之增大，给猪场带来巨大的防疫压力，并增加在防疫上的投入，导致经营成本提高；生猪养殖行业出现安全事件或某个区域暴发疫病，将会导致全体消费者的心理恐慌，降低相关产品的总需求量，直接影响猪场的产品销售，给经营者带来损失。

（2）市场风险　市场风险即因市场突变、人为分割、竞争加剧、通胀或通缩、消费者购买力下降、原材料供应等变化，导致市场份额急剧下降的可能性。对于国内生猪市场，由于市场的无序竞争，生猪存栏大量增加，会导致饲料价格上涨，生猪价格下跌。而外销生猪存在着销售市场饱和的风险。

（3）产品风险　产品风险即因猪场新产品、服务品种开发不对路，产品有质量问题，品种陈旧或更新换代不及时等导致损失的可能性。猪场的主营业务收入和利润主要来源于生猪产品，并且产品品种单一，存在产品相对集中的风险；对种猪场而言，由于待售种猪的品质退化、产仔率不高，存在销售市场萎缩的风险；对商品猪场而言，由于猪肉品质不好，不适合消费者口味，并且药物残留和违禁使用饲料添加剂的问题没有得到有效控制，出现猪肉安全问题，导致生猪销售不畅。

（4）经营管理风险　经营管理风险即由于猪场内部管理混乱、内控制度不健全、财务状况恶化、资产沉淀等造成重大损失的可能性。猪场内部管理混乱、内控制度不健全会导致防疫措施不能落实。暴发疫病造成生猪死亡的风险；饲养管理不到位，造成饲料浪费、生猪生长缓慢、生猪死亡率增长的风险；原材料、兽药及低质易耗品采购价格不合理，库存超额，使用浪费，造成猪场生产成本增加的风险；对差旅、用车、招待、办公费、产品销售费用等非生产性费用不能有效控制，造成猪场管理费用、营业费用增加的风险。猪场的应收款较多，资产结构不合理，资产负债率过高，会导致猪场资金周转困难，财务状况恶化的风险。我国加入世界贸易组织（WTO）后，猪场在管理、营销等方面面临跨国公司的挑战，需要与国际惯例和通行做法相衔接；如果猪场不能根据这些变化进一步健全、完善管理制度，可能会影响猪场的持续发展。

（5）投资及决策风险　投资风险即因投资不当或失误等原因造成猪场经济效益下降。投资资本下跌，甚至使猪场投产之日即亏损或倒闭之时的可能性；决策风险即由于决策不民主、不科学等原因造成决策失误、导致猪场重大损失的可能性。如果在生猪行情高潮期盲目投资办新场，扩大生产规模，会产生因市场饱和、猪价大幅下跌的风险；投资选址不当，生猪养殖受自然条件及周边卫生环境的影响较大，也存在一定的风险。对生猪品种是否更新换代、扩大或缩小生产规模等决策不当，会对猪场效益产生直接影响。

（6）人力资源风险　人力资源风险即猪场对管理人员任用不当，精英人才流失，无合格员工或员工集体辞职造成损失。有丰富管理经验的管理人才和熟练操作水平的工人对猪场的发展至关重要。如果猪场地处不发达地区，交通、环境不理想难于吸引人才；饲养员的文化水平低，对新技术的理解、接受和应用能力差，会削弱猪场经济效益的发挥；长时间的封闭管理，信息闭塞，会导致员工情绪不稳，影响工作效率；猪场缺乏有效的激励机制，员工的工资待遇水平不高，制约了员工生产积极性的发挥。

（7）环境、自然灾害等安全风险　环境风险即自然环境的变化或社会公共环境的突然变化（如“非典”等），导致猪场人财物损失或预期经营目标落空的可能性；自然灾害风险即因自然环境恶化如地震、洪水、火灾、风灾等造成猪场损失的可能性；安全风险即因安全意识淡漠、缺乏安全保障措施等原因而造成猪场重大人员或财产损失的可能性。环境、自然灾害及安全风险都是猪场不能忽视的问题。

（8）政策风险　政策风险即因政府法律、法规、政策、管理体制、规划的变动，税收、利率的变化或行业专项整治，造成损害的可能性。

上述风险并非猪场可能遇到的全部风险。也不是说猪场在同一时间就一定会面临上述所有风险，但遇一风险的发生，就可以使猪场遭受到伤害，严重的可使猪场经济遭受很大的损失，甚至遭受灭顶之灾。企业与风险始终相伴，风险与利润又是一个矛盾统一体，高风险往往也意味着高回报，这就要求猪场经营者既要有敢于担当的勇气，在风险中抢抓机会，在风险中创造利润，化风险为利润；又要有防范风险的意识，管理风险的智慧，驾驭风险的能力，把风险降到最低。

2. 猪场风险防控对策

（1）加强疫病防治工作，保障生猪安全　首先要树立“防疫至上”的理念，将防疫工作始终作为猪场生产管理的生命线；其次要健全管理制度，防患于未然，制订内部疾病的净化流程，同时，建立饲料采购供应制度和疾病检测制度及危机处理制度，尽最大可能减少疫病发生概率并杜绝病猪流入市场；再次要加大硬件投入，高标准做好卫生防疫工作；最后要加强技术研究，为防范疫病风险提供保障，在加强有效管理的同时加强与国内外牲畜疫病研究机构的合作，为猪场疫病控制防范提供强有力的技术支撑，大幅度降低疾病发生所带来的风险。

（2）及时关注和了解市场动态，稳定市场占有率　及时掌握市场动态，适时调整生产规模，在保持原有市场的同时，加大国内市场和新产品的开发力度，实现产品多元化，在不同层次开拓新市场。中国在加入世贸之后，国际猪肉市场上蕴藏着巨大商机，我国的生猪产品与发达国家相比在成本和价格方面有一定竞争优势，在生产过程中要贯彻国际先进的动物福利制度。从根本上改善生猪的饲养环境，从生产和产品质量上达到国际标准，争取进入国际市场。

（3）调整产品结构，树立品牌意识，提高产品附加值　从经营战略的角度对产品结构进行调整，大力开发安全优质种猪、安全饲料等与生猪有关的系列产品，并拓展猪肉食品深加工，实现产品的多元化。保持并充分发挥生猪产品在质量、安全等方面的优势，加强生产技术管理，树立生猪产品的品牌，巩固并提高生猪产品的市场占有率和盈利能力。

（4）健全内控制度，提高管理水平　国家相关法律、法规的规定，制订完备的企业内部管理标准、财务内部管理、会计核算制度和审计制度，通过各项制度的制定、职责的明确及其良好的执行，使猪场的内部控制得到进一步的完善。重点要抓好防疫管理、饲养管理，搞好生产统计工作。加强对原材料、兽药等采购、饲料加工及出库环节的控制，节约生产成本。加强财务管理工作，降低非生产性费用，做到增收节支；加强生猪销售管理，减少应收款的发生；

调整资产结构，降低资产负债率，保障资金良性循环。

（5）加强民主、科学决策，谨防投资失误　经营者要有风险管理的概念和意识，猪场的重大投资或决策要有专家论证，要采用民主、科学决策手段，条件成熟了才能实施，防止决策失误。

（6）建立有效的激励和约束机制，最大限度发挥员工潜能　采取各种激励政策，发掘、培养和吸引人才，不断提高猪场管理水平。充分发挥每位员工的主观能动性，制定有效的激励措施。按照精干、高效原则设置管理岗位和管理人员，建立以目标管理为基础的绩效考核方法；搞好员工的职业生涯规划，保持员工的相对稳定，确保猪场的持续发展；改革薪酬制度，在收入分配上向经管骨干、技术骨干、生产骨干倾斜。通过不断建立新的行之有效的内部激励机制和约束机制，以更好地激励、约束和稳定猪场高级管理人员和核心技术人员。

（7）树立环保安全意识　猪场的绿化工作，形成较多的绿化带和人工草坪，有利于吸尘灭菌、消减噪声、防暑防疫、净化空气。保持猪舍干燥、清洁，并使“温度、湿度、密度、空气新鲜度”四度均保持在合适的程度。

（8）掌握国家有关政策和规定，规避政策风险　要充分关注政府有关政策和经济动向，了解政府税收政策变化，不断加强决策层对经济发展和政策变化的应变能力，充分利用国家对农业产业结构调整带来的机遇和优惠政策，及时调整经营和投资战略，规避政策风险。充分利用国家对外贸出口产品实行国际通行的退税制度，扩大生猪外贸出口，增强盈利能力。

实操训练

实训一　工厂化养猪工艺流程设计

（一）实训目标

对现代化养猪的生产模式的认识更加深刻，能熟练地根据生产规模设计合理的生产工艺流程。

（二）实训条件

条件教具：设计图纸、计算器、铅笔等。

（三）实训内容

1. 确定规模根据生产需要，确定生产规模。

2. 确定工艺参数。

（1）目的　为了准确计算各时期各生产群的猪数、存栏数，并据此计算出各猪舍栏位量、饲料消耗量和产品的产量。

（2）依据　主要根据各场猪群的遗传基础、生产水平、技术力量、经营水平和历年生产记录资料等进行合理的估计。

（3）参数　繁殖节律、妊娠期、哺乳期、保育期、断奶至受胎时间、繁殖周期、母猪年产胎次、产仔数（总仔和活仔）、成活率、初生及各阶段体重、初生至出栏日龄、公母猪年淘汰率、不同时期平均日增重、情期受胎率、分娩率、公母比例等。

3. 进行猪场的猪群结构设计。

根据目前工厂化养猪能达到的生产指标，计算猪场需要的公猪、后备猪数量，及在一个生产节律内的分娩母猪的数量，断奶仔猪的数量，转入育成舍的头数，转入肥育舍的数量及出栏肥育猪的数量。

4. 计算各种猪栏数量。

5. 设计生产工艺流程。

（四）实训报告

设计一个600头基础母猪的四阶段生产工艺流程并列出猪群存栏组成情况。具体生产指标如下：年产2.3窝，每窝产活仔数为10头。仔猪28日龄断奶，成活率达90%以上。断奶后转到保育舍5周，此期成活率达92%，转入育成舍再养7周，此期成活率达95%以上，此后转入育肥群内，育肥期8周，成活率98%以上。

实训二　猪场的建筑布局与圈舍设计

（一）实训目标

通过观看录像片或幻灯片和现场参观养猪场，结合对讲授内容的归纳，设计养猪场的平面布局图和圈舍图。

（二）实训条件

放映室、猪场场地的录像片、铅笔、作图纸。

（三）实训内容

1. 先放映幻灯片或录像片，再参观猪场。

2. 由养猪场技术人员讲解养猪场饲养管理技术与养殖情况，再由学生参观。

3. 养猪场圈舍设计、建筑设计、空气环境卫生指标评价。

（四）实训报告

绘制养猪场的平面布局图和圈舍图。

项目思考

1. 猪场的场址选择有什么要求？应该遵循什么原则？
2. 猪舍的基本结构及建筑类型有哪些？
3. 各类种群的栏位尺寸是什么？
4. 猪场污染产生的原因有哪些？
5. 猪场粪污处理的方法有哪些？
6. 猪场的废弃物处理方法有哪些？

附录 “家畜饲养工”* 国家职业标准

1. 职业概况

1.1 职业名称

家畜饲养工。

1.2 职业定义

从事家畜和特种畜类的喂养、护理、放牧、调教和饮料调制的人员。

1.3 职业等级

本职业共设五个等级，分别为：初级（国家职业资格五级）、中级（国家职业资格四级）、高级（国家职业资格三级）、技师（国家职业资格二级）、高级技师（国家职业资格一级）。

1.4 职业环境

室内外，常温。

1.5 职业能力特征

具有一定的学习能力、判断能力和计算能力，手指、手臂灵活，动作协调，嗅觉、色觉正常。

1.6 基本文化程度

初中毕业、中专毕业、高职高专毕业。

1.7 培训要求

1.7.1 培训期限

全日制职业学校教育，根据其培养目标和教学计划确定。晋级培训期限：初级不少于 180 标准学时；中级不少于 150 标准学时；高级不少于 120 标准学

---

* 职业编码：5－03－01－01

时；技师不少于90标准学时；高级技师不少于60标准学时。

1.7.2 培训教师

培训初、中级的教师应具有本职业高级职业资格证书或本专业中级以上专业技术职务任职资格；培训高级的教师应具有本职业技师职业资格证书或本专业中级以上专业技术职务任职资格；培训技师的教师应具有本职业高级技师职业资格证书或本专业高级专业技术职务任职资格；培训高级技师的教师应具有本职业高级技师职业资格证书3年以上或本专业高级专业技术职务任职资格。

1.7.3 培训场地设备

要有满足教学需要的标准教室，具备常规教学用具和设备的实验室和场地。

1.8 鉴定要求

1.8.1 适用对象

从事或准备从事本职业的人员。

1.8.2 申报条件

——初级（具备以下条件之一者）

（1）经本职业初级正规培训达规定标准学时数，并取得结业证书。

（2）在本职业连续见习工作1年以上。

（3）本职业学徒期满。

——中级（具备以下条件之一者）

（1）取得本职业初级职业资格证书后，连续从事本职业工作2年以上，经本职业中级正规培训达规定标准学时数，并取得结业证书。

（2）取得本职业初级职业资格证书后，连续从事本职业工作3年以上。

（3）连续从事本职业工作5年以上。

（4）取得经劳动保障行政部门审核认定的、以中级技能为培养目标的中等职业学校本专业毕业证书。

——高级（具备以下条件之一者）

（1）取得本职业中级职业资格证书后，连续从事本职业工作3年以上，经本职业高级正规培训达规定标准学时数，并取得结业证书。

（2）取得本职业中级职业资格证书后，连续从事本职业工作4年以上。

（3）取得经劳动保障行政部门审核认定的、以高级技能为培养目标的高等职业学校本专业毕业证书。

（4）大专以上本专业或相关专业毕业生从事本职业工作1年以上。

——技师（具备以下条件之一者）

（1）取得本职业高级职业资格证书后，连续从事本职业工作3年以上，经本职业技师正规培训达规定标准学时数，并取得结业证书。

（2）取得本职业高级职业资格证书后，连续从事本职业工作5年以上。

（3）取得本职业高级职业资格证书的高等职业学校本专业毕业生和大专以上本专业或相关专业的毕业生，连续从事本职业工作2年以上。

——高级技师（具备以下条件之一者）

（1）取得本职业技师职业资格证书后，连续从事本职业工作3年以上，经本职业高级技师正规培训达规定标准学时数，并取得结业证书。

（2）取得本职业技师职业资格证书后，连续从事本职业工作5年以上。

1.8.3 鉴定方式

分理论知识考试和技能操作考核。理论知识考试采用闭卷笔试方式，技能操作考核采用模拟或现场实际操作方式。理论知识考试和技能操作考核均实行百分制，成绩皆达60分以上者为合格。技师、高级技师还需进行综合评审。

1.8.4 考评人员与考生配比

理论知识考试考评人员与考生配比为1∶15，每个标准教室不少于2名考评人员；技能操作考核考评员与考生配比为1∶5，且不少于3名考评员。综合评审委员不少于5人。

1.8.5 鉴定时间

理论知识考试时间为90min；技能操作考核时间：初级、中级、高级不少于45min，技师、高级技师不少于60min。综合评审时间不少于45min。

1.8.6 鉴定场所

理论知识考试在标准教室进行；技能操作考核在工作现场进行，并配备符合相应等级考核所需的家畜、设备和用具等。

2. 基本要求

2.1 职业道德

2.1.1 职业道德基本知识

2.1.2 职业守则

（1）遵纪守法，爱岗敬业。

（2）尊重科学，规范操作。

（3）工作积极，安全生产。

（4）团结合作，厉行节约。

（5）爱护家畜，保护环境。

2.2 基础知识

2.2.1 专业基础知识

（1）家畜营养与饲料知识。

（2）家畜品种知识。
（3）家畜解剖生理知识。
（4）家畜繁殖知识。
（5）家畜环境卫生知识。
（6）家畜饲养管理知识。
（7）家畜饲养设备知识。
（8）家畜卫生防疫知识。
（9）家畜无公害生产知识。
2.2.2 相关法律、法规知识
（1）《中华人民共和国劳动法》的相关知识。
（2）《中华人民共和国动物防疫法》的相关知识。
（3）种畜禽管理条例及相关知识。
（4）兽药管理条例及相关知识。
（5）饲料添加剂使用规范及相关知识。

3. 工作要求

本标准对初级、中级、高级、技师和高级技师的技能要求依次递进，高级别涵盖低级别的要求。

3.1 初级

职业功能	工作内容	技能要求	相关知识
一、家畜的饲养	（一）饲料调制	1. 能识别饲料原料和配合饲料 2. 能分类保管、使用饲料	1. 饲料原料和配合饲料种类 2. 饲料分类保管、使用知识
	（二）饲喂技术	1. 能清理、洗刷、使用喂饮器具 2. 能给幼畜喂乳、开食、补饲 3. 能给家畜喂饲、饮水	1. 喂饮设备使用知识 2. 幼畜喂乳、开食、补饲知识 3. 家畜饲养技术规程
二、家畜的管理	（一）生产准备	1. 能清理保持畜舍及设施卫生 2. 能准备畜舍生产用具及设备	1. 畜舍及设施卫生知识 2. 畜舍生产用具及设备种类
	（二）畜舍环境控制	1. 能使用环境控制设备调控舍内温度和湿度 2. 能进行舍内通风，清除有害气体	1. 家畜环境卫生知识 2. 畜舍环境控制设备使用知识

续表

职业功能	工作内容	技能要求	相关知识
二、家畜的管理	(三) 生产阶段管理	1. 能称测家畜体重、体尺 2. 能识别发情、妊娠、临产母畜 3. 能挤奶① 4. 能剪毛、抓绒② 5. 能填写家畜生产记录	1. 称测家畜体重、体尺知识 2. 母畜发情、妊娠、临产表现知识 3. 挤奶、剪毛、抓绒知识 4. 生产记录内容及填写知识
	(四) 家畜产品收集、保管	1. 能感官鉴别鲜乳品质，保管鲜乳 2. 能分级保管羊毛、羊绒	1. 鲜乳卫生知识 2. 羊毛、羊绒分级保管知识
三、家畜疫病防治	(一) 养畜场卫生控制	1. 能区分养畜场各区域功能 2. 能对饮水、畜舍、用具、畜体、车辆和人员进行消毒 3. 能清理畜粪及废弃物并进行堆积处理	1. 养畜场建筑与合理布局知识 2. 养畜场常用消毒方法 3. 喷雾器的使用知识 4. 畜粪及废弃物堆积处理知识
	(二) 家畜疫病预防	1. 能区分健康家畜和病畜 2. 能进行投药操作 3. 能进行驱虫操作	1. 病畜临床表现 2. 体温计使用知识 3. 药物使用知识

注：①该项为牛、羊生产人员技能要求；②该项为羊生产人员技能要求。

3.2 中级

职业功能	工作内容	技能要求	相关知识
一、家畜的饲养	(一) 饲料调制	1. 能选定各生产阶段适用的配合饲料 2. 能制作青干草和青贮饲料 3. 能对秸秆饲料进行氨化或碱化处理	1. 家畜各生产阶段饲料需要知识 2. 青干草和青贮饲料制作技术 3. 秸秆饲料氨化、碱化知识
	(二) 饲喂技术	1. 能感官判断饲料和饮用水的质量 2. 能给幼畜断奶 3. 能确定家畜饲喂次数和饲喂间隔 4. 能按季节和生产阶段调整日粮	1. 饲料和饮用水感官检验知识 2. 幼畜断奶知识 3. 家畜各生产阶段消化生理和营养需要知识

续表

职业功能	工作内容	技能要求	相关知识
二、家畜的管理	（一）生产准备	1. 能安装畜舍生产设备 2. 能维护畜舍生产设备	1. 生产设备安装知识 2. 生产设备工作原理
	（二）畜舍环境控制	1. 能安装、调试畜舍环境调控设施设备 2. 能使用仪表检测畜舍卫生指标	1. 畜舍环境控制设施设备安装、调试知识 2. 畜舍环境卫生要求
	（三）生产阶段管理	1. 能推算母畜预产期，准备产房 2. 能护理初生幼畜 3. 能给幼畜编号和分群 4. 能给幼畜去角① 5. 能给幼畜断尾② 6. 能调教家畜纠正恶癖	1. 母畜预产期推算知识 2. 产房环境条件要求 3. 初生幼畜护理常识 4. 编号、去角、修蹄、断尾和分群知识 5. 家畜恶癖种类
	（四）家畜产品收集、保管	1. 能分析查明鲜乳变质原因 2. 能对羊毛、羊绒进行分级 3. 能安排肉用家畜出栏时间	1. 鲜乳变质的因素 2. 羊毛、羊绒的分级标准 3. 肉用家畜肥育知识
三、家畜疫病防治	（一）养畜场卫生控制	1. 能隔离养畜场各区域 2. 能稀释、配制常用消毒剂 3. 能操作污染物排放设备排放污染物 4. 能防止鼠害、鸟害污染饲料和饮水	1. 养畜场各区域隔离知识 2. 常用消毒剂稀释、配制知识 3. 污染物排放设备使用知识 4. 鼠害、鸟害污染饲料和饮水预防知识
	（二）家畜疫病预防	1. 能处理患传染病家畜 2. 能护理病畜 3. 能进行免疫接种 4. 能防止和减缓生产应激	1. 患传染病家畜的处理知识 2. 病畜护理知识 3. 家畜免疫知识 4. 防止和减缓生产应激知识

注：①该项为牛、羊生产人员技能要求；②该项为羊生产人员技能要求。

3.3 高级

职业功能	工作内容	技能要求	相关知识
一、家畜的饲养	（一）饲料调制	1. 能按配方配制日粮 2. 能按季节和生产阶段调整日粮配方	1. 日粮配制知识 2. 家畜营养需要知识
	（二）饲喂技术	1. 能制定喂饮器具的安全使用措施 2. 能制定幼畜哺乳、补饲、断奶方案 3. 能实施肉用家畜肥育措施 4. 能确定家畜日粮消耗量	1. 喂饮设备的使用原理 2. 幼畜消化生理知识 3. 家畜肥育知识 4. 家畜日粮需要知识

续表

职业功能	工作内容	技能要求	相关知识
二、家畜的管理	（一）生产准备	1. 能制定家畜管理操作日程 2. 能检修生产设备	1. 家畜生产管理知识 2. 生产设备维护及检修知识
	（二）畜舍环境控制	1. 能检修畜舍环境调控设备 2. 能分析舍内环境卫生不良的原因	1. 畜舍环境控制设备工作原理 2. 影响畜舍环境卫生的因素
	（三）生产阶段管理	1. 能制定各阶段生产计划 2. 能统计各种生产记录	1. 家畜各阶段生产特点 2. 畜牧生产记录资料统计知识
三、家畜疫病防治	（一）养畜场卫生控制	1. 能制定养畜场各区域隔离措施 2. 能选定适用的消毒方法 3. 能制定畜粪及废弃物处理方案 4. 能维护排放污染物的设施、设备 5. 能消毒处理饮用水源	1. 养畜场卫生防疫知识 2. 畜粪及废弃物处理方法 3. 排放污染物的设施、设备工作原理及维护知识 4. 饮用水源消毒处理知识
	（二）家畜疫病预防	1. 能对家畜采取保健措施 2. 能确定免疫用疫苗及使用方法 3. 能分析家畜生产中应激产生的原因	1. 家畜卫生要求 2. 家畜疫病防治知识 3. 家畜疫苗使用知识 4. 生产中应激因素种类

3.4 技师

职业功能	工作内容	技能要求	相关知识
一、家畜的饲养	（一）饲料调制	1. 能设计饲料配方 2. 能选定适用的饲料原料 3. 能制定饲料需求计划	1. 饲料配方设计知识 2. 饲料的营养特性 3. 家畜对饲料的需求知识
	（二）饲喂技术	1. 能制定家畜肥育措施 2. 能检查饲喂效果 3. 能制定饲料品质控制措施	1. 家畜生长发育规律及育肥知识 2. 家畜饲喂效果检查知识 3. 饲料卫生标准
二、家畜的管理	（一）生产准备	1. 能确定家畜饲养管理方式 2. 能改进生产设备 3. 能设计畜舍建筑结构	1. 家畜标准化饲养管理知识 2. 生产设备工作原理 3. 畜舍建筑知识

续表

职业功能	工作内容	技能要求	相关知识
二、家畜的管理	（二）畜舍环境控制	1. 能改进畜舍环境调控设施设备 2. 能制定改善畜舍环境方案	1. 畜舍环境控制设备工作原理 2. 畜舍环境要求
	（三）生产阶段管理	1. 能制定养畜场生产计划 2. 能分析各种生产记录资料	1. 家畜生产知识 2. 生物统计知识
三、家畜疫病防治	（一）养畜场卫生控制	1. 能制定养畜场卫生综合治理措施 2. 能选定适用的消毒剂 3. 能制定养畜场污染物净化排放措施	1. 家畜环境卫生知识 2. 消毒剂的消毒机理和效果 3. 畜禽养殖业污染物排放标准
	（二）家畜疫病预防	1. 能制定家畜的保健措施 2. 能制定预防性投药和驱虫方案 3. 能制定免疫接种计划 4. 能制定减缓家畜生产应激的措施	1. 家畜卫生保健知识 2. 兽用禁用药和限用药名录 3. 家畜免疫接种知识 4. 生产应激因素发生条件
四、培训指导	培训指导	1. 能对本级以下人员进行家畜饲养管理理论知识培训 2. 能对本级以下人员进行家畜饲养管理技术实际操作培训	1. 家畜饲养管理基础知识及实际操作技术 2. 家畜无公害生产技术知识及实际操作技术

3.5 高级技师

职业功能	工作内容	技能要求	相关知识
一、家畜的饲养	（一）饲料调制	1. 能分析评定饲料配方 2. 能评价饲料营养价值 3. 能开发利用饲料资源	1. 饲料配方分析评定方法 2. 饲料营养价值评价知识 3. 饲料营养与科学利用知识
	（二）饲喂技术	1. 能制定各生产阶段的饲养方案 2. 能设计饲养试验方案 3. 能审核饲养工艺流程	1. 家畜各生产阶段的饲养原则 2. 饲养试验方案设计方法 3. 饲养工艺流程知识

续表

职业功能	工作内容	技能要求	相关知识
二、家畜的管理	(一) 生产准备	1. 能设计中小型养畜场布局 2. 能制定家畜新品种的引进和饲养管理计划 3. 能转化应用高新畜牧技术成果	1. 养畜场建设知识 2. 家畜新品种引进的基本要求 3. 畜牧技术成果转化知识
	(二) 禽舍环境调控	1. 能设计畜舍控温和控湿设施 2. 能设计畜舍通风换气设施	1. 养畜场温度和湿度控制标准 2. 养畜场有害气体含量指标
	(三) 生产阶段管理	1. 能制定影响生产的补救措施 2. 能解决生产中的突发事件	1. 生产损失补救办法 2. 突发事件处理办法
三、家畜疫病防治	(一) 养畜场卫生控制	1. 能审核养畜场卫生综合治理措施 2. 能制定水源安全利用和处理措施 3. 能制定卫生消毒方案 4. 能审核养畜场污染物净化排放措施	1. 养畜场卫生管理知识 2. 畜禽饮用水水质标准 3. 水源安全知识 4. 养畜场卫生消毒知识
	(二) 家畜疫病预防	1. 能审核免疫计划 2. 能制定发生传染病时紧急防治措施	1. 家畜疫病的预防原则和方法 2. 传染病知识
四、培训指导	培训指导	1. 能对本级以下人员进行家畜饲养管理理论知识和技术操作培训 2. 能针对家畜饲养的国内外发展动态进行培训	国内外家畜饲养发展动态

4. 比重表

4.1 理论知识

项目		初级/%	中级/%	高级/%	技师/%	高级技师/%
基本要求	职业道德	5	5	5	5	5
	基础知识	20	20	20	15	15

续表

<table>
<tr><th colspan="3">项　目</th><th>初级/%</th><th>中级/%</th><th>高级/%</th><th>技师/%</th><th>高级技师/%</th></tr>
<tr><td rowspan="9">相关知识</td><td rowspan="2">家畜的饲养</td><td>饲料调制</td><td>10</td><td>10</td><td>10</td><td>10</td><td>10</td></tr>
<tr><td>饲喂技术</td><td>15</td><td>15</td><td>15</td><td>10</td><td>10</td></tr>
<tr><td rowspan="4">家畜的管理</td><td>生产准备</td><td>5</td><td>5</td><td>5</td><td>5</td><td>5</td></tr>
<tr><td>畜舍环境控制</td><td>10</td><td>10</td><td>10</td><td>10</td><td>10</td></tr>
<tr><td>生产阶段管理</td><td>20</td><td>20</td><td>20</td><td>15</td><td>15</td></tr>
<tr><td>家畜产品收集、保管</td><td>5</td><td>5</td><td>—</td><td>—</td><td>—</td></tr>
<tr><td rowspan="2">家畜疫病防治</td><td>养畜场卫生控制</td><td>5</td><td>5</td><td>10</td><td>10</td><td>10</td></tr>
<tr><td>家畜疫病预防</td><td>5</td><td>5</td><td>5</td><td>10</td><td>10</td></tr>
<tr><td>培训指导</td><td>培训指导</td><td>—</td><td>—</td><td>—</td><td>10</td><td>10</td></tr>
<tr><td colspan="3">合　计</td><td>100</td><td>100</td><td>100</td><td>100</td><td>100</td></tr>
</table>

4.2 技能操作

<table>
<tr><th colspan="3">项　目</th><th>初级/%</th><th>中级/%</th><th>高级/%</th><th>技师/%</th><th>高级技师/%</th></tr>
<tr><td rowspan="9">技能要求</td><td rowspan="2">家畜的饲养</td><td>饲料调制</td><td>10</td><td>10</td><td>10</td><td>10</td><td>10</td></tr>
<tr><td>饲喂技术</td><td>23</td><td>23</td><td>23</td><td>13</td><td>13</td></tr>
<tr><td rowspan="4">家畜的管理</td><td>生产准备</td><td>10</td><td>10</td><td>10</td><td>10</td><td>10</td></tr>
<tr><td>畜舍环境控制</td><td>5</td><td>5</td><td>5</td><td>5</td><td>5</td></tr>
<tr><td>生产阶段管理</td><td>22</td><td>22</td><td>22</td><td>22</td><td>22</td></tr>
<tr><td>家畜产品收集、保管</td><td>5</td><td>5</td><td>—</td><td>—</td><td>—</td></tr>
<tr><td rowspan="2">家畜疫病防治</td><td>养畜场卫生控制</td><td>15</td><td>15</td><td>15</td><td>15</td><td>15</td></tr>
<tr><td>家畜疫病预防</td><td>10</td><td>10</td><td>15</td><td>15</td><td>15</td></tr>
<tr><td>培训指导</td><td>培训指导</td><td>—</td><td>—</td><td>—</td><td>10</td><td>10</td></tr>
<tr><td colspan="3">合　计</td><td>100</td><td>100</td><td>100</td><td>100</td><td>100</td></tr>
</table>

参考文献

[1] 程序．生物质能与节能减排及低碳经济［J］．中国生态农业学报，2009，17（2）：375－378.

[2] 杨秀平．基于 DIAHP 的旅游环境容量分析及相关对策研究［J］．生态与农村环境学报，2008，24（1）：20－23.

[3] 任南琪，王爱杰．厌氧生物技术原理与应用［M］．北京：化学工业出版社，2004.

[4] 郭宗义，王金勇．现代实用养猪技术大全［M］．北京：化学工业出版社，2010.

[5] 陈主平．适度规模猪场高效生产技术［M］．北京：中国农业科学技术出版社，2015.

[6] MAKÁDI M，TOMÓCSIK A，OROSZ V. Digestate：a new nutrient source—review［J］．Energy，2012，4：295－310.

[7] BOTHEJU D，SVALHEIM Ø，BAKKE R. Digestate nitrification for nutrient recovery［J］．Open Waste Management Journal，2010，3：1－12.

[8] 董保成，路旭，马庆华．猪场沼气工程沼渣、沼液的利用［J］．中国沼气，2005，23（增刊 1）：263－265.

[9] GARG R，PATHAK H，DAS D，et al. Use of flyash and biogas slurry for improving wheat yield and physical properties of soil［J］．Environmental Monitoring and Assessment，2005，107（1－3）：1－9.

[10] ZEEMAN G，LETTINGA G. The role of anaerobic digestion of domestic sewage in closing the water and nutrient cycle at community level［J］．Water Science and Technology，1999，39（5）：187－194.

[11] MILES A，ELLIS T G. Struvite precipitation potential for nutrient recovery from anaerobically treated wastes［J］．Water Science and Technology，2001，43（11）：259－266.

[12] 刘德江，王金玲，高桂丽，等．不同 N、P、K 配比的沼液肥对叶菜产量及品质的影响［J］．中国沼气，2013，31（4）：30－31.

[13] 张全国．沼气技术及其应用［M］．北京：化学工业出版社，2005.

[14] 马溪平．厌氧微生物学与污水处理［M］．北京：化学工业出版社，2005.

[15] 安立龙．家畜环境卫生学［M］．北京：高等教育出版社，2004.

[16] 张庆东，耿如林，戴晔．规模化猪场清粪工艺比选分析［J］．中国畜牧兽医，2013，40（2）：232－235.

[17] 陈瑶生，王健，刘小红，等．中国生猪产业新趋势［J］．中国畜牧杂志，2015，51（2）：8－14；19.

[18] 范晓明，张家庆，付鹏辉，等．不同结构猪舍对种公猪精液耐保存性和精子活力的影响［J］．养猪，2011（1）：29－30.

[19] 贺明侠，王连俊．地下水及地质作用对建筑工程的影响［J］．土工基础，2005，19（3）：19－22.

[20] 郭宗义，刘良．猪场通风降温设备选型及效果评价［J］．畜禽业，2015（9）：22－23.

[21] 郭宗义，刘良．规模猪场给水工程设计与常见问题［J］．畜禽业，2012（11）：26－28.

[22] 郭宗义，刘良．西部地区集约化猪场建设中存在的主要问题探讨［J］．畜禽业，2012（11）：28－29.

[23] 顾宪红．畜禽福利与畜产品品质安全［M］．北京：中国农业科学技术出版社，2005.

[24] 葛梦兰．楼层式现代化猪场生产工艺设计［D］．雅安：四川农业大学，2013.
[25] 马驰骋．畜舍发酵床系统微生物来源及其特性研究［D］．南京：南京农业大学，2010.
[26] 加拿大阿尔伯特农业局畜牧处．养猪生产［D］．刘海良，主译．北京：中国农业出版社，1998.
[27] 熊远著．种猪测定原理及方法［M］．北京：中国农业出版社，1999.
[28] 美国国家研究委员会．猪营养需要［M］．谯仕彦，译．北京：中国农业大学出版社，1998.
[29] 陈清明．现代养猪生产［M］．北京：中国农业大学出版社，1997.
[30] 李汝敏．实用养猪学［M］．北京：中国农业出版社，1993.
[31] 张仲葛．中国猪品种志［M］．上海：上海科学技术出版社，1986.
[32] 宋育．猪的营养［M］．北京：中国农业出版社，1995.
[33] 杨文科．养猪场生产技术与管理［M］．北京：中国农业大学出版社，1998.
[34] 徐士清．瘦肉型猪高效饲养手册［M］．上海：上海科学技术出版社，1999.
[35] 山西农业大学．养猪学［M］．北京：中国农业出版社，1982.
[36]［美］B. E 斯特劳，［加］S. D 阿莱尔．猪病学［M］．8 版．北京：中国农业大学出版社，2000.
[37] 张全生．现代规模养猪［M］．北京：中国农业大学出版社，2010.
[38] 陈浦言．兽医传染病学［M］．5 版．北京：中国农业出版社，2006.
[39] 李文刚，姚卫东，秦华．畜禽传染病与诊疗技术［M］．北京：中国农业大学出版社，2011.
[40] 关文怡，蒋增海．动物常见病［M］．北京：中央广播电视大学出版社，2015.